U0269074

InDesign
CC 2015 图形设计标准教程

吕　咏　王修洪　等编著

清华大学出版社

北京

内 容 简 介

本书主要介绍运用 InDesign CC 2015 进行平面设计的方法和技巧。全书共分为 11 章，内容包括软件的工作界面和基础知识，文本的创建与编辑，字符与段落样式的创建与使用，文字、图像与图层的处理，通过表格来规划页面并创建表格样式，页面、主页面与页码的创建与设置功能，对象库的创建与编辑，印前检查、打印与输出 PDF 文件等知识。本书结构编排合理，图文并茂，实例丰富，可作为高等院校相关专业教材，也可以作为排版和平面设计人员的参考资料。

图书在版编目（CIP）数据

InDesign CC 2015 图形设计标准教程/吕咏等编著. —北京：清华大学出版社，2017

（清华电脑学堂）

ISBN 978-7-302-44417-6

Ⅰ. ①I…　Ⅱ. ①吕…　Ⅲ. ①电子排版-应用软件-教材　Ⅳ. ①TS803.23

中国版本图书馆 CIP 数据核字（2016）第 168697 号

责任编辑：冯志强　薛　阳
封面设计：杨玉芳
责任校对：胡伟民
责任印制：宋　林

出版发行：清华大学出版社
　　　　　网　　　址：http://www.tup.com.cn, http://www.wqbook.com
　　　　　地　　　址：北京清华大学学研大厦 A 座　　　　邮　　编：100084
　　　　　社 总 机：010-62770175　　　　　　　　　　邮　　购：010-62786544
　　　　　投稿与读者服务：010-62776969，c-service@tup.tsinghua.edu.cn
　　　　　质量反馈：010-62772015，zhiliang@tup.tsinghua.edu.cn
印 刷 者：清华大学印刷厂
装 订 者：三河市新茂装订有限公司
经　　销：全国新华书店
开　　本：185mm×260mm　　印　张：25.75　　　　字　数：650 千字
版　　次：2017 年 2 月第 1 版　　　　　　　　　印　次：2017 年 2 月第 1 次印刷
印　　数：1～3000
定　　价：49.00 元

产品编号：058459-01

前　　言

随着 InDesign 排版软件功能的不断更新和完善，其在市场上的影响也逐渐扩大。InDesign CC 2015 是 Adobe 公司开发的最新版本的排版软件，它的排版设计与图像处理功能非常强大，支持一系列的文件格式与最新软件技术，不仅可以单独用于排版和设计，还可以同 Adobe 公司的 Photoshop 和 Illustrator 等软件一起搭配使用，达到互补与兼容，被广泛应用于报刊、书籍、版式、平面广告、包装、易拉宝、画册、菜谱等领域，为一系列出版物提供了优秀的技术平台。

1. 本书内容介绍

本书用简洁轻松的语言、精练的实例讲述运用 InDesign CC 2015（以下简称 InDesign）进行排版、平面设计的方法与技巧，并深入浅出地介绍了其强大的排版与图形处理功能。全书共分为 11 章，内容概括如下。

第 1 章　InDesign 概述，包括软件新版本的新增功能、应用领域、基本操作、色彩知识、图像分辨率等基础内容，使读者快速地进入工作环境。

第 2 章　讲解 InDesign 的基础操作，包括编辑与管理工作区、文档基础操作、模板的创建与应用、文档视图、文档辅助工具等，通过这些基础操作使用户快速了解软件结构。

第 3、4 章　讲解基本图形的绘制与组织排列，包括路径、转换与运算路径、复合路径、编辑与应用色板、颜色填充、描边设置、选择对象、复制与粘贴、变换对象、管理对象等知识，并根据这些知识点提供了相应的课堂练习。

第 5、6 章　讲解文本排版与样式，包括文本与段落文本、字形与特殊字符、制表符、脚注、文章编辑与检查、文本框架、复合字体以及字符与段落样式等，通过对这些知识的了解，用户能够更加灵活地进行文字排版工作。

第 7 章　讲解图文排版的基础知识，包括置入并编辑图像、图像链接、裁剪图像、图层、图文混排与图层的关系以及在文本中定位对象等知识，并根据这些知识点提供了相应的课堂练习。

第 8 章　介绍如何通过表格来规划页面，以达到版面整齐、规范的目的。表格是另外一种排版方式，通过表格可以将数据信息进行分类管理，易于查询。

第 9 章　介绍如何为对象添加特殊效果，包括添加混合效果、添加外发光、投影等特殊效果，设置对象样式等，最后还讲解了如何创建对象库方便用户在页面中重复使用这些元素。通过这些知识的学习，用户可以加快排版工作的进行。

第 10 章　本章通过页面的设置、主页面的设计、添加页码、创建与编辑书籍、目录与索引等知识，帮助用户快速制作内容较多的出版物。

第 11 章　介绍文档的印前与输出功能，包括印前检查、陷印预设、打印设置、输出PDF、打包文档等功能。

2．本书主要特色

1）全面完整

本书在讲解软件功能的过程中，采用了精美的实例，除了演示软件功能之外，还在一定程度上向读者展示了该功能应用的领域，以及相关的设计方式。并提供了大量的素材和源文件，读者可以随时运用学习和下载使用到以后的工作当中。

2）课堂实例

在每章结尾，针对每章内容都安排了实例，通过这些案例的学习，有助于读者对整章的内容有更好的理解。

3）思考与练习

复习题测试读者对本章所介绍内容的掌握程度；还专门提供了一些相关的上机练习，作为功能的练习，使读者熟能生巧。

4）内容丰富

书中所涉及的图片都经过精心的挑选和斟酌，配色美观，图文搭配，相得益彰，令人赏心悦目。

3．本书使用对象

本书适合平面设计师、平面编辑和美工、网页设计从业者、在校师生、社会培训班以及网页设计爱好者使用。

除封面署名人员之外，参与本书编写的人员还有李敏杰、吕单单、余慧枫、郑国强、隋晓莹、郑家祥、王红梅、张伟、刘文渊等。由于时间仓促，作者水平有限，书中疏漏之处在所难免，欢迎读者登录清华大学出版社网站 www.tup.com.cn 与作者联系，帮助我们改进提高。

编　者

目　　录

第1章

概述

InDesign CC 2015 的操作界面比较直观，方便用户操作使用。作为最新版本的排版软件，不仅涵盖了原来版本的功能，还开发了一系列新增知识点，使用起来更加方便。学习 InDesign 的最好方法是，先了解软件的基本知识、基本操作，然后再对各个知识点进行重点学习，快速、全面地掌握每个知识点的操作技巧与排版方法。

本章主要介绍 InDesign CC 2015 的基础排版、新增知识、应用领域、工作界面、色彩以及关于图像的基础知识等。

1.1 认识 InDesign CC 2015

InDesign 可以对杂志、书籍、报纸页面等进行版面设计，处理复杂的排版任务，能够创造性地将文字、图形、图像处理技术进行有机结合，适合于纸质媒体、电子媒体等，可制作出精美的纸质出版物和电子出版物。InDesign 不仅能够输出专业的全彩色高质量文件，还可以将文件输出为 PDF 等文件格式。

1.1.1 InDesign CC 2015 的新增功能

InDesign CC 2015 版包含的新增功能，可为用户带来前所未有的出色设计和发布体验。新的段落底纹功能允许用户添加随页面上的文本移动的彩色高光。当用户将图像置入表中时，InDesign 会将单元格视为图像框架。借助 InDesign 中的性能增强功能，缩放、平移和滚动等日常任务速度更快。利用 Publish Online 功能，InDesign 用户可以轻松地联机发布 InDesign 文档。

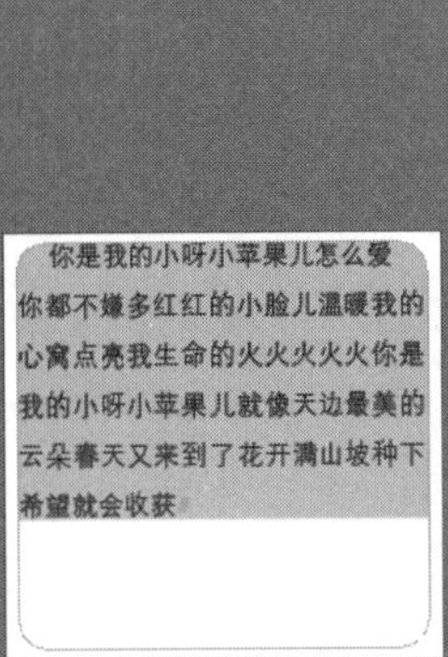

你是我的小呀小苹果儿怎么爱你都不嫌多红红的小脸儿温暖我的心窝点亮我生命的火火火火你是我的小呀小苹果儿就像天边最美的云朵春天又来到了花开满山坡种下希望就会收获

图 1-1　创建底纹

1. 段落底纹

InDesign 的新段落底纹功能允许用户创建段落背后的底纹（或颜色），甚至可以为非矩形文本框架内的段落创建底纹，如图 1-1 所示。

在最终文档中使用段落底纹可将读者的注意力（关注重点）吸引到某个段落，或者在文档审核工作流程中用于突出显示特定的段落，如图 1-2 所示。

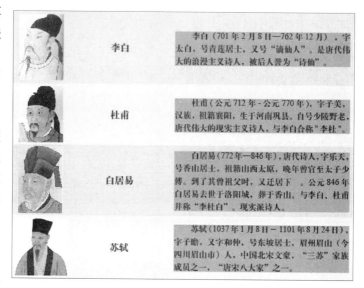

使用段落底纹的好处在于，由于段落底纹在文本上应用，因此底纹将会随着文本的移动或大小调整而移动或调整。

2. 表单元格中的图像

这项新功能的作用是将图像置入表中时，InDesign

图 1-2　突出段落

CC 2015 会将单元格视为图像框架，如图 1-3 所示。所有框架和适合选项均适用，使得创建同时包含文本和图形的表轻松许多。可以将图像拖放到表单元格中，或者使用内容收集器置入图像。

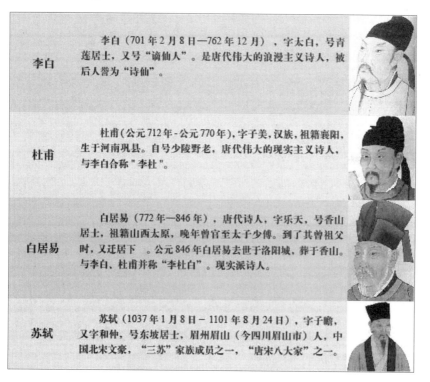

图 1-3　单元格框架

使用置入喷枪或内容收集器将图像放到单元格中，即可将图像置入空单元格内。

3. Adobe Stock

Adobe Stock 是一项新增服务，销售数以百万计的高品质、免版税照片、插图和图形，如图 1-4 所示。

可以从 InDesign 内部启动 Adobe Stock，然后搜索照片、插图和矢量图形。在找到需要的资源后，可以将其下载到桌面或选定的 InDesign CC Library。当 CC Library 与新的 Adobe Stock 资源同步后，便可以将这些资源包含在 InDesign 文档中。

4."常规"对话框

"常规"对话框包括如

图 1-4　Adobe Stock 界面

图 1-5 和图 1-6 所示的 Acrobat 视图和版面（它们是从 InDesign 导出 PDF 的默认设置）。在"视图"下拉列表中，选择 PDF 视图选项，如图 1-5 所示。

在"版面"下拉列表中，选择 PDF 版面选项，如图 1-6 所示。

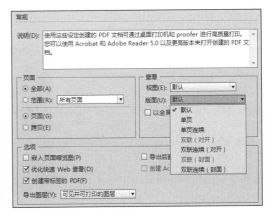

图 1-5　Acrobat 视图　　　　　　　图 1-6　Acrobat 版面

注　意

在 InDesign CC 2014 版之前，这些视图选项只在"导出至交互式 PDF"对话框中可用。

5. Publish Online（技术预览）

Publish Online 是面向 CC 成员的新技术预览。利用 Publish Online，用户可以通过轻松地联机发布文档，将其改作他用。轻点一下，即可发布在所有设备上的任何现代浏览器中使用的数字版本，而无须安装插件，如图 1-7 所示。只需将文档 URL 提供给别人，即可让他们在任何设备上以及任何平台上查看文档，享受美妙而简单的联机阅读体验。甚至可以在 Facebook 中共享已发布的文档。

这些已发布的文档可直接在桌面或平板电脑 Web 浏览器上以完全保真的形式查看，并且无须任何增效工具即可带来愉悦的查看体验。

要获得更加丰富的用户体验，还可以使用 InDesign CC 的交互式创作功能添加按钮、幻灯片放映、动画、音频和视频。

图 1-7　**Publish Online 界面**

1.1.2　InDesign CC 2015 的应用领域

InDesign 具有强大的排版功能和灵活的操作界面。随着软件的升级，其功能、性能、稳定性及兼容性等方面，都有了极大的提高，应用领域也越来越广泛，如平面广告设计、画册设计、封面设计、包装设计等。将 InDesign 与 Photoshop、Illustrator、Dreamweaver 等软件配合使用，会大大减少排版设计的工作量，提高工作效率。

1. 平面广告设计

广告是人们身边无处不在的东西。对于平面广告而言，由于其先天的静态特性，使得设计师必须在用图、用色、版面设计等方面综合考量、合理安排，才能够吸引并打动消费者，这就对设计师的综合素质有了较高的要求。如图 1-8 所示是一幅优秀的广告设计作品。

2. 封面设计

图 1-8　广告设计作品

封面设计又称装帧设计，具体来说又可以分为画册封面、图书封面、使用手册封面及杂志封面等。它主要由正封和封底两部分组成。对于图书、杂志来说，往往还有书脊，书脊的尺寸依据图书或杂志的厚度不同而异。

由于书籍的封面是一个尺寸不大的设计区域，因此切实运用好每一种封面的设计元素就显得特别重要。如图 1-9 所示为精美的书籍装帧设计作品。

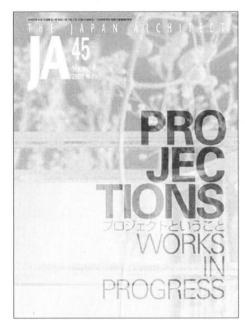

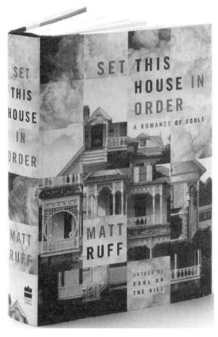
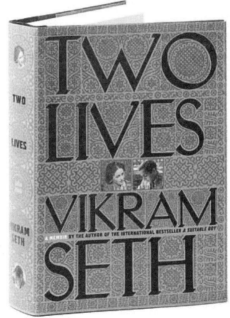

图 1-9　书籍装帧设计作品

3. 包装设计

包装设计是由包装结构设计和包装装潢设计两部分组成。一般来说，大部分设计师涉及的都是后者，即包装装潢设计。具体来说，是指对产品保护层的美化修饰工作，它带给消费者对产品的第一印象，也是消费者在购买产品以前主观所能够了解到该商品内容的唯一途径。这就要求包装装潢设计不仅具备说明产品功用的实际作用，还应以美观的姿态呈现在消费者面前，从而提高产品的受注目程度，甚至让人产生爱不释手的购物冲动。如图 1-10 所示是优秀的包装作品。

图 1-10　包装作品

4. 盘面设计

盘面设计主要是为光盘表面增加一层具有装饰和说明性的设计。光盘盘面设计并不是独立存在的，它往往是图书、杂志的附送品，即使是独立销售的光盘，也会在其外部增加一个光盘盒，以保护光盘、避免受损。因此，盘面的设计通常是跟随图书、杂志的封面或其包装盒的设计，取其主体进行设计，或略做修改即可，如图 1-11 所示。

图 1-11　盘面设计

5. 卡片设计

卡片包含的类型较为广泛，如请柬、名片、明信片、会员卡及贺卡等，它们共同的特点就是普遍比较小巧，即可供发挥设计的空间较小。因此，要设计出美观、突出、新奇的卡片作品，更要求设计师有深厚的设计经验，有大胆的想象与发挥。如图 1-12 所示就是一些极具创意的名片作品。

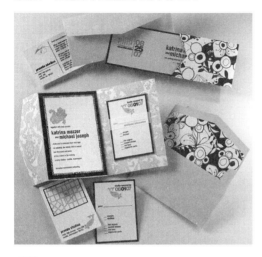

图 1-12　精美的卡片设计

6. 易拉宝设计

简单来说，易拉宝就是一个可移动便携海报，它通过一个专用的展架，支撑起所展示的内容，如图 1-13 所示。目前易拉宝常用于会议、展览、销售宣传等场合，可分为单面型、双面型、桌面型、电动型、折叠型、伸缩型、滚筒型等类型。如图 1-14 所示是一些优秀的易拉宝作品。

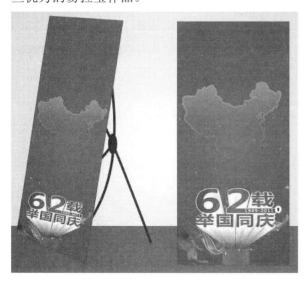

图 1-13　易拉宝展示效果

7. 画册设计

画册又称为宣传册，是一种较为大型的宣传手段，可针对企业形象或产品进行详细的介绍。目前，画册已经成为重要的商业贸易媒体，成为企业充分展示自己的最佳渠道，更是企业最常用的产品宣传手段。如图 1-15 所示就是一些优秀的宣传册作品。

8. 宣传单设计

宣传单，又称传单，可视为画册的一个简化版本，大致可分为单页、对页、双折页、三折页及多折页等形式。其特点就是容纳的信息较大，同时又易于工作人员分发和读者携带，大到汽车、楼盘、家电、小到化装品、美容美发等，都常以宣传单作为主要的宣传手段。如图 1-16 所示就是典型的宣传单设计作品。

图 1-14　易拉宝设计作品

图 1-15　宣传画册

9. 书刊版面设计

常见的书刊版面设计主要包括杂志、图书内文及报纸等。如图 1-17～图 1-19 所示分别是一些典型的作品。

通过上面的作品不难看出，杂志的版面设计较为灵活，除一些文学类杂志外，图像往往占据页面的主体，即便是存在大段的叙述性文字时，往往也是加入一些小的图形图像作为装饰，使页面更为美观；图书的版式往往是中规中矩的，即便有图片，也与文字之间有明显的间隔和区分，以便于读者进行学习和阅读，其主要的版面设计在于篇（章）首页、页眉页脚及文章的标题处；报纸的版面介于杂志和图书之间，即大部分版面以适合阅读的形式进行文字编排，同时会采用一些相关的、必要的图像作为辅助。

图 1-16　宣传单设计作品

10. 菜谱设计

　　在餐厅、咖啡馆、酒吧等场所中，菜谱是必不可少的东西，随着人们审美情趣的逐渐提高，一份美观、大气、亲切的菜谱，更能增加客人的食欲，也更容易带来"回头客"，如图 1-20 所示就是一些精美的菜谱设计作品。

图 1-17　杂志编排作品

图 1-18　图书内文版式编排作品

图 1-19　报纸编排作品

图 1-20　菜谱设计

1.2　InDesign CC 2015 的基本操作

InDesign CC 2015 的工作界面使编辑操作更加方便、快捷。在默认的情况下，工具箱、工作区域、控制面版有其固定的位置，可以通过操作使三者变为浮动面板或浮动窗口。

1.2.1　基本操作界面

InDesign CC 2015 的操作界面主要包括：标题栏、菜单栏、控制面板、工具箱、面板、页面区域、滚动条、状态栏等。InDesign CC 2015 的操作界面十分清楚明了，用户能够快速地找到工具的位置，如图 1-21 所示。

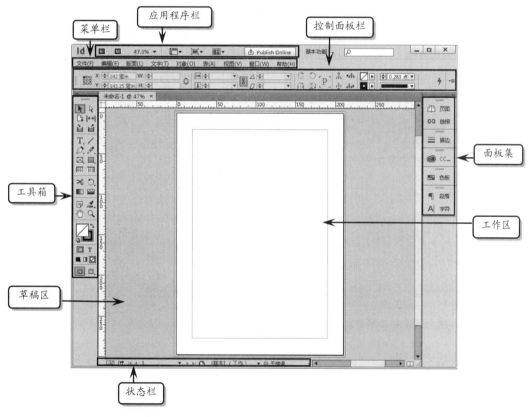

图 1-21　操作界面

1.2.2　基本操作功能

InDesign CC 2015 的面板很多，相应的菜单命令也就很多，想要熟练地使用 InDesign，就需要了解并掌握每个菜单的基本操作与功能。

1. 菜单栏

在 InDesign 中，共包括 9 个菜单选项，其功能简单介绍如下。

- ❑ 【文件】菜单　包含文档、书籍及库等对象的相关命令，如新建、保存、关闭、导出等。
- ❑ 【编辑】菜单　包含文档处理中使用较多的编辑类操作命令。
- ❑ 【版面】菜单　包含有关页面操作及生成目录等命令。
- ❑ 【文字】菜单　包含与文字对象相关的命令。
- ❑ 【对象】菜单　包含有关图形、图像对象操作命令。
- ❑ 【表】菜单　包含有关表格操作命令。
- ❑ 【视图】菜单　包含改变当前文档的视图的命令。
- ❑ 【窗口】菜单　包含显示或隐藏不同面板及对文档窗口进行排列等命令。
- ❑ 【帮助】菜单　包含各类帮助及软件相关信息。

用户在使用这些菜单时，可以根据各菜单上述的基本作用，准确地选择需要的命令。虽然菜单中的命令数量众多，但实际上经常使用的命令并不多，且大部分都可以在各类面板中选择以及配合快捷键使用。

提　示

菜单上显示为灰色的命令，是当前不可操作的菜单命令；如果包含子菜单的菜单命令不可操作，则不会弹出子菜单。

2. 控制面板

控制面板的作用就是显示并设置当前所选对象的属性，使用户可以快速、直观地进行相关参数的设置。如图 1-22 所示是选中了一个矩形对象后的控制面板。如图 1-23 所示则是选择文字工具后的控制面板。

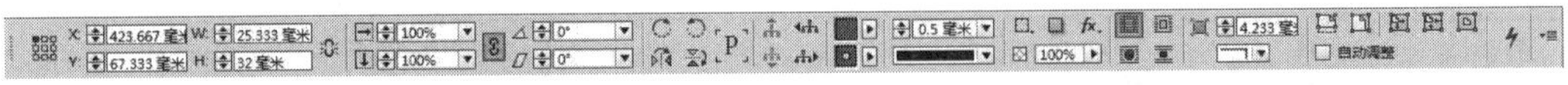

图 1-22　选择矩形对象后的控制面板

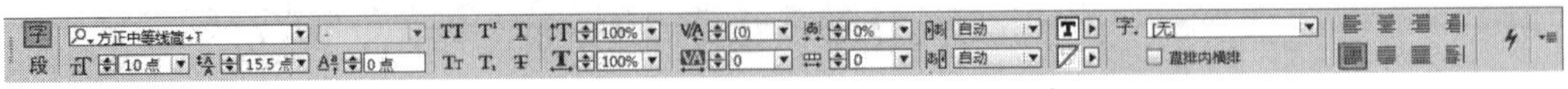

图 1-23　选择文字工具后的控制面板

控制面板中的一些参数，除了可以直接在其中设置以外，还可以按住 Alt 键单击该图标，调出其参数设置对话框，进行更多参数设置。如按住 Alt 键并单击"旋转角度"图标△，即可调出【旋转】对话框，如图 1-24 所示。

单击控制面板右侧的【面板】按钮　，在弹出的菜单中选择【自定】命令，在弹出的对话框中选择显示或隐藏某些参数，可以自定义控制面板中显示的内容，如图 1-25所示。

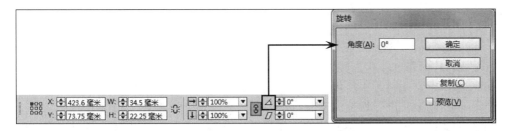

图 1-24 【旋转】对话框

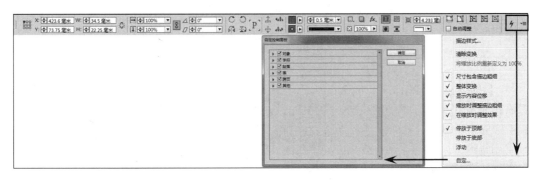

图 1-25 自定义控制面板

3. 工具箱

InDesign CC 2015 中的工具箱与面板为同一种显示方式，既可以展开，也可以缩小，还可以脱离整个工作界面，形成浮动工具箱或者浮动面板。工具箱在 InDesign 界面的左侧，当单击并且拖动它时，工具箱成半透明状。工具箱中的每一个工具都具有相应的选项参数，包含用于创建和编辑图像、图稿、页面元素等的工具。下面讲解工具箱的基础操作。

1）选择工具

要在工具箱中选择工具，可直接单击该工具的图标，或按下其快捷键，其操作方法为：将光标置于要选择的工具图标上，停留 2s 左右即可显示工具的名称及快捷键，单击鼠标左键即可选中该工具。

2）选择隐藏工具

在 InDesign 中，同类的工具被编成组置于工具箱中，其典型特征就是在该工具图标的右下方有一个黑色小三角图标，当选择其中某个工具时，该组中其他工具就被暂时隐藏起来。

另外，若要按照软件默认的顺序来切换某工具组中的工具，可以按住 Alt 键，然后单击该工具组中的图标。

3）拆分工具箱

默认情况下，工具箱吸附在工作界面的左侧，用户也可以根据需要将其拖动出来，使之从吸附状态变为浮动状态。其操作方法为：将光标置于工具箱顶部的灰色区域，然后按住鼠标左键向外拖动，确认工具箱与界面边缘分离后，释放鼠标左键即可。

4）合并工具箱

与拆分工具箱刚好相反，合并工具箱是指将处于浮动状态的工具箱改为吸附状态。其操作方法为：首先将光标置于工具箱顶部的灰色区域，然后，按住鼠标左键向软件界面左侧拖动，直至边缘出现蓝色高光线，这时释放鼠标左键，即可将工具箱吸附在软件界面左侧。

5）调整工具箱显示方式

在 InDesign 中，工具箱可以以单栏、双栏和横栏三种状态显示，用户可以单击工具箱顶部的显示控制按钮进行切换。

例如在默认情况下，工具箱是贴在工作界面的左侧，这样可以更好地节省工作区中的空间。此时单击工具箱中的显示控制按钮，即可将其切换为双栏状态。

当把工具箱拆分出来时，再单击显示控制按钮，可以在单栏、双栏及横向状态之间进行切换。

4. 面板

在 InDesign CC 2015 中，面板具有很重要的作用。它可以实现部分菜单中的命令，还可以完成工具箱或菜单命令无法完成的操作及参数设置，使用频率非常高。另外，面板的操作与工具箱的操作相似，也支持收缩、扩展操作等。

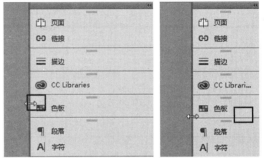

图 1-26 光标状态　　　图 1-27 增加面板的宽度

要调整面板栏的宽度，可以将鼠标指针置于某个面板伸缩栏左侧的边缘位置上，此时鼠标指针变为⟷状态，如图 1-26 所示。

向右侧拖动，即可减少本栏面板的宽度，反之则增加宽度，如图 1-27 所示。

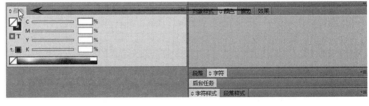

图 1-28 拖向空白位置

每个面板都有其最小的宽度设定值，当面板栏中的某个面板已经达到最小宽度值时，该栏宽度将无法再减少。

按住鼠标左键拖动要拆分的面板标签，拖至工作区中的空白位置，如图 1-28 所示，释放鼠标左键即可完成拆分操作。如图 1-29 所示就是拆分出来的面板。

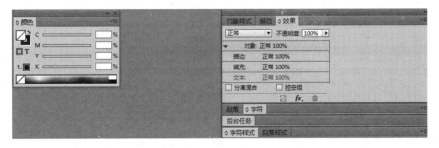

图 1-29 拆分后的面板状态

拖动位于外部的面板标签至想要的位置，直至该位置出现蓝色反光，如图 1-30 所示。释放鼠标左键后，即可完成面板的拼合操作，如图 1-31 所示。

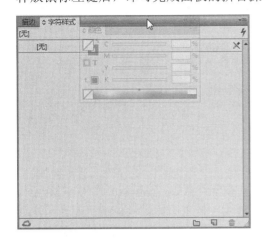

图 1-30 出现蓝色高光线状态

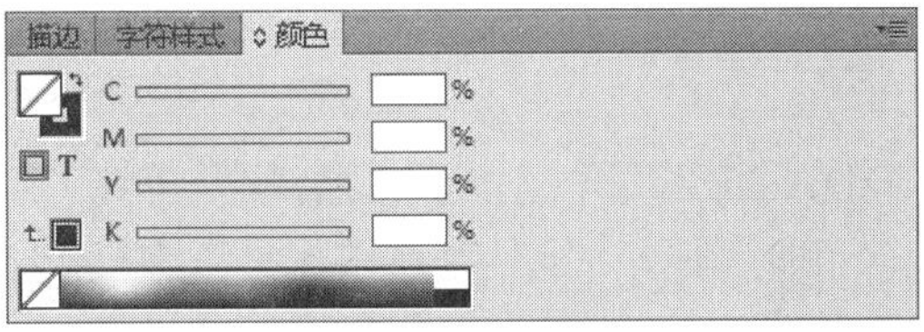

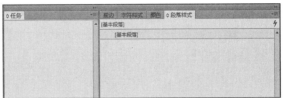

图 1-31 拼合面板后的状态

在 InDesign 中，用户可以根据实际需要创建多个面板栏，此时可以拖动一个面板至原有面板栏的最左侧边缘位置，其边缘会出现灰蓝相间的高光显示条，如图 1-32 所示，释放鼠标即可创建一个新的面板栏，如图 1-33 所示。

图 1-32 出现蓝色高光线

图 1-33 创建新的面板栏后的状态

单击面板右上角的"面板"按钮 ，可弹出面板的命令菜单，如图 1-34 所示。不同的面板弹出的菜单命令的数量、功能也各不相同，利用这些命令，可增强面板的功能。

按 Tab 键可以隐藏工具箱及所有已显示的面板，再次按 Tab 键可以全部显示。如果仅隐藏所有面板，则可按 Shift+Tab 键；同样，再次按 Shift+Tab 键可以全部显示。

当面板为吸附状态时，可以在要关闭的面板标签上单击右键，在弹出的快捷菜单中选择【关闭】或【关闭选项卡组】命令，即可关闭当前的面板或面板组。

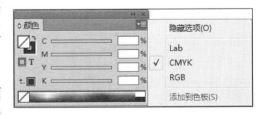

图 1-34 弹出的面板菜单

当面板为浮动状态时，单击面板右上方的【关闭】按钮，即可关闭当前面板组。此时也可以按照上述方法，单独关闭某个面板，或关闭整个面板组。

5. 状态栏

状态栏能够提供当前文件的当前所在页码、印前检查提示、【打开】按钮和页面滚动条等提示信息。单击状态栏底部中间的【打开】按钮，即可弹出如图 1-35 所示的菜单。

图 1-35 状态栏弹出菜单

6. 视图模式

InDesign 为用户提供了正常、预览等几种不同的视图模式，它们起到的作用各有不同。例如，用户在设计作品时通常使用正常模式，该模式方便工具之间的切换，而当用户查看作品效果时，则可以选择使用预览模式，这样可以隐藏页面中的辅助线等，使观看到的页面整洁，具有更强的可视效果。

用户在对作品排版之后，可以使用工具箱底部的模式按钮或者执行【视图】|【屏幕模式】命令更改文档窗口的可视性，具体内容如下所述。

1）正常模式

在排版过程中通常使用该模式，它能够在标准窗口中显示版面及所有可见网格、参考线、非打印对象、空白粘贴板等，如图 1-36 所示。

2）预览模式

作品完成后可使用该模式进行效果的预览。它完全按照最终效果输出显示图片，所有非打印元素（网格、参考线、非打印对象等）都被禁止，粘贴板被设置为【首选项】中所定义的预览背景色，如图 1-37 所示。

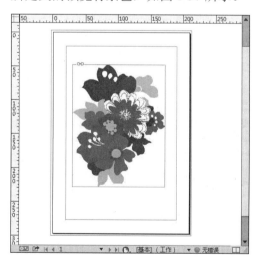

图 1-36 正常模式

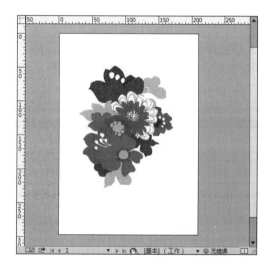

图 1-37 预览模式

3）出血模式

在输出作品之前，通常使用该模式查看页面内容是否完整，以防在后期制作时将内容裁剪掉。它除与预览模式显示与禁止的对象相同之外，还可以在文档出血区（在【文档设置】中定义）内将所有可打印元素都显示出来，如图1-38所示。

4）辅助信息区域模式

辅助信息区显示为像剪切标志和用于最后输出的颜色分色名称等信息保留的空间。用户可以在创建新文档时设置这些内容，或通过执行【文件】|【文件信息】命令来进行设置，如图1-39所示。

图1-38 出血模式

图1-39 辅助信息区域模式

5）演示文稿模式

演示文稿模式是用于查看排版整体效果的模式之一，它以全屏幕显示，类似于PowerPoint中的预览模式。在该模式中，应用程序菜单和所有面板都被隐藏，用户可以通过按键和单击操作，在文档中每次向前或向后移动一个跨页，如图1-40所示。

图1-40 演示文稿模式

1.3 关于颜色

颜色的运用与搭配有着很重要的作用，它可以体现人的感情，为图像添加颜色可以显得更加生动，改变颜色的填充可以改变要表达的感情。在颜色运用不当的情况下，表达的感情就会有缺口，图像不能完整地表达要传递的信息，作品就没有吸引力。

1.3.1 颜色类型

颜色分为专色和印刷色，是印刷中最常用的主要颜色。这两种颜色之间存在着一定的联系，但又存在很大的区别。

1. 专色

专色是一种预选混合的特殊油墨，用于替代或补充 CMYK 油墨，印刷时需要有专门的印版。当指定的颜色较少而且对颜色的准确性要求较高或印刷过程中要求使用专色油墨时，应使用专色。

使用专色可以获得特殊的油墨，这些油墨颜色更可以准确地重现超出印刷色域外的颜色，比任何印刷色的混合更接近理想颜色。但是，印刷专色的实际结果由印刷商混合的油墨和印刷纸张的组合决定，因此它并不受指定的颜色值或颜色管理的影响。指定专色值时，只是在为显示器和复合打印机描述该颜色的模拟外观。

专色具有以下特点。

（1）准确性。每一种套色都有其本身固定的色相，所以它能够保证印刷中颜色的准确性，从而在很大程度上解决了颜色传递准确性的问题。

（2）实地性。专色一般用实地色定义颜色，而无论这种颜色有多浅。当然，也可以给专色加网，以呈现专色的任意深浅色调。

（3）不透明性。专色油墨是一种覆盖性的油墨，它是不透明的，可以进行实地的覆盖。

（4）表现色域宽。套色色库中的颜色色域很宽，超过了 RGB 的表现色域，更不用说 CMYK 颜色空间了，所以有很大一部分颜色是用 CMYK 四色印刷油墨无法呈现的。

如果一个对象包含专色并且与另一个包含透明功能的对象重叠，那么当以 EPS 格式导出，在打印对话框中将专色转换为印刷色或者在 InDesign 之外的应用程序中创建分色时，可能会出现不可预料的结果。要获得最佳效果，最好在打印之前使用"拼合预览"或"分色预览"对拼合透明度的效果进行校样。

一种专色通常被称为第二种颜色，每创建一个专色都会在印刷时生成一个额外的专色版，增加印刷成本，因此，要减少使用专色的数量，优先考虑采用四色印刷。在打印或导出之前，单击【色板】面板右侧的扩展菜单，选择【油墨管理器】命令，在打开的对话框中选择【所有专色转换为印刷色】选项，即可将专色转换为印刷色。

2. 印刷色

印刷色是使用青色、洋红色、黄色和黑色（总称 CMYK）4 种标准印刷色油墨的组合进行印刷的。将这 4 种颜色混合可以再现人眼能够看到的大多数色调。四色印刷是指将印刷色的每一种单独制作底片，被大多数彩色出版所采用。

当需要的颜色较多，从而导致使用单独的专色油墨成本很高或者不可行时，需要使用印刷色。指定印刷色时，要注意下列原则。

（1）要使高品质印刷文档呈现最佳效果，可以参考印刷在四色色谱（印刷商可能会提供）中的 CMYK 值来设定颜色。

（2）由于印刷色的最终颜色值是它的 CMYK 值，因此，如果使用 RGB（或 Lab，在 InDesign 中）指定印刷色，在进行分色打印时，系统会将这些颜色值转换为 CMYK 值。根据颜色管理设置和文档配置文件，这些转换会有所不同。

InDesign CC 2015 图形设计标准教程

（3）除非确信已正确设置了颜色管理系统，并且了解它在颜色预览方面的限制，否则不要根据显示器上的显示来指定印刷色。

（4）因为 CMYK 的色域比普通显示器的色域小，所以应避免在只供联机查看的文档中使用印刷色。

可以将颜色类型指定为专色或印刷色，这两种颜色类型与商业印刷中使用的两种主要的油墨类型相对应。在【色板】面板中，可以通过【颜色名称】旁边显示的图标来识别该颜色的颜色类型。

> **提 示**
>
> 如果一个作品同时使用了专色和印刷色，那么这一过程称为使用第 5 种颜色。通常，印刷色输出到常见的 4 个底片上，专色输出到单独的第 5 个底片上，并使用第 5 个印版，第 5 个油墨滚，第 5 个油墨池来印刷。也可以使用多于 5 种颜色。颜色的数量只受预算和印刷机能力的限制（大多数商用打印机能处理 6 种颜色，较大型的打印机能够处理多达 8 种颜色）。

1.3.2　颜色模式

InDesign 中的颜色模式有 RGB 模式、CMYK 模式、Lab 模式，每种模式的图像描述和重现色彩的原理及所有显示的颜色数量各不相同。

1．RGB 颜色模式

RGB 色彩模式是工业界的一种颜色标准，是通过对红（Red）、绿（Green）、蓝（Blue）三个颜色通道的变化以及它们之间相互的叠加来得到各式各样的颜色的。RGB 即代表红、绿、蓝三个通道的颜色，这个标准几乎包括人类视力所能感知的所有颜色，是目前运用最广的颜色系统之一，如图 1-41 所示。

对 RGB 三基色各进行 8 位编码，这三种基色中的每一种都有 0（黑）～255（白色）的亮度值范围。当不同亮度的基色混合后，便会产生出 256×256×256 种颜色，约为 1670 万种，这就是人们常说的"真彩色"。电视机和计算机的显示器都是基于 RGB 颜色模式来创建其颜色的。

2．CMYK 颜色模式

CMYK 颜色模式是一种印刷模式。其中 4 个字母分别指青（Cyan）、洋红（Magenta）、黄（Yellow）、黑（Black），在印刷中代表 4 种颜色的油墨。CMYK 基于减色模式，由光线照到有不同比例 C、M、Y、K 油墨的纸上，部分光谱被吸收后，反射到人眼的光产生颜色。在混合成色时，随着 C、M、Y、K 4 种成分的增多，反射到人眼的光会越来越少，光线的亮度会越来越低，如图 1-42 所示。

从理论上讲，当 C=M=Y 时，随着油墨百分含量的减少，颜色呈现由黑到白的不偏色渐变，理由是 C、M、Y 能够分别吸收 R、G、B 三色光。但是事实却并非如此，CMY 三色等量混合时，印刷显示的颜色并非纯正的中性灰，而是一种偏茶色的灰。为了解决纯黑色的颜色印刷问题，印刷行业引入了黑版 K。

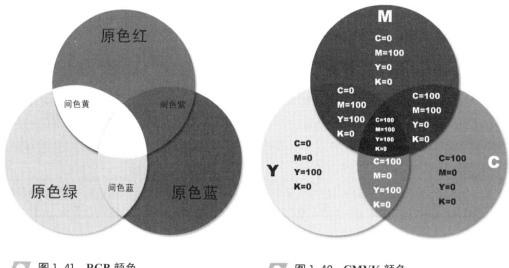

图 1-41 RGB 颜色　　　　图 1-42 CMYK 颜色

3．Lab 颜色模式

Lab 模式的原型是由 CIE（Commission International d'Eclairage，国际照明委员会）在 1931 年制定的一个衡量颜色的标准，在 1976 年被重新定义并命名为 CIELab。因此，Lab 模式也称为 CIELab 色度空间。Lab 颜色是以一个亮度分量 L 及两个颜色分量 a 和 b 来表示颜色的。因此，Lab 模式也是由三个通道组成的，一个是亮度通道，即 L，取值范围是 0～100，另外两个是色彩通道，用 a 和 b 表示，取值范围均为 -128～127，如图 1-43 所示，a 通道代表由绿色到红色的光谱变化，包括从深绿色（低亮度值）到灰色（中亮度值）再到亮粉红色（高亮度值）；b 通道代表由蓝色到黄色的光谱变化，包括从亮蓝色（低亮度值）到灰色（中亮度值）再到黄色（高亮度值），这种色彩混合后将产生明亮的色彩。

图 1-43 Lab 颜色

提　示

与 CMYK 一样，RGB 和 Lab 也通过混合颜色来创建，因此，将 RGB 和 Lab 颜色称为混合色，对于 CMYK 保留了术语印刷色，因为这是 CMYK 的一个行业标准术语。

1.4　管理色彩

色彩管理的核心是颜色配置文件，即 ICC 描述文件。ICC 描述文件就是某一数字设备的色彩描述性文件，它表示这一特定设备的色彩表达方式与 CIE Lab 标准色域的对应关系。在影楼行业中，ICC 描述文件主要为输入（扫描仪、数码相机）、显示（各种显示器）、输出（打印机或各种彩色输出设备）三个方面的设备提供描述文件，并要求在它们之间有一个科学合理的匹配，以达到最终正确的图像色彩还原。

预定色彩管理设置指定将与 RGB、CMYK 和灰度颜色模式相关的颜色配置文件。设置还为文档中的专色指定颜色配置文件。这些配置文件在色彩管理工作流程中很重要，被称为工作空间。由预定设置指定的工作空间代表将为几种普通输出条件生成最保真颜色的颜色配置文件。例如，U.S.Prepress Defaults 设置使用 CMYK 工作空间在标准规范下为 Web Offset Publications（SWOP）出版条件保持颜色的一致性。

工作空间充当未标记文档和使用相关颜色模式新创建的文档的颜色配置文件。例如，如果 Adobe RGB（1998）是当前的 RGB 工作空间，创建的每个新的 RGB 文档将使用 Adobe RGB（1998）色域内的颜色。工作空间还定义转换到 RGB、CMYK 或灰度颜色模式的文档的目标色域。

1.4.1　关于颜色配置文件

精确、一致的色彩管理要求所有的颜色设备具有准确的符合 ICC 规范的配置文件。例如，如果没有准确的扫描仪配置文件，一个正确扫描的图像可能在另一个程序中显示不正确，这只是由于扫描仪和显示图像的程序之间存在差别。这种产生误导的表现可能对已经令人满意的图像进行不必要的、甚至可能是破坏性的"校正"。利用准确的配置文件，导入图像的程序能够校正任何设备差别并显示扫描的实际颜色。

色彩管理系统使用以下各种配置文件。

（1）显示器配置文件。描述显示器当前还原颜色的方式。这是应该首先创建的配置文件，因为设计过程中在显示器上准确地查看颜色才能更好地决定临界颜色。如果在显示器上看到的颜色不能代表文档中的实际颜色，则将无法保持颜色的一致性。

（2）输入设备配置文件。描述输入设备能够捕捉或扫描的颜色。如果数码相机可以选择配置文件，Adobe 建议选择 Adobe RGB，否则使用 s RGB（多数相机的默认设置）。高级用户还可以考虑对不同的光源使用不同的配置文件。对于扫描仪配置文件，有些摄影师会为在扫描仪上扫描的每种类型或品牌的胶片创建单独的配置文件。

（3）输出设备配置文件。描述输出设备（例如桌面打印机或印刷机）的色彩空间。色彩管理系统使用输出设备配置文件，将文档中的颜色正确地映射到输出设备色彩空间色域中的颜色。输出配置文件还应考虑特定的打印条件，比如纸张和油墨类型，例如，光面纸能够显示的颜色范围与雾面纸不同。

（4）文档配置文件。定义文档的特定 RGB 或 CMYK 色彩空间。通过为文档指定配置文件，应用程序可以在文档中提供实际颜色外观的定义。例如，R=127、G=12、B=107 只是一组不同的设备会有不同显示的数字。当用 Adobe RGB 色彩空间标记时，这些数字会指定实际的颜色或光的波长。

1.4.2　指定工作空间

在色彩管理工作流程中，每种颜色模式必须有一个相关的工作空间配置文件。Photoshop 附带了一套标准的颜色配置文件，已经通过 Adobe Systems 的测试，并建议用于大多数色彩管理工作流程。默认情况下，只有这些配置文件出现在工作空间菜单中。

若要显示在系统上自定义或安装的其他颜色配置文件，可在【颜色设置】对话框中进行选择，如图 1-44 所示。

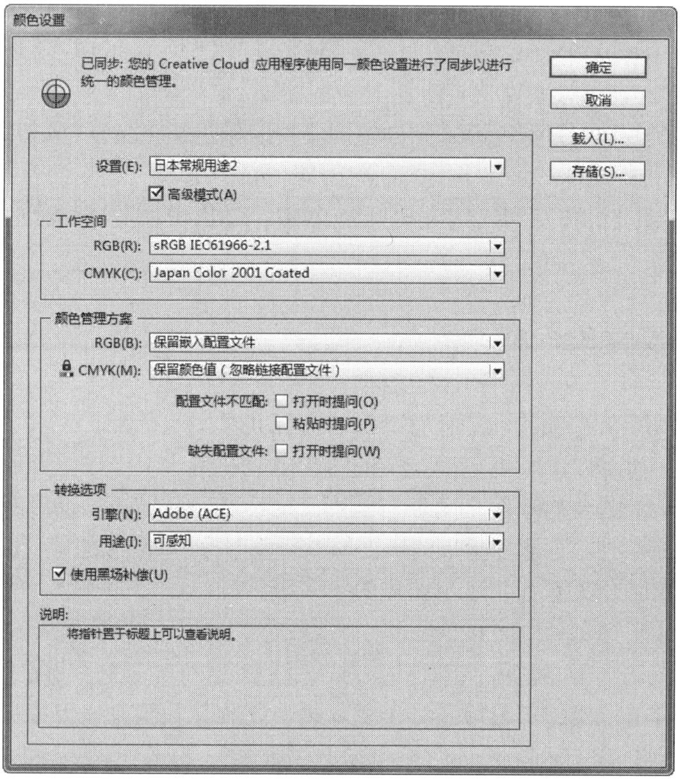

图 1-44 选择其他颜色配置文件

颜色配置文件必须是双向的，才能出现在工作空间中，即必须包含转换到和转换出色域的规范。也可以创建自定义的 RGB、CMYK、灰度或专色工作空间配置文件，描述特定的输出或显示设备的色域。

1.4.3 ICC 描述文件的作用和工作原理

通过数码相机拍摄或者使用扫描仪得到一张图像时，需要在显示器中显示，并传输到打印机打印出来，即通过扫描仪或者数码相机的 RGB 色域转换成显示器的 RGB 色域，然后再转换成打印机的 CMYK 色域。注意这里用到了"转换"两个字。是通过什么来转换的呢？就是 ICC 描述文件。ICC 就是通过数字运算的方法，精确原始色彩在现有设备的色域中的位置。ICC 描述文件的建立是设备进行色彩管理的基础。

可以这样来理解：色域就是一个号码表，数码相机或扫描仪按照这个表把原始色彩编上号。但这个编号只能定性地描述这个是红的、那个是蓝的，并不能准确说明到底红成什么样子或者蓝到什么程度。建立输入设备的 ICC 文件的过程就是参照标准的色彩来找出每个编号究竟对应什么颜色。由于色卡是标准的，参照它的编号，颜色也就可以确定下来了。输出设备的 ICC 就是规定出编号与实际输出色彩的对应关系。

色彩管理的主要内容包含原始色彩与显示器间的色彩匹配、显示器与输出结果间的色彩匹配、原始色彩与输出结果间的颜色匹配、输入设备间的颜色匹配、输出设备间的颜色匹配等。这样，以一个系统工程的高度，在工作的流程中就有了统一的标准，在设备的选择上也有了依据。同时，从原始色彩到最后输出，因为有了 ICC 的色彩统筹管理而得到前后一致的结果。

数码照片后期处理工作中，数码照片后期处理人员有必要学会建立各自使用的显示器设备的色彩管理系统。事实上，在对显示器进行调置色彩管理的过程，就是建立这台设备的 ICC 描述文件的过程，然后通过相关命令把它嵌入到需要处理的图像色彩中进行色域转换，以得到需要定义的色域范畴的图像。

1.4.4 在 InDesign 中设置色彩管理

InDesign 将大多数色彩管理控件集中在【颜色设置】对话框中，从而简化了设置色彩管理工作流程的任务。可以从预定义的色彩管理设置列表中选择，也可以手动调整控件来创建自己的自定义设置，甚至可以保存自定义设置，以和其他用户或其他使用【颜色设置】对话框的 Adobe 应用程序共享这些设置。

在 InDesign 中要设置色彩管理，需要执行【编辑】|【颜色设置】命令，在打开的对话框中启用【高级模式】复选框，可以将所有的选项展开，如图 1-45 所示。

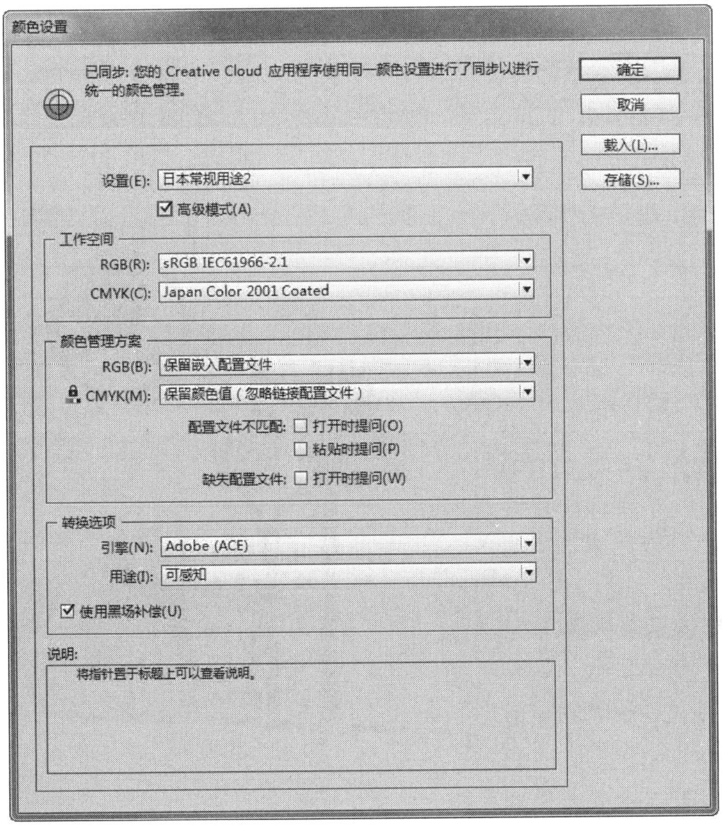

图 1-45　【颜色设置】对话框

其中，对话框中的各个选项及作用如下。

【设置】下拉列表中提供了多种颜色设置，既可以选择一种颜色设置，也可以选择【自定义】选项，从当前设置作为起步点进行设置。

在【工作空间】选项区域中，在RGB下拉列表中可以选取应用程序的RGB色彩空间；在CMYK下拉列表中可以选取应用程序的CMYK色彩空间。

在【颜色管理方案】选项区域中，在RGB或者CMYK下拉列表中，如果选择【保留嵌入配置文件】选项，打开文件时总是保留嵌入的颜色配置文件，建议使用该选项，因为该选项提供一致的色彩管理；如果选择【转换为工作空间】选项，那么在打开文件或者导入图像时，将颜色转换到当前工作空间配置文件；如果选择【关】选项，在打开文件或者导入图像时忽略嵌入的颜色配置文件，同时不把工作空间配置文件指定给新的文档。

在【转换选项】选项区域中，如果启用【使用黑场补偿】复选框，将进行黑场补偿；在【引擎】下拉列表中，选择Adobe（ACE）选项可以满足大多数用户的转换需求，否则可使用Microsoft ICM进行色域映射。在【用途】下拉列表中，可以选取色彩空间转换的渲染方法，比如相对比色等。渲染方法的差别只有在打印文档或者转换到不同的色彩空间时才表现出来。

对于大多数色彩管理工作流程，最好使用已经测试过的预设颜色设置，也可以进行自定义选项设置，完成后可以将它们保持为预设，以便再次使用或者其他用户或应用程序共享。

1.5 分辨率

图像分辨率就是每英寸图像含有多少个点或者像素，其单位为点/英寸（dpi）。同一单位中的像素越多，图像就越清晰，文件也就越大，反之亦然。

1.5.1 位图

位图也可称为点阵图，是由许多像素点组成的，它的像素点排列形状为矩形，每一个像素都有其特定的坐标和颜色值。由于位图存储的是像素点信息，因此分辨率高或色彩丰富的点阵图就需要更大的存储空间。

对于一个位图来说，其像素总数是一定的，放大位图就是将一个个像素点放大，从表面上看就是分辨率变小了，因此，画面就显得比较粗糙，如图1-46所示。

位图的优点就是可以呈现出非常丰富的内容，生活中常见的照片、创意广告等，都是

图 1-46 位图效果

通过制作与编辑位图图像得到的。其缺点就是图像的像素越多，则文件越大，且进行缩放时，会损失图像的细节内容。

用于制作和编辑位图的软件主要有 Photoshop、ACDSee 等。常见的位图格式有 jpg、gif、psd、bmp、png、tif 等。

提 示

位图的清晰度依赖于分辨率。分辨率越高，则同样尺寸的位图所包含的像素点就越多，图像就越清晰。此外，由于每幅位图生成后其像素点的总数和每个像素的性质已经确定，因此对位图进行编辑、修改时相对要困难一些。

1.5.2 矢量图

矢量图是一种由图形所需的坐标、形状、颜色等几何与非几何数据集合组成的图形。它不用大量的单个像素点建立图像，而是用数学方程、数字形式对画面进行描述。由于矢量图的这种特性，所以它占用空间很小，而且进行编辑、修改较为方便。

矢量图的显示与实际的分辨率无关，即当调整矢量图形的大小、将矢量图形打印到 PostScript 打印机、在 PDF 文件中保存矢量图形或将矢量图形导入到基于矢量图形的应用程序中时，矢量图形都将保持清晰的边缘。

矢量图的优点是具有优秀的缩放平滑性，如图 1-47 所示是原始的矢量图及局部进行放大后，可以看到它仍然具有非常流畅的线条边缘，且不会有任何的画质损失。

图 1-47　矢量图形放大操作示例

用于生成矢量图形的软件，通常被称为矢量软件，常用的矢量处理软件有 CorelDRAW、Illustrator 等。常见的矢量图格式有 ai、cdr、eps 等。

1.6　自定义快捷键

在 InDesign 中，快捷键的设置并不是固定的，可以根据需要和使用习惯来重新定义每个命令的快捷键，执行【编辑】|【键盘快捷键】命令，在打开的对话框中进行设置，如图 1-48 所示。

该对话框中各选项的含义简单介绍如下。

（1）【集】：用户将设置的快捷键可单独保存成为一个集，此下拉列表中的选项用于显示自定义的快捷键集。

（2）【新建集】：单击此按钮，可以通过新建集来自定义快捷键，默认的"集"是更改不了快捷键的。

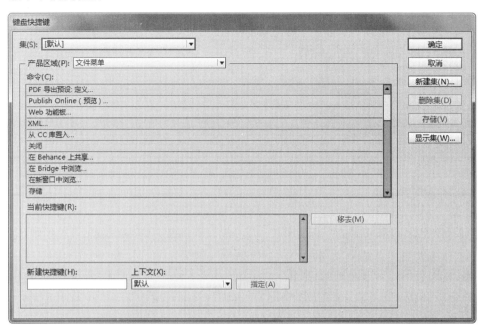

图 1-48 【键盘快捷键】对话框

（3）【删除集】：在此下拉列表中选择不需要的集，单击此按钮可将该集删除。

（4）【存储】：单击此按钮，以存储新建集中所更改的快捷键命令。

（5）【显示集】：单击该按钮，可以弹出文档文件，里面将显示一个集的全部文档式快捷键。

（6）【产品区域】：此下拉列表中的选项，用于对各区域菜单进行分类。

（7）【命令】：列出了与菜单区域相应的命令。

（8）【当前快捷键】：显示与命令相应的快捷键。

（9）【移去】：单击此按钮，可以将当前的命令所使用的快捷键删除。

（10）【新建快捷键】：在此文本框中可以重新定义自己需要和习惯的快捷键。

（11）【确定】：单击此按钮，对更改进行保存后退出对话框。

（12）【取消】：单击此按钮，对更改不进行保存退出对话框。

提 示

自定义键盘快捷键功能可以使用户按照自己的理想方式工作。但是，在讨论技巧与阅读文档或共享计算机时，修改的键盘快捷键会导致混乱，所以，在修改快捷键时要考虑所产生的后果。

思考与练习

一、填空题

1. InDesign CC 2015 是 Adobe 公司系列产品中的一款_____软件，为杂志、书籍、报纸等出版物提供了优秀的技术平台。

2. 利用_____功能，InDesign 用户可以轻松地联机发布 InDesign 文档。

3. 颜色分为_____和_____，

是印刷中最常用的主要颜色。

4．印刷色是使用_____、_____、_____和_____4 种标准印刷色油墨的组合进行印刷的。

5．_____也可称为点阵图，是由许多像素点组成的，它的像素点排列形状为矩形，每一个像素都有其特定的坐标和颜色值。

二、选择题

1．在 InDesign 的菜单栏中，共包括_____个菜单选项。

    A．7

    B．8

    C．9

    D．10

2．按_____键可以隐藏工具箱及所有已显示的面板。

    A．Shift+Tab

    B．Tab

    C．Ctrl+Tab

    D．Shift+Tab

3．按_____快捷键隐藏所有面板。

    A．Shift+Tab

    B．Tab

    C．Ctrl+Tab

    D．Shift+Tab

4．下列选项中，不属于颜色模式的选项是_____。

    A．RGB

    B．CMYK

    C．Lab

    D．Tab

5．在 InDesign CC 2015 中，主要包括 5 种视图模式，下列选项中_____选项不属于 InDesign CC 2015 的视图模式。

    A．出血

    B．预览

    C．辅助页面

    D．演示文稿

三、问答题

1．简述 InDesign CC 2015 的应用领域。

2．InDesign 有哪几种颜色模式？

3．简述位图与矢量图的特点。

第 2 章

InDesign CC 2015 的基础操作

在 InDesign CC 2015 中，只有打下坚实的基础，才能够更轻松地学习深层次的知识。使用 InDesign 时，每一个命令的使用或参数的设置都可能会影响到工作效率，比如工作区的设置、文档的管理和首选项参数等。在学习的时候，还要注意快捷键的使用。

本章主要讲解 InDesign CC 2015 的基础知识，包括文档工作区的管理与编辑，文档的存储与恢复，文档模板的创建与应用，首选项的主要设置等，帮助读者快速地掌握 InDesign 的基础知识。

2.1　编辑与管理工作区

可以使用各种元素（如面板、栏以及窗口等）来创建和处理文档和文件。这些元素的排列方式称为工作区。用户可以通过从多个预设工作区中进行选择或创建自己的工作区来调整各个应用程序，以适合自己的工作方式。

2.1.1　新建并自定义工作区

自定义工作区的方法有两种，一种是可以单击【基本功能】按钮，在此下拉列表中选择【新建工作区】命令，在弹出的对话框中进行设置，然后单击【存储】按钮即可，如图 2-1 所示。

另一种是单击工作区切换器，在弹出的菜单中选择【新建工作区】命令，或选择【窗口】|【工作区】|【新建工作区】命令，将弹出如图 2-2 所示的对话框，在其中输入自定义的名称，然后单击【确定】按钮退出对话框，即完成新建的工作环境的操作，并可将该工作区存储到 InDesign 中。

2.1.2　载入工作区

要载入已有的或自定义的工作区，可以单击工作区切换器，在弹出的菜单中选择现

有的工作区,如图 2-3 所示,或选择【窗口】|【工作区】子菜单中的自定义工作界面的
名称。

图 2-1 【基本功能】下拉菜单

图 2-2 【新建工作区】对话框

2.1.3 重置工作区

若在应用了某个工作区后,改变了其中的界面布局,此时若想恢复至其默认的状态,
则可以单击工作区切换器,或选择【窗口】|【工作区】|【重置"***"】命令,其中的***
代表当前所用工作区的名称。

以前面保存的工作区【工作区一】为例,此时就可以在工作区切换器菜单中选择【重
置"工作区一"】命令,如图 2-4 所示。

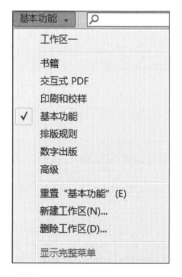

图 2-3 在工作区切换器中载入工作区

图 2-4 重置工作区

2.2 文档基础操作

在使用 InDesign CC 2015 工作时,首先要创建或打开文档,才能够在文档中进行操
作。然后把操作过的文档进行保存,方便以后打开查看或修改。对于一些损坏的文件,
还可以运用恢复技术进行恢复。

2.2.1 新建、打开文档

在 InDesign 中设计作品，用户首先需要新建文档，以用于保存与显示设计内容。一般情况下，用户可通过下列方法新建文档。

1．设置新建文档参数

执行【文件】|【新建】命令，在该菜单中，用户可以创建文档、书籍与库的新文档。其中：

❑ **文档** 用于创建常用文档，可以编辑排版页面，并由单页或多页构成，该文档包含排版时的所有信息。

❑ **书籍** 用于创建可以共享样式和色板的文档集。此时，用户可以按照顺序为书籍进行页面编号，或者将文档导出为 PDF 文件。一般情况下，一个文档可以隶属于多个书籍文件。

❑ **库** 库是以一种命名文件形式存在的，在创建库时首先需要指定库存在的位置。InDesign 可以打开在 InDesign 中创建的库，但对于早期版本中创建的库，需要重新对其进行创建。

执行【文件】|【新建】|【文档】命令，打开【新建文档】对话框，如图 2-5所示。

图 2-5 【新建文档】对话框

提 示

用户还可以按 Ctrl+N 键，快速打开【新建文档】对话框。

在该对话框中，主要包括新建文档的基础参数、页面大小，以及出血和辅助信息区等选项，其每种选项的具体含义，如表 2-1 所示。

表 2-1 【新建文档】对话框中选项含义

组	选 项	含 义
用途		用于设置新建文档的输出格式，包括打印与 Web 格式。当用户需要将文档输出为适用于 Web 的 PDF 或 SWF 格式时，需要选择 Web 格式
较多选项		单击该按钮，可以展开系统隐藏的【出血和辅助信息区】选项
页数		用于设置在新文档中所需创建的页数，每个单一文档的页数介于 1～9999 页
对页		启用该复选框可以使双页面跨页中的左右页面彼此相等，另外禁用该选项，可以使每个页面彼此独立
起始页码		用于指定新建文档的起始页码，当启用【对页】复选框，并指定了一个偶数时，则文档中的第一个跨页将以一个包含两个页面的跨页开始
主文本框架		启用该复选框，可以创建一个与边距参考线内区域大小相同的文本框架，并匹配指定的栏数，该选项可用于排版书籍

组	选　项	含　义
页面大小	页面大小	用于指定新建文档的页面大小，主要包括 A4、A3、【转至名片 4】等 34 种选项
	宽度	用于指定页面的宽度，其值介于 0.353～5486.4mm 之间
	高度	用于指定页面的高度，其值介于 0.353～5486.4mm 之间
	页面方向	用于设置新建文档的页面方向，包括纵向与横向两种方向
	装订	用于设置新建文档的装订方向，包括从左到右与从右到左两种选项
创建文档	取消	单击该按钮，将取消新建文档的操作
	版面网格对话框	单击该按钮，将切换到【新建版面网格】对话框中
	边距和分栏	单击该按钮，将切换到【新建边距和分栏】对话框中

另外，当用户单击【新建文档】对话框中的【更多选项】按钮时，系统将自动显示【出血和辅助信息区】选项组，如图 2-6 所示。

其该选项组中的各选项的含义，如下所述。

（1）【出血】：用于设置出血区域，出血区域是可以打印排列在已定义页面大小边缘外部的对象，出血区域在文档中由一条红线表示。另外，用户可以在【打印】对话框的【出血】中进行出血区域设置。

（2）【辅助信息区】：用于设置辅助信息区域，当文档裁切为最终页面大小时，辅助信息区将被裁掉。辅助信息区可存放打印信息和自定义颜色条信息，还可显示文档中其他信息的其他说明和描述。

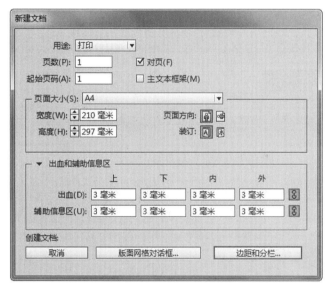

图 2-6　出血和辅助信息区

提　示

在设置【出血和辅助信息区】选项后，用户可通过单击选项后面的 📎 按钮，将所有的设置设为相同。

2．设置新建边距与分栏参数

设置完新建文档的基础参数之后，在【新建文档】对话框中，单击【边距和分栏】按钮。在弹出的【新建边距和分栏】对话框中，设置创建参数，如图 2-7 所示。单击【确定】按钮，即可创建固定边距与栏数的新文档。

在【新建边距和分栏】对话框中，主要包括下列 4 个选项。

（1）【边距】：边距是版心距离页面边缘的距离。该选项组主要用来设置上、下、内、外边距的数值，其取值范围介于 0～11 559.469 mm 之间。另外，用户还可以单击【将所有设置设为相同】按钮，来将所有的设置设为同一参数。

（2）【栏】：用于设置页面栏数，栏间距与排版方向。其中，栏数取值范围介于 1-216 之间；栏间距的取值范围介于 0～508 mm 之间；排版方向包括水平与垂直两种方向。

（3）【启用版面调整】：启用该复选框，系统将自动调整版面。

（4）【预览】：启用该复选框，系统将自动在文档中显示设计样式。

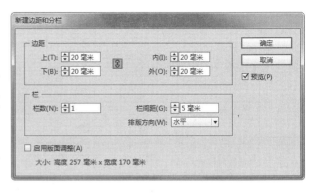

图 2-7 【新建边距和分栏】对话框

提 示

在默认情况下，InDesign 采用水平方向的粉红色边线和垂直方向上的蓝色边线来只显示页边距的大小。

技 巧

创建新文档之后，用户可通过执行【版面】|【边距和分栏】命令，在打开的【新建边距和分栏】对话框中重新设置边距与分栏参数。

3. 设置新建版面网格参数

版面网格效果的文档是系统自动在文档中显示网格效果，并可以根据排版需求设置网格的方向、行数与栏数，以便于用于查看文字的字数。

在【新建文档】对话框中，单击【版面网格对话框】按钮，弹出【新建版面网格】对话框。根据排序需求，设置网格属性、行和栏、起点等选项，如图 2-8 所示。最后，单击【确定】按钮，即可创建一个版面网格样式的新文档。

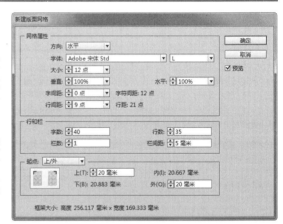

图 2-8 【新建版面网格】对话框

在该对话框中，主要包括网格属性、行和栏、起点等选项，每种选项的具体含义，如表 2-2 所示。

表 2-2 【新建版面网格】对话框中选项含义

组	选 项	含 义
网格属性	方向	用于设置网格的排列方向，主要包括水平与垂直两种选项
	字体	用于设置新文档的字体样式，包括普通文档字体的所有样式
	大小	用于设置网格正文文字的字号，并由字体的字号确定网格单元格的大小
	垂直	用于设置网格正文文字的垂直与水平缩放比例，网格的大小将根据比例缩小而变化。该值的取值范围介于 1%～100% 之间
	水平	

组	选 项	含 义
网格属性	字间距	用于设置网格正文文本字符之间的距离。当值为正时，网格单元格将存在字间距；为负时，网格单元格将重叠在一起。其取值范围介于-11.9~241.276 点之间
	行间距	用于设置网格文字行与行之间的距离。当值为正时，文字行之间将存在间距；为负时，文字行之间将重叠在一起。其取值范围介于-11.9~761.445 点之间
行和栏	字数	用于设置每行的字符数，字符数不能超过页面尺寸，取值范围介于 1~21 之间
	行数	用于设置网格的行数，行数不能超出页面尺寸，取值范围介于 1~37 之间
	栏数	用于设置页面中的分栏数值，其取值范围介于 1~20 之间
	栏间距	用于设置栏与栏之间的距离，其取值范围介于 0~175.233mm 之间
起点	起点	用于设置网格的起点位置，即为字符网格的起点指定一个位置。主要包括上/外、下/内、垂直居中、完全居中等几种选项
	上	用于指定上起点的具体位置，其取值介于 0~292.767mm 之间。该选项只有在水平居中、上/外与上/内选项中才可用
	内	用于指定页内起点的具体位置，其取值介于 0~196.533mm 之间。该选项只有在下/内与上/内选项中才可用
	下	用于指定下起点的具体位置，其取值介于 0~292.767mm 之间。该选项只有在下/内与下/外选项中才可用
	外	用于指定外起点的具体位置，其取值介于 0~196.533mm 之间。该选项只有在上/外、下/外与垂直居中选项中才可用
预览		启用该复选框，可在文档中预览设置样式

2.2.2 打开、存储文档

在 InDesign 中创建文档并设计排版格式之后，需要对其进行保存，以避免因断电或者误操作而导致文件丢失。另外，当出现异常现象时，InDesign 还可以对文档进行自动恢复。

1. 打开文档

打开 InDesign 的方法与打开 Office 文件的方法大体一致，执行【文件】|【打开】命令，或按 Ctrl+O 快捷键，弹出【打开文件】对话框。选择需要打开的文件，设置打开方式，单击【打开】按钮即可，如图 2-9 所示。

在【打开文件】对话框中，包括正常、原稿与副本三种打开方式，其每

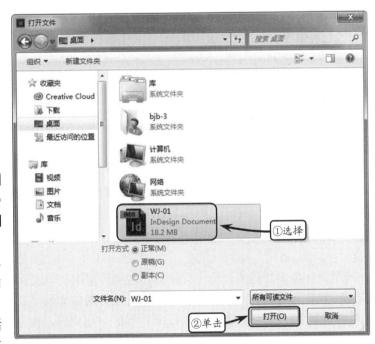

图 2-9 打开文档

种打开方式所代表的含义如下所述。

（1）【正常】：选中该选项，表示可以打开原始文档或模板的副本。

（2）【原稿】：选中该选项，表示可以打开原始文档或模板。

（3）【副本】：选中该选项，表示可以打开文档或模板的副本。

2．存储文档

执行【文件】|【存储为】命令，弹出【存储为】对话框。选择保存位置，设置文件保存名称与保存类型，单击【保存】按钮即可，如图2-10 所示。

默认情况下，InDesign 为用户提供了 InDesign CC 2015 文档、InDesign CC 2015 模板、InDesign CS4 或更高版本三种保存类型。另外，用户也可以通过启用【总是存储文档的预览图像】复选框，为存储的文件创建预览图。

图 2-10　存储文档

除了执行【文件】|【存储为】命令存储文档之外，用户还可以通过执行【文件】|【存储】命令与【文件】|【存储副本】命令，来存储新建文档。每种命令的使用方法与环境如下所述。

（1）【存储】命令：该命令用于新建文档，或编辑保存过的需要替换原文档时的操作。

（2）【存储为】命令：该命令用于新建文档，或编辑保存过的无须替换原文档时的操作。

（3）【存储副本】命令：该命令用于无须替换原文档，且对原文档不发生改变时的操作。

技 巧

在 InDesign 中，【存储】命令的快捷键为 Ctrl+S，【存储为】命令的快捷键为 Ctrl+Shift+S，【存储副本】命令的快捷键为 Ctrl+Alt+S。

2.2.3　恢复、还原文档

用户在编辑文档的过程中，往往会遇到计算机故障或误操作造成文档在没有保存的情况下就关闭了。这时可以使用 InDesign 提供的自动恢复文档的功能，恢复未保存的文档。另外，用户还可以运用 InDesign 内置的一些功能，恢复或重做文档。

（1）自动恢复文档：遇到计算机故障未保存而关闭文档时，重启 InDesign 软件，系统会自动弹出询问对话框，询问用户是否恢复未保存的文档。

（2）还原文档：可通过执行【编辑】|【还原】命令，或使用 Ctrl+Z 键，将文档还原到最近的修改处。

（3）重做文档：可通过执行【编辑】|【重做】命令，或使用 Shift+Ctrl+Z 组合键，重做某项操作。

（4）还原存储位置：可通过执行【文件】|【恢复】命令，将文档还原到上次存储的位置。

2.2.4 设置文档属性

在文档关闭后，要修改已有文档的属性，可以在打开文档后，执行【文件】|【文档设置】命令，或按 Ctrl+Alt+P 快捷键，在弹出的【文档设置】对话框中进行参数的修改，如图 2-11 所示。

在【文档设置】对话框中，可以修改当前文档的纸张尺寸、出血等参数。

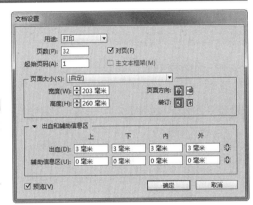

图 2-11　【文档设置】对话框

也可以选择【页面工具】，或按 Shift+P 快捷键，在控制面板中设置其尺寸、方向等属性，如图 2-12 所示。

图 2-12　控制面板

执行菜单【版面】|【边距和分栏】命令，在弹出的【边距和分栏】对话框中对页面的边距大小和栏目数进行更改，如图 2-13 所示。

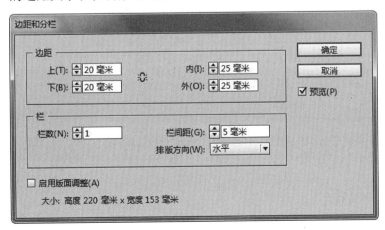

图 2-13　【边距和分栏】对话框

更改该对话框中的参数可对边距大小和栏目数进行重新设置。

2.3 模板的创建与应用

创建模板与创建文档的步骤相同，当需要使用文档中的样式、色板、页眉页脚等参数作为固定元素制作一系列作品时，可以将其存储为模板。以该模板创建新文档时，就会自动包含这些固定元素，避免一些重复的工作。

2.3.1 将当前文档保存为模板

创建一个新文档，将需要的信息，如文档尺寸、页边距、页数、主页、样式、颜色等全部设置好，然后执行【文件】|【存储为】命令，或按 Ctrl+Shift+S 键，在弹出的【存储为】对话框中设置【保存类型】为【InDesign CC 2015 模板】，如图 2-14 所示，并指定存储的位置和输入文件名，然后单击【保存】按钮。

图 2-14 选择保存类型

提 示

当使用不同版的 InDesign 时，此处显示的版本号也随之有所不同。

2.3.2 编辑现有模板

如果要在现有模板的基础上创建新文档，执行【文件】|【打开】命令，打开现有模

板文件即可。但要注意的是，在【打开文件】对话框中，需要在下方的打开方式选项中选择【正常】选项。

如果需要对现有模板中的元素进行修改，可以执行【文件】|【打开】命令，在弹出的对话框中选择要编辑的模板文件，在下方的【打开方式】选项中选择【原稿】选项，然后单击【打开】按钮即可进行编辑。

2.4 文档视图设置

在 InDesign 中，可以同时打开多个文件，而此时只有一个当前编辑的文件处于激活状态。一般情况下，用户可以使用 InDesign 提供的排列文档窗口、切换窗口、移动与缩放窗口等功能，来控制视图以方便查看多个文件，从而达到提高工作效率的目的。

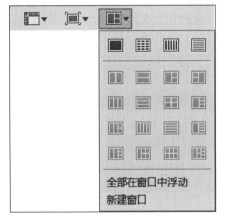

● 2.4.1 排列文档窗口

在 InDesign 中同时打开多个文档时，可以使用程序栏中的【排列文档】功能来查看与编辑不同的文档，如图 2-15 所示。也可以执行【窗口】|【排列】命令，在弹出的菜单中选择合适的选项，将文档窗口进行排列。

🔖 图 2-15　程序栏中的排列文档选项

在打开的菜单中，可以根据打开的文档数量，选择不同的排列方式，呈现不同的视觉效果。如图 2-16 所示为【全部按网格拼贴】效果。

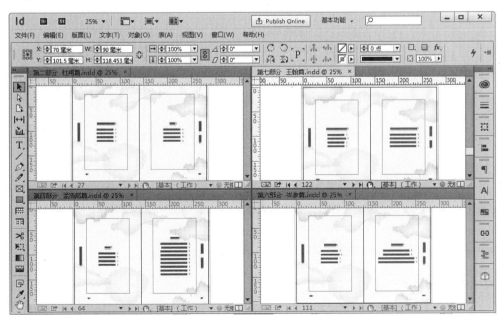

🔖 图 2-16　排列效果

用户还可以通过执行【窗口】|【排列】|【合并所有窗口】命令，将文档窗口恢复到默认的排列方式。

2.4.2 切换窗口

用户在对多个文档进行编辑时，只能编辑处于当前活动状态的文档。为提高编辑效率，用户可以运用 InDesign 中自带的切换窗口功能，对多个文档窗口进行自由切换。一般情况下，用户可以使用下列三种切换方式。

（1）使用【窗口】菜单：直接单击【窗口】菜单，在下拉菜单的最底部将显示当前所有打开的文档名称，用户只需选择不同的文档名称即可激活该文档。被激活的文档，将在文档名称前面显示"√"符号。

（2）单击标题栏：用户还可以直接单击文档窗口标题栏中的控制按钮，来激活文档窗口。

（3）新建窗口：执行【窗口】|【排列】|【新建窗口】命令，创建一个当前窗口的备份，通过窗口备份编辑相应的文档。该窗口备份与原窗口内容是相同的，无论用户在哪个窗口中编辑文档，另外一个窗口中都会做出相应的更改。

2.4.3 文档显示控制

在对文档进行编辑时，除了自由切换窗口之外，用户还可以运用 InDesign 中的命令或工具栏上的按钮，来控制文档视图的显示质量与显示区域。

1. 控制视图的显示质量

InDesign 为用户提供了快速显示、典型显示与高品质显示三种显示质量，用户只需执行【视图】|【显示性能】|【快速显示】或【典型显示】或【高品质显示】命令即可，如图 2-17 所示。

| 快速显示 | 典型显示 | 高品质显示 |

图 2-17 控制视图的显示质量

其中，每种显示的具体要求与作用如下所述。

（1）快速显示：该显示方式主要以一个灰框代替置入的图像或形状，属于节省资源模式。适用于计算机配置低，运行速度慢的用户。

（2）典型显示：该显示方式为系统默认的显示方式，主要采用低分辨率的方式显示置入图像或形状。

（3）高品质显示：该显示方式使用高质量视图的方式显示置入的图像或形状，比较真实地显示置入的图像或形状。适用于计算机配置比较好，运行速度比较快的用户。

提 示

在文档中选择非对象，使对象处于未激活状态。然后，右击对象执行【显示性能】命令，即可控制视图的显示质量。

2. 控制视图的显示区域

控制视图的显示区域，即在编辑文档时用户运用【缩放显示工具】与【抓手工具】命令，对视图进行的缩放与移动操作。具体操作方法如下所述。

（1）放大视图区域：使用工具箱中的【缩放显示工具】🔍，在文档中单击左键即可放大区域，或者在文档中按住鼠标左键框选指定区域，即可只放大该区域。

（2）缩小视图区域：使用工具箱中的【缩放显示工具】🔍，按住 Alt 键，单击鼠标左键即可缩小视图区域。

（3）调整区域位置：可以使用工具箱中的【抓手工具】🖐，在文档中按住鼠标左键，拖动鼠标即可调整区域位置。另外，用户也可以拖动文档视图右侧或下侧的滚动条，来调整区域位置。

（4）调整显示比例：可以通过修改菜单上方的显示比例下拉按钮 200% ▾，在其列表中选择相应的显示比例即可。另外，用户还可以通过执行【视图】|【放大】或【缩小】命令，来调整显示比例。

（5）使页面适合窗口：可通过执行【视图】|【使页面适合窗口】命令，或按下 Ctrl+O 键，使页面和窗口适配，并使当前页面打开为最大状态。

（6）使跨页适合窗口：可通过执行【视图】|【使跨页适合窗口】命令，或按下 Ctrl+Alt+O 组合键，使跨页页面和窗口适配，并使当前页面打开为最大状态。

（7）显示实际尺寸：可通过执行【视图】|【显示实际尺寸】命令，或按下 Ctrl+1 键，使页面以实际尺寸显示在窗口中。

2.5　文档辅助工具

在 InDesign 中，为了便于工作需求，可以对软件的一些常用参数进行设置与优化。辅助元素可以帮助用户精确定位文档对象的位置与尺寸，通过该功能用户可以更方便地确定对象的位置，从而使工作更加轻松、简单。

2.5.1　设置首选项

修改首选项可以在打开文档或关闭文档的情况下设置，前者针对打开的文档，后者针对以后所有文档创建新的设置。同样，如果在没有选中对象时更改设置，则更改将为新

对象设置默认设置。执行【编辑】|【首选项】|【常规】命令，弹出【首选项】对话框，在该对话框中有 20 种选项，经常使用的选项主要包括常规、界面、文字、单位等。

1. 常规选项

在【常规】选项中，主要用于设置文档的页码、缩放、字体等一些常规选项，如图 2-18 所示。

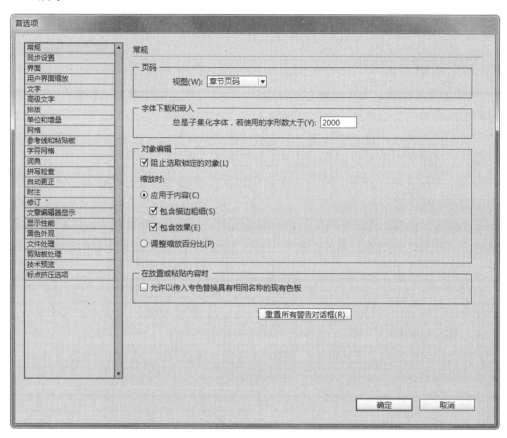

图 2-18　【常规】选项卡

在【常规】选项卡中，主要包括下列几项选项组。

（1）【页码】：从【视图】菜单中选择一种页码编排方法。

（2）【字体下载和嵌入】：根据字体所包含的字形数来指定触发字体子集的阈值。这一设置将影响【打印】和【导出】对话框中的字体下载选项。

（3）【对象编辑】：在【缩放时】部分中，可以决定缩放对象在面板中的反映形式，以及缩放框架的内容的行为方式。如果希望缩放文本框架时，点大小随之更改，请选择【应用于内容】。如果在缩放图形框架时选择了此选项，则图像的百分比大小会发生变化，但框架的百分比将恢复为 100%。选择【调整缩放百分比】后，缩放文本时将显示原始点大小，同时在括号中显示新的点大小。如果在缩放图形框架时选择了此选项，则框架和图像的百分比大小都将发生变化。

（4）【在放置或粘贴内容时】：当勾选【允许以传入专色替换具有相同名称的现有色板】复选框时，如果置入的内容包含专色，则此专色将替换色板中具有相同名称的色板。

（5）【重置所有警告对话框】：单击选项显示所有警告，甚至包括所选的不予显示的警告。（出现警告时，可以通过选中复选框来避免警告再次显示。）

2. 同步设置

软件会经常更新功能和性能，用户可以登录账号以获取最新信息并更新内容，使软件的各项功能保持最新状态，如图 2-19 所示。

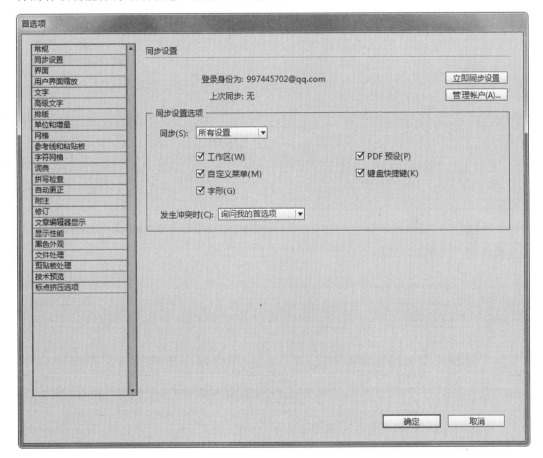

图 2-19　【同步设置】选项卡

3. 界面选项

在【首选项】对话框中激活【界面】选项，在其列表中设置光标和手势选项、面板选项等选项即可，如图 2-20 所示。

在【界面】选项卡中，主要包括【外观】、【光标和手势选项】、【面板】、【选项】等选项组，其每个选项组中的具体选项的作用，如表 2-5 所示。

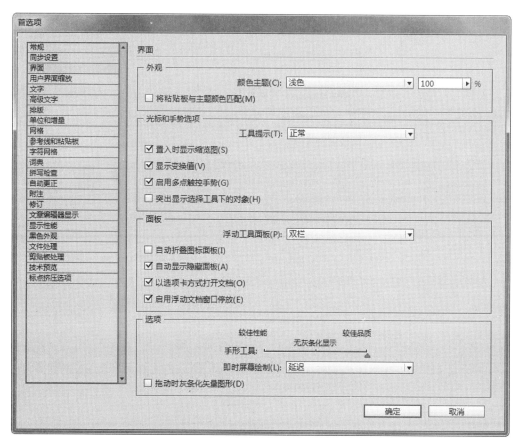

图 2-20　【界面】选项卡

表 2-3　【界面】选项卡中各选项及作用

选项组	选项	作 用
外观	颜色主题	可以选择颜色主题下的选项调节界面的深浅，也可以调节后边的百分比进行自定义调整
	将粘贴板与主题颜色匹配	启用该复选框，在页面区域外的区域与界面颜色一致；反之，则与页面颜色一致
光标和手势选项	工具提示	用于设置鼠标的工具提示显示状态，包括【快速】、【正常】、【无】三种选项
	置入时显示缩览图	启用该复选框，表示在置入图形或文本时，在载入图形光标或文本处会显示缩略图
	显示变换值	在创建对象、调整对象大小或旋转对象时，光标会显示坐标、宽度、高度或旋转信息
	启用多点触控手势	启用该复选框，可以在 InDesign 中启用 Windows 和 Mac OS 多点触控鼠标手势
	突出显示选择工具下的对象	启用该复选框，可以在选择工具放在对象上面的时候突出显示
面板	浮动工具面板	用于设置工具栏显示为单列、双列还是单行
	自动折叠图标面板	启用该复选框，单击文档窗口可自动关闭打开的面板
	自动显示隐藏面板	启用该复选框，当按下 Tab 键隐藏面板后，将指针移至文档窗口边缘时，可以临时显示面板

InDesign CC 2015 图形设计标准教程

选项组	选 项	作 用
	以选项卡方式打开文档	禁用该复选框时，用户创建或打开的文档将显示为浮动窗口，而非选项卡式窗口
	启用浮动文档窗口停放	启用该复选框，可以按照选项卡窗口的形式停放每个浮动窗口。禁用该复选框时，可通过按住 Ctrl（Windows）或 Command（Mac OS）键，浮动窗口才可以与其他窗口一起停放
选项	手形工具	用来设置滚动文档是否灰条化显示文本和图像
	即时屏幕绘制	用来设置拖动对象时是否重新绘制图像，当选择【立即】选项时表示拖动时会重新绘图该图像；当选择【永不】选项时表示拖动图像只会移动框架，释放鼠标按键时才会移动图像；当选择【延迟】选项时表示只有暂停拖动图像时才会重新绘制
	拖动时灰条化矢量图形	启用该复选框，滚动文档时将灰条化显示矢量图形

4．文字选项

在【首选项】对话框中选择【文字】选项，在其列表中设置文字选项、拖放式文本编辑等选项即可，如图 2-21 所示。

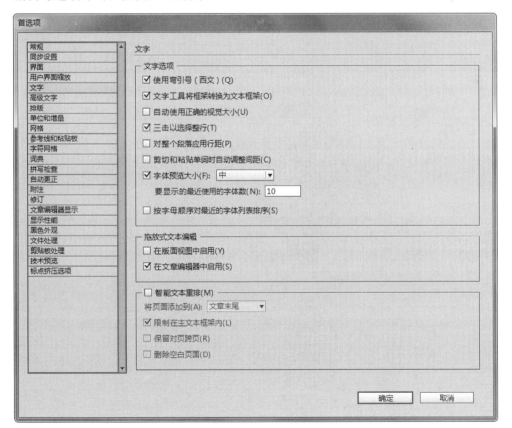

【文字】选项卡

在【文字】选项卡中，主要包括文字选项、拖放式文本编辑与智能文本重排三个选项组，其每个选项组的具体含义与作用如下所述。

（1）【文字选项】：该选项组主要用来设置输入法输入文字时的状态，例如设置行距、间距、大小等。

（2）【拖放式文本编辑】：主要用来设置版面视图以及在编辑器中所采用的拖放式文本编辑功能。

（3）【智能文本重排】：该选项组主要用来设置文档的页面添加位置，以及将文本限制在主页文本框架内、保留对页跨页及删除空白页。

5．高级文字选项

在【首选项】对话框中选择【高级文字】选项，在其列表中设置字符、输入法与缺失字形保护等选项即可，如图 2-22 所示。

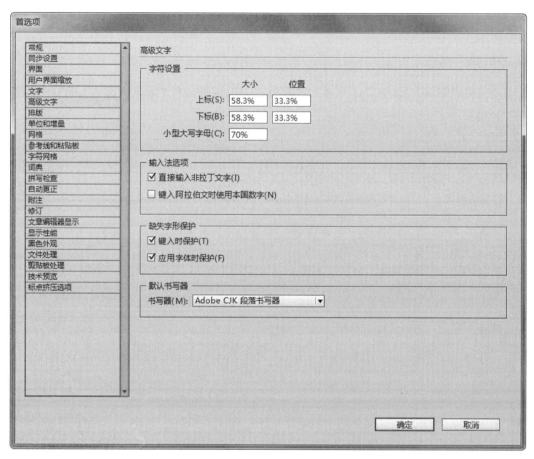

图 2-22 【高级文字】选项卡

【高级文字】选项卡中，各选项组的具体选项与作用如下所述。

（1）【字符设置】：该选项组主要用于设置上标、下标的大小百分比与位置百分比，以及小型大写字母的百分比值。其中，【大小】百分比取值范围介于 1%～200% 之间，【位置】百分比取值范围介于-500%～500% 之间，【小型大写字母】的百分比取值范围介于 1%～200% 之间。

（2）【输入法选项】：启用该选项组中的复选框，可以直接输入非拉丁文字。

（3）【缺失字形保护】：该选项组主要用于设置是在输入时还是在应用字体时保护缺失字形。

（4）【默认书写器】：该选项组主要用于设置在输入时选择使用的几种书写器。

6．排版选项

在【首选项】对话框中选择【排版】选项，在其列表中设置突出显示、文本绕排、标点挤压兼容性模式等选项即可，如图 2-23 所示。

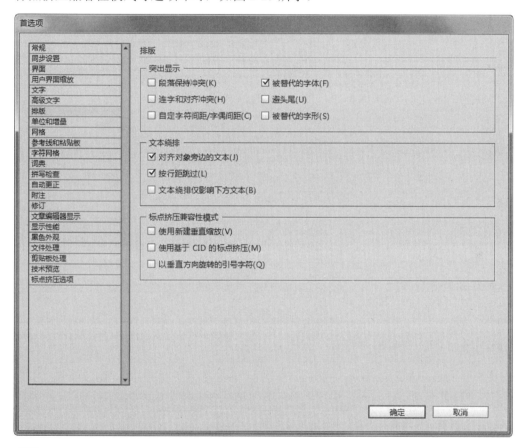

图 2-23　【排版】选项卡

【排版】选项卡中的每个选项组的具体功能如下所述。

（1）【突出显示】：该选项组主要用来控制在指定状态下文本呈高亮显示，例如，【被替代的字体】选项被启用时表示在排版时被系统替换掉的字体呈高亮显示。

（2）【文本绕排】：该选项组主要用来设置在排版过程中对置入的文本进行强制性绕排的方式。

（3）【标点挤压兼容性模式】：该选项组主要用来设置在文本中应用预定义的标点挤压集，以便改善排版的效果。

7．单位和增量选项

在【首选项】对话框中选择【单位和增量】选项，在其列表中设置标尺单位、排版单位、描边单位等选项即可，如图 2-24 所示。

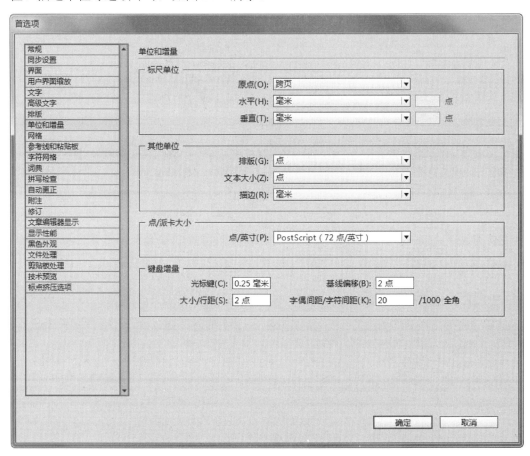

图 2-24　【单位和增量】选项卡

在【单位和增量】选项卡中，主要包括【标尺单位】、【其他单位】、【点/派卡大小】与【键盘增量】选项组，其每个选项组中的具体选项的作用，如表 2-4 所示。

表 2-4　【单位和增量】选项卡中各选项及作用

选项组	选　项	作　用
标尺单位	原点	用于设定原点状态，当选择【跨页】选项时标尺原点将设在各个跨页的左上角；选择【页面】选项时标尺原点将设在各个页面的左上角；选择【书脊】选项时标尺原点将设在多跨页的最左侧页面的左上角，以及装订书脊的顶部
	水平	用于设定水平和垂直标尺的单位，其水平和垂直的表标尺可以设定为不同的单位
	垂直	
其他单位	排版	用于设置排版的单位，其单位包括点、像素、齿（Ha）、美式点、U、Bai、Mils7 种单位
	文本大小	用于设置文字大小的单位，其单位包括点、像素、级（Q）、美式点 4 种单位
	描边	用于设置描边的单位，其单位包括点、毫米与像素三种单位
点/派卡大小		用于设置点/派卡大小的样式，主要包括【PostScript(72 点/英寸)】、【传统（72.27 点/英寸）】、72.23 与 72.3 等选项

选项组	选　项	作　用
键盘增量	光标键	用于设定上下左右箭头移动选中对象时的一次移动量，其取值范围介于 0～35.278mm 之间。其值越小，移动量越精确；其值越大，移动的速度越快。当用户同时按住 Shift 键时，一次移动的距离会增大 10 倍
	大小/行距	用来设定在用快捷键更改大小或行距时，每按一次快捷键的改变量，其取值范围介于 0.001～100 点之间
	基线偏移	用于设定在用快捷键更改字符基线上下偏移时，每按一次快捷键的改变量，其取值范围介于 0.001～100 点之间
	字偶间距/字符间距	用于设定在用快捷键调整字符间距时，每按一次快捷键的改变量，其取值范围介于 1～100 之间。当用户同时按住 Ctrl 键时，系统会以该设定值的 10 倍改变

8．网格选项

在【首选项】对话框中选择【网格】选项，在其列表中设置基线网格与文档网格的选项即可，如图 2-25 所示。

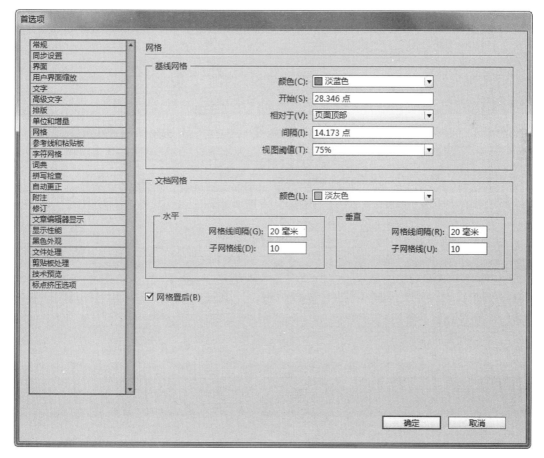

图 2-25　【网格】选项卡

在【网格】选项卡中，主要包括【基线网格】、【文档网格】等选项组，每个选项组中的具体选项的作用，如表 2-5 所示。

表 2-5 【网格】选项卡中各选项及作用

选项组	选 项	作 用
基线网格	颜色	用来设置基线网格的颜色，包括 30 种常用颜色。另外，用户还可以通过执行颜色列表中的【自定】选项来自定义颜色
	开始	用于设置基线的开始值，该值是指基线从页首到第一根基线的距离，其取值范围介于 0～8640 点之间。当将该值设置为零时，全部页面都将是基线
	相对于	用于设定基线是相对于页面顶部还是上边距
	间隔	用于设置两条基线之间的距离，其取值范围介于 1～8640 之间
	视图阈值	用来设定显示基线的百分比值，例如，该值设置为 70% 时，则表示在视图比例为 70% 以下的视图中，将无法看到基线
文档网格	颜色	用来设置文档网格的样式，包括 30 种常用颜色。另外，用户还可以通过执行颜色列表中的【自定】选项，来自定义颜色
	水平	用于设定文档网格的水平线与垂直线之间的距离，以及小网格的数量。其中，网格线间隔的取值范围介于 0.353～352.778mm 之间，子网格线的取值范围介于 1～1000 之间
	垂直	
	网格置后	启用该复选框，文档中的网格线将置后显示

9. 参考线和粘贴板选项

在【首选项】对话框中选择【参考线和粘贴板】选项，在其列表中设置参考线的颜色、靠齐范围、粘贴板的编辑等选项即可，如图 2-26 所示。

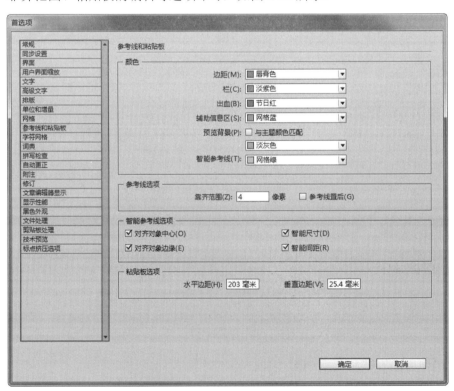

图 2-26 【参考线和粘贴板】选项卡

在【参考线和粘贴板】选项卡中，主要包括【颜色】、【参考线选项】、【智能参考线选

InDesign CC 2015 图形设计标准教程

项】、【粘贴板选项】等选项组，其每个选项组中的具体选项的作用，如表 2-6 所示。

表 2-6　【参考线和粘贴板】选项卡中各选项及作用

选项组	选　项	作　　　用
颜色	边距	用于设置页边距参考线的颜色
	栏	用于设置页面栏参考线的颜色
	出血	用于设置出血区域参考线的颜色
	辅助信息区	用于设置辅助信息区域参考线的颜色
	预览背景	用于设置粘贴板在【预览】模式下的颜色
	智能参考线	用于设置智能参考线的颜色
参考线选项	靠齐范围	用于设置在捕获对齐基线、文档网格、参考线时，离对齐线的最大距离。其取值范围介于 1～36 像素之间
	参考线置后	启用该复选框，表示参考线在版面对象的后面
智能参考线选项	对齐对象中心	启用该复选框，表示参考线以对象的中心为基准进行对齐
	智能尺寸	启用该复选框，系统将自动调整参考线的尺寸
	对齐对象边缘	启用该复选框，表示参考线以对象的边缘为基准进行对齐
	智能间距	启用该复选框，系统将自动调整参考线的间距
粘贴板选项	水平边距	用于设置粘贴板从页面或跨页面水平或垂直方向扩展的距离，其取值范围介于 0～3048mm 之间
	垂直边距	

10. 文件处理选项

在【首选项】对话框中选择【文件处理】选项，在其列表中设置文档恢复数据、存储 InDesign 文件、片段导入、链接等选项，如图 2-27 所示。

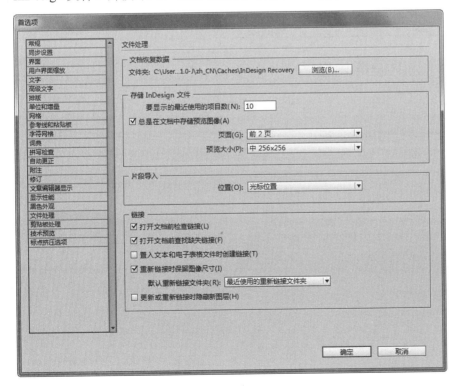

图 2-27　【文件处理】选项卡

在【文件处理】选项卡中，每个选项组中的具体选项作用，如表 2-8 所示。

▒▒▒ 表 2-7　【文件处理】选项卡中各选项及作用

选项组	选　　项	作　　用
文档恢复数据	文件夹	用于设置自动恢复数据的文件存放位置，单击【浏览】按钮，可在弹出的【选择文件夹】对话框中，设置文件夹的位置
存储 InDesign 文件	要显示的最近使用的项目数	用于设置最近使用项目的显示数值，其取值范围介于 0～30 之间
	总是在文档中存储预览图像	用于设置在文档中存储预览图像的页面与预览大小，其中可以存储【首页】、【前 2 页】、【前 5 页】、【前 10 页】与【所有页面】5 种存储方式，而预览大小包括【小 128×128】、【中 256×256】、【大 512×512】与【特大 1024×1024】4 种大小
片段导入	位置	用于设置片段导入的位置，包括【光标位置】与【原始位置】两种方式
链接	打开文档前检查链接	启用该复选框，表示在打开文档时，系统即可自动检测文档中的链接
	打开文档前查找缺失链接	启用该复选框，表示在打开文档时，系统即自动查找文档中缺失的链接
	置入文本和电子表格文件时创建链接	启用该复选框，表示系统会在置入文本和电子表格文件时自动创建链接
	重新链接时保留图像尺寸	启用该复选框，表示在重新链接对象时，系统将保留图像的尺寸
	默认重新链接文件夹	用于设置重新链接的文件夹，主要包括【最近使用的重新链接文件夹】与【原始链接文件夹】两种选项
	更新或重新链接时隐藏新图层	启用该复选框，表示在更新或重新链接对象时，系统将隐藏新图层

2.5.2　标尺的设置与应用

在制作标志、包装设计等出版物时，可以利用标尺和零点精确地定位图形或文本所在的位置。

1. 标尺

标尺是带有精确刻度的度量工具，它的刻度大小随单位的改变而改变。在 InDesign 中，标尺由水平标尺和垂直标尺两部分组成。默认情况下，标尺以毫米为单位，还可以根据需要将标尺的单位设置为英寸、厘米、毫米或像素。要改变标尺的单位，可以右击鼠标并选择所需单位，如图 2-28 所示。

提 示

要想隐藏标尺，执行【视图】|【隐藏标尺】命令。按下 Ctrl+R 键可以快速显示标尺，再次按下 Ctrl+R 键可以快速隐藏标尺。

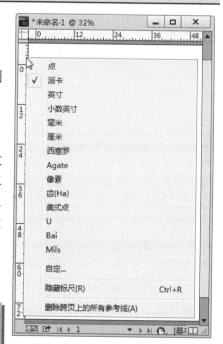

▱ 图 2-28　设置标尺的单位

2．零点

零点是水平和垂直标尺重合的位置。默认情况下，零点位于各个跨页的第一页的左上角。零点的默认位置相对于跨页来说始终相同，但是相对于粘贴板来说会有变化。

【信息】和【变换】面板中显示的 X 和 Y 位置坐标就是相对于零点而言的。可以移动零点来度量距离、创建新的度量参考点或拼贴超过尺寸的页面。默认情况下，每个跨页在第一个页的左上角有一个零点，也可以在装订书籍时定位该零点，或指定跨页中的每个页面的零点。

移动零点时，在所有跨页中，它都将移动到相同的相对位置。例如，如果将零点移动到页面跨页的第二页的左上角，则在该文档中的所有其他跨页的第二页上，零点都将显示在该位置。要移动零点，可以在水平和垂直标尺的交叉点单击并拖动到版面上要设置零点的位置，以建立新零点，如图 2-29 所示。

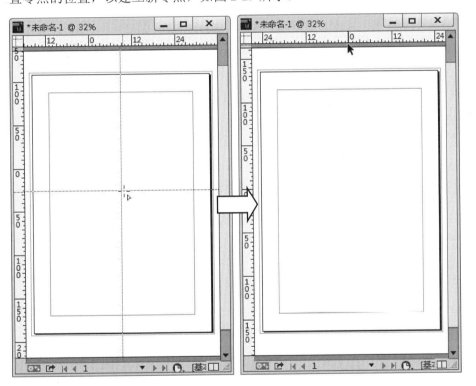

图 2-29 重设零点

> **技 巧**
>
> 要锁定或解锁零点，可以右击标尺的零点，执行【锁定零点】或【解锁零点】命令。

2.5.3 参考线的设置与应用

参考线是与标尺关系密切的辅助工具，是版面设计中用于参照的线条。参考线分为三种类型：标尺参考线，分栏参考线，出血参考线。在创建参考线之前，必须确保标尺和参考线都可见并选择了正确的跨页或页面作为目标，然后在【正常视图】模式中查看文档。

1. 标尺参考线

标尺参考线可以在页面或粘贴板上自由定位，并且与它所在的图层一同显示或隐藏。可以添加两种类型的参考线，即页面参考线和跨页参考线。

1）创建页面参考线

要创建页面参考线，可以将指针定位到水平或垂直标尺内侧，然后拖动到跨页上的目标位置即可，如图 2-30 所示。

技 巧

如果将参考线拖动到粘贴板上，它将跨越该粘贴板和跨页；如果此后将它拖动到页面上，它将变为页面参考线。

还可以创建一组等间距的页面参考线，执行【版面】|【创建参考线】命令，打开【创建参考线】对话框，如图 2-31 所示。

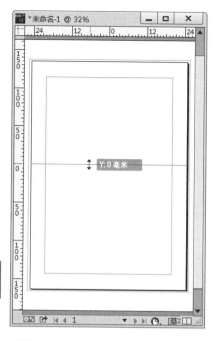

图 2-30　创建页面参考线

该对话框中各选项如下。

（1）【行数】：用于指定创建参考线的行数，其取值范围介于 0～40 之间。

（2）【行间距】：用于指定参考线与参考线之间的距离，其取值范围介于 0～508mm 之间。

（3）【栏数】：用于指定创建参考线的栏数，其取值范围介于 0～40 之间。

（4）【栏间距】：用于指定栏与栏之间的距离，其取值范围介于 0～508mm 之间。

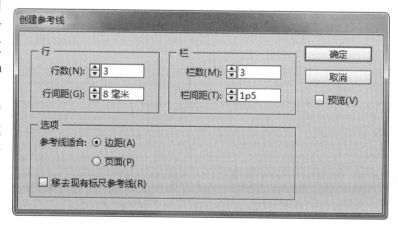

图 2-31　【创建参考线】对话框

（5）【参考线适合】：启用【边距】单选按钮可以在页边距内的版心区域创建参考线；启用【页面】单选按钮将在页面边缘内创建参考线。

（6）【移去现有标尺参考线】：启用该复选框可以将版面中现有的任何参考线删除，包括锁定或隐藏图层上的参考线。

（7）【预览】：启用该复选框可以预览页面上设置参考线的效果。

设置好参数后，单击【确定】按钮即可创建等间距的页面参考线，如图 2-32 所示。

使用【创建参考线】命令创建的栏与使用【版面】|【边距和分栏】命令创建的栏不

InDesign CC 2015 图形设计标准教程

同。例如，使用【创建参考线】命令创建的栏在置入文本文件时不能控制文本排列；而使用【边距和分栏】命令可以创建适用于自动排文的主栏分隔线，如图 2-33 所示。创建主栏分隔线后可以再使用【创建参考线】命令创建栏、网格和其他版面辅助元素。

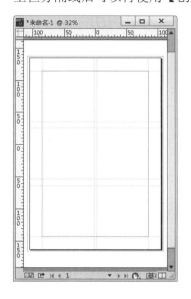

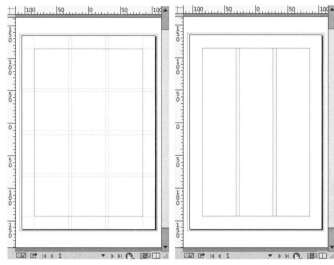

（a）【创建参考线】命令　　（b）【边距和分栏】命令

图 2-32　创建成组参考线　　图 2-33　使用不同命令创建的栏

2）创建跨页参考线

要创建跨页参考线，可以从水平或垂直标尺拖动，将指针保留在粘贴板内，使参考线定位到跨页上的目标位置，如图 2-34 所示。

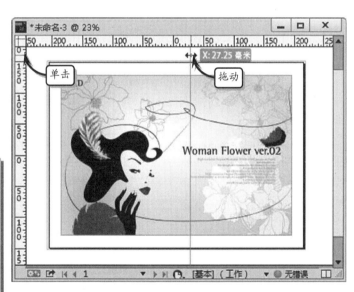

图 2-34　创建跨页参考线

技 巧

要在粘贴板不可见时创建跨页参考线，例如在放大的情况下，可以按住Ctrl键的同时从水平或垂直标尺拖动到目标跨页；要在不进行拖动的情况下创建跨页参考线，可以双击水平或垂直标尺上的目标位置；如果要将参考线与最近的刻度线对齐，可以在双击标尺时按住Shift键。

要同时创建垂直和水平参考线，按住 Ctrl 键的同时从目标跨页的标尺交叉点拖动到目标位置即可，如图 2-35 所示。

技 巧

要以数字方式调整标尺参考线的位置，可以选择参考线并在【变换】面板中输入 X 和 Y 的值。

2．选择/移动参考线

要选择参考线，可以使用【选择工具】▸ 和【直接选择工具】▸ 单击要选取的参考线，按住 Shift 键可以选择多个参考线。

要移动跨页参考线，可以拖动参考线位于粘贴板上的部分或按住 Ctrl 键的同时在页面内拖动参考线。

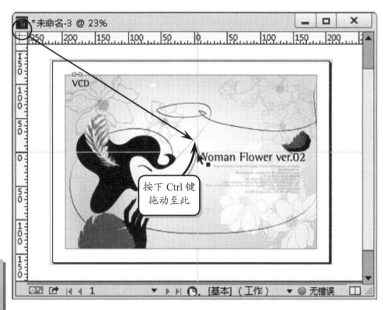

按下 Ctrl 键
拖动至此

技 巧

要删除所选择的参考线，可按 Delete 键；要删除目标跨页上的所有标尺参考线，可以配合 Ctrl+Alt+G 快捷键进行删除。

图 2-35　同时创建水平与垂直参考线

3．使用参考线创建不等宽的栏

要创建间距不相等的栏，需要先创建等间距的标尺参考线，然后将各参考线拖动到目标位置，然后转到需要更改的主页或跨页中，使用【选择工具】▸ 拖动分栏参考线到目标位置即可，如图 2-36 所示。不能将其拖动到超过相邻栏参考线的位置，也不能将其拖动到页面之外。

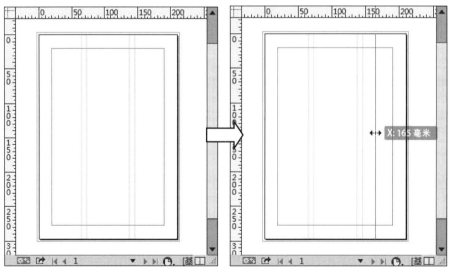

图 2-36　创建不等宽的栏

2.5.4 应用网格线

网格线分为文档网格和基线网格，是 InDesign 中非常有用的排版辅助工具，可以有效地帮助用户确定文本框、图形与图像的位置与大小。通常以直线或圆点的形式进行显示，网格线作为一种辅助元素不会被打印出来，只会显示在文档中。

用户可以通过执行【视图】|【网格和参考线】|【显示文档网格】或【显示基线网格】命令，来显示文档中的网格线。默认情况下，基线网格以蓝色进行显示，如图 2-37 所示，文档网格线以灰色进行显示，如图 2-38 所示。另外，网格都是沿着文档标尺尺寸格，以粗细不同的线条形成的。

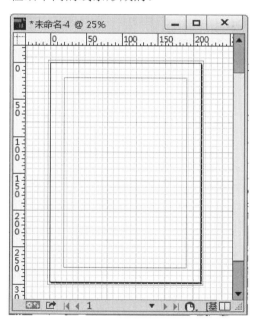
图 2-37 显示基线网格

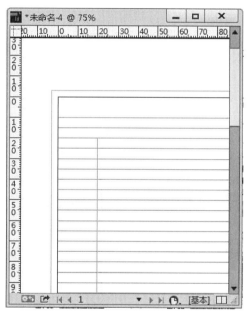
图 2-38 显示文档网格

同样，用户也可以通过执行【视图】|【网格和参考线】|【隐藏文档网格】或【隐藏基线网格】命令，来隐藏文档中的网格线。

2.5.5 应用边距线与分栏线

在 InDesign 中，执行【版面】|【边距和分栏】命令，弹出【边距和分栏】对话框，

设置相应的选项即可为文档创建边距与分栏线，如图 2-39 所示。

在使用【边距和分栏】命令创建边距和分栏线之后，用户还需要注意以下 4 个问题。

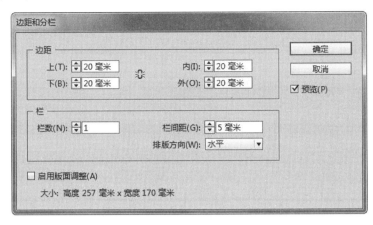

（1）移动：建立分栏以后可以通过移动分栏，来实现不均等的分栏。但不能将一个分栏移动到其他分栏的另一侧或页边距以外的区域。

（2）锁定：当分栏被锁定时，需要右击鼠标执

图 2-39　【边距和分栏】对话框

行【网格和参考线】|【锁定栏参考线】命令，解除锁定后才能移动它的位置。

（3）删除：通过该命令创建的分栏线不可以删除，而通过【创建参考线】命令创建的参考线则可以删除。

（4）栏宽：通过该命令创建的分栏线会影响到置入或输入文本的栏宽，在自动排版置入文本时可以按照分栏线决定的分栏数对页面文本框产生影响。

2.5.6　应用文档布局网格

在 InDesign 中，执行【版面】|【版面网格】命令，即可弹出【版面网格】对话框，在该对话框中可以设置网格属性，以及行和栏的字数、栏数等选项。

1．显示版面网格

在普通视图下，执行【视图】|【网格和参考线】|【显示版面网格】命令，即可在文档视图中显示布局网格，如图 2-40 所示。同时，执行【对齐布局网格】命令，即可使文字的基线或对象对齐到布局网格。

2．绘制含有字符网格的文本框

除了可以通过执行命令设置文档布局网格之外，用户还可以使用工具箱中的【水平网格工

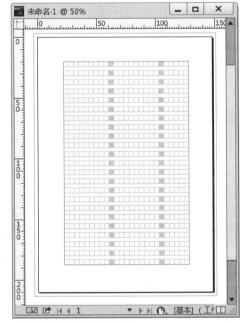

图 2-40　显示版面网格

具】与【垂直网格工具】来绘制含有字符网格的文本框。即在工具箱中选择【水平网格工具】选项，当鼠标指针变为"十"字光标时，拖动鼠标绘制一个方框即可，如图 2-41 所示。然后，选择绘制的网格，在菜单栏下的选项栏中，根据使用需求修改网格的各项

参数。

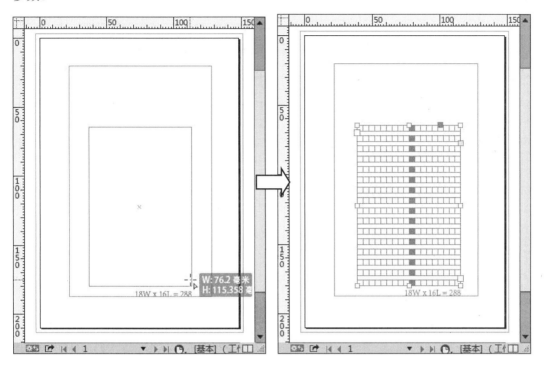

图 2-41　绘制水平网格

提　示

用户也可以通过执行【视图】|【网格和参考线】|【隐藏框架字数统计】命令，隐藏网格右下角的数字行。

2.5.7　打印输出网格

　　默认情况下，文档中的辅助线与网格等辅助元素不会被打印。但 InDesign 为用户提供了打印/导出网格功能，通过该功能可以将网格随同文档内容一起打印。即执行【文件】|【打印/导出网格】命令，弹出【网格打印】对话框，如图 2-42 所示。

　　在【网格打印】对话框中，主要包括下列选项。

图 2-42　【网格打印】对话框

　　（1）【打印项目】：主要用来设置打印输入的具体项目。例如，启用【版面网格】复选框，表示在打印输出时，将打印版面网格。

　　（2）【打印描边粗细】：主要用于设置版面网格或框架网格的描边宽度，其取值范围介于 0～100 点之间。

　　（3）打印：单击该按钮，即可连同选定的项目一起打印出来。

（4）导出：单击该按钮，可在弹出的【导出】对话框中，设置文档的 Adobe PDF 或 EPS 导出类型，如图 2-43 所示。

图 2-43　【导出】对话框

2.6　课堂实例：新建"名片模板"

本实例制作的是名片模板，如图 2-44 所示。名片的普通尺寸一般为 90mm x 54mm，出血为 2mm，所以名片模板的制作尺寸设定为 94 x 58mm。制作过程中将使用新建、保存、边距、参考线及网格等操作。

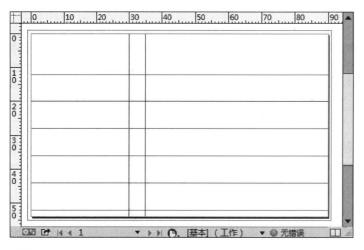

图 2-44　名片模板

操作步骤

1 执行【新建】|【文件】|【文档】命令，在弹出的【新建文档】对话框中输入参数值：宽度 90 毫米，高度 54 毫米，在【出血】选项中分别输入 1 毫米，如图 2-45 所示。

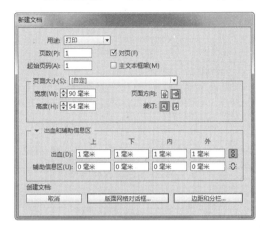

2 单击【边距和分栏】按钮，打开【新建边距和分栏】对话框，在【边距】栏的选项框中都输入 0 毫米，单击【确定】按钮，如图 2-46 所示。

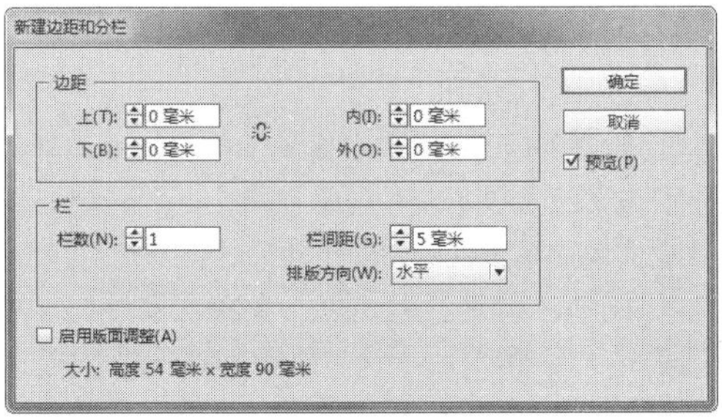

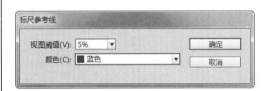

图 2-46 【新建边距和分栏】对话框

3 在水平标尺上单击并拖动，至对齐垂直标尺 20mm 处，在垂直标尺上单击并拖动，至对齐水平标尺 30mm 处，再次创建垂直参考线，至对齐水平标尺 35mm 处，如图 2-47 所示。

4 使用【选择工具】➤，框选所有参考线，执行【版面】|【标尺参考线】命令，在弹出的【标尺参考线】对话框中设置【颜色】为【蓝色】，单击【确定】按钮，如图 2-48 所示。

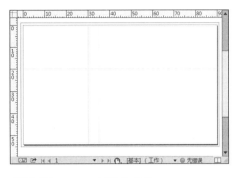

图 2-47 创建参考线

图 2-48 设置参考线颜色

5 执行【视图】|【网格和参考线】|【显示基线网格】命令，显示基线网格，如图 2-49 所示。然后执行【编辑】|【首选项】|【网格】命令，在弹出的对话框中设置【开始】的参数为 12mm，【间隔】的参数为 8mm，单击【确定】按钮后得到设置基线后的效果，如图 2-50 所示。

提 示

在【首选项】的【网格】选项中设置【开始】等选项的参数时，为了使数值更加准确，可以根据标尺单位"毫米"输入同样的单位"毫米"，系统会自动换算为"点"。

图 2-49 显示基线网格

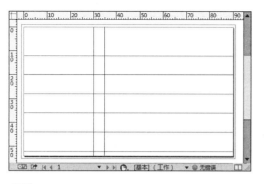

图 2-50　设置基线网格后的效果

6　执行【文件】|【存储】命令，弹出【存储为】对话框，设置保存路径后，输入文件名"普通名片模板"，选择保存类型为【InDesign CC 2015 模板】，单击【确定】按钮，如图

2-51 所示，执行【文件】|【关闭】命令，关闭菜单，完成本例操作。

图 2-51　设置保存路径和保存类型

思考与练习

一、填空题

1. 可以使用各种元素（如面板、栏以及窗口等）来创建和处理文档和文件。这些元素的任何排列方式称为＿＿＿＿＿＿＿。

2. 执行【文件】|【新建】命令可以创建包括文档、＿＿＿＿＿＿与＿＿＿＿＿＿的新文档。

3. 用户正在编辑的文档遇到计算机故障没有保存就关闭了。这时，可以使用 InDesign 提供的＿＿＿＿＿＿的功能，恢复未保存的文档。

4. 当需要使用文档中的样式、色板、页眉页脚等参数作为固定元素制作一系列作品时，可以将其存储为＿＿＿＿＿＿。

5. 用户在对多个文档进行编辑时，只能对处于当前活动状态的文档进行编辑。为提高编辑效率，用户可以运用 InDesign 中自带的＿＿＿＿＿＿功能，对多个文档窗口进行自由切换。

二、选择题

1. 用户可以按下＿＿＿＿＿＿快捷键，快速打开【新建文档】对话框。

    A．Ctrl+N

    B．Shift+N

    C．Alt+N

    D．Ctrl+Shift+N

2. 在 InDesign 中，【存储】命令的快捷键为 Ctrl+S，【存储为】命令的快捷键为 Shift+Ctrl+S，【存储副本】命令快捷键为＿＿＿＿＿＿。

    A．Alt +S

    B．Alt+Ctrl+S

    C．Alt+Shift+S

    D．Ctrl+S

3. InDesign 为用户提供了快速显示、典型显示与高品质显示三种显示质量，下列对这三种显示质量描述错误的为＿＿＿＿＿＿。

    A．快速显示是以一个灰框代替置入的图像或形状，属于节省资源模式

    B．典型显示是采用高分辨率方式进行显示置入图像或形状

    C．典型显示为系统默认显示方式

    D．高品质显示是实用高质量视图的方式显示置入的图像或形状，比较真实地显示置入的图像或形状

4. 用户在排列文档窗口之后，还可以通过执行＿＿＿＿＿＿命令，将文档窗口恢复到默认的排列方式。

    A．【窗口】|【排列】|【水平平铺】

    B．【窗口】|【排列】|【新建窗口】

    C．【窗口】|【排列】|【层叠】

    D．【窗口】|【排列】|【合并所有窗口】

5．按下_____键可以快速显示标尺，再次按下_____键可以快速隐藏标尺。

    A．Ctrl+S

    B．Ctrl+O

    C．Ctrl+R

    D．Shift+R

三、简答题

1．简述怎样编辑现有模板。

2．如何控制视图的显示区域？

3．如何创建打印输出网格？

四、上机练习

1．绘制垂直网格文本框

在本练习中将利用显示版面网格与绘制网格文本框等功能，来绘制一个包含字符的网格文本框，如图 2-52 所示。首先，执行【文件】|【新建】|【文档】命令，新建一个空白文档，然后，执行【编辑】|【首选项】|【字符网格】命令，将【视图阈值】设置为 5%。然后，在工具箱中选择【垂直网格工具】选项，当鼠标指针变为"十"字光标时，拖动鼠标绘制一个方框即可。

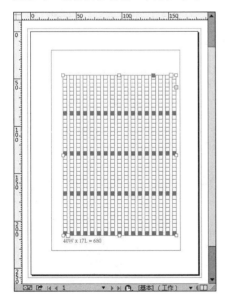

图 2-52　垂直网格文本框

2．新建文档并锁定栏参考线

在本练习中将在新建文档时创建多个分栏，然后对文档中的栏线进行移动并锁定，如图 2-53 所示。在操作过程中，首先执行【文件】|【新建】|【文档】命令，新建一个默认大小的空白文档，在【新建边距和分栏】对话框中设置【栏数】为 3，单击【确定】按钮后，在文档中拖动栏线到目标位置，然后执行【视图】|【网格和参考线】|【锁定栏参考线】命令，将栏参考线锁定。

图 2-53　新建文档并锁定参考线

第3章
基本图形的绘制与填充

任何的复杂的图像都是由基本图形组成的。InDesign CC 2015 提供了多种绘制基本图形的工具，如直线工具、钢笔工具、矩形工具、多边形工具等。根据每个绘图工具的特点，对绘制的图形或路径进行编辑，然后填充适当的颜色，制作出完美的作品。

本章主要讲解基本图形的绘制与编辑、路径的运算、颜色的填充等，帮助读者轻松掌握 InDesign 的操作方法与技巧，扎实掌握基础知识。

3.1 路径与图形

路径是使用贝塞尔曲线所构成的一段闭合或者开放的曲线段。它通常由路径线、锚点、控制句柄三个部分组成。用户可以根据需要为路径进行设置填充色或描边色等格式化处理，这样就形成了一个线条或填充图形。

3.1.1 认识路径

路径由一个或者多个直线段或曲线段组成，包含一系列的点及这些点之间的线段。因为它们锚定路径，所以通常被称为锚点，路径总是穿过锚点或在锚点结束。

锚点标记路径段的端点，用于连接路径线。锚点上的控制句柄用于控制路径线的形状。在曲线段上，每个选中的锚点显示一条或两条方向线，方向线以方向点结束。方向线和方向点的位置决定曲线段的大小和形状。移动这些图素将改变路径中曲线的形状，如图 3-1 所示。

锚点分为两种类型：平滑点和角点。平滑点有一条曲线路径平滑地通过它们，因此路径段连接为连续曲线。而在角点处，路径在那些特定的点明显地更改方向。图 3-2 展示了不同类型的锚点。

当在平滑点上移动方向线时，将同时调整平滑点两侧的曲线段。相比之下，当在角点上移动方向线时，只调整与方向线同侧的曲线段，如图 3-3 所示。

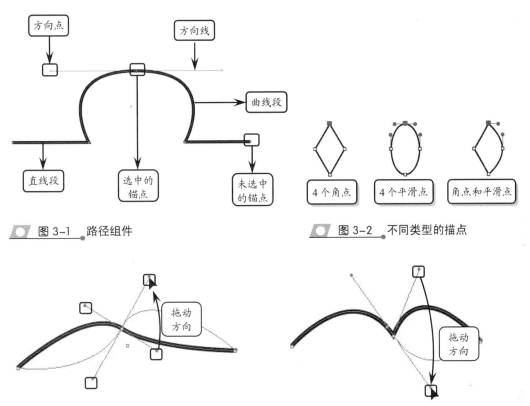

图 3-1　路径组件　　　　　　　　　　图 3-2　不同类型的描点

图 3-3　调整平滑点与方向线

提　示

在 InDesign 中，每条路径会显示一个中心点，它标记形状的中心，但并不是实际路径的一部分。可以使用此点绘制路径、将路径与其他元素对齐或选择路径上的所有锚点。中心点始终是可见的，无法将它隐藏或删除。

3.1.2　认识图形

使用【钢笔工具】 可以绘制任意的开放路径或闭合路径即图形。无论是开放路径还是闭合路径，既可以是直线也可以是曲线。

开放路径有两个不同的端点，它们之间有任意数量的锚点。闭合路径是连续的路径，没有端点，没有开始或结束。

创建开放路径后，将鼠标放置到路径的起始点，当光标变为 时，单击即可创建一个闭合路径，如图 3-4 所示。

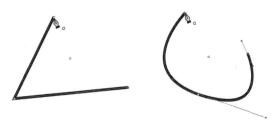

图 3-4　绘制闭合路径

3.2 绘制基本图形

无论多复杂的图形都是由基础的点、线、面等基本图形组合而成。InDesign 提供了多种绘图工具，如直线工具、钢笔工具、矩形工具等。每个绘图工具都有各自的特点，根据不同的工具特点，可以绘制出不同效果的图形。

3.2.1 绘制直线

在工具箱中单击【直线工具】按钮 ╱，移动光标到绘图区中，单击设定直线的开始点，然后拖动到直线的终点释放鼠标，在控制面板中设置描边粗细与描边颜色，即可绘制一条直线，如图 3-5 所示。

> **提 示**
>
> 按下 Shift 键可以绘制出 0°、90° 或 45° 的直线；另外，默认情况下它是黑色描边的。

双击工具箱中的【直线工具】按钮 ╱，弹出描边面板，可以在描边面板中设置描边属性，如图 3-6 所示。

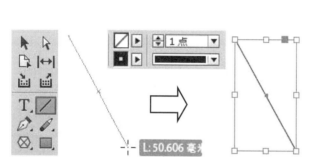

图 3-5　绘制直线

图 3-6　描边面板

3.2.2 绘制曲线

绘制曲线的基本工具是【铅笔工具】 ✎。【铅笔工具】不但可以创建单一的路径，还可以任意绘制沿着光标移过的路径。如果绘制的路径不够平滑，可以使用【平滑工具】调整所绘制的路径形状，还可以使用【抹除工具】擦除不必要的路径。

使用【铅笔工具】可以像在纸上绘图一样随意地绘制路径形状。选择【铅笔工具】 ✎，用鼠标在绘图区中指定开始点，任意拖动鼠标到线段终止点，即可创建一条曲线，如图 3-7 所示。

双击【铅笔工具】 ✎，通过打开的【铅笔工具首选项】对话框可以设置铅笔的主要参数，其中，【保真度】和【平滑度】参数越大，绘制的路径越平滑，如图 3-8 所示。

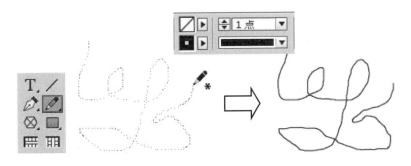

图 3-7 【铅笔工具】绘制曲线

【铅笔工具首选项】对话框中各个选项如下。

（1）【保真度】：拖动滑块可以控制曲线偏离使用鼠标绘制的点线的程度（以像素为计量单位）。低保真度值导致更加锐利的角；高保真度值导致较平滑的曲线。最低的保真度数是 0.5 像素，最高是 20 像素，默认值是 2.5 像素。

（2）【平滑度】：以百分比为测量单位，平滑度值决定了铅笔对线条的不平滑和不规则控制的程度。低平滑度值导致一条航道似的有角路径，而高平滑度值导致更加平滑的路径，且锚点也较少。

（3）【保持选定】：启用此复选框时，保持绘制的最后一条路径选定，以防止对刚绘制的路径进行编辑或做任何更改。

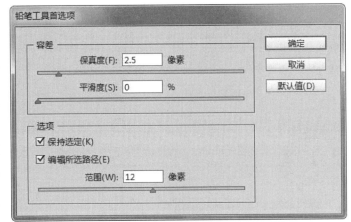

图 3-8 【铅笔工具首选项】对话框

（4）【编辑所选路径】：如果启用该复选框，就可以使用【铅笔工具】 ✐ 编辑路径。如果没有启用该复选框，则必须使用【选择工具】 ▶ 编辑。

（5）【像素范围】：拖动滑块可以设置要有多接近，才能使绘图匹配现有路径以进行编辑；启用【编辑所选路径】复选框时，该选项才可使用。

3.2.3 绘制矩形

选择【矩形工具】 ▢ ，在绘图区中拖动鼠标到对角线方向即可创建矩形，在控制面板中设置描边，如图 3-9 所示。默认情况下它是一个只有黑色描边的矩形，并处于选中状态。

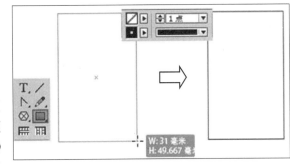

图 3-9 绘制矩形

　　绘制矩形还有另外一种方法，即选择【矩形工具】 █ 后，在绘图区中单击，在打开的【矩形】对话框中设置【宽度】和【高度】参数值，创建精确尺寸的矩形，如图 3-10 所示。

　　绘制矩形以后，保持矩形的选择状态，双击【应用渐变】按钮 █，在弹出的【渐变】面板中设置类型为【径向】或【线性】，可以将单色填充转换为渐变填充，如图 3-11 所示。

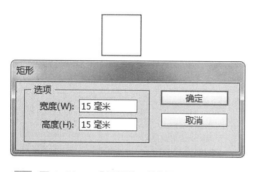

█ 图 3-10 　【矩形】对话框

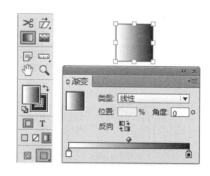

█ 图 3-11 　填充矩形

● 3.2.4　绘制椭圆形

　　绘制椭圆形的方法与绘制矩形相似，同样可以通过单击并拖动绘制椭圆形，也可以使用【椭圆工具】 ●，在绘图区单击，通过打开的【椭圆】对话框设置椭圆的宽度与高度，如图 3-12 所示。

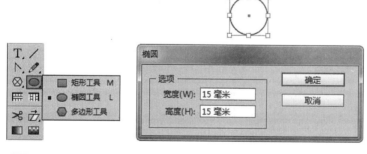

█ 图 3-12 　绘制椭圆

3.2.5 绘制多边形

绘制多边形的操作方法与绘制矩形相似，可以通过单击并拖动绘制多边形，也可使用【多边形工具】◎在绘图区单击，通过打开的【多边形】对话框设置多边形的相关参数，如图 3-13 所示。

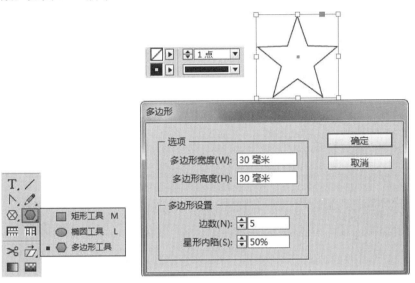

图 3-13　绘制多边形

【多边形】对话框中各个选项如下所述。

（1）【多边形宽度】：指定多边形的宽度，其取值范围介于 0~5779.911mm 之间。

（2）【多边形高度】：指定多边形的高度，其取值范围介于 0~5779.911mm 之间。

（3）【边数】：指定多边形的边数值，其取值范围介于 3~5100 之间。

（4）【星形内陷】：指定星形凸起的长度。凸起的尖部与多边形定界框的外缘相接，此百分比决定每个凸起之间的内陷深度。百分比越高，创建的凸起就越长、越细，其取值范围介于 0%~100%之间。

通过改变星形的【边数】与【星形内陷】参数可以绘制正五边形效果，如图 3-14 所示。还可以绘制爆炸效果等，如图 3-15 所示。还可以填充不同的颜色并改变描边等。

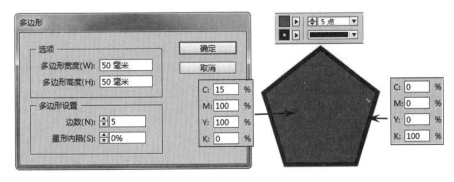

图 3-14　绘制五边形

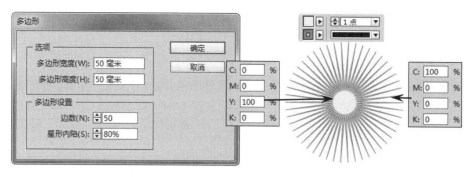

图 3-15　爆炸效果

3.3　编辑路径

在 InDesign 中，除了可以绘制图形路径，还可以对绘制的图形路径进行添加锚点、删除锚点、转换锚点类型等修改和编辑，通过对路径的编辑操作可以将路径调整为所需的形状。

3.3.1　选择路径

当要选中整个路径时，使用【选择工具】 单击该路径即可；若要选中路径线，可以使用【直接选择工具】 将光标置于路径上，如图 3-16 所示，单击即可将其选中，如图 3-17 所示。

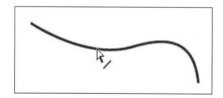

图 3-16　摆放光标位置

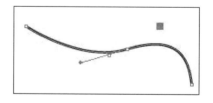

图 3-17　选中路径后的状态

若要选中路径上的锚点，可以使用【直接选择工具】 在锚点上单击，被选中的锚点呈实心小正方形，未选中的锚点呈空心小正方形，如图 3-18 所示。

如果要选择多个锚点，可以按住 Shift 键不断单击锚点，或按住鼠标左键拖出一个虚线框，释放鼠标左键后，虚线框中的锚点将被选中。

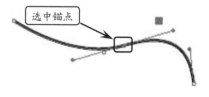

选中锚点

图 3-18　选择描点

3.3.2 添加/删除锚点

使用【添加锚点工具】、【删除锚点工具】可以对路径进行调整，从而达到所需的效果。

选择【添加锚点工具】，将光标移动到路径上，光标变为时，单击可增加锚点；选择【删除锚点工具】，将光标移动到路径上，光标变为时，单击可删除锚点，如图3-19所示。

图 3-19　添加/删除锚点

3.3.3 平滑路径

使用【平滑工具】可以删除现有路径或路径某一部分中的多余角点，并且尽可能地保留路径的原始形状。平滑后的路径通常具有较少的锚点，使路径更易于编辑。

在路径处于选中状态下，选择【平滑工具】，拖动鼠标将路径中的局部区域选中，发现其中尖锐的线条变得平滑了，如图3-20所示。

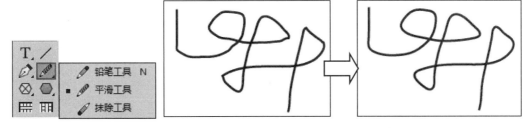

图 3-20　平滑路径

如果对使用【平滑工具】过后的效果不太满意，可以双击【平滑工具】，通过打开的【平滑工具首选项】对话框设置主要参数，再次调整路径形状，如图3-21所示。

提　示

使用【铅笔工具】时，按住 Alt 键可以切换到【平滑工具】。

图 3-21　【平滑工具首选项】对话框

3.3.4 清除部分路径

在绘图区中选中路径，选择【抹除工具】🖊，拖动鼠标穿过路径的一个区域将会删除所经过的路径，如图 3-22 所示。

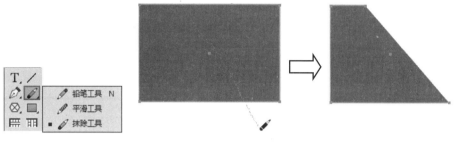

图 3-22 使用【抹除工具】

3.4 转换与运算路径

复杂的图形都是由基本图形组成的，但是在组成的过程中需要进行相加、相减、相交等运算操作，InDesign 提供了【路径查找器】功能，通过【路径查找器】可以设置图形的组合方式及转换为形状的方式。

3.4.1 路径查找器

执行【窗口】|【对象和版面】|【路径查找器】命令，弹出【路径查找器】面板，如图 3-23 所示。

【路径查找器】面板中各按钮的含义如表 3-1 所示。

图 3-23 【路径查找器】面板

表 3-1 【路径查找器】面板中各按钮的含义

名　称	图标	功　能
链接路径		单击该按钮可以链接两个端点
开放路径		单击该按钮，可以将封闭路径转换为开放路径
封闭路径		单击该按钮，可以将开放路径转换为封闭路径
反转路径		单击该按钮，可以更改路径的方向
相加		单击该按钮，可以合并所选对象，合并后的图形属性以最上方图形的属性为基准
减去		单击该按钮，可以使上层对象减去和上层所有对象相叠加的部分
交叉		单击该按钮，可以将所选对象中所有的重叠部分显示出来
排除重叠		单击该按钮，可以将所选对象合并成一个对象，但是重叠的部分被镂空。如果是多个物体重叠，那么偶数次重叠的部分被镂空，奇数次重叠的部分仍然被保留

名　称	图标	功　能
减去后方对象		单击该按钮，可以使最顶层的对象减去最底层的对象
转换为矩形		单击该按钮，可以将所选对象转换为矩形
转换为圆角矩形		根据当前的【角选项】半径大小，单击该按钮可以将所选对象转换为圆角矩形
转换为斜面矩形		根据当前的【角选项】半径大小，单击该按钮可以将所选对象转换为斜面矩形
转换为反向圆角矩形		根据当前的【角选项】半径大小，单击该按钮可以将所选对象转换为反向圆角矩形
转换为椭圆形		单击该按钮，可以将所选对象转换为圆形
转换为三角形		单击该按钮，可以将所选对象转换为三角形
转换为多边形		单击该按钮，可以根据当前的多边形工具设置，将形状转换为多边形
转换为直线		单击该按钮，可以将形状转换为直线
转换为水平或垂直直线		单击该按钮，可以将形状转换为垂直或水平直线
普通		单击该按钮，可以更改选定的点以便不拥有方向点或方向控制把手
角点		单击该按钮，可以更改选定的点以保持独立的方向控制把手
平滑		单击该按钮，可以将选定的点更改为一条具有连接的方向控制把手的连续曲线
对称		单击该按钮，可以将选定的点更改为具有相同长度的方向控制把手的平滑点

3.4.2　转换封闭与开放路径

在【路径查找器】面板中，路径选项下的按钮可以进行连接路径、将封闭路径开放、将开放路径封闭、更改路径的方向等操作。

1. 封闭路径转换为开放路径

使用【直接选择工具】选中要断开路径的锚点，然后按 Delete 键将其删除即可。

使用【直接选择工具】选择一个封闭的路径。执行【对象】|【路径】|【开放路径】命令，或单击【路径查找器】面板中的【开放路径】按钮，即可将封闭的路径断开，其中呈选中状态的锚点就是路径的断开点，拖动该锚点的位置以断开路径，如图 3-24 所示。

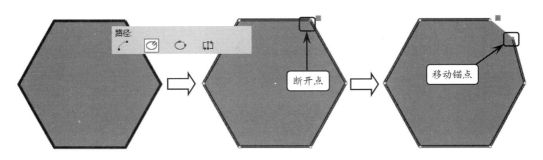

图 3-24　断开路径

使用【直接选择工具】🔓选中要断开的路径，然后选择【剪刀工具】✂，将光标置于路径上，当中间带有小圆形的"十"字架时，单击鼠标左键即可将路径断开，按住 Ctrl 键拖动断开的锚点，如图 3-25 所示。

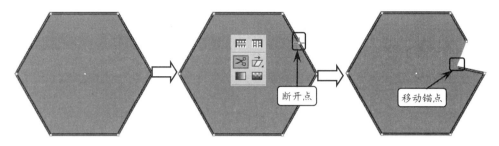

断开点

移动锚点

图 3-25　断开路径

若要使剪切对象变为两条路径，可以先在对象的一个锚点上单击，然后再移至另外一个锚点上单击，该对象就会被两个锚点之间形成的直线分开，如图 3-26 所示。

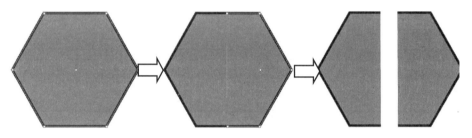

图 3-26　将路径分为两部分

提　示

将剪切对象无论剪切成多少个单独对象，每一个单独对象都将保持原有的属性，如线型、内部填充和颜色等。

2．将开放路径转换为封闭路径

将【钢笔工具】✎置于其中一条开放路径的一端，当光标变为✎状时，单击该锚点将其激活，接着用【钢笔工具】✎在其他位置单击绘制路径，最后移至另外一条开放路径的起始点位置，当光标变为✎状时，单击该锚点可将两条开放路径连接成为一条路径，如图 3-27 所示。

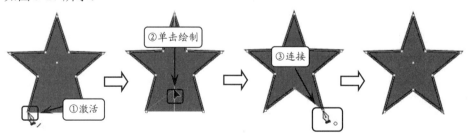

②单击绘制

③连接

①激活

图 3-27　连接路径

InDesign CC 2015 图形设计标准教程

使用【选择工具】 ▶ 选中要封闭的路径，然后选择【对象】|【路径】|【封闭路径】命令，或单击【路径查找器】面板中的【封闭路径】按钮，即可闭合所选路径，如图 3-28 所示。

使用【直接选择工具】 ▷ 将路径中的起始和终止锚点选中，然后执行【对象】|【路径】|【连接】命令，或单击【路径查找器】面板中的【连接】按钮，即可在两个锚点间自动生成一条线段并将路径封闭起来。此方法不仅适用于制作封闭路径，只要是希望连接两个锚点的操作，都可以通过此方法实现。

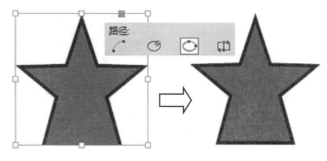
图 3-28　封闭路径

3.4.3　路径的运算

在【路径查找器】面板中，其按钮可用来对图形对象进行相加、减去、交叉、重叠以及减去后方对象等操作，以得到更复杂的图形效果。下面分别讲解其具体用法。

相加：单击【路径查找器】区中的【相加】按钮，可以将两个或多个形状复合成为一个形状，如图 3-29 所示。

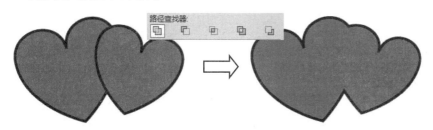
图 3-29　图形相加

减去：单击【路径查找器】区中的【减去】按钮，则前面的图形挖空后面的图形，如图 3-30 所示。

交叉：单击【路径查找器】区中的【交叉】按钮，则按所有图形重叠的区域创建形状，如图 3-31 所示。

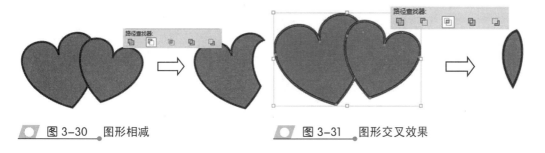

图 3-30　图形相减　　　　　　　　图 3-31　图形交叉效果

排除重叠：单击
【路径查找器】区中的
【排除重叠】按钮，即所
有图形相交的部分被挖
空，保留未重叠的图形，
如图 3-32 所示。

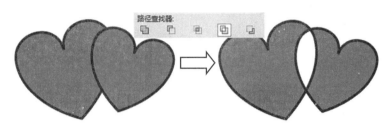

图 3-32　排除重叠效果

减去后方对象：单
击【路径查找器】区中
的【减去后方对象】按钮，则后面的图形挖空前面的图形，得到如图 3-33 所示的效果。

3.4.4　转换路径形状

单击此区域中的各个按钮，可以将当
前图形转换为对应的图形，例如在当前绘
制了一个矩形的情况下，单击【转换为椭
圆形】按钮后，该矩形就会变为椭圆形。
如图 3-34 所示是分别将圆形转换为三角形和多边形时的效果。

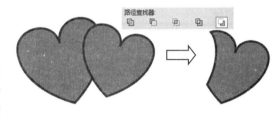

图 3-33　减去后方对象效果

当水平线或垂直线转换为图形时，会弹出如图 3-35 所示的提示框。

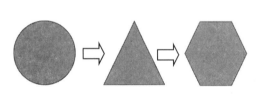

图 3-34　转换图形示例

图 3-35　提示框

3.4.5　转换锚点

在【路径查找器】面板中，可以通过转换点选项下的按钮对锚点进行转换操作。要
转换曲线与尖角锚点，可以按照下面的讲解进行操作。

1．将曲线锚点转换为尖角锚点

要将曲线锚点转换为尖
角锚点，可以在选择【钢笔工
具】 时，按住 Alt 键单击，
或直接使用【转换方向点】工
具 ，将光标置于要转换的锚
点上，单击鼠标即可将其转换
为尖角锚点，如图 3-36 所示。

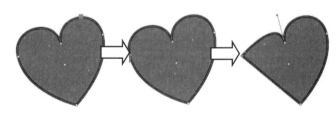

图 3-36　转换的锚点

另外，用户也可以选中要转换的锚点，然后在【路径查找器】面板中单击【普通】

按钮，以将其转换为尖角锚点。

2．将尖角锚点转换为曲线锚点

对于尖角形态的锚点，用户也可以根据需要将其转换成为曲线类型。此时可以在选择【钢笔工具】✐时，按住 Alt 键单击，或直接使用【转换方向点工具】✐拖动尖角锚点，释放鼠标左键后即可将其转换为曲线锚点，如图 3-37 所示。

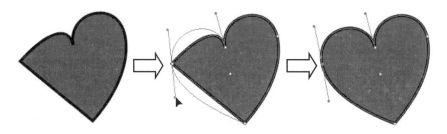

🔘 **图 3-37** 转换锚点

另外，用户也可以选中要转换的锚点，然后在【路径查找器】面板中单击【角点】按钮、【平滑】按钮或【对称】按钮，以将其转换为不同类型的曲线锚点。

3.5 复合路径

复合路径功能与【路径查找器】中的排除重叠运算方式相近，都是将两条或两条以上的多条路径创建出镂空效果，相当于将多个路径复合起来，可以同时进行选择和编辑操作。二者的区别就在于，复合路径功能制作的镂空效果，可以释放复合路径，从而恢复原始的路径内容，而使用排除重叠运算方式，则无法进行恢复。

● 3.5.1 创建复合路径

制作复合路径，首先选择需要包含在复合路径中的所有对象，然后执行【对象】|【路径】|【建立复合路径】命令，或按 Ctrl+8 快捷键即可。选中对象的重叠之处，将出现镂空状态，如图 3-38所示。

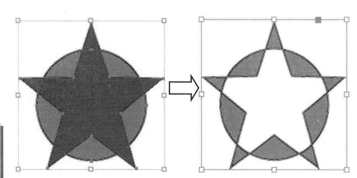

> **提 示**
>
> 创建复合路径时，所有最初选中的路径将成为复合路径的子路径，且复合路径的描边和填充会使用排列顺序中最下层对象的描边和填充色。

🔘 **图 3-38** 创建复合路径

3.5.2 释放复合路径

释放复合路径非常简单，可以通过执行【对象】|【路径】|【释放复合路径】命令，或按 Shift+Ctrl+Alt+8 快捷组合键即可，如图 3-39 所示。

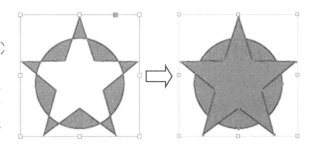

图 3-39　释放复合路径

3.6　填充颜色

InDesign 提供了多种填充颜色的工具，如拾色器、渐变面板、色板面板、颜色面板等，可以通过使用这些填充工具使用户简单快捷地完成设计中对颜色的需求。

3.6.1 填充单色

填充单色的方法有很多种，可以通过工具箱的填色按钮快速填充、在色板中新建颜色并命名或在【颜色】面板中根据颜色模式设置颜色值等。

1．在工具箱中设置颜色

在工具箱的颜色控制区中快速设置颜色，单击【填色】图标，使【填色】图标显示在前面，然后双击【填色】按钮，打开【拾色器】，如图 3-40 所示，在【拾色器】对话框中设置填充颜色，最后单击【确定】按钮。

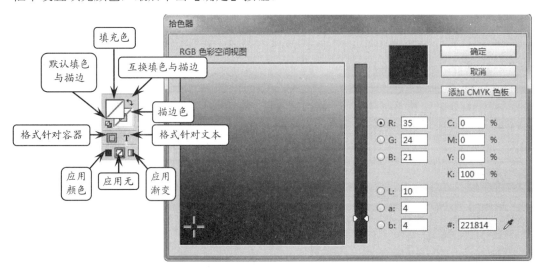

图 3-40　【拾色器】对话框

2. 色板面板

单击【色板】面板右上角的小三角，执行【新建颜色色板】命令，在弹出的【新建颜色色板】对话框中直接拖动颜色参数滑块设置颜色，如图3-41所示。

对话框中的各选项如下。

（1）【色板名称】：该选项用来设置新建颜色的名称，如果启用【以颜色值命名】复选框，该颜色会以其颜色值来命名；如果禁用该复选框，那么【色板名称】右侧出现文本框，在其中输入名称即可，如图3-42所示。

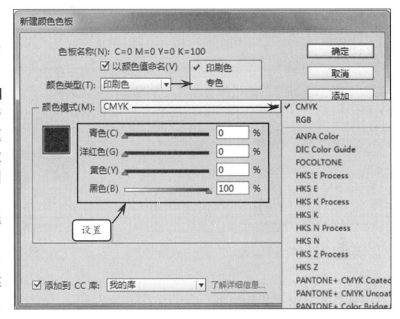

图3-41 【新建颜色色板】对话框

（2）【颜色类型】：选择在印刷机上将用于印刷文档颜色的方法。该下拉列表中包括【印刷色】与【专色】选项。选择前者既可以使用颜色值命名，也可以自定义名称；选择后者只能使用专属名称。

（3）【颜色模式】：该下拉列表中包括【混合油墨】、Lab、CMYK、RGB与【专色】选项，选择一个颜色模式后，下方会出现相应的颜色参数。

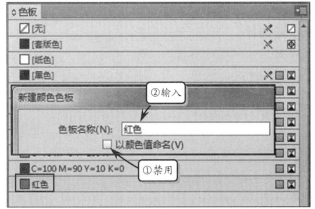

图3-42 禁用【以颜色值命名】复选框

（4）【添加】：单击该按钮可以在没有关闭对话框的情况下将设置的颜色添加到【色板】面板中。

注 意

对于【颜色模式】选项，选择要用于定义颜色的模式，不能在定义颜色后更改模式。如果在该模式中设置Lab与RGB模式颜色，则当显示【超出色域警告】图标⚠后希望使用与最初指定的颜色最接近的色域内颜色，需要单击警告图标旁边的小颜色框。

3.【颜色】面板

【颜色】面板中显示当前对象的填充颜色的描边颜色的颜色值，通过该面板可以使用不同的颜色模式来设置对象的颜色，也可以从显示在面板底部的色谱中选取颜色。

单击【颜色】面板右上角的小三角，在打开的菜单中可以实现颜色模式的转换，如图 3-43 所示。

可以通过两种方式调整颜色：一种是拖动颜色滑块或输入数值设置颜色；一种是在颜色条上选择，将鼠标靠近颜色条时，鼠标变为吸管形状，在颜色条上单击即可，如图3-44 所示。

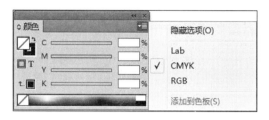

图 3-43　【颜色】面板

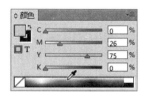

图 3-44　吸取颜色

3.6.2　填充渐变色

单击【色板】面板右上角的小三角，执行【新建渐变色板】命令，弹出【新建渐变色板】对话框。默认情况下，颜色参数呈灰色不可用状态，如图 3-45 所示。

该对话框中的各个选项及作用如下。

（1）【色板名称】：该选项用来自定义渐变颜色名称。

（2）【类型】：该选项用来设置渐变颜色方式。下拉列表中包括【线性】与【径向】两个选项。

（3）【站点颜色】：该选项

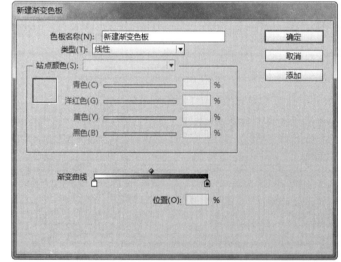

图 3-45　【新建渐变色板】对话框

用来设置渐变颜色的来源。下拉列表中包括 Lab、CMYK、RGB 与【色板】选项，选择其中一个选项，下方会出现相应的颜色参数。

（4）【渐变曲线】：该选项用来设置渐变颜色的位置。

要想在该对话框中创建渐变颜色，首先确定渐变颜色的方式是线性还是径向，然后单击【渐变曲线】中的色标，这时【站点颜色】选项被启用。如果选择颜色模式选项，那么色标的设置方法与添加单色相同；如果选择【色板】选项，那么下方将显示【色板】面板中的颜色。单击某个颜色后，色标颜色改变，如图 3-46 所示。

使用相同的方法设置末端色标颜色后，单击并拖动渐变条上方的菱形图标，改变两个颜色之间的距离，如图 3-47 所示。

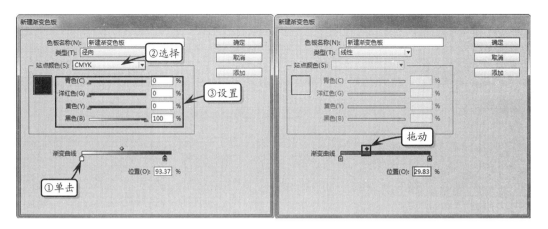

图 3-46 设置色标颜色

图 3-47 改变两个颜色之间的距离

技 巧

设置两个颜色之间的距离还有一种方法，就是选中菱形图标后，在【位置】文本框中输入百分比数值即可

设置完成后，单击【添加】按钮将新建的渐变颜色添加到【色板】面板中，这时【色板名称】文本框中的名称自动变成“副本”，如图 3-48 所示。

在【新建渐变色板】对话框中还可以创建两个以上的颜色渐变，方法是在渐变条下方单击创建色标，然后设置该色标的颜色即可。

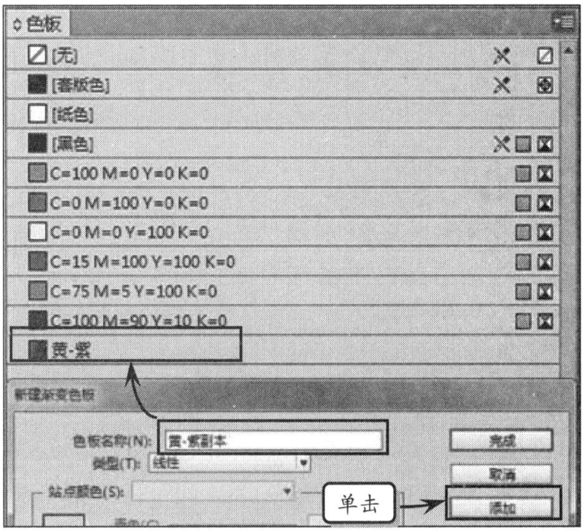

图 3-48 新建渐变颜色

提 示

选中色标后，同样可以在【位置】文本框中输入百分比数值，或者通过拖动来设置色标的位置。

3.7 编辑与应用色板

在 InDesign 中，色板是可以重新编辑的。方法是双击色板预览或色板名称，打开【色板选项】或者【渐变选项】对话框，使用创建色板的方法编辑。【色板选项】或者【渐变选项】对话框只是用于修改当前色板中的选项，对话框中的选项也基本相同，不同于【新建颜色色板】对话框的是少了【添加】按钮。

3.7.1 修改色板

通过修改色板，可以一次性调整所有应用了该色板的对象的颜色。方法是双击要修改的色板，或在要编辑的色板上右击，在弹出的菜单中选择【色板选项】命令，弹出【色板选项】对话框。

在【色板】面板中，色板右侧如果有 ✗ 图标，表示此色板不可被编辑。默认情况下，【色板】面板中的【无】、【黑色】和【套版色】显示为不可编辑状态。

设置完成后，单击【确定】按钮退出对话框，所有应用了该颜色块的对象就会自动进行更新。

3.7.2 复制色板

复制色板对于创建现有颜色的更暖或者更冷的变化很有用。例如，选中【色板】面板中的【橙色】色板，单击面板底部的【新建色板】按钮 ，得到【橙色副本】色板，如图 3-49 所示。

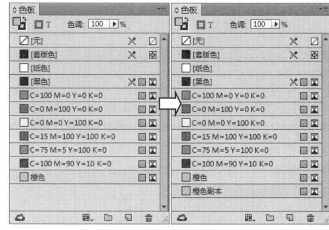

图 3-49　复制色板

双击副本色板，在打开的【色板选项】对话框中设置【色板名称】选项后，拖动颜色参数中的滑块，基于橙色调整绿色。单击【确定】按钮后【橙色副本】变成【墨绿色】色板，如图 3-50 所示。

渐变色板同样可以通过复制色板来基于原渐变颜色更改其中的颜色、渐变方式与两个颜色之间的距离等选项。图 3-51 显示了径向橙色到红色渐变通过复制并且编辑色板，得到线性绿色到蓝色渐变。

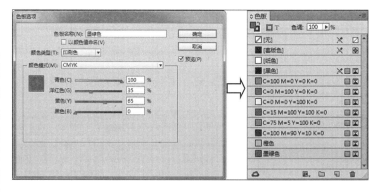

图 3-50　更改单色色板

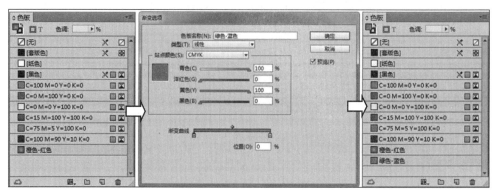

图 3-51　复制并更改渐变色板

3.7.3 存储与载入色板

InDesign 是 Adobe 公司的软件，所以 InDesign 中的色板可以与 Photoshop 和 Illustrator 共享。也就是说，InDesign 中的色板保存后可以载入 Photoshop 中，反之亦然，但是这仅限于单色色板。

当在【色板】面板中创建单色色板后，单击面板右上角的小三角，执行【存储色板】命令，在弹出的【另存为】对话框中，以 Adobe 色板交换文件格式 ASE 将其保存，如图 3-52 所示。

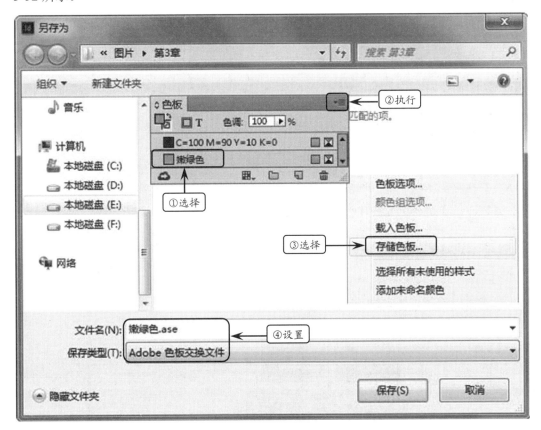

图 3-52　存储色板

注　意

【存储色板】命令只有在选中单色色板时可用，选择渐变色板不可用，并且该命令还可以保存多个单色色板。

当单色色板以.ASE 格式保存后，在其他 Adobe 公司的软件中（比如 Photoshop）单击【色板】面板右上角的小三角，执行【载入色板】命令，在【打开】对话框中选择嫩绿色.ase 文件，单击【打开】按钮即可将其载入其中，如图 3-53 所示。

由于【色板】调整中新建的单色色板与渐变色板均是以当前文档为基础创建的，所以要想在其他 InDesign 文档中载入某个文档中的色板，那么执行【载入色板】命令后，选择格式为 INDD 的 InDesign 文档，即可将该文档中的单色色板与渐变色板载入其中，如图 3-54 所示。

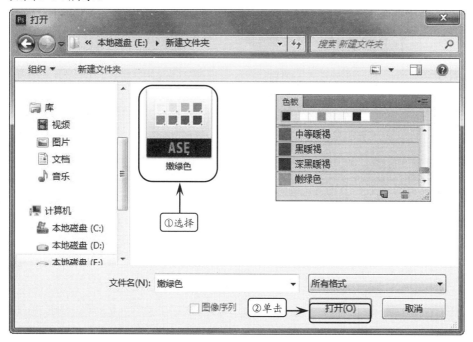

图 3-53　在 **Photoshop** 中载入色板

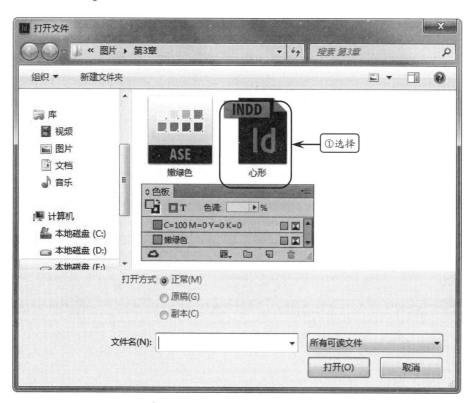

图 3-54　载入 **InDesign** 文档中的色板

如果只是载入单色色板，那么可以选择格式为 ASE 的文件来载入。

3.7.4　删除色板

要删除色板，可以按照以下方法操作。

（1）选中一个或多个不需要的色板，拖移到【删除色板】按钮 🗑 上即可删除选中的色板。

（2）选中一个或多个不需要的色板，单击鼠标右键，在弹出的快捷菜单中选择【删除色板】命令将其删除。

（3）选择要删除的色板，单击【色板】面板右上角的【面板】按钮，在弹出的菜单中选择【删除色板】命令即可将选中的色板删除。

当删除的色板在文档中使用时，会弹出【删除色板】对话框，如图 3-55 所示。在该对话框中可以设置需要替换的颜色，以达到删除该色板的目的。

单击【色板】面板右上角的【面板】按钮，在弹出的菜单中选择【选择所有未使用的样式】命令，然后单击面板底部的【删除色板】按钮，可将多余的颜色删除。

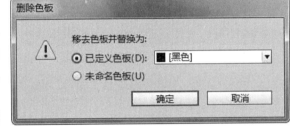

图 3-55　【删除色板】对话框

3.7.5　应用渐变色板

渐变色板的使用方法与单色色板基本相同，同样是选中某个对象后，单击渐变色板即可填充渐变颜色，如图 3-56 所示。

如果页面中同时绘制了多个图形，每一个图形中的渐变颜色都是独立的。要想在多个图形中填充一个渐变颜色，首先需要将这些图形同时选中，然后使用【渐变色板工具】 ▆ 在选中的区域中拉出渐变颜色，如图 3-57 所示。

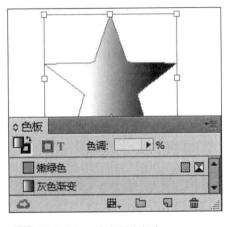

图 3-56　填充渐变颜色

3.7.6　应用色调

色调是经过加网而变得较浅的一种颜色版本，是创建较浅印刷色的快速方法，尽管它并未减少四色印刷的成本。与普通颜色一样，最好在【色板】面板中命名和存储色调，以便在文档中轻松地编辑该色调的所有实例。

1. 在【色板】面板中创建与编辑色调

在【色板】面板中选中一个单色色板，单击右上角的小三角，执行【新建色调色板】命令，在弹出的对话框中，只有【色调】选项为可用状态，拖动滑块即可设置色调参数。完成后单击【确定】按钮关闭对话框，【色板】面板中出现同名称的色板，但是色调为 70%，如图 3-58 所示。

由于颜色和色调将一起更新，因此如果编辑一个色板，则使用该色板中色调的所有对象都将相应地

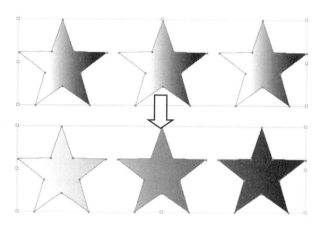

图 3-57　将渐变颜色应用于多个图形

进行更新。还可以使用【色板】面板中的【色板选项】命令，编辑已命名色调的基本色板，这将更新任何基于同一色板的其他色调。

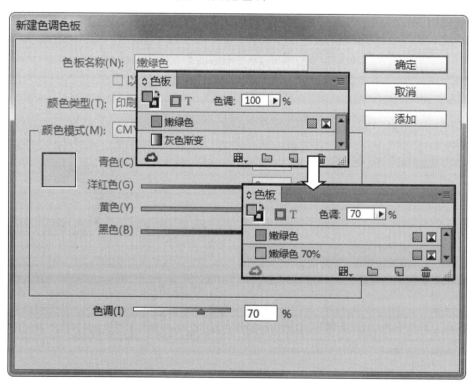

图 3-58　创建色调

【嫩绿色】色板与【嫩绿色 70%】色板的【色板选项】对话框中的选项基本相同，只是后者对话框中包括【色调】选项。但是如果更改其中一个【色板选项】对话框中的选项，那么这两个色板将同时被更改，如图 3-59 所示更改了色板的名称。

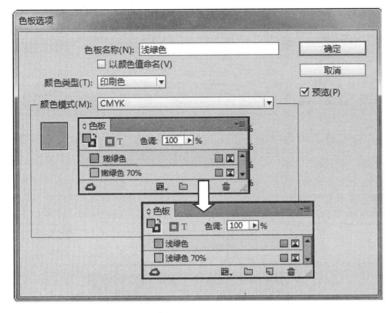

图 3-59 编辑色调

2. 在【颜色】面板中创建与编辑色调

色调除了可以在【色板】面板中创建外，还可以在【颜色】面板中创建。方法是，在【色板】面板中选中一个单色色板，然后在【颜色】面板中拖动【色调】滑块，改变该色板的色调，如图 3-60 所示，【色板】面板中的【色调】选项也相应改变。

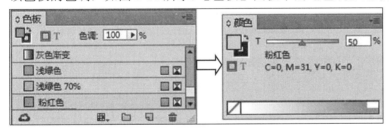

图 3-60 在【颜色】面板中设置色调

这时就可以使用调整色调后的色板填充颜色，但是该色板中的【色调】选项参数是不被保存的。要想持续使用设置色调后的色板，可以在【颜色】面板中设置【色调】选项后，单击右上角的小三角，执行【添加到色板】命令，这时同名称的色调色板显示在【色板】面板中，如图 3-61 所示。

图 3-61 添加到色板

提　示

无论使用哪一种方式创建色调色板，其编辑方法都是相同的，并且与之相关的色板也会随之改变。

3.8　描边设置

创建图形后，不仅可以设置图形的内部填充，还可以通过【描边面板】设置图形的描边属性，比如可以设置直线的粗细、对齐描边、类型等。

3.8.1　描边面板

执行【窗口】|【描边】命令，按F10键或选择【窗口】|【描边】命令，即可调出【描边】面板，如图3-62所示。

1. 粗细、斜接限制、端点类型

【描边】面板划分为4个部分，在第一部分中，【斜接限制】可以指定在斜角连接成为斜面连接之前相对于描边宽度对拐点长度的限制。【端点】用于选择一个端点样式以指定开放路径两端的外观，【端点】又包含三种类型，各类型效果如下所述。

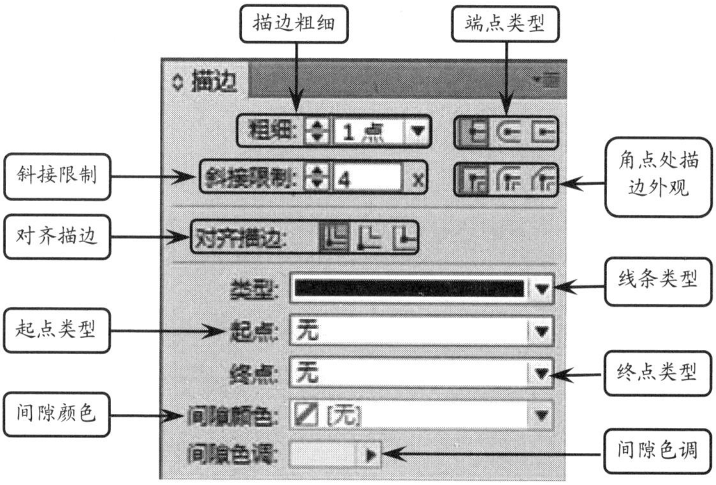

图3-62　描边面板

（1）平头端点：创建邻接（终止于）端点的方形端点，如图3-63所示。

（2）圆头端点：创建在端点外扩展半个描边宽度的半圆端点，如图3-64所示。

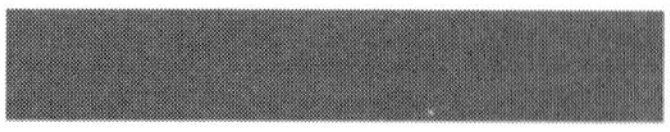

图3-63　平头端点

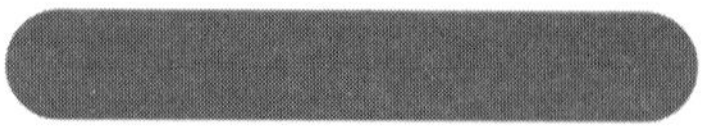

图3-64　圆头端点

（3）投射末端：创建在端点之外扩展半个描边宽度的方形端点。它可以使描边粗细沿路径周围的所有方向均匀扩展。

提　示

【连接】用于指定角点处描边的外观，它包含三种类型：斜接连接、圆角连接、斜面连接。

2．对齐描边

第二部分为对齐描边，这三个按钮可以指定对象描边相对于其路径的位置，图 3-65 显示了使用不同按钮的效果。

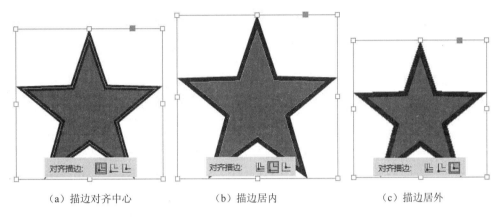

（a）描边对齐中心　　　　　　（b）描边居内　　　　　　（c）描边居外

图 3-65　不同的描边效果

3．类型、起点样式和终点样式

第三部分可以设置对象的描边类型以及起点和终点的样式。在【类型】下拉列表中可以选择不同的描边线型，如图 3-66 所示，最后的虚线选项可以自定义虚线的长度和间隔长度。

同样，在【起点】和【终点】下拉列表中可以选择不同的起点或终点样式，起点和终点的样式是相同的，只是方向不同而已，图 3-67 展示了起点与终点的样式。

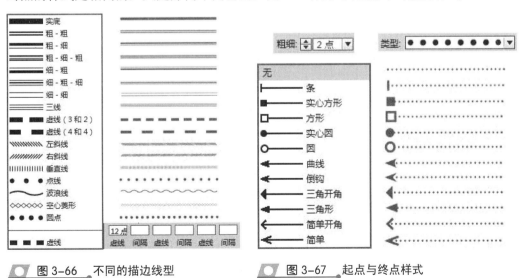

图 3-66　不同的描边线型　　　　　　图 3-67　起点与终点样式

4．间隙颜色和间隙色调

如果在描边【类型】中选择了除【实底】以外的任意类型，则可以通过【间隙颜色】

下拉列表设置其间隙颜色，以填充描边线之间的空白，还可以通过【间隙色调】文本框改变其间隙色调。

【间隙颜色】可以指定要在应用了描边中的虚线、点线或多条线条之间的间隙中显示的颜色，如图 3-68 所示。

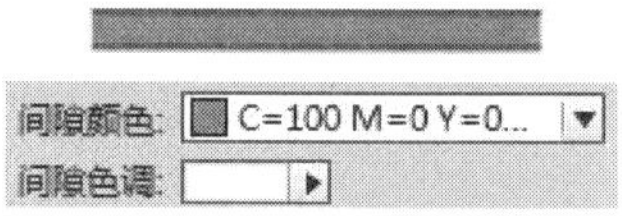

【间隙色调】可以指定一个色调，只有指定了间隙颜色，此选项才可用，如图 3-69 所示。

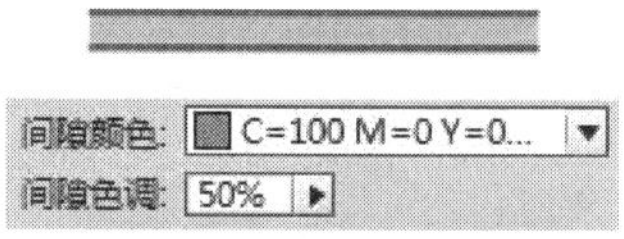

图 3-68 设置间隙颜色

提　示

可以为不使用角点的路径指定斜接选项，但在通过添加角点或转换平滑点来创建角点之前，斜接选项将不应用。此外，斜接在描边较粗的情况下更易于查看。

图 3-69 指定间隙色调

3.8.2　描边颜色

在 InDesign 中，设置描边色的方法与设置填充色基本相同，用户只需要将描边色块置前，然后选择一个单色或渐变即可，例如，如图 3-70 和图 3-71 所示就是为图形分别设置单色和渐变色描边后的效果。

图 3-70 设置单色描边

3.8.3　自定义描边线条

在 InDesign 中，若预设的描边样式无法满足需求，也可以根据个人的需要，进行自定义设置，下面就来讲解其具体的操作方法。

单击【描边】面板右上角的【面板】按钮，在弹出的菜单中选择【描边样式】命令，将弹出【描边样式】对话框，如图 3-72 所示。

单击【描边样式】对话框中的【新建】按钮，弹出【新建描边样式】对话框，如图 3-73 所示。

图 3-71 设置渐变描边

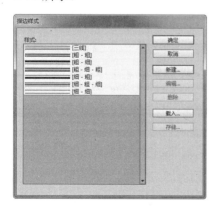

图 3-72 【描边样式】对话框

图 3-73 【新建描边样式】对话框

在该对话框中对描边线条进行设置，单击【确定】按钮退出，即可完成自定义描边线条操作。

3.9 课堂实例："粉色背景"设计

本实例绘制的是粉色背景效果图，如图 3-74 所示。在制作过程中，将会使用绘图工具等绘制图形并进行编辑，配合使用填充工具为图形上色，设计出漂亮的背景效果。

操作步骤：

1. 新建文档。执行【文件】|【新建】|【文档】命令，设置页面参数为默认即可，如图 3-75 所示，单击【边距和分栏】按钮，在弹出的【新建边距和分栏】对话框中，同样设置默认参数，单击【确定】按钮，如图 3-76 所示。

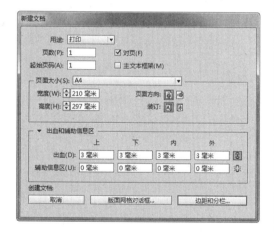

图 3-75 新建文档

图 3-76 新建边距和分栏

2. 绘制背景。在工具箱中选择【矩形工具】，绘制页面加上出血大小的矩形，描边为 0，无填充色，如图 3-77 所示，然后新建渐变

色板，在【渐变选项】中设置名称为【粉色渐变】，类型为【径向】，然后设置颜色值，如图 3-78 所示。

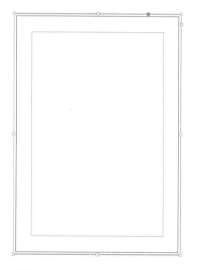

图 3-77 绘制矩形

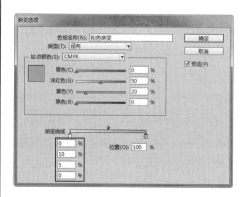

图 3-78 【渐变选项】对话框

3. 填充渐变。设置完颜色参数后，单击【确定】按钮，得到如图 3-79 所示的填充效果。然

图 3-74 粉色背景效果

后，选择工具箱中的【渐变色板工具】███，在矩形上调整渐变角度，得到如图 3-80 所示的效果。

图 3-79　填充效果

图 3-80　调整渐变效果

4 绘制图形。设置参考线，如图 3-81 所示，然后，在工具箱中选择【钢笔工具】██，配合使用【直接选择工具】██，绘制心形图案，如图 3-82 所示。

图 3-81　参考线效果

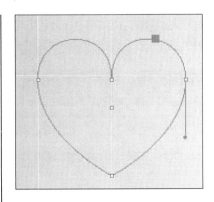

图 3-82　绘制心形效果

5 填充效果。选中心形图案，禁用描边并填充粉色渐变效果，然后打开色板，复制粉色渐变色板，双击粉色渐变副本色板，打开【渐变选项】对话框，调整参数，如图 3-83 所示；单击【确定】按钮填充渐变，选择工具箱中的【渐变色板工具】███，调整渐变角度，如图 3-84 所示。

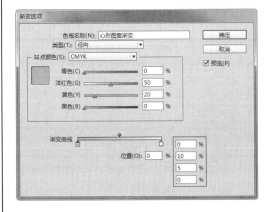

图 3-83　【渐变选项】对话框

图 3-84　调整渐变后的心形效果

6 添加效果。选中心形图案，执行【窗口】|【效果】命令，打开【效果】面板，在【效

果】面板的右上角单击倒三角按钮，在下拉菜单中选择效果，然后在弹出的菜单中单击【外发光】，弹出【效果】对话框，在【效果】对话框中设置【外发光】与【光泽】参数，如图 3-85 所示。单击【确定】按钮，为图形应用效果，如图 3-86 所示。

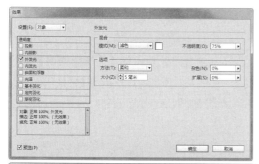

图 3-85 设置【效果】对话框中的参数

图 3-86 心形效果

7 调整图形。选中心形图案，按 Ctrl+C 快捷键进行复制，按 Ctrl+V 快捷键粘贴多个心形图案，然后放置在不同的位置，如图 3-87 所示，对不同的心形图案按住 Shift 键进行缩放并旋转，如图 3-88 所示。

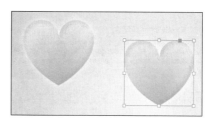

图 3-87 复制图形

图 3-88 调整图形

8 调整透明度。选中不同的心形，在控制面板中调整透明度，如图 3-89 所示。得到最终效果，如图 3-90 所示。

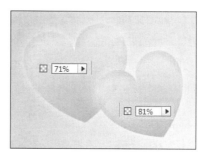

图 3-89 调整透明度

图 3-90 最终效果

思考与练习

一、填空题

1. 路径是使用贝塞尔曲线所构成的一段闭合或者开放的曲线段。它通常由_____、_____、_____三个部分组成。

2. 锚点分为两种类型：_____和_____。

3. 绘制曲线的基本工具是_____。它不但可以创建单一的路径，还可以任意绘制沿着光标移过的路径。

4. 默认情况下，【色板】面板中的_____、_____、_____显示为不可编辑状态。

5. 单击【路径查找器】区中的_____按钮，可以将两个或多个形状复合成为一个形状。

二、选择题

1. 使用【直线工具】绘制时，按下_____键可以绘制出0°、90°或45°的直线。
   - A. Shift
   - B. Ctrl
   - C. Alt
   - D. Shift+ Ctrl

2. 如果要选择多个锚点，可以按_____键不断单击锚点。
   - A. Shift+ Ctrl
   - B. Shift
   - C. Alt
   - D. Ctrl

3. 单击【路径查找器】区中的_____按钮，即所有图形相交的部分被挖空，保留未重叠的图形。
   - A. 减去
   - B. 交叉
   - C. 排除重叠
   - D. 减去后方对象

4. 在【路径查找器】面板中，可以通过_____选项下的按钮对锚点进行转换操作。
   - A. 路径
   - B. 路径查找器
   - C. 转换形状
   - D. 转换点

5. 复合路径功能与【路径查找器】中的_____运算方式相近，都是将两条或两条以上的多条路径创建出镂空效果。
   - A. 减去
   - B. 交叉
   - C. 排除重叠
   - D. 减去后方对象

三、简答题

1. 简述怎样创建并释放复合路径。
2. 怎样存储色板？
3. 如何自定义描边线条？

四、上机练习

1. 制作超市特价标签

在本练习中将制作超市的爆炸标签，如图3-91所示。首先，使用【多边形工具】在页面上单击，在弹出的对话框中设置多边形属性后单击【确定】按钮，然后使用【直接选择工具】调整多边形的角点，最后，填充颜色且禁用描边，得到最终效果。

图 3-91　超市特价标签

2．绘制可爱星星

在本练习中将绘制简易图形，如图 3-92 所示。在制作过程中，首先，使用【多边形工具】在页面上绘制五角星图形，然后使用【直接选择工具】配合使用转换描点工具调整多边形的角点，然后使用【钢笔工具】绘制不规则圆形，设置填充颜色且禁用描边，用作星星的眼睛，然后绘制星星的嘴巴，得到最终效果。

图 3-92 可爱的星星

第4章

编辑与组织对象

在 InDesign 中，可以通过一系列的操作对对象进行组织和编辑，例如，在编辑任何对象之前都要先将对象选中，并进行复制、粘贴等，可以在选中对象之后进行缩放、旋转、移动等变换操作，还可以将多个对象进行排列与调整后组合在一起等。

本章主要讲解如何选择对象、如何对对象进行复制粘贴、怎样将对象进行变换，以及多个对象之间的排列、分布、编组等操作。

4.1 选择对象

在 InDesign 中，在对任何对象进行编辑之前都需要先将其选中。对象由框架和内容两部分组成，可以为框架指定填充和描边颜色等属性，也可以改变框架的形态以制作异形的框架。在操作过程中，若是选中框架进行编辑，内容也会随之发生变化；若是选中内容进行编辑，则框架不会发生变化。

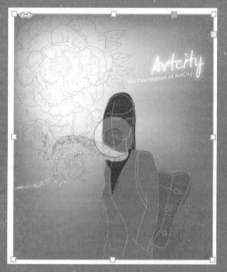

4.1.1 使用【选择工具】

【选择工具】▶可以选中对象整体、框架或内容，以便于对其进行选择性的编辑，使用【选择工具】▶是选择对象时最常用的选择方法。

将【选择工具】▶光标移至对象之上，在中心圆环之外单击，即可选中该对象整体，此时对象外围显示其控制框，如图 4-1 所示是选中图像时的状态。

图 4-1　正常状态下的选择

将【选择工具】的光标移至对象上时，对象中心将显示一个圆环，单击该圆环即可选中其内容，此时按住鼠标左键拖动圆环，即可调整内容的位置，如图 4-2 所示。

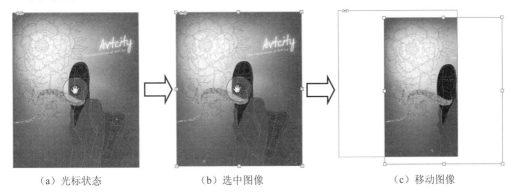

（a）光标状态　　　　　　　　（b）选中图像　　　　　　　　　（c）移动图像

图 4-2　选中内容并移动后的状态

如果需要同时选中多个对象，可以按住 Shift 键的同时单击要选择的对象，如图 4-3 所示就是选中一幅图像后，再按住 Shift 键单击其他图像，从而将图像全部选中后的状态，若按住 Shift 键单击处于选中状态的对象，则会取消对该对象的选择。

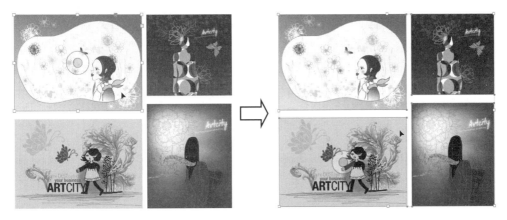

图 4-3　选中多个对象

使用【选择工具】在对象附近的空白位置按住鼠标左键，拖曳出一个矩形框，所有矩形框接触到的对象都将被选中，如图 4-4 所示。

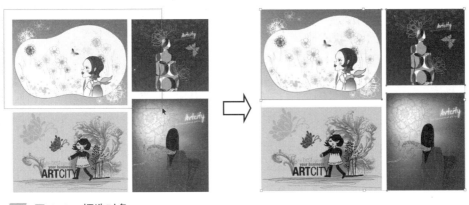

图 4-4　框选对象

4.1.2　使用【直接选择工具】

【直接选择工具】 ▷ 主要是用于选择对象的局部，如单独选中框架、内容或内容与框架的锚点等，其具体使用方法与【选择工具】 ▶ 基本相同，如单击选中局部，按住 Shift 键加选或减选，以及通过拖动的方式进行选择等。

如图 4-5 所示是将光标置于图像框架边缘时的状态，单击即可将其选中；如图 4-6 所示是单击选中其左上角锚点时的状态，如图 4-7 所示是按住 Shift 键再单击右上角的锚点以将其选中时的状态。

图 4-5　摆放光标　　　　图 4-6　选中左上角的锚点　　　　图 4-7　同时选中右上角的锚点

4.1.3　使用命令进行选择

如果要选择页面中的全部对象，可以执行【编辑】|【全选】命令，或按 Ctrl+A 快捷键。

另外，选择【对象】|【选择】命令，如图 4-8 所示，或在选中的对象上单击鼠标右键，在弹出的菜单中选择【选择】子菜单中的命令，也可完成各种对象的选择操作。

图 4-8　【选择】命令的子菜单

提 示

根据所选对象的不同,【选择】子菜单中的命令也不尽相同,例如,所选框架中没有内容时,则【内容】命令就不会出现在子菜单中。

4.2 复制与粘贴

在操作过程中,经常会需要创建多个相同属性的对象,这时就需要使用复制与粘贴的方法。复制与粘贴功能在很大程度上节省了用户的时间。

4.2.1 复制

复制对象有很多种方法,最基础的方法是按 Ctrl+C 快捷键,或者选择【编辑】|【复制】命令,也可以在选中的对象上单击鼠标右键,在弹出的快捷菜单中选择【复制】命令。除此之处,还有拖动复制、直接复制等方法。

1. 拖动复制

拖动复制是最常用、最简单的复制操作,在使用【选择工具】▶或【直接选择工具】▶时,按住 Alt 键置于对象上,此时光标将变为▶状态,如图 4-9 所示,拖至目标位置并释放鼠标,即可得到其副本,如图 4-10 所示。

图 4-9 光标状态　　　　图 4-10 复制得到的对象

提 示

在复制对象时,按住 Shift 键可以沿水平、垂直或成 45°倍数的方向复制对象

2. 直接复制

直接复制是将对象选中后,以上一次对对象执行拖动复制操作时移动的位置作为依据,来确定直接复制后,得到的副本对象的位置。执行【编辑】|【直接复制】命令或按 Ctrl+Shift+Alt+D 快捷键进行操作。

以圆角矩形为例,使用【选择工具】▶选中圆角矩形的同时按住 Alt+Shift 键向右拖动复制,然后连续按 Ctrl+Shift+Alt+D 快捷组合键两次,进行直接复制,如图 4-12 所示。

选中圆角矩形　　　　　拖动复制　　　　　　　　　　　　　直接复制两次

图 4-11　直接复制

3．多重复制

如果需要一次性创建多个属性和排列方式相同的对象，即可使用【多重复制】命令。

方法是，选中对象后执行【编辑】|【多重复制】命令，在打开的【多重复制】对话框中设置复制参数，如图 4-12 所示。

【多重复制】对话框中各选项如下所述。

（1）【计数】：用于指定复制对象的次数，其取值范围介于 0～100 000 之间。

（2）【垂直】：用于指定对象垂直移动的数值，可以是正数，也可以是负数，数值为正数时向下复制对象，如图 4-13 所示。

图 4-12　【多重复制】对话框

（3）【水平】：用于指定对象水平移动的数值，数值为正数时向右复制对象，如图 4-13 所示。

4.2.2　粘贴

复制对象的目的就是要粘贴对象，最基础的粘贴方法是复制对象之后按 Ctrl+V 快捷键粘贴，也可以执行【编辑】|【粘贴】命令，还可以在页面空白处单击鼠标右键，在弹出的快捷菜单中选择【粘贴】命令，复制对象后，可以多次使用 Ctrl+V 快捷键，直到对象所需数量；还可以使用【选择工具】移动对象到所需位置。

图 4-13　多重复制对象

1．原位粘贴

除了基本的粘贴方法之外，还可以为对象进行原位粘贴，原位粘贴是指将粘贴得到的副本对象置于与源对象相同的位置，方法是选中对象后，执行【编辑】|【原位粘贴】命令，在画布的空白位置单击鼠标右键，在弹出的菜单中选择【原位粘贴】命令，也可以按 Ctrl+Shift+Alt+V 快捷键操作。

InDesign CC 2015 图形设计标准教程

2. 贴入内部

使用【贴入内部】命令还可以为对象创建剪切蒙版效果。如图 4-14 所示，首先选中矩形对象，按 Ctrl+C 快捷键，然后选中多边形对象，执行【编辑】|【贴入内部】命令，这时将以多边形为轮廓显示对象。

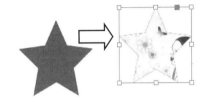

图 4-14 嵌入对象到内部

创建剪切蒙版后还可以使用【直接选择工具】 选中对象，当光标变为抓手形状时，拖动鼠标即可更改图像显示部分，如图 4-15 所示。

4.2.3 跨越图层的复制

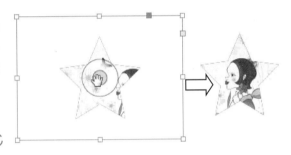

图 4-15 更改图像的显示部分

在图层中选择了对象后，图层名称后面的灰色方块将会显示为当前图层设置的颜色，如图 4-16 所示，即代表当前选中了该图层中的对象，此时可以拖动该方块至其他图层上，如图 4-17 所示，从而实现在不同图层间移动对象的操作，如图 4-18 所示。

图 4-16 彩色方块显示 状态 图 4-17 拖动时的状态 图 4-18 移动后的源图层 状态

在上述拖动过程中，若按住 Alt 键，即可将对象复制到目标图层中。

4.2.4　使用吸管工具

在 InDesign 中，使用【吸管工具】可以复制对象中的填充及描边属性，并将其应用于其他对象中，以便于为多个对象应用相同的属性。其使用方法较为简单，用户可以使用以下两种方法进行复制。

（1）使用【吸管工具】在源对象上单击。此时光标变成状态，证明已读取对象的属性，然后单击目标对象即可。

（2）使用【选择工具】选中目标对象，然后使用【吸管工具】在源对象上单击即可。

若源对象为非 InDesign 创建的对象，如置入的位图图像、矢量图形等，则使用【吸管工具】在其上单击时，仅吸取单击位置的颜色。

【吸管工具】读取颜色后，按住 Alt 键在光标变成状态时则可以重新进行读取。

4.3　变换对象

在 InDesign 中，可以通过【变换】面板、【控制】面板及相应的变换命令等进行移动、缩放、旋转、切变、翻转等多种变换操作，也可以根据实际情况选择使用工具进行快捷的变换处理，相对于【变换】面板和【控制】面板等精确的变换操作，使用工具进行变换比较自由。

4.3.1　【变换】面板

在【变换】面板中可显示一个和多个被选对象在页面中所处的位置、尺寸等相关信息，并且所有的参数值都是相对于被选对象的边界范围而言的。它集合了前面所讲到的几个变换工具的功能，如缩放、旋转、切变等，可直接在该面板中设置其参数值，以达到变换对象的目的。

1.【变换】面板

执行【窗口】|【对象和版面】|【变换】命令，在打开的【变换】面板中可以设置对象缩放、旋转、切变的参数值，效果如图 4-19 所示。

在【变换】面板中，主要包括下列选项。

（1）X 文本框：设置此参数值可以改变被选对象在水平方向上的位置。

（2）Y 文本框：设置此参数值可以改变被选对象在垂直方向上的位置。

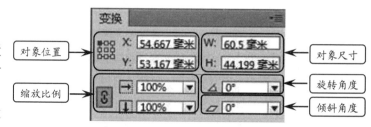

图 4-19　【变换】面板

（3）W 文本框：设置此参数值可以控制被选对象边界范围的宽度。

（4）H 文本框：设置此参数值可以控制被选对象边界范围的高度。

（5）旋转和倾斜参数栏：分别用来设置对象的旋转和切变角度。在【变换】面板中，设置【倾斜】参数栏的方法与设置【旋转】参数栏的方法相同。如图 4-20 所示，这是使用该面板设置对象变换的效果。

（6）参考点：在【参考点】▦上的各点上单击可改变变换的中心点位置。

（a）原图 　　　　　　　（b）旋转 45° 　　　　　　　（c）倾斜 45°

◢◤ 图 4-20　设置对象的变换效果

提　示

单击【约束宽度和高度比例】按钮⁕可使对象按比例缩放变换，再次单击可取消约束效果。

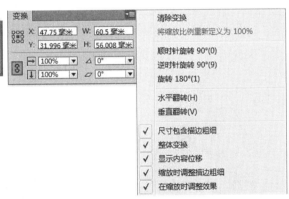

2.【变换】面板菜单

单击【变换】面板右上角的黑色小三角按钮，在弹出的快捷菜单中执行相应的命令也可以实现对象的变换操作，如图 4-21 所示。

【变换】面板菜单中各命令的作用，如表 4-1 所示。

◢◤ 图 4-21　【变换】面板菜单

::: 表 4-1　【变换】面板各选项的功能

名　　称	功　　能
清除变换	使用该命令，可以清除对象上一次的变换操作
将缩放比例重新定义为 100%	使用该命令，可以将进行过一次缩放操作的对象恢复为原始状态
顺时针旋转 90°	使用该命令，可以将对象顺时针旋转 90°
逆时针旋转 90°	使用该命令，可以将对象逆时针旋转 90°
旋转 180°	使用该命令，可以将对象旋转 180°
水平翻转	使用该命令，可以将对象水平翻转
垂直翻转	使用该命令，可以将对象垂直翻转
尺寸包含描边粗细	启用该选项，可以使对象的尺寸按描边的最外缘进行计算
整体变换	启用该选项，可以使对象整体变换

名　　称	功　　能
显示内容位移	启用该选项，可以显示对角的位移内容
缩放时调整描边粗细	启用该选项，可以使对象在缩放时自动调整描边粗细
在缩放时调整效果	启用该选项，可以使对象在缩放时自动调整应用效果

4.3.2　设置参考点

　　当选中一个对象时，其周围会出现一个控制框，并显示出 9 个控制句柄，如图 4-22 所示（不包括右上方的实心控制句柄），连同其中心的控制中心点，共 10 个控制点，它们与控制面板中的参考点都是一一对应的。

　　当用户在控制面板中选中某个参考点时，则在控制面板或【变换】面板中，以输入参数或选择命令的方式变换对象时，将以该参考点的位置进行变换。如图 4-23 所示，选中图像中的对象后，单击对象右下角的参考点，将其放大 150%，然后选择右侧中间的参考点，同样放大 150%，这时可以看出，二者的变换比例相同，但由于所选的参考点不同，因此得到的变换结果也各不相同。

　　图 4-22　选中对象时显示的控制框及其控制句柄

（a）素材文档　　　　　　（b）选择右下角参考点的变换结果　　　（c）选择右侧中间参考点的变换结果

　　图 4-23　不同参考点的变换结果

　　另外，除了在【变换】或控制面板中设置参考点外，还可以在使用【缩放工具】、【旋转工具】及【切变工具】时，使用光标在控制框周围的任意位置单击定位参考点，此时的参考点显示为 ✧ 状态，默认情况下位于控制框的中心。

4.3.3　移动对象

　　在 InDesign 中，可以使用【选择工具】、【直接选择工具】和【自由变换工具】，使用它们选中要移动的图形，然后按住鼠标左键并拖动到目标位置，释放鼠标即可完成移动操作。

要精确调整对象的位置，可以在控制面板或【变换】面板中设置水平位置和垂直位置的数值，或选择【对象】|【变换】|【移动】命令，弹出【移动】对话框，如图4-24所示。

在【移动】对话框中，各选项的功能解释如下。

（1）【水平】：在此文本框中输入数值，以控制水平移动的位置。

（2）【垂直】：在此文本框中输入数值，以控制垂直移动的位置。

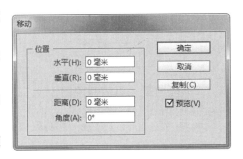

图 4-24　【移动】对话框

（3）【距离】：在此文本框中输入数值以控制输入对象的参考点在移动前后的差值。

提　示

在设置参数时，用户可以在文本框中进行简单的数值运算。例如，当前对象的水平位置为185mm，现要将其向右移动6mm，则可以在【水平】文本框中输入185+6，确认后即可将对象的水平位置调整为191mm。同理，用户在进行缩放、旋转、切变等变换操作时，也可以使用此方法进行精确设置。

（4）【角度】在此文本框中输入数值以控制移动的角度。

（5）【复制】按钮：单击此按钮，可以复制原对象到移动的位置。选择图像，并设置适当的【水平】数值后，单击【复制】按钮，效果如图4-25所示。

在要小幅度调整对象的位置时，使用工具拖动不够精确，使用面板或命令又有些麻烦，此时可以使用键盘中的→、←、↑、↓方向键进行细微的调整，实现对图形进行向右、向左、向上、向下的移动操作。每按一次方向键，图形就会向相应的方向移动一个特定的距离。

在按方向键的同时，按住 Shift 键，可以按特定距离的 10 倍进行移动；如果要持续移动图形，则可以按住方向键直到图形移至所需要的位置，然后释放鼠标即可。

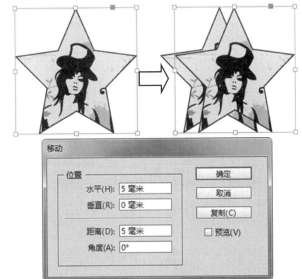

图 4-25　复制对象

4.3.4　缩放对象

缩放是指一个对象沿水平轴、垂直轴或者同时在两个方向上扩大或缩小的过程。它是相对于指定的缩放中心点而言的，默认情况下缩放中心点是对象的中心点。

在 InDesign 中有多种缩放对象的方法，可以使用最基本的【选择工具】 ▶、【直接选择工具】 ▶ 和【自由变换工具】 ▷、放大或缩小所选的对象，也可以通过【缩放】对话框更为精确地设置对象的缩放比例，还可以根据需要确定对象缩放的中心点。

1. 使用工具缩放对象

使用【选择工具】 ▶、【缩放显示工具】 🔍 和【自由变换工具】 ▷，可以对选定的对象进行较为简单的缩放，下面将介绍如何使用这三种工具缩放对象。

使用【选择工具】 ▶ 选择对象后，拖动变换框的控制柄可缩小或放大对象。【自由变换工具】 ▷ 的使用方法与【选择工具】 ▶ 相同。

使用【缩放工具】 🔲 可以方便地缩小或放大图像。选中该工具，在绘图区中单击对象并拖动鼠标，即可调整对象大小，效果如图 4-26 所示。

还可以根据绘制工作的需要，改变缩放的中心点后再进行缩放操作。如图 4-27 所示，选中对象后，使用【缩放工具】 🔲 单击以确定缩放对象的中心点，然后再单击并拖动鼠标。

图 4-26 【缩放工具】缩放对象

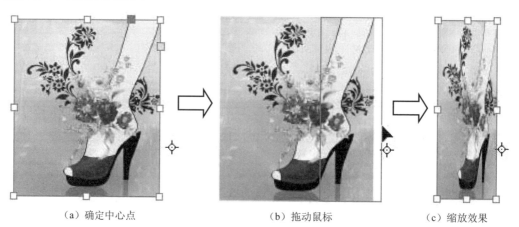

（a）确定中心点　　　　　　　（b）拖动鼠标　　　　　　　（c）缩放效果

图 4-27 调整缩放中心点

在使用【缩放工具】 🔲 缩放对象时，按住鼠标左键的同时按住 Alt 键可保持缩放对象不变的同时创建其副本，效果如图 4-28 所示。

2．使用【缩放】对话框缩放对象

使用该对话框可以精确地缩放对象，它可以精确地控制对象的宽度、高度变化，还可以使对象按比例缩放。

执行【对象】|【变换】|【缩放】命令，在打开的【缩放】对话框中可以设置对象的缩放参数。当约束缩放按钮变为⑧时，可使对象成比例缩放，如图4-29所示。设置【X缩放】和【Y缩放】参数栏的数值，对象将按相应的比例值进行缩放。

图 4-28 缩放并复制对象

【缩放】对话框中各选项的含义如下所述。

（1）【X缩放】：指定对象沿水平方向的缩放比例。

（2）【Y缩放】：指定对象沿垂直方向的缩放比例。

在使用【缩放工具】凸时，按住Alt键单击对象，也可以弹出【缩放】对话框，设置参数并单击【复制】按钮即可保持缩放对象不变的同时创建其副本，效果如图4-30所示。

图 4-29 【缩放】对话框

当约束缩放按钮变为⑧时，可单独地对对象的高度和宽度进行缩放处理，效果如图4-31所示。

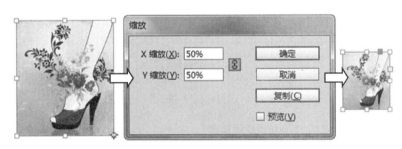

图 4-30 缩放并复制对象

技 巧

双击工具箱中的【缩放工具】按钮，可打开【缩放】对话框。另外，右击选取的对象，在快捷菜单中执行【变换】|【缩放】命令，同样也可以打开对话框。

图 4-31 非比例缩放

4.3.5 旋转对象

旋转是指对象绕着一个固定的点进行转动，在默认状态下，对象的中心点将作为旋转的轴心，当然也可以指定对象旋转的中心。旋转对象的方法共有两种，下面分别予以介绍。

1．手动旋转对象

使用【自由变换工具】 可以快速地对对象进行旋转操作，如图4-32所示。启用该工具，在绘图区中单击并拖动鼠标即可旋转对象。

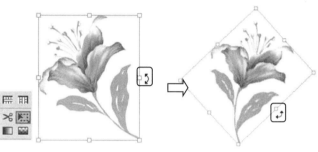

图 4-32　旋转对象

技　巧

在使用【自由变换工具】旋转对象时，按住Shift键可使对象按照固定的角度进行旋转。

使用菜单下方【控制】面板中的【逆时针旋转90°】 或【顺时针旋转90°】 可以对选定对象进行不同角度的旋转，如图4-33所示。

（a）原图　　　　　　　　（b）顺时针旋转90°　　　　　　　（c）逆时针旋转90°

图 4-33　旋转按钮旋转对象

使用菜单下方【控制】面板中的【水平翻转】 或【垂直翻转】 可以对选定对象进行水平或垂直翻转操作，如图4-34所示。

（a）原图　　　　　　　　（b）水平翻转　　　　　　　（c）垂直翻转

图 4-34　水平、垂直翻转对象

在旋转时按住 Alt 键可以在旋转对象不变的情况下创建其副本图形，效果如图 4-35 所示。

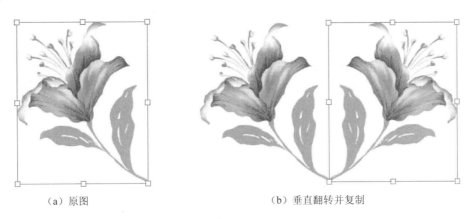

（a）原图　　　　　　　　　　　（b）垂直翻转并复制

图 4-35　旋转时复制对象

2．精确地旋转对象

如果要进行精确的对象旋转操作，可以在相应的工具对话框中进行设置。方法是，选中对象后，执行【对象】|【变换】|【旋转】命令，在打开的【旋转】对话框中设置其旋转角度即可，如图 4-36 所示。

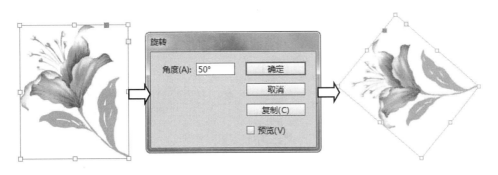

图 4-36　精确地旋转对象

技　巧

用户还可以在【控制】面板中的【旋转角度】微调框中，旋转或输入精确的旋转角度值的方法，来精确地旋转对象。

4.3.6　切变对象

切变对象会使对象沿着其水平轴或垂直轴倾斜，还可以旋转对象的两个轴，例如，制作投影效果。

1．使用【切变工具】

使用【切变工具】 可以快捷地实现对象的倾斜效果。使用【切变工具】 在绘图区中单击并拖动至合适位置，可创建出所需要的切变图形，效果如图 4-37 所示。

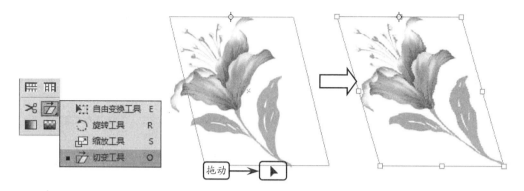

图 4-37　切变对象

技　巧

在其他位置单击也可定位切变控制点。在拖动的过程中，同时按住 Shift 键可以约束切变对象的角度，而同时按住 Alt 键可以在保持原对象不变的基础上复制一个经过切变的对象。

2. 精确地设置切变效果

使用【切变工具】🔷的选项对话框可以精确地对对象实施切变。双击【切变工具】按钮🔷或执行【对象】|【变换】|【切变】命令，在弹出的【切变】对话框中设置参数，效果如图 4-38 所示。

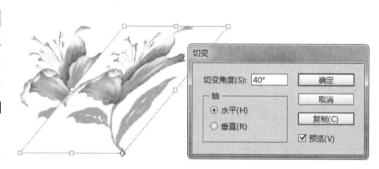

图 4-38　精确地切变对象

技　巧

在拖动的过程中，同时按住 Alt 键可以弹出【切变】对话框。

在【切变】对话框中，主要包括下列选项。

（1）【切换角度】：可指定对象切变时的倾斜角度，它的取值范围在–360°～360°之间。

（2）【轴】：可指定对象切变时是【水平】、【垂直】中的任意一个选项作为切变对象的方向；或者在【角度】选项中设置切变轴的倾斜度在–360°～360°之间。

（3）【复制】：可以使图像在切变的过程中创建图形副本。

4.4　管理对象

如果需要对多个对象进行编辑，可以通过 InDesign 提供的排列、对齐、分布等命令，进行排列对象的次序、对齐对象、改变对象分布间隔的距离等，从而使对象更为整齐、有序。

4.4.1 排列对象顺序

所有的绘制对象都是以绘制的先后顺序进行排列的,在实际工作中,会因为绘制工作的需要调整对象的先后顺序,这时就需要使用【排列】功能改变对象的先后顺序。

选中对象,执行【对象】|【排列】|【置于顶层】命令,可以将选定的对象放到所有对象的最前面。如图 4-39 所示,将低层的圆形透明度设为 80%,然后将圆形置于顶层。

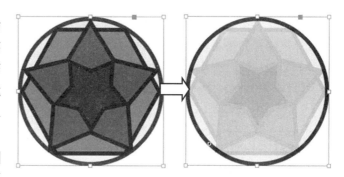

图 4-39 将对象置于顶层

【置于底层】命令与【置于顶层】命令相反,执行【对象】|【排列】|【置于底层】命令,可将所选对象置于底层。如图 4-40 所示,将顶层的圆形透明度设为 80%,然后将圆形置于底层。

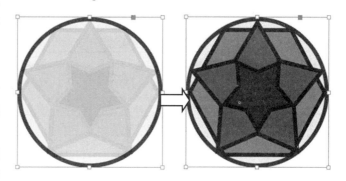

图 4-40 将对象置于底层

使用【前移一层】或【后移一层】命令可将对象向前或向后移动一层,而不是所有对象的最前面或最后面。如图 4-41 所示,将底层的圆形透明度设为80%,然后将圆形向前移动一层。

还有一种可以改变对象排列顺序的方法,即选中对象后右击鼠标,执行【排列】命令下的一种子命令,如图 4-42 所示。

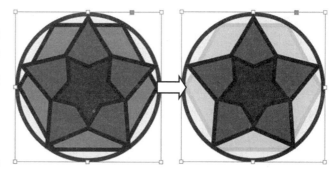

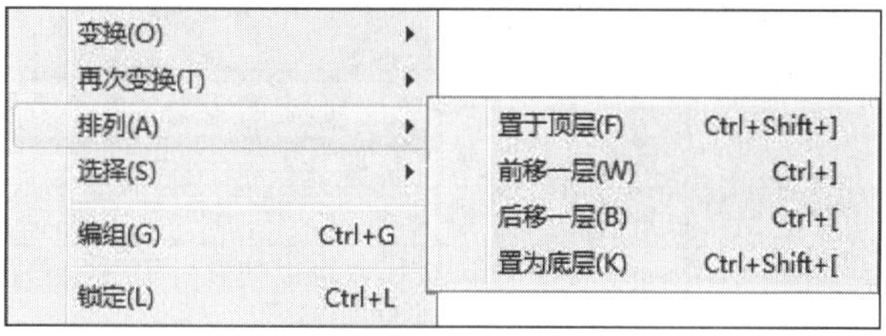

图 4-41 前后移动对象

变换(O)	▶		
再次变换(T)	▶		
排列(A)	▶	置于顶层(F)	Ctrl+Shift+]
选择(S)	▶	前移一层(W)	Ctrl+]
		后移一层(B)	Ctrl+[
编组(G)	Ctrl+G	置为底层(K)	Ctrl+Shift+[
锁定(L)	Ctrl+L		

技 巧

调整好各个对象的排列顺序后,可以执行【对象】|【编组】命令,将多个对象组合到一起,方便选择和管理。

图 4-42 使用快捷菜单命令

4.4.2 对齐与分布

当创建多个对象，并且要求对象排列精度较高时，单纯依靠鼠标拖动是难以准确完成的。利用 InDesign 提供的对齐和分布功能，会使绘制工作变得更为便捷。

【对齐】面板集合了多个对齐与分布命令按钮。执行【窗口】|【对象和版面】|【对齐】命令，打开【对齐】面板，使用【对齐】面板可以将选定对象水平或垂直地对齐到选区、边距、页面或跨页，或者分布一定间距，如图 4-43 所示。

单击【对齐】面板右上角的黑色小三角按钮，执行【显示/隐藏选项】命令，即可显示或隐藏面板中所有的命令按钮，如图 4-44 所示。

图 4-43 【对齐】面板

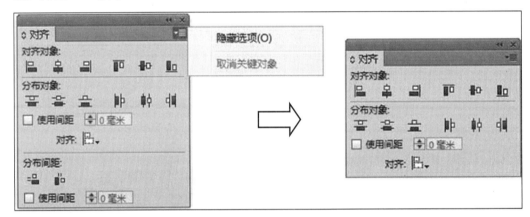

图 4-44 显示/隐藏选项

在【对齐】面板中，主要包括对齐对象、分布对象、分布间距等选项，其具体作用如表 4-2 所示。

表 4-2 【对齐】面板各按钮的功能与含义

名 称	图标	功 能
左对齐		单击该按钮，选定的对象将会以最左边对象的边线为基准向左集中
水平居中对齐		单击该按钮，将以选定对象的中心作为居中对齐的基准点，对象在垂直方向上保持不变
右对齐		单击该按钮，选定的多个对象以最右边对象的边线对齐排列，最右边对象的位置将不发生变化
顶对齐		单击该按钮，将以选定对象中最上方对象的上边线作为基准对齐
垂直居中对齐		单击该按钮，可以使选定的对象垂直居中对齐，对齐后对象的中心点都在水平方向的直线上
底对齐		单击该按钮，将以选定对象中最下方对象的下边线作为基准进行对齐
按顶分布		单击该按钮，将以选定对象中最顶部的对象的上边线作为基准进行对齐

InDesign CC 2015 图形设计标准教程

名　　称	图标	功　　能
垂直居中分布		单击该按钮，可以使选定的对象垂直居中对齐，对齐后对象的中心点不在同一条垂直直线上
按底分布		单击该按钮，将以选定对象中最底部的对象的下边线作为基准进行对齐操作
按左分布		单击该按钮，可以使选定的多个对象以最左边对象的边线为基准向左集中
水平居中分布		单击该按钮，可以使选定的多个对象水平居中分布，分布后对象的中心点不在同一条垂直直线上
按右分布		单击该按钮，可以使选定的多个对象以最右边对象的边线为基准向右集中
垂直分布间距		单击该按钮，可以使选定的多个对象以垂直方向分布间距
水平分布间距		单击该按钮，可以使选定的多个对象以水平方向分布间距

对齐操作可以改变选定对象中某些对象的位置，并以一定的对象为基准进行排列。如果需要以选定对象中最上方的对象作为基准对齐，那么选定多个对象后，单击【对齐】面板中的【顶对齐】按钮即可，如图 4-45 所示。

对象的分布是自动沿水平轴或垂直轴均匀地排列对象，或使对象之间的距离相等，可以精确地设置对象之间的距离，从而使对象的排列更为有序，在一定条件下，它将会起到与对齐功能相似的作用。图 4-46 展示了使用【水平居中分布】按钮，并启用【使用间距】复选框后的效果。

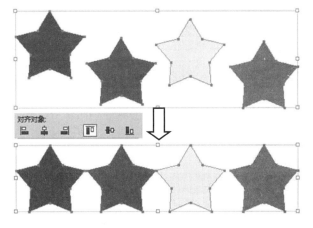

图 4-45　顶对齐效果

● 4.4.3　编组与解组

选择要组合的对象后，按 Ctrl+G 快捷键或执行【对象】|【编组】命令，即可将选择的对象进行编组，如图 4-47 所示。

多个对象组合之后，使用【选择工具】选定组中的任何一个对象，都将选定整个群组。如果要选择群组中的单个对象，可以使用【直接选择工具】进行选择。

选择要解组的对象，按 Shift+

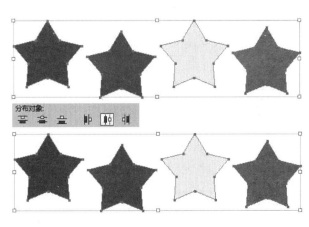

图 4-46　水平居中分布效果

第 4 章　编辑与组织对象

111

Ctrl+G 快捷组合键或执行【对象】|【取消编组】命令，即可将组合的对象进行取消编组。

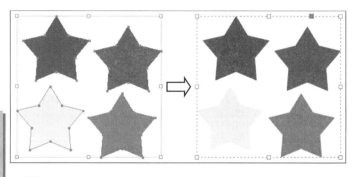

注 意

若是对群组设置了不透明度、混合模式等属性，在解组后，将被恢复为编组前各对象的原始属性。

图 4-47　编组前后对比效果

4.4.4　锁定与解锁

锁定命令可以将对象位置锁定，以防止不经意地拖动或编辑。方法是选中要锁定的对象，然后按 Ctrl+L 快捷键或执行【对象】|【锁定】命令即可将其锁定。处于锁定状态的对象可以被选中，但不可以被移动、旋转、缩放或删除。

若是要移动锁定的对象，将出现一个锁形图标 🔒，表示该对象被锁定，不能移动。

若是不希望锁定的对象被选中，可以将其移至一个图层中，然后将图层锁定，或执行【编辑】|【首选项】|【常规】命令，在弹出的对话框中选中【阻止选取锁定的对象】选项。

选择要解除锁定的对象，按 Ctrl+Alt+L 快捷组合键，或执行【对象】|【解锁跨页上的所有内容】命令即可。

4.5　课堂实例：舞会邀请函设计——封面

本实例绘制的是舞会邀请函的封面效果，如图 4-48 所示。在制作过程中，将会使用绘图工具等绘制所需图形并填充适当颜色，然后进行复制、粘贴、变换、排列、分布等编辑，制作出打动人心的邀请函。

图 4-48　邀请函

操作步骤

1️⃣ 新建文档。执行【文件】|【新建】|【文档】命令，在弹出的【新建文档】对话框中设置参数后单击【边距和分栏】按钮，设置边距参数，如图 4-49 所示，单击【确定】按钮后选择【选择工具】，在标尺上单击并拖动至页面中间位置，如图 4-50 所示。

2️⃣ 绘制背景。在工具箱中选择【矩形工具】，绘制页面大小的矩形，如图 4-51 所示，新建红色色板，为矩形填充红色，效果如图 4-52 所示。

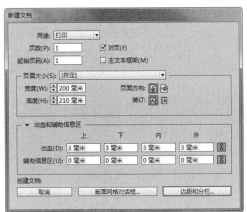

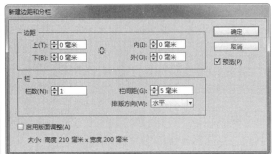

图 4-49　新建文档

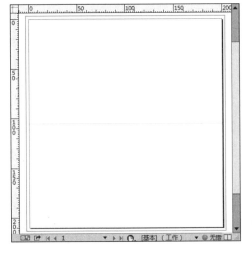

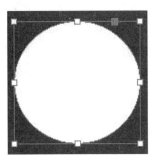图 4-50　建立参考线

图 4-52　填充颜色效果

3　绘制雪花。在工具箱中选择【椭圆工具】，
　　绘制圆形，禁用描边，填充纸色，如图 4-53
　　所示。打开【效果】面板，为圆形添加【外
　　发光】效果和【羽化效果】，如图 4-54 和
　　4-55 所示。

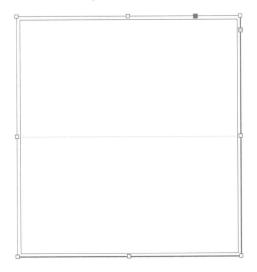

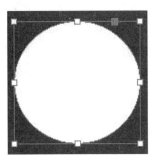图 4-51　绘制矩形

图 4-53　绘制圆形

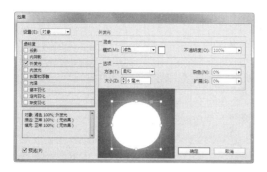

图 4-54　添加【外发光】效果对话框

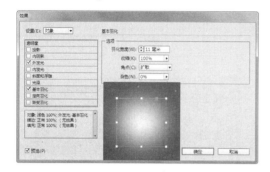

图 4-55　添加【基本羽化】效果对话框

4　复制粘贴。将绘制好的圆形进行复制并调整不同大小，分布页面，如图 4-56 所示，选中所有图形，按 Shift 键单击矩形后按 Ctrl+G 快捷键，将所有圆形进行编组。

图 4-56　复制粘贴效果

5　光线效果。选择工具箱中的【矩形工具】，绘制一个矩形并将透明度设为 50%，如图 4-57 所示，选择工具箱中的【旋转工具】

，以矩形中心为参考点，按住 Alt 键单击参考点，在弹出的对话框中设置旋转角度为 15° 并单击【复制】按钮，多次重复复制，得到如图 4-58 所示的光线效果。

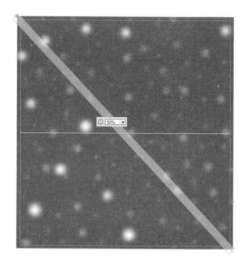

图 4-57　绘制透明度为 **50%** 的矩形

图 4-58　光线效果

6　添加图像。将光线矩形进行编组后，将控制面板中的透明度设置为 50%，效果如图 4-59 所示。按 Ctrl+A 快捷键将所有内容选中，再按 Ctrl+L 快捷键将内容锁定。

7　绘制图形。使用【钢笔工具】，配合其他绘图工具，绘制几个音乐符号与其他图形，如图 4-60 所示。新建渐变色板，为音乐符号填充渐变，打开效果面板，为星形图形添加投影效果，如图 4-61 所示。

图 4-59　编组后设置透明度

图 4-60　绘制图形

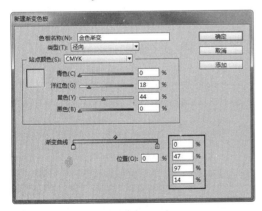

图 4-61　为音乐符号与星形填充颜色

8　分布图形。将图形进行复制粘贴，并调整不同的方向和大小，分布在页面上，如图 4-62 所示。

图 4-62　分布图形

9　添加文字。选择工具箱中的【文字工具】T，拉出一个文本框，在文本框中输入"舞会邀请函"，并设置字体字号，如图 4-63 所示，单独选中"邀"字，设置不同的字体字号，如图 4-64 所示。

图 4-63　输入文字并设置字体字号

图 4-64　设置不同字体字号

10 文字图形化。选中文字，按 Ctrl+Shift+O 快捷键将文字图形化后复制并原位粘贴，如图 4-65 所示，将粘贴后的文字按方向键稍微移动，并填充金色渐变，如图 4-66 所示。

图 4-65　文字图形化

图 4-66　填充渐变效果

11 绘制文字背景。绘制圆形，填充黑色，新建渐变色板，如图 4-67 所示。复制圆形并原位粘贴，稍移距离后将圆形填充黑色置于渐变圆形下层，然后将两个圆形置于文字下层，如图 4-68 所示。

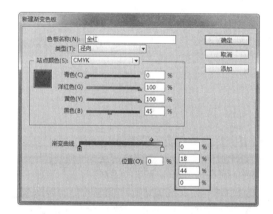

图 4-67　新建渐变色板

图 4-68　调整次序效果

12 绘制图形。使用钢笔工具绘制图形，复制金色渐变色板，重命名为黄色，设置类型为线型并为图形填充，设置图形描边为金色渐变，如图 4-69 所示。

图 4-69　绘制图形并填充

13 绘制人物剪影。使用绘图工具绘制人物剪影，如图 4-70 所示。复制粘贴并微移对象，填充金色渐变，将两个对象组合在一起，在控制面板中单击【垂直翻转】按钮，如图 4-71 所示。

图 4-70　绘制剪影

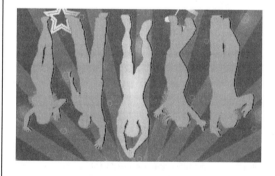

图 4-71　填充并翻转后的效果

14 调整位置。调整每个对象至合理的位置，完成邀请函封面的设计并保存，最终效果如图 4-72 所示。

（a）封面

（b）封底

图 4-72　邀请函最终效果

思考与练习

一、填空题

1．如果需要同时选中多个对象，可以按住_____键的同时单击要选择的对象。而按住_____键单击处于选中状态的对象，则会取消对该对象的选择。

2．使用_____工具、_____工具和_____工具，可以对选定的对象进行较为简单的缩放。

3．使用_____工具可以快捷地实现对象的倾斜效果。

4．要调整对象的先后顺序，这时就需要使用_____功能改变对象的先后顺序。

5．使用_____面板可以将选定对象水平或垂直地对齐到选区、边距、页面或跨页，或者分布一定间距。

二、选择题

1．将_____的光标移至对象上时，对象中心将显示一个圆环，单击该圆环即可选中其内容，此时按住鼠标左键拖动圆环，即可调整内容的位置。

    A．选择工具
    B．直接选择工具
    C．自由变换工具
    D．缩放工具

2．复制对象有很多种方法，最基础的方法是按_____快捷键。

    A．Ctrl+A   B．Ctrl+C
    C．Ctrl+F   D．Ctrl+V

3．如果要选择页面中的全部对象，可以执行【编辑】|【全选】命令，或按_____快捷键。

    A．Ctrl+C   B．Ctrl+V
    C．Ctrl+A   D．Ctrl+S

4．当选中一个对象时，其周围会出现一个控制框，并显示出_____个控制句柄，连同其中心的控制中心点，共_____个控制点，它们与控制面板中的参考点都是一一对应的。

    A．10 10   B．9 9
    C．10 9   D．9 10

5．锁定命令可以将对象位置锁定，以防止不经意地拖动或编辑。要锁定对象，按_____快捷键。

    A．Ctrl+L   B．Ctrl+G
    C．Ctrl+Alt+L   D．Ctrl+Shift+L

三、简答题

1．简述几种复制对象的操作方法。

2．简述吸管工具的作用与操作方法。

3．简述怎样将对象锁定。

四、上机练习

1．制作画布

本练习制作的是一个带有装饰图案的画布效果，如图 4-73 所示。制作本实例，首先使用【钢笔工具】 绘制花瓣然后通过复制粘贴组合成花朵形状，然后用【椭圆工具】 绘制基本形状，配合使用【路径查找器】面板对图形进行组合、剪切等操作。在制作本实例的过程中，重点是将多个图形叠加到一起，分布在页面上，并利用排列等命令划分它们的层次，以制作出具有装饰图案的画布效果。

图 4-73 具有装饰图案的画布

2．绘制风车

本练习制作的是风车效果，如图 4-74 所示。制作本实例，首先使用绘图工具绘制风车中一个

风叶的形状，然后通过制作旋转效果，在【旋转】对话框中设置角度，然后单击【复制】按钮即可制作出另一个风叶形状。重复操作，制作出其他风叶，然后对每个风叶填充不同的颜色。最后把风叶编组，绘制一个圆形，放置于风车的中央位置，完成制作。

图 4-74 风车

第 5 章

文字与段落

在排版过程中，设置文字与段落属性是必要的操作。可以通过设置字符来改变文字的字体、字号等，也可以通过设置段落来改变文本的格式，如对齐、缩进、行距、段间距等。除了设置文本段落的基本属性外，还可以设置文本的排版方向、调整路径文字、复制文本属性、将文本轮廓化等。

本章讲解了文字与段落的基本设置等知识，通过对字形与特殊字符、制表符与脚注、文章编辑器以及查找和更改等功能的介绍，帮助读者掌握文字排版的基础知识，在排版或设计时使文章内容更加精确。

5.1 创建并编辑文字

在 InDesign 中，创建文字最基础的方法就是使用工具箱中的文本工具在页面中创建文本框或沿排版路径输入文字，使用网格工具可以使字符的全角字框与间距都显示为网格，输入文字后通过【字符】面板设置文字属性。

5.1.1 使用文本工具

使用文本工具不仅可以创建直排或者横排的段落文本，也可以创建沿着任何形状的开放或封闭路径的边缘排列的文本。使用时，按住【文字工具】按钮 T.，然后从弹出的工具组中选择相应的工具，如图 5-1 所示。

1.【文字工具】

使用【文字工具】T.可以创建横排文本框架。单击该工具，

图 5-1 文字工具组

光标变为 I 形状，拖动光标绘制出文本框架，并在虚拟矩形框内输入文本即可，如图5-2所示。

使用【选择工具】可以对整个文本框架进行移动、调整大小和更改。

2. 直排文字工具

使用【直排文字工具】可以创建直排文本框架。该工具的使用方法与【文字工具】一样，当光标变为 形状时，拖动光标绘制文本框架，在虚拟矩形框内输入文本即可，如图5-3所示。

3. 路径文字工具

如果需要将文字绕路径排版，首先绘制一个路径，接着选择【路径文字工具】，将其放置在路径上，光标显示为 形状，直到鼠标指针旁边出现一个小加号时单击，即可输入文字，如图5-4所示。

4. 垂直路径文字工具

选择【垂直路径文字工具】，将其放置在路径上，当光标显示为 形状时，单击鼠标即可垂直输入文字，如图5-5所示。

5.1.2 使用网格工具

框架网格通常用于中、日、韩文排版，其中字符的全角字框与间距都显示为网格。创建框架网格的工具包括【水平网格工具】与【垂直网格工具】。

1. 水平网格工具

使用【水平网格工具】可以创建水平框架网格。选择该工具，拖动可以确定所创建框架网格的高度和宽度，然后在其中输入文本即可，如图5-6所示。

2. 垂直网格工具

使用【垂直网格工具】可以创建垂直框架网格。选择该工具，拖动可以确定所创

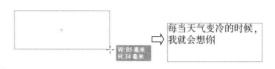

图5-2　输入横排文字

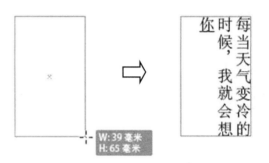

图5-3　输入直排文字

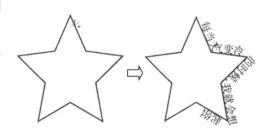

图5-4　文字绕路径排列

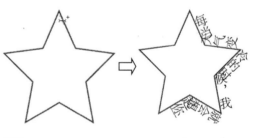

图5-5　垂直路径文字

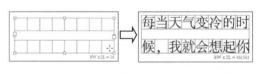

图5-6　创建水平框架网格

建框架网格的高度和宽度，然后在其中输入文本即可，如图
5-7 所示。

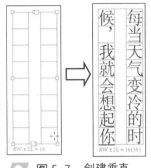

技　巧

> 在创建水平网格框架或者垂直网格框架时，按住 Alt 键可以单击确定框
> 架网格中心；按住 Shift 键则可以绘制正方形水平或者垂直框架网格。

5.1.3　字符面板

图 5-7　创建垂直
框架网格

对于文字的设置，用户可以使用文字工具选项栏进行调
整，也可以执行【窗口】|【文字和表】|【字符】命令或执行
【文字】|【字符】命令，也可按 Ctrl+T 快捷键，打开如图 5-8
所示【字符】面板，通过该面板可以设置文字的字体、字形、
字号、修饰、字符间距等，使其版面文字更加整洁、漂亮。

1．设置字体

要为选择的文本应用字体，可以在【字体】下拉列表中进
行设置，如图 5-9 所示，选择字体的类型可以决定人们对它的
视觉感受。

2．设置字体大小

在报刊或杂志中，标题与正文的文字大小并不一样。一般
情况下，标题的文字稍微大些。因此，在输入编辑文字时，需
要对文字的大小进行调整。其方法是：在【字符】面板的【字
体大小】下拉列表中选择适当的大小或输入数值即可，如图 5-10 所示。

图 5-8　【字符】面板

图 5-9　设置字体　　　　　　　　　图 5-10　设置字体大小

3．设置字符间距、字偶间距和行距

行距是控制文字行之间的距离，默认情况下为【自动】选项，此时间距将会跟随字
号的改变而改变，若为固定的数值则不会改变，如图 5-11 所示。
字符间距调整是加宽或紧缩文本块的过程，如图 5-12 所示。
字偶间距调整是增加或减少特定字符之间间距的过程，如图 5-13 所示。

提　示

> 可以对选定文本应用行距调整、字偶间距调整、字距调整或同时应用这三者。字偶间距调整和字距
> 调整的值会影响中文文本，但一般说来，这些选项用于调整罗马字之间的间距。

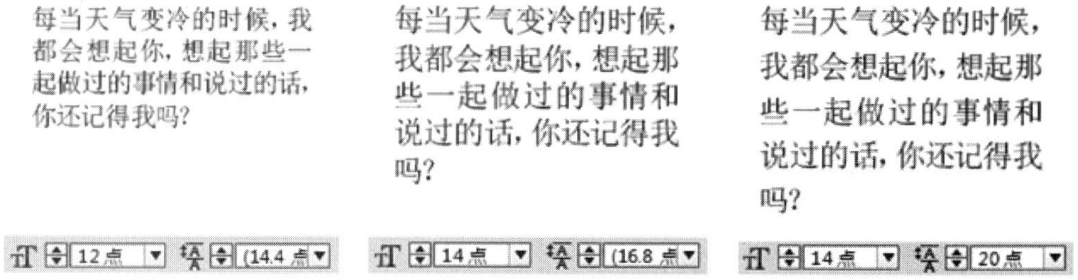

每当天气变冷的时候,我都会想起你,想起那些一起做过的事情和说过的话,你还记得我吗?　12点 ▼　(14.4 点)▼

每当天气变冷的时候,我都会想起你,想起那些一起做过的事情和说过的话,你还记得我吗?　14点 ▼　(16.8 点)▼

每当天气变冷的时候,我都会想起你,想起那些一起做过的事情和说过的话,你还记得我吗?　14点 ▼　20点 ▼

图 5-11　设置字符行距

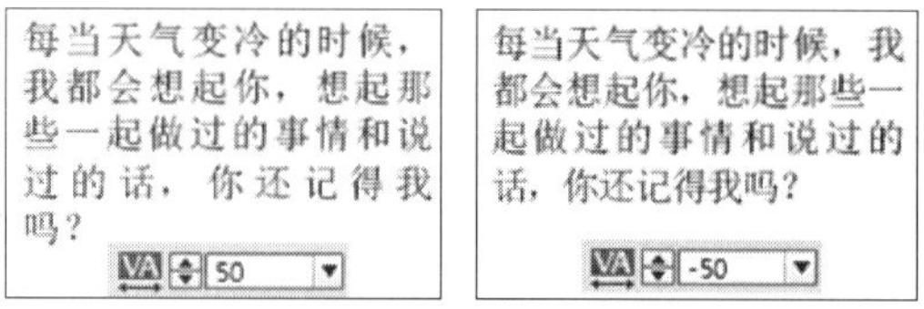

每当天气变冷的时候,我都会想起你,想起那些一起做过的事情和说过的话,你还记得我吗?　50 ▼

每当天气变冷的时候,我都会想起你,想起那些一起做过的事情和说过的话,你还记得我吗?　-50 ▼

图 5-12　设置字符间距

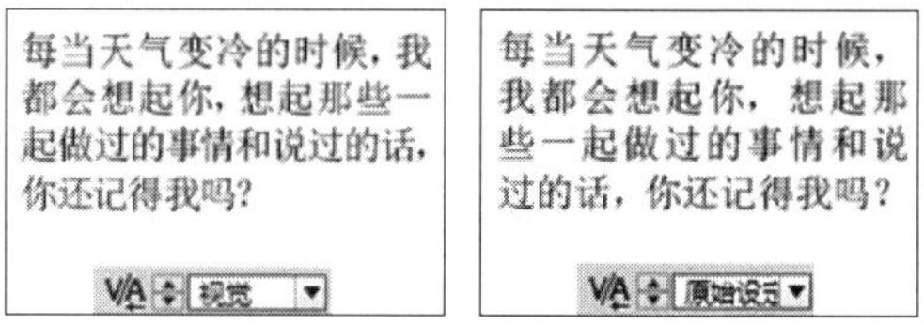

每当天气变冷的时候,我都会想起你,想起那些一起做过的事情和说过的话,你还记得我吗?　视觉 ▼

每当天气变冷的时候,我都会想起你,想起那些一起做过的事情和说过的话,你还记得我吗?　原始设置 ▼

图 5-13　设置字偶间距

4. 字符的缩放

通过【水平缩放】与【垂直缩放】选项,可以根据字符的原始宽度和高度指定文字的宽高比,其中,无缩放字符的比例值为 100%,如图 5-14 所示。

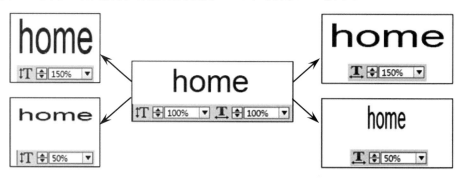

图 5-14　水平与垂直缩放文字

5. 比例间距与网格指定格数

对字符应用【比例间距】会使字符周围的空间按比例压缩,但字符的垂直和水平缩放将保持不变。图 5-15 为应用比例间距前后对比效果。

图 5-15　调整字符长宽比例

用户可以通过设置网格指定格数,对指定网格字符进行文本调整。例如,选择输入两行不同的字数的字符,并且指定格数为 0,然后再选中字符,将指定格数设置为 15,

则这些字符将均匀地分布在包含 15 个字符空间的网格中，如图 5-16 所示。

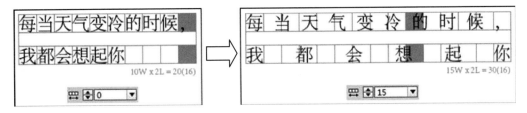

图 5-16 设置网格指定格数

6. 应用基线偏移

使用【基线偏移】可以相对于周围文本的基线上下移动选定字符，该选项在手动设置分数或调整随文图形的位置时特别有用。在数值设置时，正值将使该字符的基线移动到这一行中其余字符基线的上方，负值将使其移动到这一行中其余字符基线的下方，如图 5-17 所示。

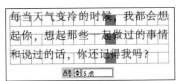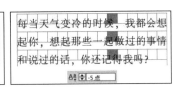

图 5-17 使用基线偏移

7. 字符的旋转与倾斜

设置【字符旋转】选项可以调整直排文本中的半角字符（如罗马字文本或数字）的方向，例如，通过在直排文本中旋转罗马字，可以在段落中垂直旋转这样的字符，如图 5-18 所示。

在设置【倾斜】数值时，正值表示文字向右倾斜，负值表示文字向左倾斜，如图 5-19 所示。

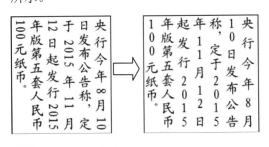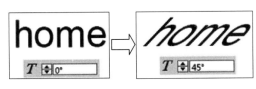

图 5-18 旋转文字

图 5-19 倾斜文字

8. 挤压间距

通过在【字符前挤压间距】或【字符后挤压间距】选项中设置字符的间距量，可以覆盖某些字符的标点挤压，得到整齐的版面，如图 5-20 所示。

9．更改文本外观

在排版文本时，如果需要将英文字母改为全部大写或者小型大写时，启用【控制】选项栏中的【全部大写字母】TT或【小型大写字母】Tr即可，如图 5-21 所示。

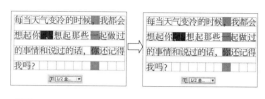

10．上标与下标

选择【上标】或【下标】后，预定义的基线偏移值和文字大小就会应用于选定文本。例如，输入数学或化学公式，如图 5-22 所示。

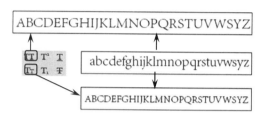

图 5-21　更改文本外观

11．下划线与删除线

在修改文字时，有些需要引起重视，此时可以在其下方添加一条横线，而对于需要删除的文字，则可以在其中间添加横线，如图 5-23 所示。

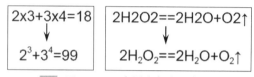

图 5-22　应用上标和下标

5.2　创建并编辑段落文本

文字属性可以在创建文本之前设置好，也可以在创建文本之后设置，然后通过【段落】面板中的功能获得精确的参数，从而对整段、整篇或者整本的文本进行段落对齐、缩进、段间距、底纹等排版操作。还可以通过控制面板或菜单命令设置文本的排版方向、调整路径文本、文本轮廓化等。

图 5-23　添加下划线与删除线

5.2.1　创建文本

在操作过程中，除了可以使用文本工具来创建文本外，还可以通过置入文本的方式来创建文本，并可以指定相应选项以确定设置置入文本格式的方式。

1．置入新文本

要为置入的文本创建新框架，应该确保在页面中未出现任何插入点且未选择任何文本或框架。此时，执行【文件】|【置入】命令，或按 Ctrl+D 快捷键，在弹出的对话框中选择文本文件，接着单击【打开】按钮，然后在页面中绘制文本框即可，如图 5-24 所示。

2. 为现有文件置入文本

当需要将文本添加到文本框内部时，可以使用【文字工具】T.选择文本或置入插入点，执行【文件】|【置入】命令，选择需要置入的文件，单击【打开】按钮，效果如图 5-25 所示。

图 5-24 置入新文本

如果置入前选择了插入点，置入文件会接着原来的文本继续排列，如果在置入新文本时，在原文件中创建了新的框架，则段落像出现在原来文本架框那样保留着。

5.2.2 【段落】面板

段落是末尾带有回车符的文字。执行【文字】|【段落】或者【窗口】|【文字和表】|【段落】命令，打开如图 5-26 所示的面板，在该面板中可以设置段落文本的对齐方式、缩进方式、段前/后间距以及为段落文字应用首字下沉效果等。

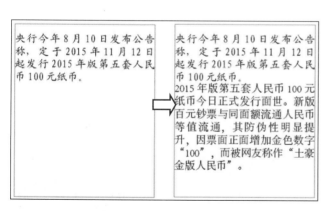

图 5-25 为现有文件置入文本

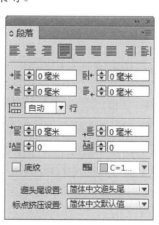

图 5-26 【段落】面板

1. 设置段落对齐

文本可以与文本框架一侧或两侧的边缘（或内边距）对齐。当文本与两个边缘同时对齐时，即称为两端对齐。可以选择对齐段落中除末行以外的全部文本（双齐末行齐左或双齐末行齐右），也可以对齐段落中包含末行的全部文本（强制双齐）。如果末行只有几个字符，则可能需要使用特殊的文章末尾字符创建右齐空格。表 5-1 列出了段落的对齐方式。

表 5-1　【段落】面板中的对齐方式名称及其作用

对齐方式	作　用
左对齐	使用该对齐方式使段落文本对准左边界
居中对齐	使用该对齐方式使段落文本向中间对齐
右对齐	使用该对齐方式使段落文本对准右边界
双齐末行齐左	使用该对齐方式使段落文本最后一行文本左对齐，其余文本行左右两端分别对齐文档的左右边界
双齐末行居中	使用该对齐方式使段落文本最后一行文本居中对齐，其余文本行左右两端分别对齐文档的左右边界
双齐末行齐右	使用该对齐方式使段落文本最后一行文本右对齐，其余文本左右两端都对齐文档的左右边界
全部强制双齐	使用该对齐方式使段落文本中所有文本行左右两端分别对齐文档的左右边界
朝向书脊对齐	使用该对齐方式时，左手页文本将执行右对齐，右手页时将变成左对齐
背向书脊对齐	使用该对齐方式时，左手页文本将执行左对齐，右手页时将变成右对齐

要使用对齐方式编辑段落，首先选择文字对象，或者在要更改的段落中插入光标，然后单击【左对齐】、【居中对齐】或者【右对齐】按钮等即可，效果如图 5-27 所示。

（a）左对齐　　　　　　　　（b）居中对齐　　　　　　　　（c）右对齐

图 5-27　设置段落对齐方式

2．设置缩进和强制行数

缩进命令会将文本从框架的右边缘和左边缘向内做少许移动。缩进方式有【左缩进】、【右缩进】、【首行左缩进】和【末行右缩进】4 种。

通常，应使用首行缩进（而非空格或制表符）来缩进段落的第一行。首行缩进是相对于左边距缩进定位的。例如，如果将首行缩进设置为 7mm，那么段落的第一行会从框架或内边距的左边缘缩进 14mm，如图 5-28 所示。

图 5-28　设置首行缩进

应用【强制行数】命令会使段落按指定的行数居中对齐，并且可以使用强制行数突出显示单行段落，如标题，如图 5-29 所示。

InDesign CC 2015 图形设计标准教程

3. 设置段间距

段前/后间距可以控制段落间的间距量。如果某段落始于栏或框架的顶部，则 InDesign 不会在该段落前插入额外间距。对于这种情况，可以在 InDesign 中增大该段落第一行的行距或该文本框架的顶部内边距。选择文本，然后适当调整【段前间距】和【段后间距】参数数值，如图 5-30 所示。

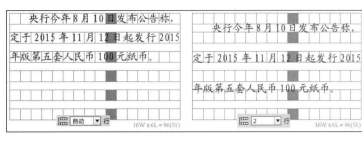

图 5-29 设置强制行数

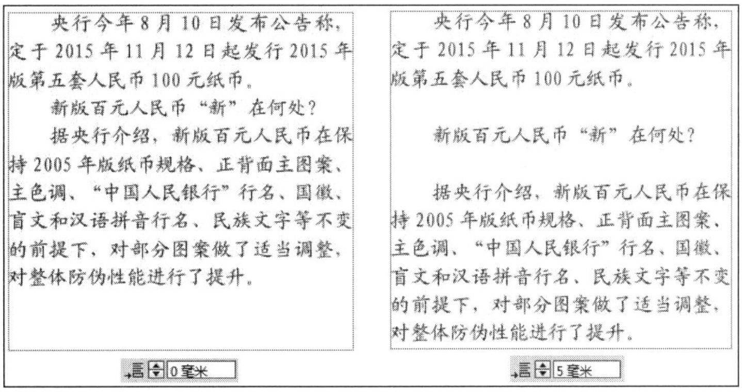

图 5-30 设置段后间距

4. 设置首字下沉

首字下沉的基线比段落第一行的基线低一行或多行。一次可以对一个或多个段落添加首字下沉。首先，选择【文字工具】T，在希望出现首字下沉的段落中单击并选择文字，然后设置首字下沉行数参数以及首字下沉字符数，如图 5-31 所示。

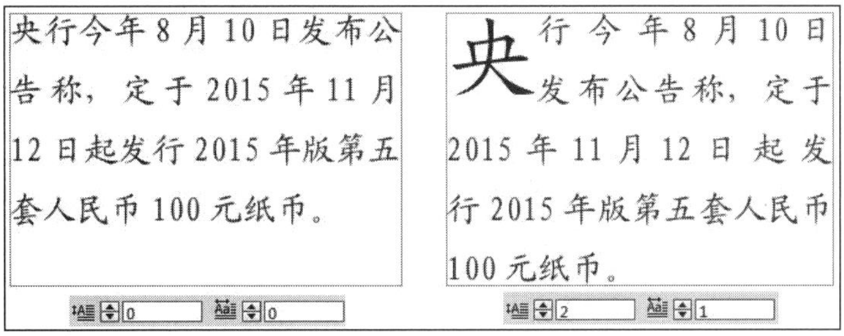

图 5-31 设置首字下沉

提 示

如果不需要首字下沉，则选择【文字工具】T，在出现首字下沉的段落中，在【首字下沉行数】或【首字下沉字符数】中设置参数为0即可。

5. 段落底纹

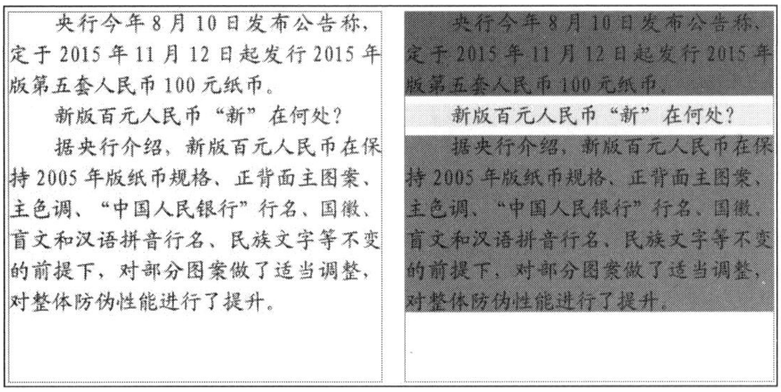

图 5-32 添加段落底纹

这是 InDesign CC 2015 版本的一项新增功能（可参见第 1 章新增知识内容），勾选【底纹】选项可以为段落文本添加底纹。使用【文字工具】T，将光标插

入文字中，勾选【底纹】选项，在后面的【底纹颜色】选项中选择颜色即可为光标所在的文字段落添加底纹，不同的段落可以添加不同颜色的底纹，效果如图 5-32 所示。

提 示

底纹是针对整个段落进行添加的，如果选中了多个段落的文字，那么这个几段落都将添加底纹，如果选中了文本框，那么整个文本框中的文本都会添加底纹。底纹只是对段落文本有效，包括首行缩进距离，对段落间距无效。

6. 避头尾设置

避头尾用于指定亚洲文本的换行方式。不能出现在行首或行尾的字符称为避头尾字符。InDesign 为中、日、韩文分别定义了特定的避头尾设置，包括简体中文避头尾、繁体中文避头尾、日文严格避头尾、日文宽松避头尾与韩文日文避头尾。

应用避头尾，需要在【避头尾设置】列表中选择【简体中文避头尾】选项，或者执行【文字】|【避头尾设置】命令，此时打开如图 5-33 所示的对话框。若单击【新建】按钮，则弹出【新建避头尾规则集】对话框，设置需要新建避头尾集的名称并指定为新集基准的当前集，单击【确定】按钮即可。

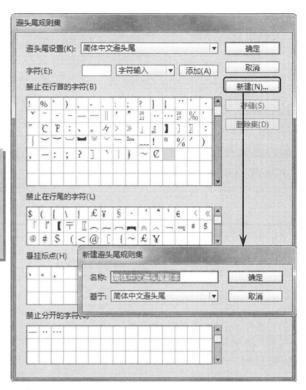

图 5-33 避头尾规则集

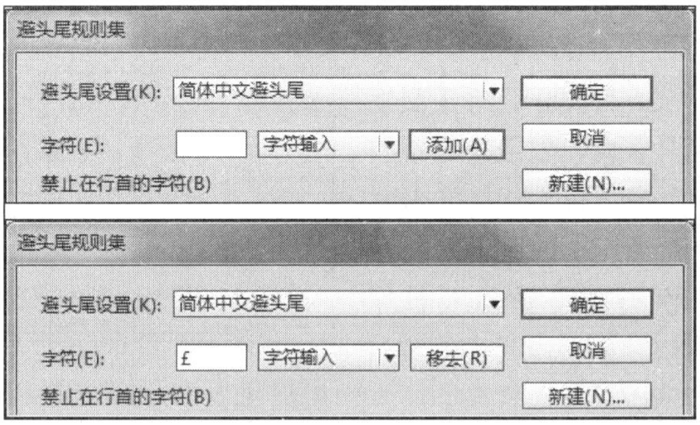

图 5-34 添加与删除避头尾字符

需要在某一栏中添加字符时，单击【添加】按钮，接着在【禁止在行首的字符】、【禁止在行尾的字符】中选择字符，单击【确定】按钮即可。如果需要将添加后的字符删除，可以先选择该字符，然后单击【移去】按钮即可，如图 5-34 所示。

7. 标点挤压集

在文本排版中，通过标点挤压控制中文和日文字符、罗马字、标点符号、特殊符号、行首、行尾和数字的间距，还可以通过该选项指定段落缩进。

执行【文字】|【标点挤压设置】|【基本】命令，打开如图 5-35 所示的对话框。若单击【新建】按钮，则弹出【新建标点挤压集】对话框，设置需要新建标点挤压集的名称并指定为新集的基本设置，单击【确定】按钮即可。单击【导入】按钮，可以将其他 InDesign

文档中的参数导入进来。

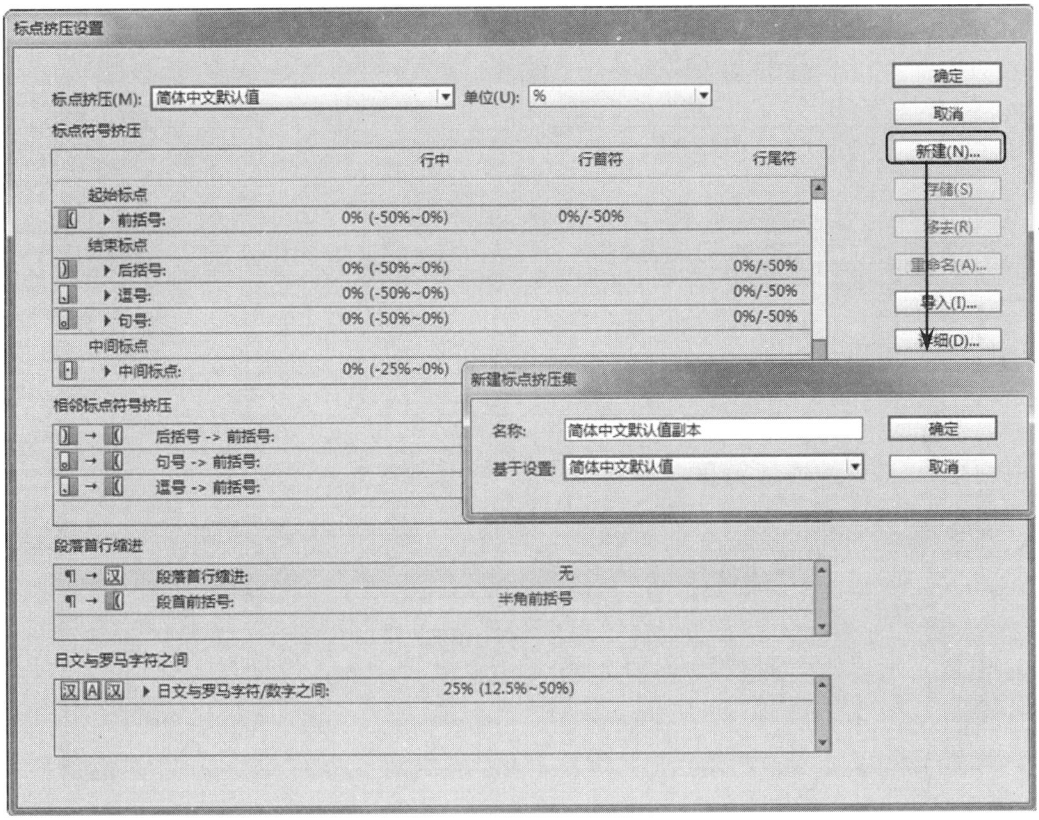

图 5-35 【标点挤压设置】对话框

单击【标点挤压设置】对话框中的【详细】按钮，则弹出设置更为详细的设置对话框，如图 5-36 所示。

新建或导入之后的标点挤压集会显示在【标点挤压】菜单中，若需应用标点挤压，在【标点挤压集】列表中选择需要的选项即可，若要禁用标点挤压设置，则在【标点挤压】下拉列表中选择【无】选项，效果如图 5-37 所示。

提 示

InDesign 中的现有字符间距规则符合日本工业标准(JIS)规范 JISx4051—1995，也可以从 InDesign 预定义的标点挤压集中选择。此外，还可以创建特定的标点挤压集，更改字符间距的值。

5.2.3 文本排版方向

用户在排版过程中，根据版面需要，可能需要更改文本的排版方向，也可能需要更改部分文本的方向，这是两种不同的情况。

1. 更改排版方向

更改文本框架的排版方向不但能够将垂直文本框架或框架网格转换为水平文本框

架或框架网格，而水平文本框架或框架网格则转换为垂直文本框架或框架网格，而且它将导致整篇文章被更改，所有与选中框架串接的框架都将受到影响。

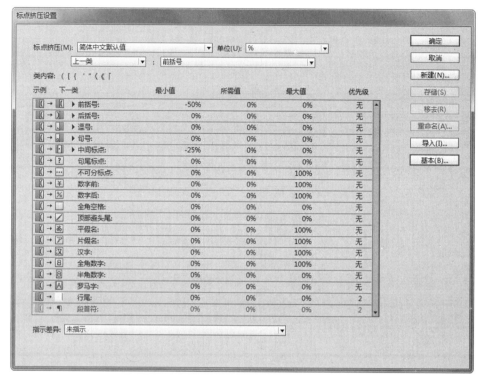

图 5-36　使用标点挤压

在应用该命令之前，用户需要选择文本框架，然后执行【文字】|【排版方向】|【横水平】或者【垂直】命令，如图 5-38 所示。

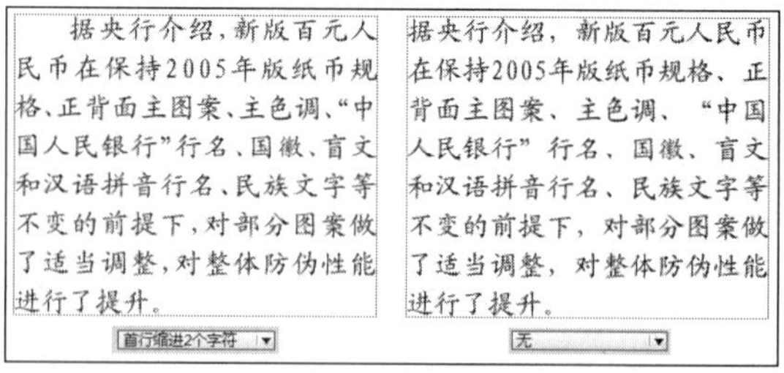

提　示

执行【文字】|【文章】命令，在弹出的【文章】面板的【文章方向】下拉列表中可以设置文本的【水平】和【垂直】选项。

图 5-37　应用与禁用标点挤压

图 5-38　设置排版方向

2. 设置直排内横排

要更改框架中单个字符的方向，可以右击该文本，在弹出的快捷菜单中执行【直排内横排】命令，可以使直排文本中的一部分文本采用横排方式，这对于调整直排文本框架中的半角字符（例如数字、日期和短的外语单词）非常方便，如图5-39所示。

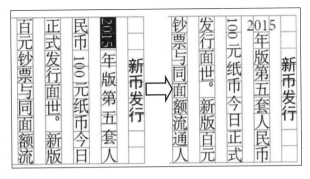

5.2.4 路径文本

在使用【路径文字工具】创建路径文字后，用户不仅可以更改路径文字的开始或结束位置、排列文字、对齐应用效果，改变它的外观，还可以翻转路径、设置路径的对齐方式，以调整其整体效果。

1．调整开始与结束位置

使用【选择工具】 ▶ 选择路径文字，将指针放置在路径文字的开始标记或结束标记上，若指针旁边显示一个小图标▶，然后拖动鼠标可重新定位路径文字的开始边界，如图5-40所示。若指针旁边显示一个小图标▶，拖动鼠标可重新定位路径文字的结束边界。

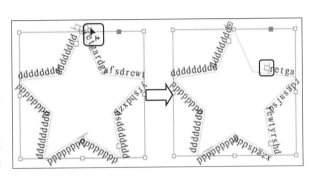

图 5-39　设置直排内横排

图 5-40　调整开始与结束位置

> **提 示**
>
> 在调整过程中，用户可以放大路径，以便更方便地选择标记，但不要将指针放在标记的进出端口上。

2．设置文字路径效果

通过对路径文字应用效果，可以更改其外观。创建路径文字效果的方法是，选择路径文字，执行【文字】|【路径文字】|【选项】命令，在弹出的如图5-41所示的对话框的【效果】下拉列表中进行设置。

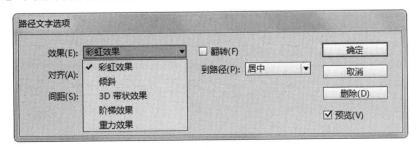

图 5-41　【路径文字选项】对话框

在【效果】选项中主要包括下列5种效果，效果如图5-42所示。

（1）【彩虹效果】：应用该效果，可以保持各个字符基线的中心与路径的切线平行。

（2）【倾斜】：应用该效果，无论路径的形状如何，都可以使字符的垂直边缘保持完全竖直，而字符的水平边缘则遵循路径方向。

（3）【3D带状效果】：应用该效果，无论路径的形状如何，都可以使字符的水平边缘保持完全水平，而各个字符的垂直边缘则与路径保持垂直。

（4）【阶梯效果】：应用该效果，能够在不旋转任何字符的前提下使各个字符基线的左边缘始终保持位于路径上。

（5）【重力效果】：应用该效果，能够使各个字符基线的中心始终保持位于路径上，而各垂直边缘与路径的中心点位于同一直线上。

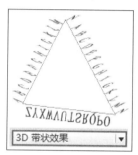

图 5-42　路径文字效果

3. 翻转路径文字

启用【翻转】选项可以对创建的路径文字进行整体翻转。选择路径文字，执行【文字】|【路径文字】|【选项】命令，启用【翻转】复选框，效果如图5-43所示。

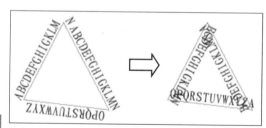

图 5-43　翻转路径文字

InDesign CC 2015 图形设计标准教程

4．设置路径文字的垂直对齐方式

用户可以通过指定相对于字体的总高度，决定如何将所有字符与路径对齐。使用【选择工具】或【文字工具】选择路径文字，执行【文字】|【路径文字】|【选项】命令，打开如图 5-44 所示的对话框。

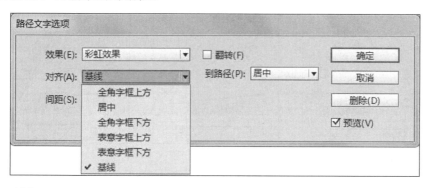

第 5 章 文字与段落

图 5-44 【路径文字选项】对话框

其中，【对齐】下拉列表中有如下 6 种对齐方式，各效果如图 5-45 所示。

（1）【全角字框上方】：选择该选项，可将路径与全角字框的底部或左侧边缘对齐。

（2）【居中】：选择该选项，可将路径与全角字框的中点对齐。

（3）【全角字框下方】：选择该选项，可将路径与全角字框的顶部或右侧边缘对齐。

（4）【表意字框上方】：选择该选项，可将路径与表意字框的顶部或左侧边缘对齐。

（5）【表意字框下方】：选择该选项，可将路径与表意字框的底部或右侧边缘对齐。

（6）【基线】：选择该选项，可将路径与罗马字基线对齐。

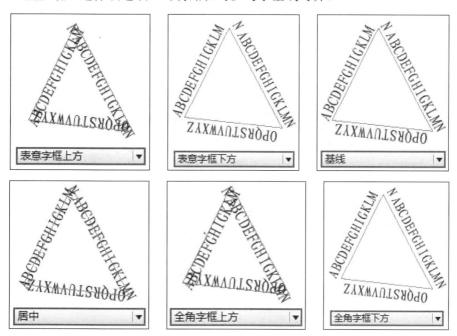

图 5-45 路径文本的对齐方式

用户还可以通过【到路径】选项，以指定从左向右绘制时，相对于路径的描边粗细来说，会在其位置将路径与所有字符对齐。其中，【居中】是默认设置，可以将路径与描边的中央对齐；选择【上】选项可以将路径描边的顶边对齐路径，而选择【下】选项则可以在路径描边的底边对齐路径。选择各选项后的效果如图 5-46 所示。

图 5-46　应用【到路径】选项

5.2.5　设置文字颜色

要对选取文字设置颜色，不仅可以在工具箱、【颜色】、【色板】、【渐变】面板中设置文字颜色，还可以设置选取文字的描边色。

1．设置文本的单色

要对某一框架内的部分文本应用颜色更改，可使用【文字工具】T.选择文本，打开【颜色】面板，设置颜色参数或将鼠标放在颜色条上吸取需要应用的颜色，如图 5-47 所示。

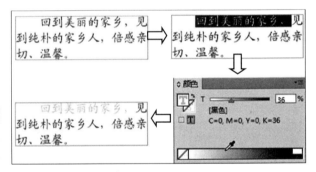

图 5-47　设置部分文字的填充颜色

需要对某一框架内的全部文本应用颜色更改时，可以使用【选择工具】选择该框架，如图 5-48 所示，并确定启用工具箱或【色板】面板中的【格式针对文本】T按钮，然后再对文本应用颜色。

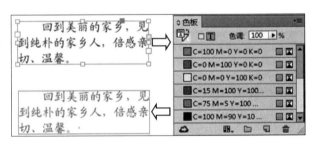

2．设置文字的渐变颜色

图 5-48　设置全部文字的填充颜色

要对某一框架内的部分文本应用颜色更改，可使用【文字工具】T.选择文本，在【渐变】面板中单击需要应用的颜色，如图 5-49 所示。

用户还可以使用【渐变色板工具】或者【渐变羽化工具】来设置文字的渐变颜色。使用【渐变色板工具】时，应确保工具箱中的【格式针对文本】按钮T处于启用状态，接着在文本中拖动该工具即可，如图 5-50 所示。

使用【渐变羽化工具】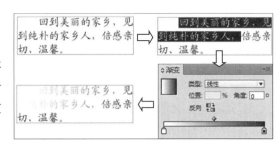设置文字渐变颜色时，应确保工具箱中的【格式针对容器】按钮□处于启用状态，接着在文本中拖动该工具即可，如图 5-51 所示。

提 示

需要对某一框架内的全部文本应用渐变颜色时，可以使用【选择工具】▶选择该框架，并单击【格式针对文本】按钮 T，然后再对文本应用渐变颜色。

3. 设置文字的描边颜色

如果选择【描边】，则颜色更改只影响字符的轮廓。使用【文字工具】 T.选择文本，在【色板】面板中单击【格式针对文本】按钮 T，并且切换至【描边】按钮，接着选择需要应用的颜色，如图 5-52 所示。

提 示

需要创建反白文字时，可以将文本的填充颜色更改为白色或纸色，将框架的填充颜色更改为深色。还可以通过在文本后面使用段落线来创建反白文字；但是，如果段落线为黑色，用户需要将文字更改为白色。

5.2.6 轮廓化文本

将选定文本字符转换为一组复合路径，这样可以像编辑和处理任何其他路径那样编辑和处理这些复合路径。使用【创建轮廓】命令不仅能够将字符转换为可编辑的字体时保留某些文本字符中的透明孔，例如 o 和 e，而且还为大号显示文字制作效果提供了方便，但该命令很少用于正文文本或其他较小号的文字。

1. 创建文本轮廓路径

默认情况下，从文字创建轮廓将移去原始文本。使用【选择工具】▶选择文本框架

图 5-49　设置文字的渐变颜色

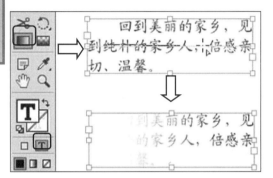

图 5-50　使用【渐变色板工具】填充文字

图 5-51　使用【渐变羽化工具】设置渐变颜色

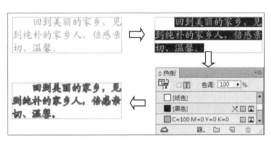

图 5-52　设置描边颜色

或者使用【文字工具】T.选择一个或多个字符，然后执行【文字】|【创建轮廓】命令，或按 Ctrl+Shift+O 快捷键，即可得到文本路径，使用【直接选择工具】可以改变轮廓锚点，如图 5-53 所示。

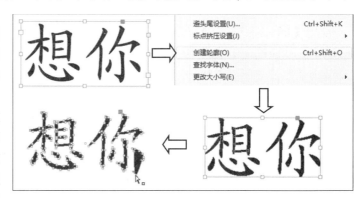

选择文本框架中的文字字符并将其转换为轮廓时，生成的轮廓将成为与文本一起流动的（随文）定位对象。由于已转换的文本已不再是实际的文字，因此用户将无法再使用【文字工具】T.突出显示和编辑字符。此外，与排版相关的控制将不再适用。因此，用户需要确保对转换为轮廓的文字的排版设置满意，可以对其创建原始文本的副本。

2．编辑文本轮廓

将文本转换为路径后，除了可以使用【直接选择工具】拖动各个锚点来改变字体外，还可以执行【文件】|【置入】命令，单击已转换的轮廓来给图像添加蒙版，还可以将已转换的轮廓用作文本框，以便可以在其中输入或放置文本，如图 5-54 所示。

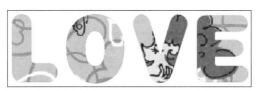 

图 5-54　编辑文本轮廓

5.2.7　复制段落文本

使用【吸管工具】可以复制文本属性，包括字符、段落、填充以及描边属性，然后对其他文本应用这些属性。默认情况下，使用【吸管工具】可以复制所有文字属性。

1．将文字属性复制到未选中的文本

使用【吸管工具】单击需要复制的属性设置格式的文本（该文本可以位于其他打开的 InDesign 文档中）。此时，吸管指针将反转方向，并呈现填满状态，表示它已载入了所复制的属性。将吸管指针放置到文本上方时，已载入属性的吸管旁会出现一个

光标，此时在要更改的文本中进行拖动，选定文本即会具有吸管所载属性，如图 5-55 所示。

要清除【吸管工具】 当前所具有的格式属性，在【吸管工具】处于载入状态时，按下 Alt 键，此时【吸管工具】将反转方向并呈现空置状态 ，表示它已准备好选取新属性，单击包含需要复制的属性的对象，然后将这些新属性放到另一个对象上。

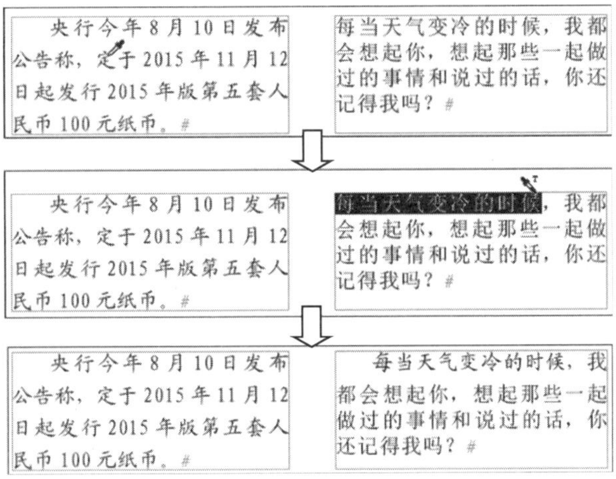

提　示

只要【吸管工具】处于选中状态，就可以继续选择要应用格式的文本，要取消选择【吸管工具】，则单击其他工具。

2. 将文字属性复制到选定文本

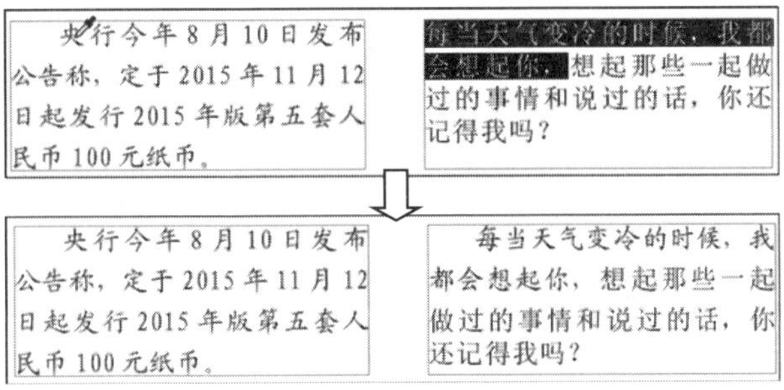

使用【文字工具】 或【路径文字工具】 选择需要将属性复制到的文本，使用【吸管工具】单击需要从中复制属性的文本（要从中复制属性的文本必须和需要更改的文本位于同一 InDesign 文档中），当它反转方向并呈现 填满状，表示已载入了所复制的属性。这些属性将应用于所选择的文本，如图 5-56 所示。

3. 更改【吸管工具】可复制的文本属性

双击【吸管工具】，在弹出的如图 5-57 所示的对话框中启用【字符设置】或【段落设置】复选框，可以选择要使用【吸管工具】复制的属性，然后单击【确定】按钮。

提　示

如果用户只需要复制或应用段落属性，而不必更改【吸管选项】对话框中的设置，在使用【吸管工具】 单击文本的同时按住 Shift 键即可。

图 5-55　复制并应用文本属性

图 5-56　复制文本属性至选定文本中

图 5-57　设置吸管选项

在使用 InDesign 的操作过程中，经常会用到键盘以外的特殊字符，如花饰字、装饰字、上标和下标字符等。通过 InDesign 提供的【字形】面板，可以解决这一问题。另外，在排版时可以根据版面要求插入一些空格字符和分隔符，空格字符可防止出现语法错误，而分隔符可以起到调整版面的作用，从而使排版内容条理清晰，版面整齐。

5.3.1 插入特殊字符

插入特殊字符功能可以使用户方便地插入常用字符，如全角破折号和半角破折号、注册商标符号和省略号。插入特殊字符的操作需要通过【字形】面板设置并实现，这就需要用户对【字形】面板有所了解。

1. 认识【字形】面板

通过设置【字形】面板可以选择特殊的字符。打开【字形】面板有两种方法：一是执行【文字】|【字形】命令；二是执行【窗口】|【文字和表】|【字形】命令来查看字体中的字形，如图 5-58 所示。

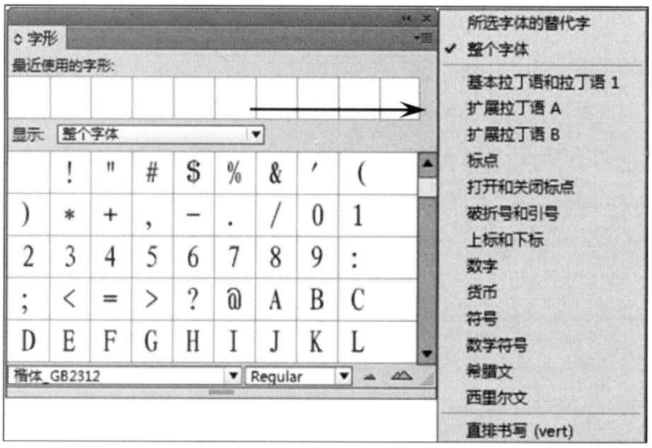

2. 使用【字形】面板

在默认情况下，【字形】面板显

图 5-58 【字形】面板

示当前所选字体的所有字形，可通过在面板底部选择一个不同的字体系列和样式来更改字体。如果当前在文档中选择了任何字符，可以在【显示】下拉列表中选择可以替代的字符。

要在文档中插入特定的字形，首先执行【文字】|【字形】命令，在【字形】面板中双击需要的字符，如图 5-59 所示。

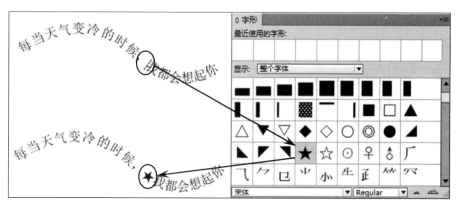

图 5-59 插入特殊字符

5.3.2 插入空格

空格字符是出现在字符之间的空白区，它能用于多种不同的用途，如防止两个单词在行尾断开等。

首先选择【文字工具】T，将光标移到希望插入特定大小的空格位置，接着执行【文字】|【插入空格】命令，然后在弹出的如图 5-60 所示的快捷菜单中执行相应的命令。

表意字空格(D)	
全角空格(M)	Ctrl+Shift+M
半角空格(E)	Ctrl+Shift+N
不间断空格(N)	Ctrl+Alt+X
不间断空格（固定宽度）(S)	
细空格 (1/24)(H)	
六分之一空格(I)	
窄空格 (1/8)(T)	Ctrl+Alt+Shift+M
四分之一空格(X)	
三分之一空格(O)	
标点空格(P)	
数字空格(G)	
右齐空格(F)	

I wonder how, I wonder why
Yesterday you told me about
the blue blue sky
And all that I can see is just
a yellow lemon tree

I wonder how, I wonder why
Yesterday you told me abo
the blue blue sky
And all that I can see is just
yellow lemon tree

图 5-60 插入空格

其中，【插入空格】菜单中各命令功能如表 5-2 所示。

表 5-2 【插入空格】命令各选项功能

选 项	功 能
表意字空格	该空格的宽度等于 1 个全角空格，与其他全角字符一起时会绕排到下一行
全角空格	宽度等于文字大小。在大小为 12 点的文字中，一个全角空格的宽度为 12 点
半角空格	宽度为全角空格的一半
不间断空格	宽度与按下空格键时的宽度相同，但是该选项可防止在出现空格字符的地方换行
不间断空格（固定宽度）	固定宽度的空格可防止在出现空格字符的地方换行，但在对齐的文本中不会扩展或压缩。固定宽度的空格与在 InDesign CS2 中插入的不间断空格字符相同
细空格	宽度为全角空格的 1/24
六分之一空格	宽度为全角空格的 1/6
窄空格	宽度为全角空格的 1/8。在全角破折号或半角破折号的任一侧，可能需要使用窄空格（1/8）
四分之一空格	宽度为全角空格的 1/4
三分之一空格	宽度为全角空格的 1/3
标点空格	宽度与字体中感叹号、句号或冒号的宽度相同
数字空格	宽度与字体中数字的宽度相同。使用数字空格有助于对齐财务报表中的数字
右齐空格	将大小可变的空格添加到完全对齐的段落的最后一行，在最后一行对齐文本时该选项非常有用

5.3.3 插入分隔符

在文本中插入特殊分隔符，可以控制对栏、框架和页面的分隔，使用户能够以更简单的方式来美化版面。

首先选择【文字工具】 ⊤., 将光标移到希望插入特殊分隔符的位置, 接着执行【文字】|【插入分隔符】命令, 然后在弹出的如图5-61所示的快捷菜单中执行相应的命令。

其中,【插入分隔符】菜单中各命令的内容如下所述。

（1）【分栏符】: 该选项可以将文本排列到当前文本框架内的下一栏。如果框架只包含一栏, 则文本转到下一串接的框架。

◐ 图 5-61　插入分隔符

（2）【框架分隔符】: 该选项可以将文本排列到下一串接的文本框架, 而不考虑当前文本框架的栏设置。

（3）【分页符】: 该选项可以将文本排列到下一页面（该页面具有串接到当前文本框架的文本框架）。

（4）【奇数页分页符】: 该选项可以将文本排列到下一奇数页面（该页面具有串接到当前文本框架的文本框架）。

（5）【偶数页分页符】: 该选项可以将文本排列到下一偶数页面（该页面具有串接到当前文本框架的文本框架）。

（6）【段落回车符】: 该选项可以在插入字符的地方分段。

（7）【强制换行】: 该选项可以在插入字符的地方强制换行。

（8）【自由换行符】: 该选项可以插入一个段落回车符。

5.4　制表符

制表符将文本定位在文本框中特定的水平位置。默认制表符设置依赖于在【单位和增量】首选项对话框中的【水平】标尺单位设置。

5.4.1　认识制表符

制表符对整个段落起作用。所设置的第一个制表符会删除其左侧的所有默认制表符; 后续制表符会删除位于所设置制表符之间的所有默认制表符, 并且还可以设置左齐、居中、右齐、小数点对齐或特殊字符对齐等制表符。

制表符的使用需要通过【制表符】对话框起作用。执行【文字】|【制表符】命令, 打开【制表符】对话框, 如图 5-62 所示。

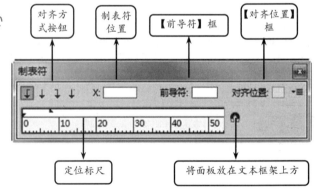

◐ 图 5-62　【制表符】对话框

如果是在直排文本框架中执行该操作,【制表符】对话框将会变成垂直方向。当【制表符】对话框方向与文本框架方向不一致时,单击磁铁图标🔘可以使标尺与当前文本框架靠齐,如图 5-63所示。

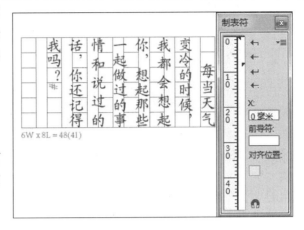

●---- 5.4.2 设置制表符

使用特殊字符对齐制表符时,可将制表符设置为与任何选定字符(如冒号或美元符号)对齐。

1．添加制表符

图 5-63 垂直制表符

选中受影响的段落文本,打开【制表符】对话框,选中起点或结束点的对齐方式按钮,拖动到目标位置,段落文本的对齐效果如图 5-64 所示。

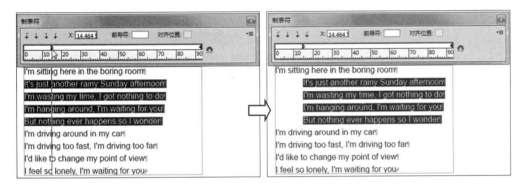

图 5-64 文本前对齐

在希望添加水平间距的段落中使用【文字工具】T.建立插入点,按 Tab 键添加制表符,选择箭头方式的对齐方式按钮,然后拖动至所需指定文本的对齐位置,如图 5-65所示。

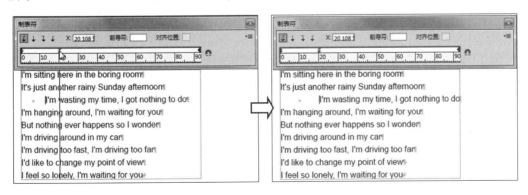

图 5-65 设置制表符

2．重复制表符

该命令可根据制表符与左缩进，或前一个制表符定位点间的距离创建多个制表符。

在段落中单击以设置一个插入点，接着在【制表符】对话框的标尺上选择一个定位，单击右上角的小三角按钮，在弹出的快捷菜单中执行【重复制表符】命令，如图 5-66 所示。

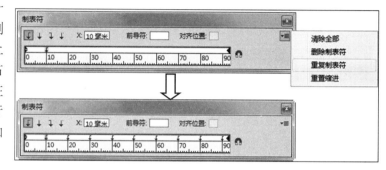

3．添加制表前导符

图 5-66　重复制表符

制表前导符是制表符和后续文本之间的一种重复性字符模式（如一连串的点或虚线）。在添加时，需要在【制表符】对话框的标尺上选择一个制表符，接着在【前导符】文本框中输入

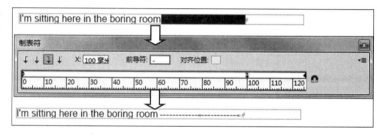

图 5-67　添加前导符

一种最多含 8 个字符的模式，然后按回车键，在制表符的宽度范围内，将重复显示所输入的字符，如图 5-67 所示。

4．定位制表符位置

使用【制表符】对话框可以移动、删除和编辑制表符设置。使用【文字工具】 T. 在段落中单击以放置插入点，接着在【制表符】对话框的定位标尺上选择一个制表符。

（1）在 X 文本框中设置新位置，按回车键即可移动制表符位置。

（2）将制表符拖离制表符标尺；从快捷菜单中执行【删除制表符】命令；要恢复为默认制表符，可以从快捷菜单中执行【清除全部】命令。这些方法都可以删除制表符。

（3）单击某个制表符对齐方式按钮，对其进行编辑。

5.5　使用脚注

在排版过程中，经常会遇到对文档中的词语进行解释的情况，这时需要创建脚注或从 Word 或 RTF 文档中导入。在文档中应用的脚注会自动编号，而且每篇文章中都会重新编号。脚注由显示在文本中的脚注引用编号以及显示在栏底部的脚注文本两部分组成。脚注的编号样式、外观和位置等都是可以编辑的，但是不能将脚注添加到表或脚注文本。

5.5.1　创建脚注

在希望脚注引用编号出现的地方置入插入点，执行【文字】|【插入脚注】命令，然后输入脚注文本，如图 5-68 所示。

在输入脚注时，脚注区将扩展而文本框架大小保持不变。脚注区继续向上扩展直到到达脚注引用行。在脚注引用行上，如果可能，脚注会拆分到下一文本框架栏或串接的框架。如果脚注不能拆分且脚注区不能容纳过多的文本，则包含脚注引用的行将移到下一栏或出现一个溢流图标。出现这种情况应该调整框架大小或更改文本格式。

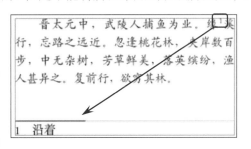

图 5-68　插入脚注

5.5.2　更改脚注编号与格式

更改脚注编号与格式将影响现有脚注和所有新建脚注。执行【文字】|【文档脚注选项】命令，打开【脚注选项】对话框，如图 5-69 所示。

> **提　示**
>
> 如果认为脚注引用编号与前面的文本离得太近，则将其中一个空格字符添加为前缀可改善外观，也可将字符样式应用于引用编号。

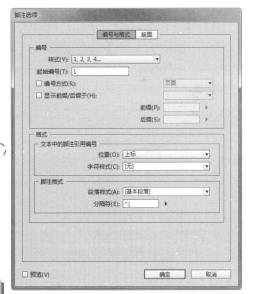

图 5-69　【脚注选项】对话框

在【编号与格式】选项卡上，用户可以选择决定引用编号和脚注文本的编号方案和格式外观的选项。其各项内容如表 5-3 所述。

表 5-3　【编号与格式】选项卡各选项的含义

组	选　项	功　　能
编号	样式	在该下拉列表中可以选择脚注引用编号的编号样式
	起始编号	通过该文本框可以指定文章中第一个脚注所用的号码。文档中每篇文章的第一个脚注都具有相同的起始编号。如果书籍的多个文档具有连续页码，则可能希望每章的脚注编号都能继续上一章的编号

组	选 项	功 能
编号	编号方式	启用该复选框能够在文档中对脚注重新编号，并且可以选择【页面】、【跨页】或【节】以确定重新编号的位置
	显示前缀/后缀于	启用该复选框可显示脚注引用、脚注文本或两者中的前缀或后缀。前缀出现在编号之前（如[1]，而后缀出现在编号之后（如 1 ））。在字符中置入脚注时该选项特别有用，如[1]
格式	位置	该选项确定脚注引用编号的外观，默认情况下为【拼音】。如果要使用字符样式来设置引用编号位置的格式，可以选择【普通字符】
	字符样式	该选项可能希望选择字符样式来设置脚注引用编号的格式。例如，在具有上升基线的正常位置，可能希望使用字符样式而不使用上标
脚注格式	段落样式	可能希望为文档中的所有脚注选择一个段落样式来格式化脚注文本。该菜单显示【段落样式】面板中可用的段落样式
	分隔符	该选项可以确定脚注编号和脚注文本开头之间的空白。要更改分隔符，需要首先选择或删除现有分隔符，然后选择新分隔符

5.5.3 设置脚注的版面

通过【版面】选项卡可以调整脚注之间的间距、脚注线等，控制页面脚注部分的外观。当用户选择【版面】选项卡时，打开如图 5-70 所示的对话框。

其中，【版面】选项卡中各选项的具体含义，如下所述。

（1）【第一个脚注前的最小间距】：该选项确定栏底部和首行脚注之间的最小间距，不能使用负值。将忽略脚注段落中的任何【段前距】设置。

（2）【脚注之间的间距】：该选项确定栏中某一脚注的最后一个段落与下一脚注的第一个段落之间的距离。不能使用负值。仅当脚注包含多个段落时，才可应用脚注段落中的【段前距/段后距】值。

（3）【首行基线】：该选项确定脚注区（默认情况下为出现脚注分隔符的地方）的开头和脚注文本的首行之间的距离。

（4）【脚注紧随文章结尾】：如果希望最后一栏的脚注恰好显示在文章的最后一个框架中的文本

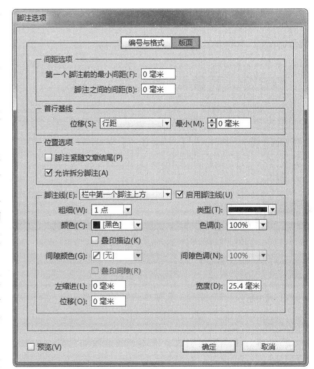

图 5-70 【版面】选项卡

的下面，则选中该选项。如果未选择该选项，则文章的最后一个框架中的任何脚注显示在栏的底部。

（5）【允许拆分脚注】：如果脚注大小超过栏中脚注的可用间距大小时希望跨栏分隔脚注，则选择该选项。如果不允许拆分，则包含脚注引用编号的行移到下一栏，或者文本变为溢流文本，如图 5-71 所示。

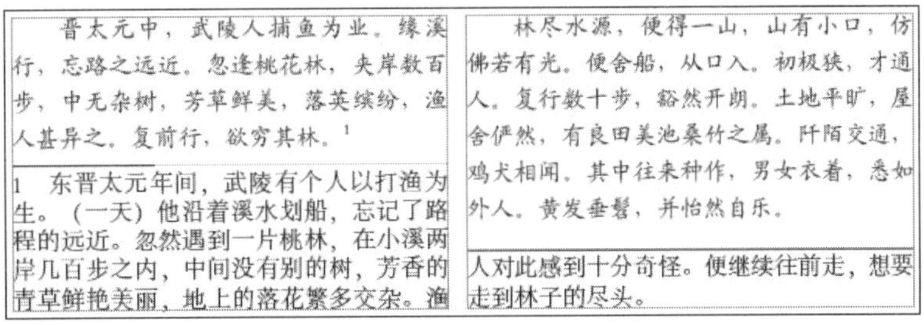

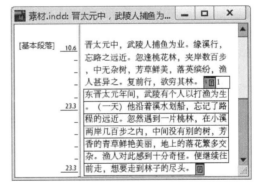

晋太元中，武陵人捕鱼为业。缘溪行，忘路之远近。忽逢桃花林，夹岸数百步，中无杂树，芳草鲜美，落英缤纷，渔人甚异之。复前行，欲穷其林。1
1 东晋太元年间，武陵有个人以打渔为生。（一天）他沿着溪水划船，忘记了路程的远近。忽然遇到一片桃林，在小溪两岸几百步之内，中间没有别的树，芳香的青草鲜艳美丽，地上的落花繁多交杂。渔
林尽水源，便得一山，山有小口，仿佛若有光。便舍船，从口入。初极狭，才通人。复行数十步，豁然开朗。土地平旷，屋舍俨然，有良田美池桑竹之属。阡陌交通，鸡犬相闻。其中往来种作，男女衣着，悉如外人。黄发垂髫，并怡然自乐。
人对此感到十分奇怪。便继续往前走，想要走到林子的尽头。

图 5-71 拆分脚注

（6）【脚注线】：该选项可以指定显示在脚注文本上方的脚注分隔线的位置和外观以及在分隔框架中继续的任何脚注文本上方显示的分隔线。选择的选项应用于【栏中第一个脚注上方】或【连续脚注】选项，任何一个都在菜单中选择，这些选项与指定段落线时显示的选项相似。如果不想显示脚注线，则取消选中【启用脚注线】复选框。

提 示

要删除脚注，可以选择文本中显示的脚注引用编号，然后按下 Delete 键。如果仅删除脚注文本，则脚注引用编号和脚注结构将保留下来。

5.6 文章编辑与检查

InDesign 除了提供了【字符】、【段落】等编辑文本的功能外，还提供了文本编辑器功能，通过文章编辑器，可以在不受版面格式及效果影响的情况下，在独立的文本编辑器中快速、直接地对文本进行编辑，编辑后的文本自动套用版面格式。编辑文本后还可以使用 InDesign 提供的命令对文章进行检查拼写、查找和替换文本等操作。

5.6.1 文章编辑器

选择文本框架，在文本框架中单击一个插入点，或从不同的文章选择多个框架。执行【编辑】|【在文章编辑器中编辑】命令，此时会弹出打开的文章，如图 5-72 所示。

素材.indd: 晋太元中，武陵人捕鱼为...
[基本段落]
10.6
23.3
23.3
晋太元中，武陵人捕鱼为业。缘溪行，忘路之远近。忽逢桃花林，夹岸数百步，中无杂树，芳草鲜美，落英缤纷，渔人甚异之。复前行，欲穷其林。1
东晋太元年间，武陵有个人以打渔为生。（一天）他沿着溪水划船，忘记了路程的远近。忽然遇到一片桃林，在小溪两岸几百步之内，中间没有别的树，芳香的青草鲜艳美丽，地上的落花繁多交杂。渔人对此感到十分奇怪。便继续往前走，想要走到林子的尽头。

图 5-72 文章编辑器

其中，垂直深度标尺指示文本填充框架的程度，直线指示文本溢流的位置。

虽然在文章编辑器中不能创建新文章，但在编辑文章时，所做的更改将反映在版面窗口中。

对于文章编辑器的外观，用户可以进行设置，例如，可以显示或隐藏样式名称栏和深度标尺，也可扩展或折叠脚注。这些设置会影响所有打开的文章编辑器以及随后打开的窗口，其内容如下所述。

（1）当文章编辑器处于现用状态时，执行【视图】|【文章编辑器】|【显示样式名称

栏】命令或者【隐藏样式名称栏】命令，来确定样式名称栏的显示和隐藏。也可以拖动竖线来调整样式名称栏的宽度，这样随后打开的文章编辑器具有相同的栏宽。

（2）当文章编辑器处于现用状态时，执行【视图】|【文章编辑器】|【显示深度标尺】命令或【隐藏深度标尺】命令，可以确定深度标尺的显示或隐藏。

（3）当文章编辑器处于现用状态时，执行【视图】|【文章编辑器】|【展开全部脚注】或【折叠全部脚注】命令，可以确定全部脚注的显示或者隐藏。

当用户在文章编辑器中操作完毕之后，执行【编辑】|【在版面中编辑】命令，此时将显示版面视图，并且在版面视图中显示的文本选区或插入点位置与文章编辑器中上次显示的相同，文章窗口仍打开但已移到版面窗口的后面，关闭文章编辑器即可。

5.6.2 检查

InDesign 与文字处理软件 Word 一样具有拼写检查的功能。该功能可以对文本的选定范围、文章中的所有文本、文档中的所有文章或所有打开的文档中的所有文章进行拼写检查。使用该功能可以突出显示拼写错误或未知的单词、连续输入两次的单词（如"the the"），以及可能具有大小写错误的单词。除了运行拼写检查外，还可以启用动态拼写检查以便在输入时对可能拼写错误的单词加下划线。

1.【拼写检查】对话框

在使用该功能时，如果文档包括外语文本，则选择该文本，并使用【控制】面板或【字符】面板上的【语言】选项为该文本指定语言。接着，执行【编辑】|【拼写检查】|【拼写检查】命令，打开如图 5-73 所示的对话框。

2.拼写检查操作

用户在拼写检查过程中，可以在其对话框中确定所需检查的范围，还可以对错误的单词进行更改等操作。

其中，【搜索】下拉列表中各选项内容如下所述。

（1）【所有文档】：选择此选项可以检查所有打开的文档。

图 5-73 【拼写检查】对话框

（2）【文档】：选择该选项可以检查整个文档。

（3）【文章】：选择该选项可以检查当前选中框架中的所有文本，包括其串接文本框架中的文本和溢流文本。

（4）【到文章末尾】：选择该选项可以从插入点开始检查。

（5）【选区】：选择该选项则仅检查选中文本。仅当选中文本时该选项才可用。

在拼写检查过程中，如果显示不熟悉的或拼写错误的单词或其他可能的错误时，用户可以对其进行以下处理。

（1）单击【跳过】按钮，可以继续进行拼写检查而不更改突出显示的单词；单击【全部忽略】按钮，可以忽略突出显示的单词的所有实例，直到重新启动 InDesign。

（2）从【建议校正为】列表选择一个单词或在【更改为】文本框中输入正确的单词，然后单击【更改】按钮，可以仅更改拼写错误的单词的那个实例，也可单击【全部更改】按钮以更改文档中拼写错误的单词的所有实例。

（3）如果需要将单词添加到词典，可以从【添加到】下拉列表中选择该词典，并单击【添加】按钮。

单击【词典】按钮可显示【词典】对话框，可以在该对话框中指定目标词典和语言，也可指定添加的单词中的连字分隔符。

5.6.3 【查找/更改】对话框

执行【编辑】|【查找/更改】命令或按 Ctrl+F 快捷键，弹出的对话框如图 5-74 所示。

在【查找/更改】对话框中，基本的功能介绍如下。

（1）【查询】：在此下拉列表中，可以选择查找与更改的预设。用户可以单击后面的【保存】按钮，在弹出的对话框中输入新预设的名称，单击【确定】按钮退出对话框，即可在以后查找/更改同类内容时，直接在此下拉列表中选择之前保存的预设；对于用户自定义的预设，在将其选中后，可以单击【删除】按钮，在弹出的对话框中单击【确定】按钮以将其删除。

（2）选项卡：在【查询】选项下方，可以选择不同的选项卡，以定义查找与更改的对象。选择【文本】选项卡，可搜索特

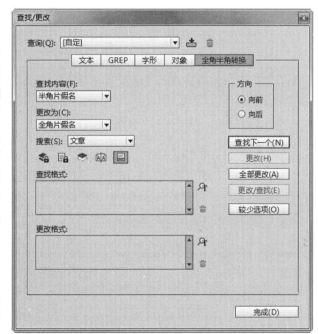

图 5-74 【查找/更改】对话框

殊字符、单词、多组单词或特定格式的文本并进行更改。还可以搜索特殊字符并替换特殊字符，比如符号、标志和空格字符、通配符等；选择 GREP 选项卡，可使用基于模式的高级搜索方法，搜索并替换文本和格式；选择【字形】选项卡，可使用 Unicode 或 GID/CID 值搜索并替换字形，特别是对于搜索并替换亚洲语言中的字形非常有用；选择【对象】选项卡，可搜索并替换对象和框架中的格式效果和属性，比如，可以查找具有 4 点描边的对象然后使用投影替换描边；选择【全角半角转换】选项卡，可以转换亚洲语言文本的字符类型，比如，可以在日文文本中搜索半角片假名，然后用全角片假名替换。

（3）【完成】：单击此按钮，将完成当前的查找与更改，并退出对话框。

（4）【查找】：单击此按钮，可以根据所设置的查找条件，在指定的范围中查找对象。当执行一次查找操作后，此处将变为【查找下一个】按钮。

（5）【更改】：对于找到满足条件的对象，可以单击此按钮，从而将其替换为另一种属性；若【更改为】区域中设置完全为空，则将其替换为无。

（6）【全部更改】：将指定范围中所有找到的对象，替换为指定的对象。

（7）【更改/查找】：单击此按钮，将执行更改操作并跳转至下一个满足搜索条件的位置。

5.6.4 查找/更改

要查找/更改文本，首先，用户要选择要搜索一定范围的文本或文章，或将插入点放在文章中，在选中【文本】选项卡的情况下，可以根据需要查找与更改文字的内容及字符、段落等属性。

选择【文本】选项卡时，【查找/更改】对话框中的参数解释如下。

（1）【所有文档】：选择此选项，可以对打开的所有文档进行搜索操作。

（2）【文档】：选择此选项，可以在当前操作的文档内进行搜索操作。

（3）【文章】：选择此选项，可以将当前文本光标所在的整篇文章作为搜索范围。

（4）【到文章末尾】：选择此选项，可以从光标所在的当前位置开始至文章末尾作为查找的范围。

（5）【选区】：当在文档中选中了一定的文本时，此选项会显示出来。选中此选项后，将在选中的文本中执行查找与更改操作。

【搜索】下方一排图标的含义解释如下。

（1）【包括锁定图层】：单击此按钮，可以搜索已使用【图层选项】对话框锁定的图层上的文本，但不能替换锁定图层上的文本。

（2）【包括锁定文章】：单击此按钮，可以搜索 InCopy 工作流中已签出的文章中的文本，但不能替换锁定文章中的文本。

（3）【包括隐藏图层】：单击此按钮，可以搜索已使用【图层选项】对话框隐藏的图层上的文本。找到隐藏图层上的文本时，可看到文本所在处被突出显示，但看不到文本。可以替换隐藏图层上的文本。

（4）【包括主页】：单击此按钮，可以搜索主页上的文本。

（5）【包括脚注】：单击此按钮，可以搜索脚注上的文本。

（6）【区分大小写】：单击此按钮，可以在查找字母时只搜索与【查找内容】文本框中字母的大写和小写准确匹配的文本字符串。

（7）【全字匹配】：单击此按钮，可以在查找时只搜索与【查找内容】文本中输入的文本长度相同的单词。如果搜索字符为罗马单词的组成部分，则会忽略。

（8）【区分假名】：单击此按钮，在搜索时将区分平假名和片假名。

（9）【区分全角/半角】：单击此按钮，在搜索时将区分半角字符和全角字符。

在【查找内容】文本框中，输入或粘贴要查找的文本，或者单击文本框右侧的【要搜索的特殊字符】按钮@,，在弹出的菜单中选择具有代表性的字符，如图 5-75 所示。

在【查找/更换】对话框中，还可以通过选择【查询】下拉列表中的选项进行查找。

InDesign CC 2015 图形设计标准教程

确定要搜索的文本后，然后在【更改为】文本框中，输入或粘贴替换文本，或者单击文本框右侧的【要搜索的特殊字符】按钮，在弹出的菜单中选择具有代表性的字符。然后单击【查找】按钮。若要继续搜索，可单击【查找下一个】按钮、【更改】按钮、【全部更改】按钮或【查找/更改】按钮，如图5-76所示是将其中的"版"替换为"板"后的效果。

图 5-75　选择要搜索的特殊字符

5.6.5　设置高级查找/更改

除了文本内容查找与替换外，还可以根据需要进行更多的高级查找/更改处理。比如可以对格式的文本进行查找替换、使用通配符进行搜索、替换为剪贴板内容、通过替换删除文本等。

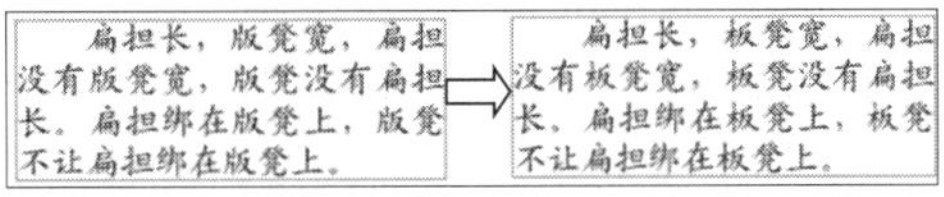

扁担长，版凳宽，扁担没有版凳宽，版凳没有扁担长。扁担绑在版凳上，版凳不让扁担绑在版凳上。　→　扁担长，板凳宽，扁担没有板凳宽，板凳没有扁担长。扁担绑在板凳上，板凳不让扁担绑在板凳上。

图 5-76　替换后的效果

1. 查找并更改带格式文本

在【查找格式】区域中单击【指定要查找的属性】按钮，或在其下面的框中单击鼠标，可弹出【查找格式设置】对话框，如图5-77所示，在此对话框中可以设置要查找的文字或段落的属性。

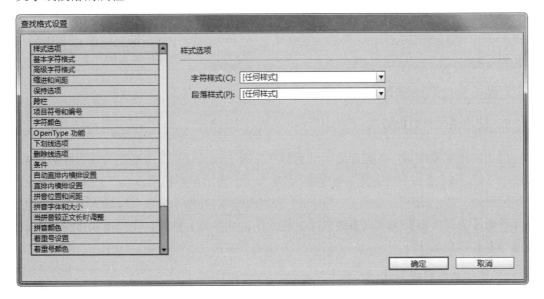

图 5-77　【查找格式设置】对话框

在【更改格式】区域中单击【指定要更改的属性】按钮，或在其下面的框中单击鼠标，可弹出【更改格式设置】对话框，在此对话框中可以设置新的文本属性。

如果仅搜索（或替换为）格式，需要使【查找内容】或【更改为】文本框保留为空。另外，如果为搜索条件指定格式，则在【查找内容】或【更改为】框的上方将出现信息图标。这些图标表明已设置格式属性，查找或更改操作将受到相应的限制。

要快速清除【查找格式设置】或【更改格式设置】区域的所有格式属性，可以单击【清除指定的属性】按钮 🗑。

以上面的查找/更改示例为例，并在替换的同时将"板"的字体设置为黑体、颜色为红色后的效果，如图 5-78 所示。

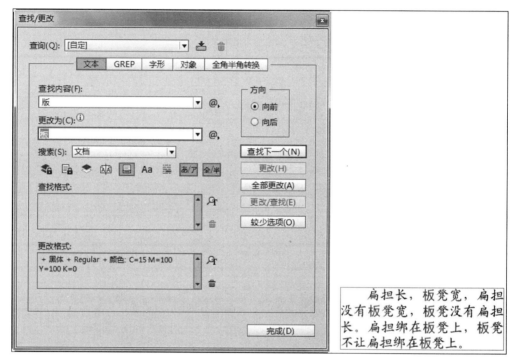

图 5-78　替换后的效果

2．使用通配符进行搜索

所谓的通配符搜索，就是指定"任意数字"或"任意空格"等通配符，以扩大搜索范围。例如，在【查找内容】文本框中输入"z^?ng"，表示可以搜索以"z"开头且以"ng"结尾的单词，如"zing"、"zang"、"zong"和"zung"。当然，除了可以输入通配符，也可以单击【查找内容】文本框右侧的【要搜索的特殊字符】按钮，在弹出的下拉列表中选择一个选项。

3．替换为剪贴板内容

可以使用复制到剪贴板中的带格式内容或无格式内容来替换搜索项目，甚至可以使用复制的图形替换文本。只需复制对应项目，然后在"查找/更改"对话框中，单击【更改为】文本框右侧的【要搜索的特殊字符】按钮，在弹出的下拉列表中选择一个选项。

4．通过替换删除文本

要删除不想要的文本，在【查找内容】文本框中定义要删除的文本，然后将【更改为】文本框保留为空。

5.7 课堂实例：舞会邀请函设计——内页

本实例绘制的是舞会邀请函效果，如图 5-79 所示。在制作过程中，将会使用绘图工具等绘制所需图形并填充适当颜色，然后进行复制、粘贴、变换、排列、分布等编辑，制作出打动人心的邀请函。

图 5-79　邀请函内页效果

操作步骤

1　打开文件。执行【文件】|【打开】命令，打开第 4 章的课堂实例文档，按 Ctrl+Shift+P 快捷键增加一个页面。并复制封面的矩形背景与雪花背景，如图 5-80 所示。

图 5-80　添加页面并复制背景

2　填充颜色。选中矩形，打开色板，将矩形填充为黄色渐变，并使用【渐变色板工具】 进行调整，效果如图 5-81 所示。

图 5-81　渐变效果

3　添加路径文字。使用【钢笔工具】 绘制一条曲线，选择【路径文字工具】 在路径上输入英文文字，并设置字号大小，如图 5-82 所示。

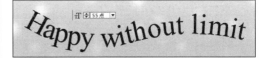

图 5-82　路径文字

4　设置路径文字效果。执行【文字】|【路径文字选项】|【选项】命令，打开【路径文字选项】对话框，设置效果为【倾斜】，如图 5-83 所示，重新设置文字的字体与字号，如图 5-84 所示。

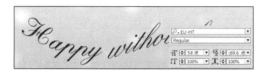

图 5-84　设置字体号

5 文字轮廓化。按 Ctrl+Shift+O 快捷键将文字轮廓化，并填充红色，如图 5-85 所示。复制文字并原位粘贴，填充为黑色，置于红色文字下层，稍移距离，效果如图 5-86 所示。

图 5-85　设置字体号

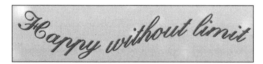

图 5-86　文字立体效果

6 输入文字。在英文文字下方，输入相对应的中文，并设置其文字属性，具体参数及效果如图 5-87 所示。

图 5-87　中文文字效果

7 立体效果。将中文文本进行复制并原位粘贴，设置文字为黑色置于渐变文字的下层，效果如图 5-88 所示。

图 5-88　立体效果

8 文字底纹。选中封面中的"邀"字下方的圆形图形并复制到内页，根据中文字体的大小调整圆形图形，将缩小后的圆形进行复制并多次粘贴，等距离置于文字下方，效果如图5-89 所示。

图 5-89　调整图形大小及距离

9 输入文字。选择【文字工具】 T.，拉取文本框，输入举办单位信息，设置文字的字体和字号，颜色填充为红色，并添加立体效果，如图 5-90 所示。

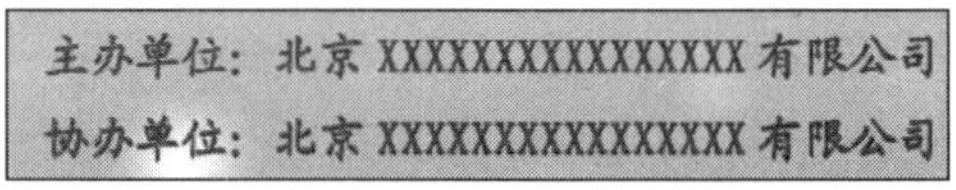

主办单位：北京 XXXXXXXXXXXXXXXX 有限公司
协办单位：北京 XXXXXXXXXXXXXXXX 有限公司

图 5-90　添加文字

10 输入文字。使用【矩形工具】 ▢ 绘制一个圆角矩形，然后选择【文字工具】 T.，拉取文本框，输入内容文字，并设置文字的属性，如图 5-91 所示。

图 5-91　添加内容文字

11 编组并旋转。选中英文文字、与英文相对应的中文文字和主办单位文本，居中对齐后编组，然后以中心为参考点进行 180° 翻转，完成制作，最终效果如图 5-92 所示。

图 5-92　最终效果

思考与练习

一、填空题

1．在创建水平网格框架或者垂直网格框架时，按住＿＿＿＿＿键可以单击确定框架网格中心；按住＿＿＿＿＿键则可以绘制正方形水平或者垂直框架网格。

2．将文本转换为路径后，可以使用＿＿＿＿＿工具拖动各个锚点来改变字体。

3．如果是在直排文本框架中执行该操作，【制表符】对话框将会变成＿＿＿＿＿方向。

4．要删除脚注，可以选择文本中显示的脚注引用编号，然后按下＿＿＿＿＿键。如果仅删除脚注文本，则＿＿＿＿＿和＿＿＿＿＿将保留下来。

5．按＿＿＿＿＿快捷键，会弹出【查找/更改】对话框。

二、选择题

1．按住【文字工具】按钮 **T**，弹出的工具组不包括＿＿＿＿＿。

A．文字工具

B．直排文字工具

C．路径文字工具

D．钢笔工具

2．设置＿＿＿＿＿选项可以调整直排文本中的半角字符（如罗马字文本或数字）的方向。

A．字符旋转

B．字符倾斜

C．直排内横排

D．垂直排版方向

3．默认情况下，使用＿＿＿＿＿可以复制所有文字属性。

A．文字工具　　　B．选择工具

C．剪刀工具　　　D．吸管工具

4．空格字符是出现在字符之间的空白区，它能用于多种不同的用途。其中，【插入空格】命令中不包括＿＿＿＿＿选项。

A．表意字和全角空格

B．半角空格和不间断空格

C．不间断空格和细空格

D．标点空格和文字空格

5．通过对路径文字应用效果，可以更改其外观，也可以通过【效果】下拉列表中的选项对其设置，不包括以下＿＿＿＿＿选项。

A．彩虹效果和倾斜效果

B．3D 带状效果和阶梯效果

C．压力效果

D．重力效果

三、简答题

1．如何为置入的文本创建新框架？

2．怎样添加制表前导符？

3．怎样查找并更改带格式文本？

四、上机练习

1．创建文字图形

本练习制作的是文字图形效果，如图 5-93 所示。在制作过程中，首先使用【钢笔工具】绘制路径，然后选择【路径文字工具】在路径上输入文字并设置文字效果，最后将文字轮廓化，新建渐变色并填充即可完成制作。

图 5-93 文字图形效果

2. 插入特殊字符

本练习制作的是在文本中插入特殊字符效果，如图 5-94 所示。在制作过程中，首先使用【文字工具】T.在文档中拉取文本框并输入文字，然后将光标放入要插入特殊字符的文字当中，执行【文字】|【字形】命令，在打开的字形对话框中选择要插入的字符即可。

汪星人&喵星人

图 5-94 插入特殊字符

第 6 章

文字排版

在排版过程中，对文字的处理不仅表现在编辑文字和段落，还需要对文本框架、框架网格等进行操作等，对于长篇的文章还能够通过创建复合字体、字符样式、段落样式等进行快捷的操作，大大提高了工作效率。

本章将讲述文本框架、框架网格、复合字体、字符样式、段落样式等功能，掌握并熟练使用这些操作方法与技巧，能够大大提高操作速度，快速而准确地对文字进行排版。

6.1 文本框

在 InDesign 中，不管是单个文字还是长篇文本，都是包含在文框中的，通过认识文本框架的符号标识可以方便快捷地对文本进行串接、排文等排版编辑。

6.1.1 创建文本框

选择【文字工具】T.，光标变为 ⊥ 状态，在页面中单击并拖曳鼠标，像绘制矩形一样绘制一个文本框，如图 6-1 所示。此时文本框中就会出现相应的光标，然后输入需要的文本即可，如图 6-2 所示。

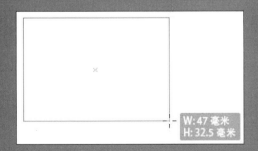

图 6-1　绘制文本框

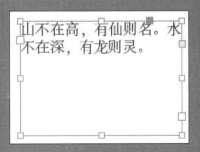

图 6-2　输入文本

在拖动鼠标时按住 Shift 键，可以创建正方形文本框架；按住 Alt 键拖动，可以从中心创建文本框架；按住 Shift+Alt 快捷键拖动，可以从中心创建正方形文本框架。

如果在页面中存在文本框，要添加文字时，可以使用【选择工具】 ▶ 在现有文本框架内的目标位置双击鼠标或者选择【文字工具】 T.在要插入文本的位置单击鼠标，以插入文字光标，然后输入文本即可。

对于已有的外部文本资料，如 Word、记事本、网页等，可以根据需要，将其粘贴或导入到 InDesign 文档中。

在文本数量相对较少，且对排版要求不高的情况下，用户可以直接将文本资料粘贴到文档中。但要注意的是，除了 InDesign 文本外，其他如 Word、记事本等文本，在粘贴到 InDesign 文档中后，原有的格式都会被清除，常用的粘贴文本的方法如下。

（1）直接粘贴文本：选中需要添加的文本，按 Ctrl+C 快捷键进行复制，然后在 InDesign 文档中指定的位置插入文字光标。按 Ctrl+V 快捷键粘贴即可。

如果将文本粘贴到 InDesign 中时，插入点不在文本框架内，则会创建新的纯文本框架。

（2）粘贴时不包含格式：按 Shift+Ctrl+V 快捷组合键或选择【编辑】|【粘贴时不包含格式】命令，可在粘贴后去除对象本身的文本属性，用于在向文本中复制文本或图形、图像等对象时，为了避免复制对象本身的样式影响粘贴后的效果而使用。

（3）粘贴时不包含网格格式：复制文本后，执行【编辑】|【粘贴时不包含网格格式】命令，或者按 Alt+Shift+Ctrl+V 快捷组合键可以在粘贴文本时不保留其源格式属性。通常可以随后通过执行【编辑】|【应用网格格式】命令，以应用网格格式。

如图 6-3 所示是在 InDesign 文本框内插入光标，然后将记事本中的内容粘贴进去后的效果。

要导入 Word 文档，可以执行【文件】|【置入】命令或按 Ctrl+D 快捷键，在弹出的对话框中选择并打开要导入的 Word 文档即可。若要设置导入选项，可以在【置入】对话框中选中【显示导入选项】选

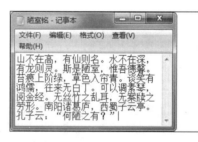

图 6-3　粘贴文本后的效果

项，再单击【打开】按钮，此时将弹出如图 6-4 所示的对话框。

【Microsoft Word 导入选项】对话框中各选项的介绍如下。

（1）【预设】：在此下拉列表中，可以选择一个已有的预设。若想自行设置可以选择【自定】选项。

（2）【包含】：用于设置置入所包含的内容。选择【目录文本】复选项，可以将目录作为纯文本置入到文档中；选择【脚注】复选项，可以置入 Word 脚注，但会根据文档的脚注设置重新编号；选择【索引文本】复选项，可以将索引作为纯文本置入到文档中；选择【尾注】复选项，可以将尾注作为文本的一部分置入到文档的末尾。

如果 Word 脚注没有正确置入，可以尝试将 Word 文档另存储为 RTF 格式，然后再置入该 RTF 文件。

（3）【选项】：选择【使用弯引号】复选项，可以使置入的文本中包含左右引号（" "）和单引号（'），而不包含英文的引号（""）和单引号（'）。

（4）【移去文本和表的样式和格式】：选择此复选项，所置入的文本将不带有段落样式和随文图。选择【保留页面优先选项】复选项，可以在选择删除文本和表的样式和格式时，保持应用到段落某部分的字符格式，如粗体和斜体。若取消选择该复选项，可删除所有格式。在选择【移去文本和表的样式和格式】复选项

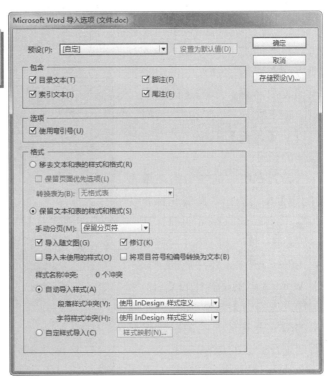

图 6-4 【Microsoft Word 导入选项】对话框

时，选择【转换表为】复选项，可以将表转换为无格式表或无格式的制表符分隔的文本。

如果希望置入无格式的文本和格式表，则需要先置入无格式文本，然后将表从 Word 粘贴到 InDesign。

（5）【保留文本和表的样式和格式】：选择此复选项，所置入的文本将保留 Word 文档的格式。选择【导入随文图】复选项，将置入 Word 文档中的随文图；选择【修订】复选项，会将 Word 文档中的修订标记显示在 InDesign 文档中；选择【导入未使用的样式】复选项，将导入 Word 文档的所有样式，即包含全部使用和未使用过的样式；选择【将项目符号和编号转换为文本】复选项，可以将项目符号和编号作为实际字符导入，但如果对其进行修改，不会在更改列表项目时自动更新编号。

（6）【自动导入样式】：选择此选项，在置入 Word 文档时，如果样式的名称同名，在【样式名称冲突】右侧将出现黄色警告三角形，此时可以从【段落样式冲突】和【字符样式冲突】下拉列表中选择相关的选项进行修改。如果选择【使用 InDesign 样式定义】选项，将置入的样式基于 InDesign 样式进行格式设置；如果选择【重新定义 InDesign 样式】选项，将置入的样式基于 Word 样式进行格式设置，并重新定义现有的 InDesign 文本；如果选择【自动重命名】选项，可以对导入的 Word 样式进行重命名。

（7）【自定样式导入】：选择此选项后，可以单击【样式映射】按钮，弹出【样式映射】对话框，如图 6-5 所示。在此对话框中可以选择导入文档中的每个 Word 样式，应该

使用哪个 InDesign 样式。

（8）【存储预设】：单击此按钮，将存储当前的 Word 导入选项以便在以后的置入中使用，更改预设的名称，单击【确定】按钮。在下次导入 Word 样式时，可以从【预设】下拉列表中选择存储的预设。

设置好所有的参数后，单击【确定】按钮退出，此时光标将变为 状态，此时在页面中合适的位置单击，即可将 Word 文档置入到 InDesign 中。要注意的是，由于 Word 文档的格式比较复杂，因此导入后的结果与 Word 文档中原本的版式会有较大的差别，需要后期进行较多的调整。

导入记事本的方法与导入 Word 相近，执行【文件】|【置入】命令后，选择要导入的记事本文件，若选中了【显示导入选项】选项，将弹出如图 6-6 所示的【文本导入选项】对话框。

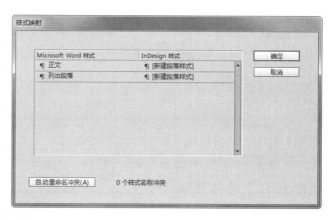

图 6-5　【样式映射】对话框

图 6-6　【文本导入选项】对话框

【文本导入选项】对话框中各选项的简单介绍如下。

（1）【字符集】：在此下拉列表中可以指定用于创建文本文件时使用的计算机语言字符集。默认选择是与 InDesign 的默认语言和平台相对应的字符集。

（2）【平台】：在此下拉列表中可以指定文件是在 Windows 还是在 Mac OS 中创建文件。

（3）【将词典设置为】：在此下拉列表中可以指定置入文本使用的词典。

（4）【在每行结尾删除】：选择此复选项，可以将额外的回车符在每行结尾删除。

（5）【在段落之间删除】：选择此复选项，可以将额外的回车符在段落之间删除。

（6）【替换】：选择此复选项，可以用制表符替换指定数目的空格。

（7）【使用弯引号】：选择此复选项，可以使置入的文本中包含左右引号(" ") 和单引号（'），而不包含英文的引号（""）和单引号（'）。

6.1.2　文本框

在文本框的左上和右下位置，会根据当前文本框的状态显示不同的标识，如图 6-7 所示。

文本框标识的具体作用介绍如下。

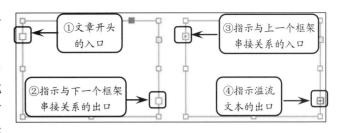

图 6-7　文本框的标识

（1）空白标识：当此标识出现在文本框的左上角时，表示此文本框中的文本前面已经没有其他文本内容；若此标识出现在文本框的右下角，则表示此文本框中的文本后面已经没有其他文本内容。

（2）串接标识：当文本框的左上角或右下角显示此标识时，表示其中的文本在之前或之后还有其他相关串接的文本内容。

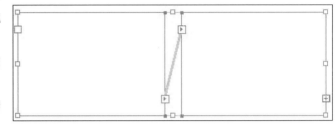

图 6-8　串接状态的文本框

执行【视图】|【其他】|【显示文本串接】命令或按 Ctrl+Alt+Y 快捷组合键来显示或隐藏文本块之间的串接关系。如图 6-8 所示就是显示了两个文本块之间的串接关系时的状态，此时，在两个相串接的文本框串接标识之间会显示一个线条。

（3）溢出标识：此标识通常显示在文本框的右下角，此时表示当前文本框还有未显示出来的文本，此时可以单击此标识，然后在空白的位置单击鼠标，即可展开溢出的文本内容，此操作又称为"排文"。

6.1.3　串接文本框架

在处理串接文本框架时，首先需要产生可以串接的文本框架，在此基础上才能够进行向串接中添加新框架、添加现有框架，并在串接框架序列中添加以及取消串接文本框架等操作。

串接文本框架可以将一个文本框架中的内容通过其他文本框架的连接而显示。每个文本框架都包含一个入口和一个出口，这些端口用来与其他文本框架进行连接。空的入口或出口分别表示文章的开头或结尾。端口中的箭头表示该框架链接到另一框架。出口中的红色加号(+)表示该文章中有更多文本，但没有更多的文本框架可放置文本。这些剩余的不可见文本称为溢流文本，如图 6-9 所示。

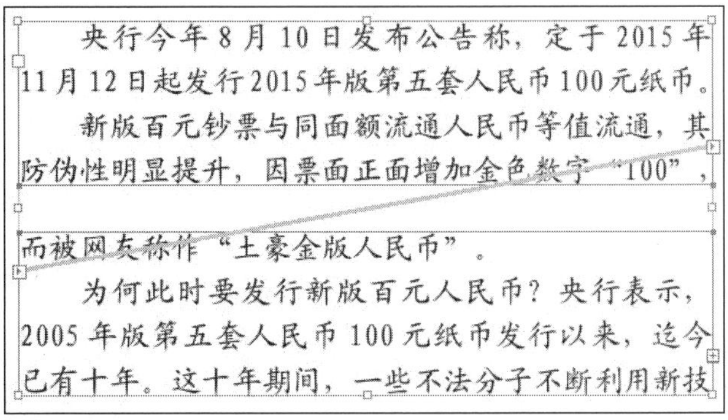

图 6-9　串接的框架

1．创建串接文本框架

当段落文本超出文本框的范围时，文本框右下方的控制柄上方会显示为红色加号(+)。此时，使用【选择工具】选择该文本框，接着向下拖动，使文本框扩大，隐藏的文本就显示出来，也就产生了串接文本的框架，如图 6-10 所示。

另外，还有一种方法使文本框内隐藏的文字显示出来。对准红色加号(+)单击，鼠标指针将变成形状，此时在文本框以外的位置单击就会出现另一个文本框，新文本框内显示前一文本框中被隐藏的文本，此时的新文本框宽度与页面宽度保持一致。等文字完全显示后，文本框右下方呈口字形显示，如图 6-11 所示。

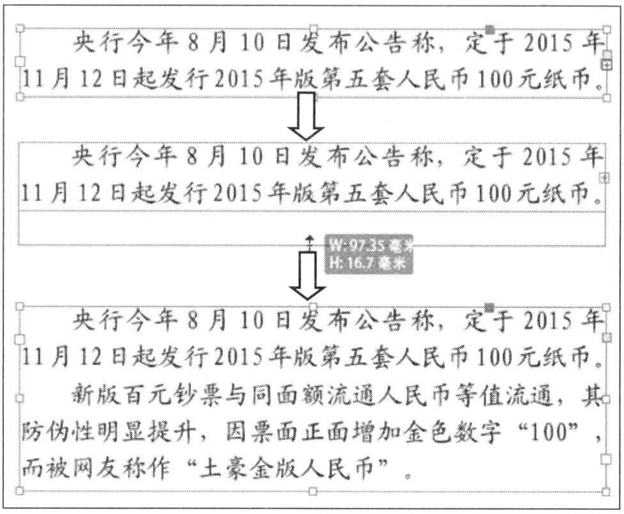

提 示

如果用户没有在文本框以外的位置单击，而是在需要创建文本框架的位置单击并绘制文本框，也可以将前一文本框中被隐藏的文本显示。

图 6-10　拖动文本框架

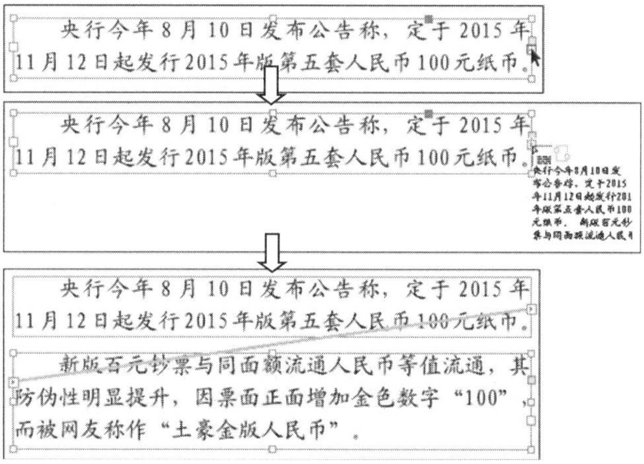

图 6-11　创建新文本框架

2．向串接文本框架中添加新框架

在串接框架中添加新框架时，可以使用【选择工具】选择该文本框架，然后单击入口或出口以载入文本图标，将载入的文本图标放置到希望新文本框架出现的地方，然后单击或拖动以创建一个新文本框架。

其中，单击入口可在所选框架之前添加一个框架，如图 6-12 所示；单击出口可在所选框架之后添加一个框架，如图 6-13 所示。

提 示

当载入的文本图标处于活动状态时，可以执行许多操作，包括翻页、创建新页面，以及放大和缩小。如果开始串接两个框架后又不想串接，则可单击工具箱中的任一工具取消串接，这样不会丢失文本。

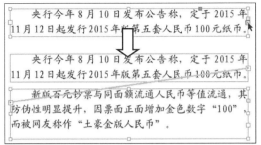

图 6-12 在串接文本框架之前添加新框架　　　**图 6-13** 在串接文本框架之后添加新框架

3．向串接文本框架中添加现有框架

使用【选择工具】选择一个文本框架，接着单击入口或出口的载入文本图标，然后将载入文本图标放到要连接到的框架上面，此时载入文本图标将更改为串接图标，在第二个框架内部单击以将其串接到第一个框架，如图 6-14 所示。

图 6-14 在串接文本框中添加现有框架

4．向串接框架列中添加框架

使用【选择工具】单击要将框架添加到的文章的出口，在释放鼠标按钮时，将会显示载入文本图标，接着拖动以创建一个新框架，或单击另一个已创建的文本框架，那么 InDesign 将框架串接到包含该文章的链接框架序列中，如图6-15 所示。

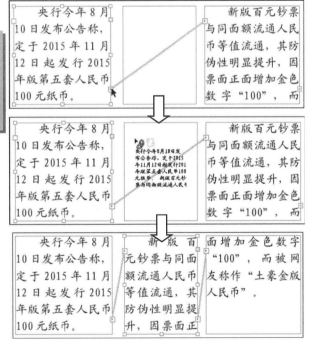

图 6-15 在串接框架内添加框架（上）及结果（下）

5．取消串接文本框架

当用户不需串接文本框架时，可以断开该框架与串接中的所有后续框架之间的连接。这样以前显示在这些框架中的任何文本将成为溢流文本（不会删除文本），与此同时，所有的后续框架都为空。

使用【选择工具】 双击入口或出口以断开两个框架之间的连接，接着单击表示与另一框架存在串接关系的入口或出口。例如，在一个由两个框架组成的串接中，单击第一个框架的出口或第二个框架的入口，如图 6-16 所示，当将载入文本图标 放置到上一个框架或下一个框架之上时，会显示取消串接图标 ，此时在框架内单击，将从串接中删除框架。

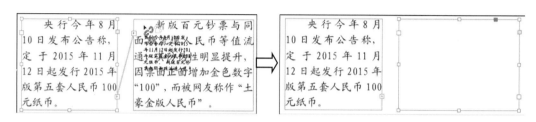

图 6-16　取消串接文本框架

6.1.4　编辑串接文本框架

在剪切或删除串接文本框架时，并不会删除文本内容，其文本仍包含在串接中。剪切和删除串接文本框架的区别在于：剪切的框架将使用文本的副本，不会从原文章中移去任何文本。在一次剪切和粘贴一系列串接文本框架时，粘贴的框架将保持彼此之间的连接，但将失去与原文章中任何其他框架的连接；当删除串接中的文本框架时，文本将成为溢流文本，或排列到连续的下一框架中。

1．从串接中剪切框架

从串接中剪切框架就是使用文本的副本，将其粘贴到其他位置。使用【选择工具】 选择一个或多个框架（按住 Shift 键并单击可选择多个对象），执行【编辑】|【剪切】命令。选中的框架消失，其中包含的所有文本都排列到该文章内的下一框架中。剪切文章的最后一个框架时，其中的文本存储为上一个框架的溢流文本，如图 6-17 所示。

如果需要在文档的其他位置使用断开连接的框架，则可以转到希望断开连接的文本出现的页面，然后执行【编辑】|【粘贴】命令。

2. 从串接中删除框架

从串接中删除框架就是将所选框架从页面中去掉，而文本将排列到连续的下一框架中。如果文本框架未连接到其他任何框架，则将框架和文本一起删除。

使用【选择工具】▶单击所需删除的框架，按 Delete 键即可，如图 6-18 所示。

● 6.1.5　手动与自动排文

在置入文本或者单击入口或出口后，指针将成为载入文本图标▤。使用载入文本图标可将文本排列到所需的页面上，此时，用户可以结合 Shift 键或 Alt 键确定使用的文本排列方式，即手动与自动。

1. 手动排文

手动排文▤具有很大的灵活性，可以根据需要在出版物非连续的若干页面

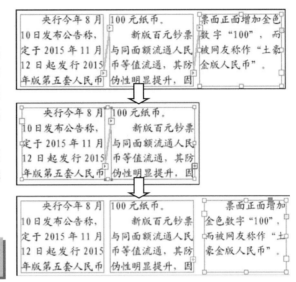

图 6-17 剪切文章最后框架并粘贴效果

图 6-18 删除框架

上放置文本，但它只能一次一个框架地添加文本。当使用该方式排版时，文本将按页面或分栏进行排文，排满一页或一栏后便不再向下排文。若需要继续排版，则必须重新载入文本图标才能操作。

在执行【置入】命令选择一个文件或单击选中文本框架的出口时，存在以下三种操作。

（1）排列文本到串接框架中：将载入的文本图标置于现有框架或路径内的任何位置，然后单击，文本将排列到该框架及其他任何与此框架串接的框架中。

（2）创建与原框架相符的框架：如果页面中存在着分栏，而用户需要创建一个与该栏的宽度相符的文本框架时，那么可以将载入文本图标置于该栏中框架的顶部，然后单击。

（3）设置高度与宽度：拖动载入的文本图标，用户也可以自定义需要创建文本框架的宽度和高度。

如果要置入多个文本，可以单击出口并重复以上步骤，直到置入所有文本；如果将文本置入与其他框架串接的框架中，则不论选择哪种文本排文方法，文本都将自动排文到串接的框架中。

2．半自动排文

此工作方式与手动文本排文相似，区别在于每次到达框架末尾时，指针将变为载入的文本图标，直到所有文本都排列到文档中为止。

当显示载入文本图标后，按住 Alt 键单击页面或框架即可进行半自动排文。

3．自动排文

在使用自动排文时，文本将沿页面一直向下排，直到所有文本被显示出来。如果当前出版物的页面不够，则 InDesign 将自动增加页面。如果出版物页面上有若干分栏，则文本自单击处开始，一栏接一栏地进行排列，这种排文方式即被称为自动排文。

要实现自动排文，用户在置入文本后，将显示载入文本图标。此时，存在着自动排文并添加页面和自动排文但不添加页面两种情况。

（1）自动排文并添加页面：按住 Shift 键，单击栏中载入的文本图标，以创建一个与该栏的宽度相等的框架。InDesign 将创建新文本框架和新文档页面，直到将所有文本都添加到文档中为止。

（2）自动排文不添加页面：按住 Shift+Alt 键可以进行固定页面自动排文。任何剩余的文本都将成为溢流文本。

在基于主页文本框架的文本框架内单击，文本将自动排列到文档页面框架中，并根据需要使用主页框架的属性生成新页面。

6.2 文本框与框架网格

文本框架有框架网格和纯文本框架两种类型，两种框架类型是可以转换的，框架网格是亚洲语言排版特有的文本框架类型，其中字符的全角字框和间距都显示为网格，并且可以用来进行字数统计；纯文本框架则是不显示任何网格的空文本框架。

6.2.1 设置文本框选项

在调整文本框架时，用户可以通过将其选择、拖动的方法直接调整，但是该方法不能将其分栏，只能调整对栏宽度进行粗略调整。若要精确调整文本框中的栏数、内边距、垂直方式等，则需要通过【常规】选项卡进行操作，这样便于用户通过【预览】选项及时查看设置后的效果。

使用【选择工具】选择框架，执行【对象】|【文本框架选项】命令，打开如图 6-19 所示的对话框。

1. 列数

在该对话框的【常规】选项卡中，可以通过【列数】选项设置框架大小，启用【固定数字】和【固定宽度】选项，可以使用数值指定文本框架的栏数、每栏宽度和每栏之间的间距（栏间距）；启用【弹性宽度】选项时，设置最大值参数，设置宽度的数值在最大值的基础上增加，栏数也会随着宽度的增加而增加，如图6-20所示。

图 6-19　【文本框架选项】对话框

启用【平衡栏】复选框，文本框中的内容将会平均分布在每个栏中，如图 6-21 所示。

2. 内边距

在【内边距】选项中，通过设置上、下、左和右的位移距离，从而改变文本与文本框的间距，单击【将所有设置设为相同】图标，将会为所有边设置相同的间距，如图 6-22 所示。

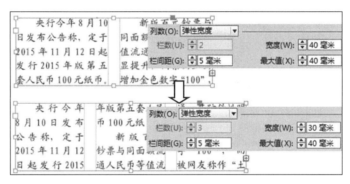

图 6-20　设置固定栏宽效果

3. 垂直对齐

使用框架对齐方式，不仅可以在文本框架中以该框架为基准垂直对齐文本（如果使用的是直排文字，就是水平对齐文本），还可以使用每个段

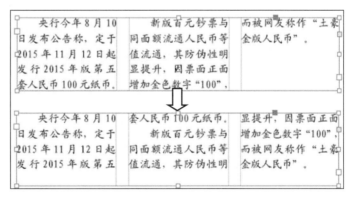

图 6-21　平衡栏效果

落的行距和段落间距值，将文本与框架的顶部、中心或底部对齐，并且能够垂直撑满文本，这样无论各行的行距和段落间距值如何，行间距都能保持均一。

在【文本框架选项】对话框的【垂直对齐】部分中，【对齐】下拉列表中各项内容如下所述：

（1）【上】：此项是默认设置，可以使文本从框架的顶部向下垂直对齐。

（2）【居中】：选择此选项可以使文本行位于框架正中。

（3）【下】：此选项使文本行从框架的底部向上垂直对齐。

（4）【两端对齐】：选择此选项可以使文本行在框架顶部和底部之间的垂向上均匀分布。

其中，【垂直对齐】各选项的效果，如图6-23所示。

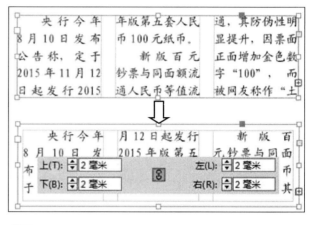

图6-22 设置内边距

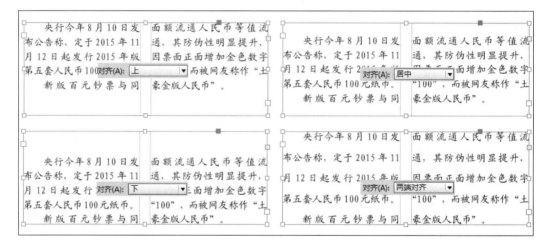

图6-23 各对齐效果

如果选择了【对齐】选项并需要防止行距值不成比例地大于段落间距值，此时，用户可以设置【段落间距限制】数值。段落间距最多可加宽到所指定值，如果文本仍未填满框架，则会调整行间的间距，直到填满框架为止，如图6-24所示。

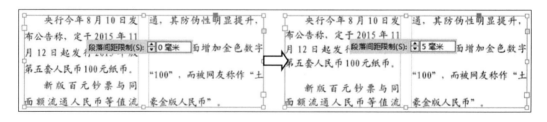

图6-24 设置【段落间距限制】选项

提 示

垂直对齐多栏文本框时要小心，如果最后一栏中的行数不多，则各行之间可能会出现过多的空白。

6.2.2 设置文本框基线

文本框架中的基线选项针对的是页面中的正文部分行距。用户在使用过程中能够利用行距的数值来控制页面中所有页面元素的位置，确保文本在栏间以及不同页之间的对齐。利用基线能保证页面中文本定位的一致性，能够调整文字段的行距，保证基线与页面的底部基线对齐。基线对于不同栏或者临近的文本块之间的对齐非常有用。

1. 首行基线

基线调整确定了文本位于其自然基线之上或之下的距离。要更改所选文本框架的首行基线选项，执行【对象】|【文本框架选项】命令，然后选择【基线选项】选项卡，打开如图 6-25 所示的对话框。

在【位移】下拉列表中具有以下选项，其每种选项的具体含义如下所述。

（1）【字母上缘】：字体中"d"字符的高度降到文本框架的上内陷之下。

（2）【大写字母高度】：大写字母的顶部触及文本框架的上内陷。

（3）【行距】：以文本的行距值作为文本首行基线和框架的上内陷之间的距离。

（4）【x 高度】：字体中"x"字符的高度降到框架的上内陷之下。

（5）【全角字框高度】：该选项意味着行高的中心将与网格框的中心对齐。

（6）【固定】：指定文本首行基线和框架的上内陷之间的距离。

应用【位移】各选项后效果如图 6-26 所示。

在首行基线中，将默认位移设为【全角字框高度】选项，这意味着行高的中

图 6-25 【基线选项】选项卡

图 6-26 【位移】各选项效果

心将与网格框的中心对齐。通常，如果文本大小超过网格，【自动强制行数】将导致文本的中心与网格行间距的中心对齐。要使文本与第一个网格框的中心对齐，可使用首行基线位移设置，该设置可将文本首行的中心置于网格首行的中心上面。之后，将该行与网格对齐时，文本行的中心将与网格首行的中心对齐。

2．基线网格

基线网格可以指定基线网格的颜色、从哪里开始、每条网格线相距多远以及何时出现等。

在某些情况下，可能需要对框架而不是整个文档使用基线网格。此时，用户可以选择文本框架或将插入点置入文本框架，执行【对象】|【文本框架选项】命令，选择【基线选项】选项卡，启用【使用自定基线网格】下的选项，使用以下选项将基线网格应用于文本框架。

（1）【开始】：在该文本框中设置数值以从页面顶部、页面的上边距、框架顶部或框架的上内陷（取决于从【相对于】选项中选择的内容）移动网格。

（2）【间隔】：在该文本框中设置数值可以作为网格线之间的间距。在大多数情况下，设置数值等于正文文本行距的值，以便文本行能恰好对齐网格。

（3）【颜色】：使用该选项可以为网格线选择一种颜色，或者选择【图层颜色】以便与显示文本框架的图层使用相同的颜色。

> **提 示**
>
> 在使用自定基线网格的文本框架之前或之后，不会出现文档基线网格。将基于框架的基线网格应用于框架网格时，会同时显示这两种网格，并且框架中的文本会与基于框架的基线网格对齐。

6.2.3　设置文本框自动调整

文本框架中的自动调整大小选项用于调整文本框架的大小。在使用过程中能够通过【自动调整大小】选项指定调整文本框的宽度或高度，在该选项的下方，有调整方向参考点，黑色显示可调整，灰色显示不可调整，选中其中一个参考点，则文本框以这个点为准，向另外一边放大或缩进，若选择中心点为参考点，则向两边或四周进行扩散或缩进。确定参考点后在【约束】选项中，输入参数即可，如图 6-27 所示。

【自动调整大小】选项中包括的选项介绍如下。

（1）【关】：选择该选项，在该文本框中不使用任何自动调整。

（2）【仅高度】：选择该选项，在【约束】选项中设置文本框高度，确定参考点后设置最小数值即可。

（3）【仅宽度】：选择该选项，在【约束】选项中设置文本框宽度，确定参考点后设置最小数值即可。

（4）【高度和宽度】：选择该选项，在【约束】选项中可同时设置文本框的高度和宽度，

图 6-27　【自动调整大小】选项

确定参考点后设置最小数值即可。

（5）【高度和宽度（保持比例）】：选择该选项，在【约束】选项中设置文本框的高度和宽度是成比例变化的，确定参考点后设置最小数值即可。

提 示

在【约束】选项中，输入的数值若大于文本框的实际尺寸，文本框会增大到输入的最小数值大小；如果输入的数值小于文本框的实际尺寸，则文本框不会有任何变化。

6.2.4 框架网格的属性

使用【选择工具】选择需要修改其属性的框架，执行【对象】|【框架网格选项】命令，打开如图 6-28 所示的对话框，其各项内容所下。

1. 网格属性

在【网格属性】选项栏中，用户可以设置网格中文本的各项属性，其内容如下所示。

（1）【字体】：选择字体系列和字体样式。这些字体设置将根据版面网格应用到框架网格中。

（2）【大小】：指定字体大小。这个值将作为网格单元格的大小。

（3）【垂直和水平】：以百分比形式为全角亚洲字符指定网格缩放。

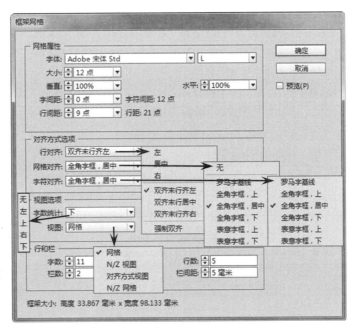

图 6-28　【框架网格选项】对话框

（4）【字间距】：指定框架网格中网格单元格之间的间距。这个值将用作网格间距。

（5）【行间距】：指定网格间距。这个值被用作从首行中网格的底部（或左边）到下一行中网格的顶部（或右边）之间的距离。如果在此处设置了负值，【段落】面板中【字距调整】下的【自动行距】值将自动设置为 80%（默认值为 100%），只有当行间距超过由文本属性中的行距所设置的间距时，网格对齐方式才会增加该值。直接更改文本的行距值，将改变网格对齐方式向外扩展文本行，以便与最接近的网格行匹配。

2. 对齐方式选项

在该选项栏中，用户可以指定文本各行之间的对齐方式、网格之间的对齐方式以及字符之间的对齐方式，并可以对网格内的字数进行统计等，各项内容如下。

（1）【行对齐】：选择一个选项，以指定文本的行对齐方式。例如，如果为垂直框架网格选择【上】，则每行的开始将与框架网格的顶部对齐。

（2）【网格对齐】：选择一个选项，以指定将文本与全角字框、表意字框对齐还是与罗马字基线对齐。

（3）【字符对齐】：选择一个选项，以指定将同一行的小字符与大字符对齐的方法。

3．视图选项

通过该选项栏，用户可以设置框架的显示方式，以及指定每行中的字符个数、相邻栏之间的间距等。其具体内容如下所述。

（1）【字数统计】：选择一个选项，以确定框架网格尺寸和字数统计的显示位置。

（2）【视图】：选择一个选项，以指定框架的显示方式。【网格】显示包含网格和行的框架网格。【N/Z 视图】将框架网格方向显示为深灰色的对角线；插入文本时并不显示这些线条。【对齐方式视图】显示仅包含行的框架网格。【N/Z 网格】的显示情况恰为【N/Z 视图】与【网格】的组合。各显示方式效果如图 6-29 所示。

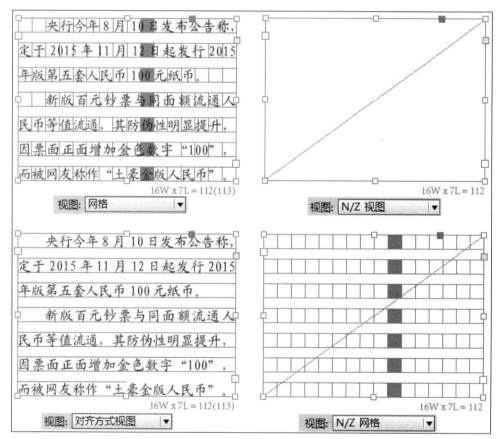

图 6-29 各视图显示效果

（3）【字数】：指定一行中的字符数。

（4）【行数】：指定一栏中的行数。

（5）【栏数】：指定一个框架网格中的栏数。

（6）【栏间距】：指定相邻栏之间的间距。

6.2.5 文本框架与框架网格的转换

在排版过程中，用户可以将纯文本框架转换为框架网格，也可以将框架网格转换为纯文本框架。如果将纯文本框架转换为框架网格，对于文章中未应用字符样式或段落样式的文本，会应用框架网格的文档默认值，但无法将网格格式直接应用于纯文本框架；如果将纯文本框架转换为框架网格，那么将预定的网格格式应用于采用尚未赋予段落样式的文本的框架网格，以此应用网格格式属性。

1．将纯文本框架转换为框架网格

选择文本框架，执行【对象】|【框架类型】|【框架网格】命令。或者，执行【文字】|【文章】命令，显示【文章】面板，选择【框架类型】下拉列表中的【框架网格】选项即可将纯文本框架转换为框架网格，如果需要根据网格属性重新设置文章文本格式，在选中框架网格后，执行【编辑】|【应用网格格式】命令，如图6-30所示。

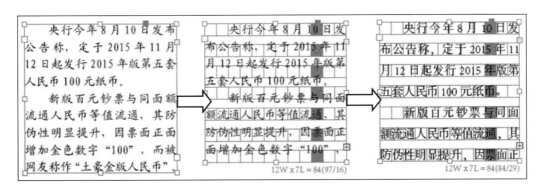

图 6-30 将纯文本框架转换为框架网格

此外，将纯文本框架转换为框架网格时，可能会在该框架的顶部、底部、左侧和右侧创建空白区。如果网格格式中设置的字体大小或行距值无法将文本框架的宽度或高度分配完，则将显示这个空白区。使用【选择工具】拖动框架网格手柄，进行适当调整，就可以移去这个空白区。

2．将框架网格转换为文本框架

选择框架网格，选择【对象】|【框架类型】|【文本框架】命令。或者，执行【文字】

|【文章】命令，显示【文章】面板，选择【框架类型】下拉列表中的【文本框架】选项即可将框架网格转换为文本框架，如图 6-31 所示。

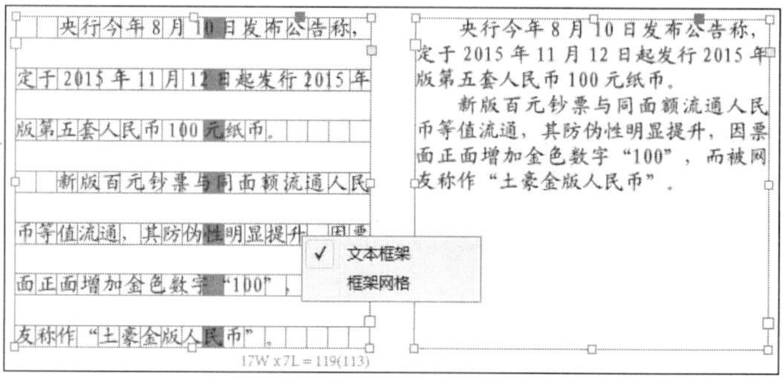

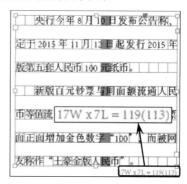

6.2.6　字数统计

框架网格字数统计显示在网格的底部，此处显示的是字符数、行数、单元格总数和实际字符数的值。

图 6-31　将框架网格转换为文本框架

当用户需要对当前框架网格中的字数进行统计时，执行【视图】|【网格和参考线】|【显示字数统计】即可，执行【视图】|【网格和参考线】|【隐藏字数统计】命令，则能够隐藏字数统计。如图 6-32 所示，在该框架中，每行字符数的值为 17，行数值为 7，单元格的总数为 119。已将 119 个字符置入框架网格。

图 6-32　统计框架网格字数、行数

6.3　复合字体

在排版过程中，需要把中文、英文、标点、符号及数字等文本分别指定字体，这种组合字体就是复合字体，通过设置复合字体可以快速实现中、英文混排的情况。

6.3.1　创建复合字体

创建复合字体的方法非常简单，执行【文字】|【复合字体】命令，弹出【复合字体编辑器】对话框，如图 6-33 所示。

在对话框中单击【新建】按钮，在弹出的【新建复合字体】对话框中输入新的复合字体的名称，如图 6-34 所示。

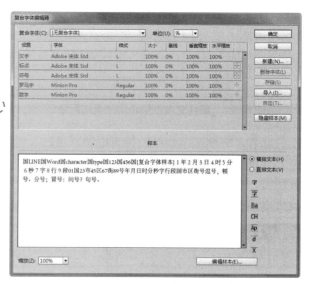

图 6-33　【复合字体编辑器】对话框

单击【确定】按钮返回到【复合字体编辑器】对话框，然后在列表框下指定字体属性，如图 6-35 所示。设置完成后，单击【存储】按钮以保存所创建的复合字体的设置，然后单击【确定】按钮退出对话框。创建好的复合字体就显示在常用字体列表的后面，如图 6-36 所示。

【新建复合字体】对话框

置字体属性

复合字体显示在字体列表的最前面

文本全部应用创建的【宋体+T】复合字体后，文字与标点已经根据复合字体的设置，应用了【宋体】字体，英文文本也根据复合字体的设置，应用了 Times New Roman 字体，如图 6-37 所示。

应用复合字体后的效果

6.3.2 导入、删除复合字体

在【复合字体编辑器】对话框中单击【导入】按钮，然后在【打开文件】对话框中双击包含要导入的复合字体的 InDesign 文档即可。

在【复合字体编辑器】对话框中选择要删除的复合字体，单击【删除字体】按钮，然后单击【是】按钮即可。

当打开多个文档时，InDesign 中的复合字体可能出现重复的问题，此时会自动在复合字体后面增加类似"-1、-2"的序号。

要注意的是，如果删除的复合字体已经到了文本上，在删除复合字体后，相应的文本将会自动以默认的字体进行显示（并不是真正的替换，只是使用此字体进行预览显示），并以粉色背景显示，表示该文本缺失字体，如图 6-38 所示。

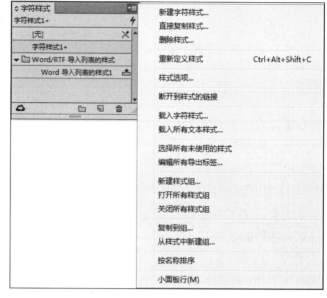

央行今年 8 月 10 日发布公告称，定于 2015 年 11 月 12 日起发行 2015 年版第五套人民币 100 元纸币。

新版百元钞票与同面额流通人民币等值流通，其防伪性明显提升，因票面正面增加金色数字"100"，

图 6-38　缺失字体的状态

6.4　字符样式

通过【字符样式】面板可以设置文字属性等，将其定义为字符样式，还可以为其指定快捷键，以便快捷地将样式应用于段落文本中。还可以通过复制、导入、删除等命令对现有的样式进行编辑。另外，字符样式的创建只针对当前文档，与其他文档字符样式的设置并不冲突。

6.4.1　认识【字符样式】面板

要想通过【字符样式】面板创建与应用字符样式，就要了解【字符样式】面板的各种用法。执行【文本】|【字符样式】命令，即可打开【字符样式】面板，单击面板右上方的三角按钮，可弹出关联菜单，如图 6-39 所示。

单击【字符样式】面板右上角的菜单按钮，其关联菜单中的各项命令如下所述。

（1）【新建字符样式】：执行该命令，在打开的【新建字符样式】对话框中创建字符样式。该命令与【创建新样式】按钮相同，只是单击按钮会直接创建一个空字符样式。

（2）【直接复制样式】：选中面板中的字符样式，执行该命令，在打开的【直接复制字符样式】对话框中基于选中样式中的选项创建字符样式。

图 6-39　【字符样式】面板

（3）【删除样式】：选中面板中的字符样式，执行该命令，可以删除选定的字符样式。

（4）【重新定义样式】：选中面板中的字符样式，执行该命令，可以重新定义选定的字符样式。

（5）【样式选项】：选中面板中的字符样式，执行该命令，可以在打开的【字符样式选项】对话框中更改样式效果选项。

（6）【断开到样式的链接】：选中面板中的字符样式，执行该命令，可以断开对象与应用于该对象的样式之间的链接。这时该对象将保留相同的属性，但当样式改变时不再改变。

（7）【载入字符样式】：执行该命令，只能载入某个文档中的字符样式。

（8）【载入所有文本样式】：执行该命令，可以载入某个文档中的所有文本样式。

（9）【选择所有未使用的样式】：执行该命令，可以选择所有未使用的字符样式。

（10）【新建样式组】：执行该命令，可以创建样式组。

（11）【打开/关闭所有样式组】：分别执行这两个命令，可以展开或者关闭面板中的样式组。

（12）【复制到组】：选中面板中的字符样式，执行该命令，在打开的【复制到组】对话框中选择面板中现有的样式组复制到其中。

（13）【从样式中新建组】：选中面板中的字符样式，执行该命令，为选定样式创建样式组。

（14）【按名称排序】：执行该命令，可以将面板中的所有样式和样式组按照名称排序。

（15）【小面板行】：执行该命令，可以以小面板行的样式显示字符样式内容。

提 示

InDesign 中的所有样式面板（比如段落样式、对象样式、表样式与单元格样式）与字符样式的使用方法基本相同。

6.4.2 创建字符样式

单击【字符样式】面板右上方的三角按钮打开关联菜单中的【新建字符样式】选项，打开【新建字符样式】对话框，如图 6-40 所示。

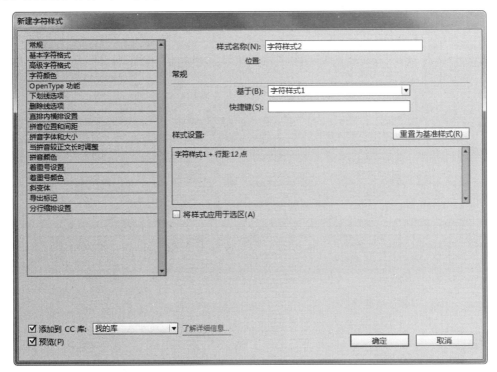

图 6-40 【新建字符样式】对话框

其中，对话框中左侧为选项列表，包括 17 个选项；右侧为列表选项的相关选项参数，默认情况下选择的是【常规】选项。【常规】选项卡中各选项的具体含义如下所述。

（1）【样式名称】：该选项是用来设置字符样式的名称，默认情况下为【字符样式 1】，在文本框中输入即可更改该样式名称。

（2）【基于】：用来作为新样式的基础样式，也就是说新建样式可以基于已有的样式创建。如果要创建一个新样式，最好保留该设置为默认值【无】选项。

（3）【快捷键】：用来设置应用该样式的快捷键，设置方法是在文本框中单击，按住 Ctrl 键并按下数字键即可。

（4）【样式设置】：显示设置的字符属性，单击右侧的【重置为基准样式】按钮可以清除设置的字符属性。

（5）【将样式应用于选区】：启用该复选框，可以将样式应用于当前所选择的区域中。

左侧列表中的其他选项是用来设置字符属性的，方法与文本章节中介绍的相同。如图 6-41 所示设置了字符样式的名称与快捷键，单击【确定】按钮完成创建。

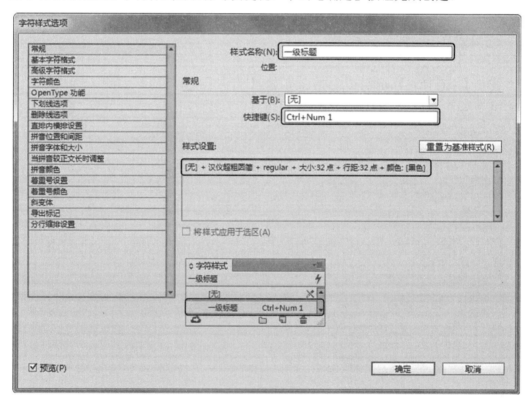

图 6-41　设置字符属性选项

提　示

单击【字符样式】面板底部的【创建新样式】按钮，可以直接创建一个名为"字符样式 1"的空字符样式。

6.4.3　应用字符样式

字符样式创建完成后，就可以在页面中重复应用该样式。方法是，使用【文字工具】T.选中文本，在【字符样式】面板中单击名为【一级标题】的字符样式，这时页面中的文本发生变化，如图6-42所示。

图 6-42　为文本应用字符样式

还可以在同文档的其他页面中选中文本后，直接按 Ctrl＋1 快捷键将【一级标题】应用于选中文本中。

6.4.4　删除字符样式

当创建字符样式完成后，想要修改样式中的某个字符属性，可以双击面板中的该字符样式，或者执行关联菜单中的【样式选项】命令，打开【字符样式选项】对话框。该对话框与【新建字符样式】对话框相同，可以使用创建字符样式的方法修改字符样式。

当在对话框中设置或者修改字符选项后，单击【确定】按钮关闭该对话框的同时，页面中被应用于该字符样式的文本会自动更新样式，如图6-43所示。

图 6-43　修改字符样式

> **提　示**
> 如果在修改字符样式之前执行【断开到样式的链接】命令，那么页面中的文本将保留样式效果。

在【字符样式】面板中删除字符样式包括两种情况：一种是没有被应用的字符样式，只要选中该样式后，单击底部的【删除选定样式/组】按钮 🗑 即可；另外一种是已经被应用的字符样式，这时选中该样式单击【删除选定样式/组】按钮 🗑 后，会弹出【删除字符样式】对话框，提示删除该样式后，应用该样式的文本被替换为【字符样式】面板中的某个样式。选择【无】选项并禁用【保留格式】复选框后，文本返回初始状态，如

图 6-44 所示。

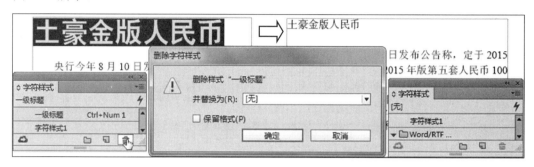

图 6-44 删除已应用字符样式

6.4.5 复制字符样式

如果打算在现有文本格式的基础上创建一种新的样式，可以选择该文本或者将插入点放在该文本中，执行【字符样式】面板中的【新建字符样式】命令即可，字符属性为选中文本属性的字符样式，如图 6-45 所示。

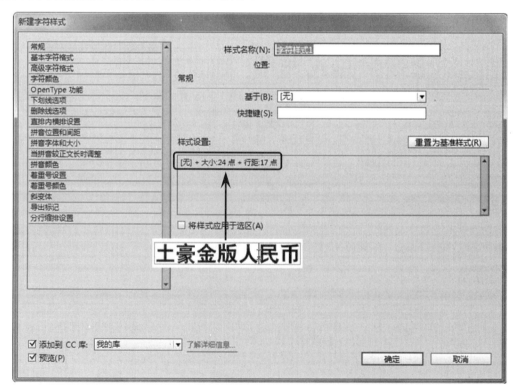

图 6-45 创建具有文本属性的字符样式

> **提 示**
>
> 当选中具有字符属性的文本后，无论是单击【创建新样式】按钮 ▣ ，还是执行关联菜单中的【新建字符样式】命令，均可以创建具有字符属性的样式。

要想基于面板中的某个字符样式选项创建新字符样式，还可以选中该字符样式，执行关联菜单中的【直接复制样式】命令。通过该命令得到的新字符样式不具备源样式中的快捷键，如图 6-46 所示。

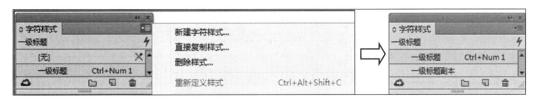

图 6-46 直接复制样式

6.4.6 编辑字符样式

1. 字符样式分类

要想将字符样式分类，首先要创建样式组，方法是执行【新建样式组】命令，在【新建样式组】对话框中设置样式组名称，单击【确定】按钮即可，如图 6-47 所示。

选中某个字符样式并且拖动至样式组上方，释放鼠标即可将该样式放置在样式组中，如图 6-48 所示。

> **提 示**
>
> 如果要删除样式组，则会将该样式组中的所有样式删除。

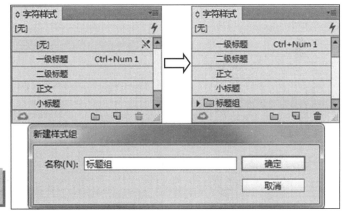

图 6-47 新建样式组

2. 字符样式排序与载入

当【字符样式】面板中的样式被打乱后，可以按照样式名称进行排序，方法是执行【按名称排序】命令。当面板中同时包含样式与样式组时，会将同等级的样式与样式组进行排序，并且还会将样式组中的样式进行排序，如图 6-49 所示。

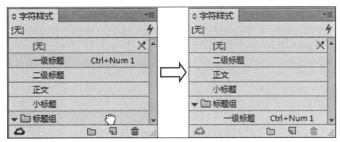

图 6-48 将样式放置在样式组中

在同一文档中创建了字符样式，如果关闭该文档或者新建一个空白文档，那么【字

符样式】面板将显示为空。要想在空文档中应用其他文档中创建的字符样式，可以执行【载入字符样式】命令，在弹出的【打开文件】对话框中选择 InDesign 文档后，在打开的【载入样式】对话框中启用或者禁用某个样式，将想要的样式载入空面板，如图 6-50 所示。载入后面板中的字符样式与源文档中的样式相同。

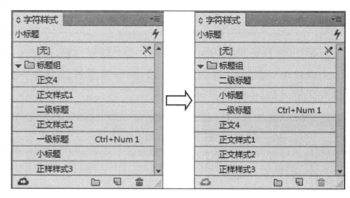

图 6-49　样式排序

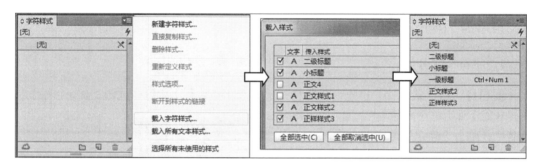

图 6-50　载入字符样式

6.5 段落样式

段落样式同字符样式的性质一样，都是为了提高工作效率。但是段落样式包含的内容更多，除了可以设置字符的属性外，还可以设置文本格式的属性，而且段落样式是被用于整个段落和整本书籍的。段落样式中的嵌套功能，可以将字符样式嵌套进来。

6.5.1　创建并设置段落样式

InDesign 中的段落样式包含在【段落样式】面板中，其面板和关联菜单与【字符样式】面板基本相同，所以其创建方法也相似。执行关联菜单中的【新建段落样式】命令，打开【新建段落样式】对话框，如图 6-51 所示。

左侧列表中包含所有字符样式中的属性选项，以及段落自身的属性选项。在【常规】选项区域中，除了与字符样式相同的选项外，还包括【下一样式】选项。设置该选项可以在输入的第二个段落中应用该选项中的样式，前提是【段落样式】面板中至少包含一个段落样式。

新建段落样式

常规	样式名称(N): 段落样式1

样式名称(N): 段落样式1

位置:

常规

基于(B): [无段落样式]

下一样式(Y): [同一样式]

快捷键(S):

样式设置: 重置为基准样式(R)

[无段落样式] + 下一个:[同一样式]

□ 将样式应用于选区(A)

左侧列表：
常规
基本字符格式
高级字符格式
缩进和间距
制表符
段落线
段落底纹
保持选项
连字
字距调整
跨栏
首字下沉和嵌套样式
GREP 样式
项目符号和编号
字符颜色
OpenType 功能
下划线选项
删除线选项
自动直排内横排设置
直排内横排设置
拼音位置和间距
拼音字体和大小
当拼音较正文长时调整
拼音颜色
着重号设置
着重号颜色
斜变体
日文排版设置
网格设置
导出标记

☑ 添加到 CC 库: 我的库   了解详细信息...
□ 预览(P)   确定   取消

图 6-51　【新建段落样式】对话框

创建段落样式后，【段落样式】面板中显示创建的样式。当在页面中应用该段落样式时，无论是将光标放置在段落中，还是选中段落中的某些文本，只要单击面板中的段落样式，光标所在的整个段落将全部应用该样式，如图 6-52 所示。

图 6-52　应用段落样式

如果【段落样式】面板中创建了两个段落样式，那么在其中一个段落样式中设置【下一样式】选项为另外一个段落样式。这时设置文本应用第一个段落样式，按 Enter 键创建新段落并输入文本，这时输入的新文本就会被应用为第二个段落样式。

新建【正文 1】和【正文 2】两个段落样式，在【正文 1】的段落样式中设置【下一样式】为【正文 2】，然后文本的一个段落应用样式为【正文 1】，在此段落的结尾按 Enter

键创建新段落并输入文本，这时输入的新文本样式就会被应用为【正文 2】，如图 6-53 所示。

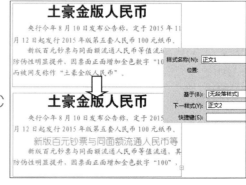

6.5.2　创建与应用嵌套样式

为了使样式使用起来更加方便、功能更强大，InDesign 支持在段落样式中嵌套字符样式。这些嵌套样式能够将字符格式应用于段落的一部分，无论这部分是第一个字符、第二个单词还是第三个句子。这些效果是在段落样式的【首字下沉和嵌套样式】选项中设置的。

1. 为嵌套创建一种段落样式

创建一个段落样式，在左侧选择【首字下沉和嵌套样式】选项，在右侧选区区域中设置【行数】为 2，【字数】为 1，单击【确定】按钮后完成创建。如图 6-54 所示的【首字下沉】段落样式是在【正文 1】段落样式基础上创建的。

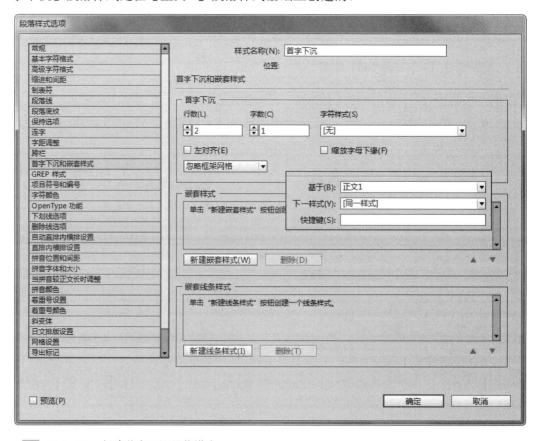

图 6-54　创建首字下沉段落样式

InDesign CC 2015 图形设计标准教程

其中，如果对齐后的首字下沉字符距离左边缘太远，可以启用【左对齐】复选框；如果首字下沉字符与其下方的文本重叠，可以启用【缩放字母下缘】复选框；如果要控制绕排首字下沉字符的文本相对于框架网格的调整方式，可以从下列选项中选择。

（1）【忽略框架网格】：不调整首字下沉字符和绕排文本，因而文本可能与框架网格不对齐。

（2）【填充到框架网格】：不缩放首字下沉字符并将文本与网格对齐，因而在首字下沉字符和其绕排文本之间可能会留出多余的空格。

（3）【向上扩展到网格】：选择此选项可使首字下沉字符更宽（对于横排文本）或更高（对于直排文本），从而使文本与网格对齐。

（4）【向下扩展到网格】：选择此选项可使首字下沉字符更窄（对于横排文本）或更矮（对于直排文本），从而使文本与网格对齐。

这时将光标放置在文本中，单击【段落样式】面板中的【首字下沉】段落样式，发现光标所在段落发生变化，如图 6-55 所示。

在创建首字下沉样式时，还可以为其创建嵌套样式。方法是双击【首字下沉】段落样式，打开【段落样式选项】对话框，选择左侧的【首字下沉和嵌套样式】选项后，在【字符样式】下拉列表中选择某个选项，该选项为【字符样式】面板中的字符样式。单击【确定】按钮后，发现应用该段落样式的段落文本发生变化，如图 6-56 所示。

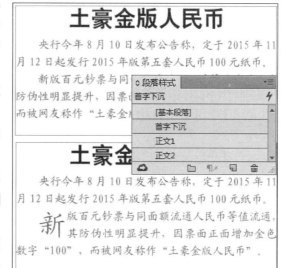

图 6-55　应用【首字下沉】段落样式

> **提　示**
>
> 在为【首字下沉】段落样式创建嵌套样式之前，必须在【字符样式】面板中创建需要的字符样式。

2. 创建嵌套样式

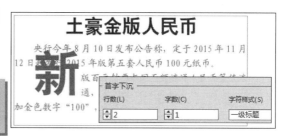

图 6-56　创建首字下沉嵌套样式

创建首字下沉的嵌套样式后，还可以为段落的其他文本创建字符样式，即在段落样式中创建嵌套样式。方法是创建段落样式【嵌套样式】后，以【正文段落 2】段落样式为基础，选择左侧的【首字下沉和嵌套样式】选项后，单击右侧的【新建嵌套样式】按钮，在第一个下拉列表中选择一个字符样式，在第二个下拉列表中选择应用选项，如图 6-57 所示。

在【嵌套样式】选项区域中，第一个下拉列表用来设置字符样式；【数字】文本框用来设置嵌套样式的使用范围；第二个下拉列表用来结束嵌套样式的格式，选择【包括】将包括结束嵌套样式的字符，选择【不包括】则只对此字符之前的那些字符设置格式；最后一个下拉列表是用来设置应用选项，各个选项如下所述。

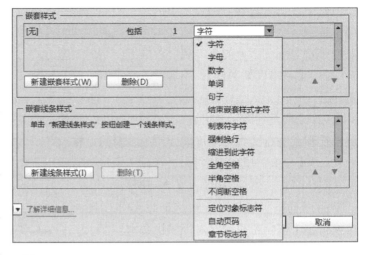

图 6-57 创建嵌套样式

（1）【字符】：包括除零宽度标志符（如锚点、索引标志符、XML 标签等）以外的任意字符。

（2）【字母】：阿拉伯数字的端点由空格定义。对于双字节字符，端点与字母的端点相同。

（3）【数字】：包括阿拉伯数字 0～9。

（4）【单词】：除标点、空格、数字和符号以外的任意字符。

（5）【句子】：句号、问号和惊叹号表示句子的结束。如果该标点后面跟有引号，则引号作为句子的一部分包括在内。

（6）【结束嵌套样式字符】：将嵌套样式扩展到出现插入的"结束嵌套样式"字符的地方（包括或不包括该字符）。要插入此字符，可以执行【文字】|【插入特殊字符】|【其他】|【在此处结束嵌套样式】命令。

（7）【制表符字符】：将嵌套样式扩展到该定位符字符（包括或不包括该字符），而非定位符设置。

（8）【强制换行】：将嵌套样式扩展到强制换行（包括或不包括强制换行）（执行【文字】|【插入分隔符】|【强制换行】命令）。

（9）【缩进到此字符】：将嵌套样式扩展到"在此缩进对齐"字符（包括或不包括该字符）（执行【文字】|【插入特殊字符】|【其他】|【在此缩进对齐】命令）。

（10）【全角空格】、【半角空格】或【不间断空格】：将嵌套样式扩展到空格字符（包括或不包括该字符）（执行【文字】|【插入空格】|【空格字符】命令）。

（11）【定位对象标志符】：将嵌套样式扩展到定位对象标志符（包括或不包括该标志符），该标志符出现在定位对象插入的地方。

（12）【自动页码】/【章节标志符】：将嵌套样式扩展到页码或章节名称标志符（包括或不包括该页码或章节名称标志符）。

3. 应用嵌套样式

嵌套样式创建完成后，将应用到段落中，效果如图 6-58 所示。发现整个段落中只有第一句应用了嵌套样式。

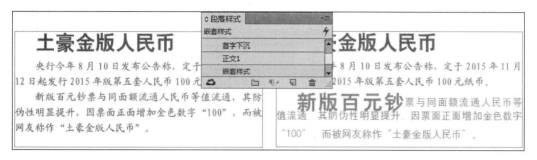

图 6-58　应用嵌套样式

　　如果在【嵌套样式】段落样式中创建第二个嵌套样式,那么该嵌套样式会在第一个嵌套样式之后被应用,如图 6-59 所示。

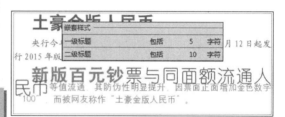

提　示

选择一种样式,然后单击【向上】按钮▲或【向下】按钮▼以更改列表中样式的顺序。样式的顺序决定格式的应用顺序。

图 6-59　创建两个嵌套样式

　　在段落样式中,首字下沉中的字符样式和嵌套样式可以同时使用。如果将字符样式应用于首字下沉,则首字下沉字符样式充当第一种嵌套样式,嵌套样式区域中的嵌套样式逐一被应用,如图 6-60 所示。

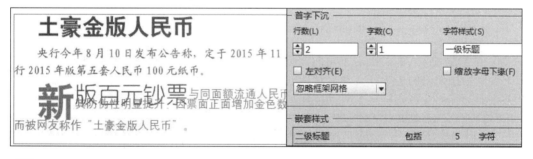

图 6-60　首字下沉中的字符样式和嵌套样式

6.6　编辑与管理样式

　　在创建和应用样式以后,还可以直接更改样式的设置,若在新文档中需要应用其他文档中的样式,可以载入相应的文档中所创建的样式,载入之后可进行更改、删除、替换等编辑。

6.6.1　编辑样式

　　若要改变样式的设置,可以双击创建的字符或段落样式名称。要注意的是,若当前选择了文本，将会应用该字符样式。

在【段落样式】面板中选择要编辑的字符或段落样式，单击鼠标右键，在弹出的菜单中选择【编辑"***"】命令。其中的***代表当前样式的名称，如图 6-61 所示。在弹出的对话框中设置新的参数，然后单击【确定】按钮退出对话框即可。

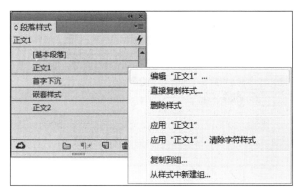

图 6-61　编辑样式

在应用了字符或段落样式后，文本的属性发生变化，当选中这些文本时，在相应的样式名称后面会显示一个"+"图标，表示当前文本的属性与样式中定义的属性有所不同，此时在样式上单击鼠标右键，在弹出的快捷菜单中执行【重新定义样式】命令，则依据当前的文本属性重新定义该样式；若在弹出的菜单中执行【应用"***"】命令，则将样式中设置的属性应用给选中的文本。

6.6.2　导入外部样式

在 InDesign 中，可以将 InDesign 文档或 Word 文档中的样式导入进来。在载入的过程中，可以选择导入哪些样式以及在导入与当前文档中某个样式同名的样式时应做何响应。

1．导入 InDesign 文档中的样式

单击【段落样式】面板右上角的三角按钮，在弹出的关联菜单中选择【载入段落样式】命令，在弹出的【打开文件】对话框中选择要载入样式的 InDesign 文本，单击【打开】按钮，弹出【载入样式】对话框，如图 6-62 所示。

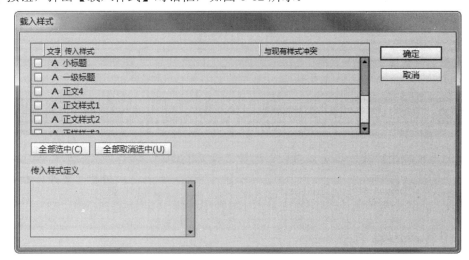

图 6-62　【载入样式】对话框

在【载入样式】对话框中，指定要导入的样式。如果任何现有样式与其中一种导入的样式名称一样，就需要在【与现有样式冲突】下方选择下列选项之一。

（1）【使用传入定义】：选择此选项，可以用载入的样式优先选择现有样式，并将它的新属性应用于当前文档中使用旧样式的所有文本。传入样式和现有样式的定义都显示在【载入样式】对话框的下方，以便看到它们的区别。

（2）【自动重命名】：选择此选项，用于重命名载入的样式。例如，如果两个文档都具有【注意】样式，则载入的样式在当前文档中会重命名为【注意副本】。

单击【确定】按钮退出对话框。载入段落样式前后的面板状态如图6-63所示。

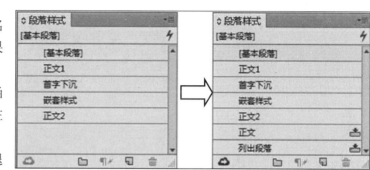

图 6-63　载入段落样式前后的面板状态

2. 导入 Word 文档中的样式

在导入 Word 文档的样式时，可以将 Word 中使用的每种样式映射到 InDesign 中的对应样式。这样，就可以指定使用哪些样式来设置导入文本的格式。每个导入的 Word 样式的旁边都会显示一个磁盘图标，在 InDesign 中编辑该样式后，此图标将自动消失。

执行【文件】|【置入】命令，或按 Ctrl+D 快捷键，在弹出的【置入】对话框中勾选【显示导入选项】复选项，如图6-64所示。

在【置入】对话框中选择要导入的 Word 文件，单击【打开】按钮，将弹出【Microsoft Word 导入选项】对话框，如图6-65所示。在该对话框中设置包含的选项、文本格式以及随文图等。

图 6-64　【置入】对话框

如果不想使用 Word 中的样式，则可以选择【自定样式导入】选项，然后单击【样式映射】按钮，将弹出【样式映射】对话框，如图 6-66 所示。

在【样式映射】对话框中，当有样式名称冲突时，该对话框的底部将显示出相关的提示信息。可以通过以下三种方式来处理这个问题。

（1）在【InDesign 样式】下方的对应位置中，单击该名称，在弹出的下拉列表中选择【重新定义 InDesign 样式】选项，然后输入新的样式名称即可。

（2）在【InDesign 样式】下方的对应位置中单击该名称，在弹出的下拉列表中选择一种现有的 InDesign 样式，以便将该 InDesign 样式设置导入的样式文本的格式。

（3）在【InDesign 样式】下方的对应位置中单击该名称，在弹出的下拉列表中选择【自动重命名】以重命名 Word 样式。

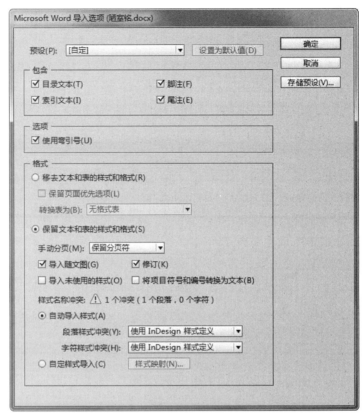

图 6-65　【Microsoft Word 导入选项】对话框

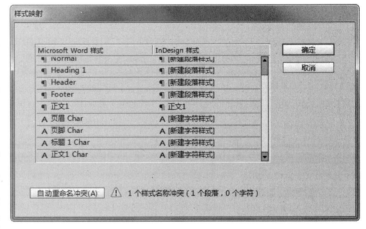

图 6-66　【样式映射】对话框

提　示

如果有多个样式名称发生冲突，可以直接单击对话框下方的【自动重命名冲突】按钮，以将所有发生冲突的样式进行自动重命名。如果没有样式名称冲突，可以选择【新建段落样式】、【新建字符样式】或选择一种现有的 InDesign 样式名称。

设置好各选项后，单击【确定】按钮退回到【Microsoft Word 导入选项】对话框，单击【确定】按钮，然后在页面中单击或拖动鼠标，即可将 Word 文本置入到当前的文档中。

● 6.6.3　自定义样式映射

在 InDesign 中，在将其他文档以链接的方式置入到当前的文档中后，可以通过自定义样式映射功能将源文档中的样式映射到当前文档中，从而将当前文档中的样式自动应用于链接的内容。

打开素材，执行【窗口】|【链接】命令，调出【链接】面板，然后单击其右上角的【面板】按钮，在弹出的菜单中选择【链接选项】命令。在弹出的【链接选项】对话框中勾选【定义自定样式映射】复选框，如图 6-67 所示。单击【设置】按钮，弹出【自定样式映射】对话框，如图 6-68 所示。

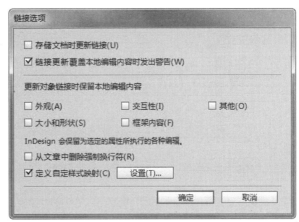

图 6-67　【链接选项】对话框

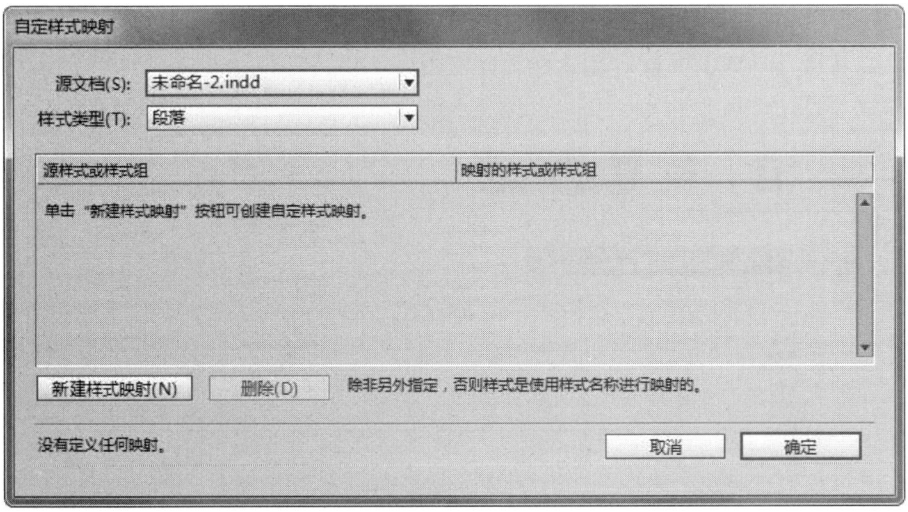

图 6-68　【自定样式映射】对话框

【自定样式映射】对话框中重要选项讲解如下。

（1）【源文档】：在此下拉列表中可以选择打开的文档。

（2）【样式类型】：在此下拉列表中可以选择样式类型为段落、字符、表或单元格。

（3）【新建样式映射】：单击此按钮，此时打开【自定样式映射】对话框。单击【选择源样式或样式组】后的三角按钮，在弹出的下拉列表中可以选择【源文档】中所选择的文档的样式，然后单击【选择映射的样式或样式组】后的三角按钮，在弹出的下拉列表中选择当前文档中的样式，如图 6-69 所示，设置完成后，单击【确定】按钮退出。

![自定样式映射对话框]

图 6-69 　【自定样式映射】对话框

6.7 课堂实例：目录排版设计

　　本实例将对书籍的目录进行排版设计，如图 6-70 所示。在排版过程中，根据版面的需要设置文字的属性，还可以针对中英文混排情况创建复合字体，并可以通过【字符样式】面板、【段落样式】面板等创建样式并应用。

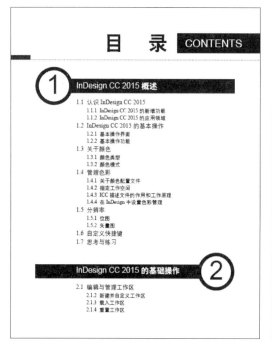

图 6-70 　目录排版

操作步骤：

1. 新建文件。执行【文件】|【新建】命令，在对话框中设置【名称】、【页数】、【页面大小】，如图 6-71 所示。

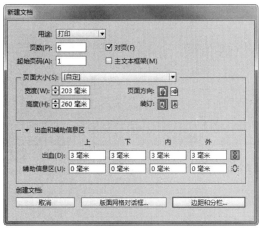

如图 6-71 所示。

图 6-71 设置文档属性

2. 输入文字。在第一个页面中，使用【文字工具】T.拉取文本框，输入"目录"及相对应的英文，并设置字符属性，如图 6-72 所示。

图 6-72 设置标题

3. 置入文字。将在正文中提取的目录文字按 Ctrl+D 快捷键置入，如图 6-73 所示。

图 6-73 置入文字

4. 删除文字。使用【文字工具】T.删除多余的文本，如图 6-74 所示。

第 1 章 InDesign CC 2015 概述
　1.1 认识 InDesign CC 2015
　　1.1.1 InDesign CC 2015 的新增功能
　　1.1.2 InDesign CC 2015 的应用领域
　1.2 InDesign CC 2015 的基本操作
　　1.2.1 基本操作界面
　　1.2.2 基本操作功能
　1.3 关于颜色
　　1.3.1 颜色类型
　　1.3.2 颜色模式
　1.4 管理色彩
　　1.4.1 关于颜色配置文件
　　1.4.2 指定工作空间
　　1.4.3 ICC 描述文件的作用和工作原理
　　1.4.4 在 InDesign 中设置色彩管理

图 6-74 删除多余文本

5. 删除样式。打开【段落样式】面板和【字符样式】面板，删除所有样式并替换为【基本段落】样式和【无】，如图 6-75 所示，这时【段落样式】面板、【字符样式】面板和文字效果如图 6-76 所示。

6. 强制应用。选中目录文本，单击【段落样式】面板下方的【强制应用样式】按钮 ¶*，将文本应用为【基本段落】样式，如图 6-77 所示。

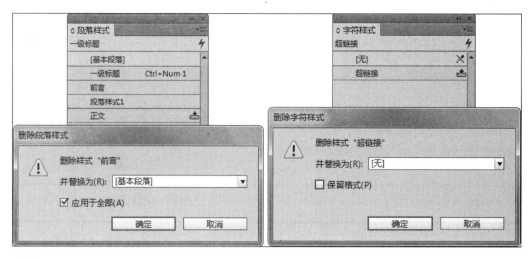

图 6-75 删除样式

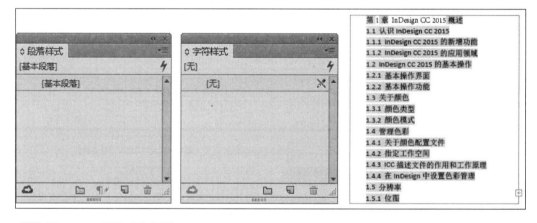

图 6-76 删除后的效果

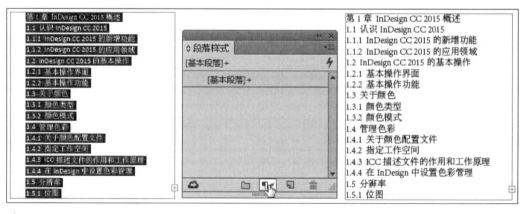

图 6-77 强制应用效果

7 创建段落样式。单击【段落样式】面板右上角的按钮，在弹出的关联菜单中选择【新建段落样式】选项，在弹出的对话框中创建名称为"章"的段落样式并应用于文本，如图 6-78 所示。

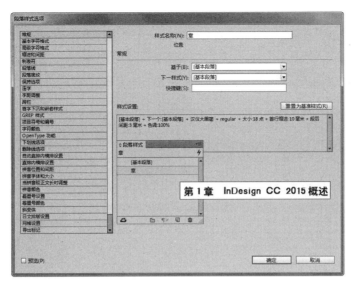

图 6-78　创建段落样式并应用

[8] 创建段落样式。按照目录的主次标题，分别创建段落样式并指定快捷键，然后应用于文本，效果如图 6-79 所示。

[9] 创建复合字体。文本中具有中文和英文两种字符，执行【文字】|【复合字体】命令，打开【复合字体编辑器】对话框，在对话框中创建"章"标题需要的复合字体，如图 6-80 所示。

图 6-79　创建其余段落样式

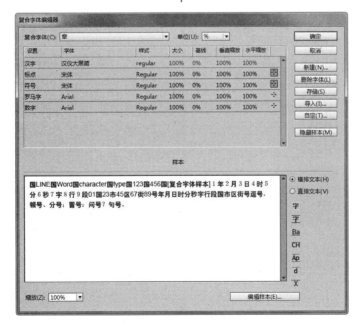

图 6-80　创建"章"标题需要的复合字体

图 6-81 创建 1.1 和 1.1.1 级标题的复合字体

⑩ 应用复合字体。按照创建"章"标题复合字体的步骤创建 1.1 级标题和 1.1.1 级标题所需的复合字体，在单击【新建】按钮时，弹出【新建复合字体】对话框，在【基于字体】选项中选择【默认】选项，如图 6-81 所示。

式，把字体设置为复合字体，单击【确定】按钮应用于文本，效果如图 6-82 所示，更改字体后，文本段落参差不齐，重新打开【段落样式】设置缩进距离，效果如图 6-83 所示。

第 1 章 InDesign CC 2015 概述

1.1 认识 InDesign CC 2015
    1.1.1 InDesign CC 2015 的新增功能
    1.1.2 InDesign CC 2015 的应用领域
1.2 InDesign CC 2015 的基本操作
    1.2.1 基本操作界面
    1.2.2 基本操作功能
1.3 关于颜色
    1.3.1 颜色类型
    1.3.2 颜色模式
1.4 管理色彩
    1.4.1 关于颜色配置文件
    1.4.2 指定工作空间
    1.4.3 ICC 描述文件的作用和工作原理
    1.4.4 在 InDesign 中设置色彩管理
1.5 分辨率
    1.5.1 位图
    1.5.2 矢量图

图 6-82 更改段落样式效果

第 1 章 InDesign CC 2015 概述

1.1 认识 InDesign CC 2015
    1.1.1 InDesign CC 2015 的新增功能
    1.1.2 InDesign CC 2015 的应用领域
1.2 InDesign CC 2015 的基本操作
    1.2.1 基本操作界面
    1.2.2 基本操作功能
1.3 关于颜色
    1.3.1 颜色类型
    1.3.2 颜色模式
1.4 管理色彩
    1.4.1 关于颜色配置文件
    1.4.2 指定工作空间
    1.4.3 ICC 描述文件的作用和工作原理
    1.4.4 在 InDesign 中设置色彩管理
1.5 分辨率
    1.5.1 位图
    1.5.2 矢量图

图 6-83 更改缩进距离

⑪ 修改段落样式。依次双击段落样式中的样

⑫ 装饰效果。绘制图形并填充黑色，添加至章

标题底层，将文字"第1章"删除，设置章标题颜色为"纸色"并重新设置缩进距离与段后距，然后使用【文字工具】T.拉取文本框，输入数字"1"，并设置属性，放置于图形上，效果如图 6-84 所示。

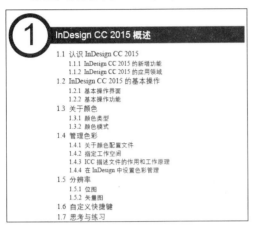

图 6-84　添加艺术效果

13　反转效果。在每一章结束时，重新拉取文本框，使每章的文本框独立，复制第一章章标题的底纹图形，执行【水平翻转】命令后，应用于第 2 章，如图 6-85 所示。

图 6-85　应用同样的装饰效果

14　全部应用。其余文本全部应用样式，然后把图形复制并修改置于每章的章标题底层，完成目录的排版，如图 6-86 所示。

图 6-86　最终效果

15　添加制表符。此目录为要求不加页码效果。若要为目录添加页码，可在目录条目的行尾按下 Tab 键并选中，然后按 Shift+Ctrl+T 快捷键打开【制表符】对话框，在对话框中设置要添加的前导符类型，最后按 Enter 键应用，效果如图 6-87 所示。

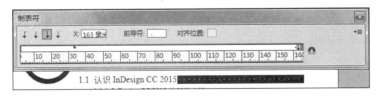

图 6-87　添加制表符

思考与练习

一、填空题

1. 使用【文字工具】T.，在页面中按住 Shift 键并拖动鼠标，可以创建＿＿＿＿＿＿＿＿文本框架。

2. 文本框架有＿＿＿＿＿和＿＿＿＿＿两

种类型，两种框架类型是可以转换的。

3．在排版过程中，需要把中文、英文、标点、符号及数字等文本分别指定字体，这种组合字体就是______。

4．通过______可以设置文字属性等，将其定义为字符样式，还可以为其指定快捷键，以便快捷地将样式应用于文本中。

5. 如果首字下沉字符与其下方的文本重叠，可以启用______复选框。

二、选择题

1．使用【选择工具】单击所需删除的框架，按______键即可。

A．Delete　　B．Enter
C．Tab　　D．Esc

2. 下列______选项不属于框架网格的视图模式。

A.【网格】和【N/Z 网格】
B.【N/Z 视图】
C.【对齐方式视图】
D.【框架视图】

3．在段落样式中，要想在按 Enter 键后的段落中应用当前样式之后的样式，需要设置______选项。

A．样式名称　　B．基于
C．下一样式　　D．快捷键

4．在______中可以创建嵌套样式。

A．字符样式　　B．段落样式
C．对象样式　　D．单元格样式

5. 在段落样式中，可以在______选项中设置嵌套样式。

A．高级字符格式
B．段落底纹
C．缩进和间距
D．首字下沉和嵌套样式

三、简答题

1．简述文本框架与框架网格之间的转换。
2．如何查看网格字数统计？
3．简述如何创建复合字体。

四、上机练习

1．创建复合字体并应用

本练习制作的是创建复合字体并应用，如图 6-88 所示。要创建复合字体，执行【文字】|【复合字体】命令，弹出【复合字体编辑器】对话框，在对话框中单击【新建】按钮，在弹出的【新建复合字体】对话框中输入名称并设置基于默认，单击【确定】按钮后，在对话框中设置字体，字体设置完成后单击【存储】按钮，再单击【确定】按钮，复合字体即可出现在字体列表中。新建样式时，选择复合字体，然后应用于文本即可。

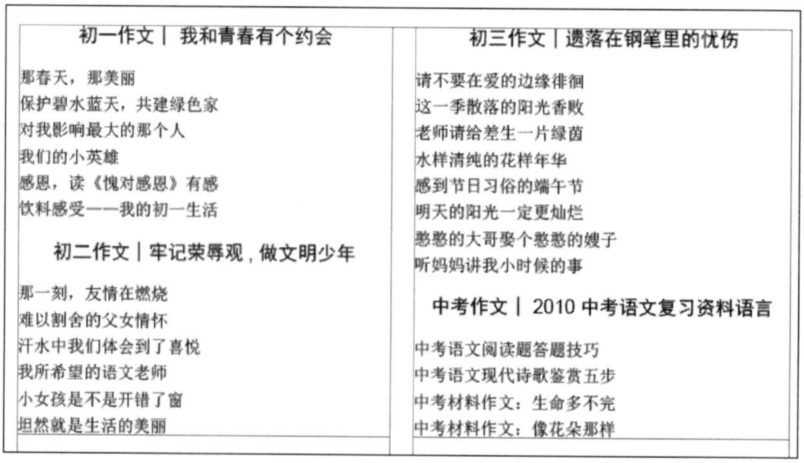
初一作文 | 我和青春有个约会

那春天，那美丽
保护碧水蓝天，共建绿色家
对我影响最大的那个人
我们的小英雄
感恩，读《愧对感恩》有感
饮料感受——我的初一生活

初二作文 | 牢记荣辱观，做文明少年

那一刻，友情在燃烧
难以割舍的父女情怀
汗水中我们体会到了喜悦
我所希望的语文老师
小女孩是不是开错了窗
坦然就是生活的美丽

初三作文 | 遗落在钢笔里的忧伤

请不要在爱的边缘徘徊
这一季散落的阳光香败
老师请给差生一片绿茵
水样清纯的花样年华
感到节日习俗的端午节
明天的阳光一定更灿烂
憨憨的大哥娶个憨憨的嫂子
听妈妈讲我小时候的事

中考作文 | 2010 中考语文复习资料语言

中考语文阅读题答题技巧
中考语文现代诗歌鉴赏五步
中考材料作文：生命多不完
中考材料作文：像花朵那样

图 6-88　应用复合字体效果

2．创建嵌套样式

本练习制作的是文本嵌套样式，如图 6-89 所示。为了突出嵌套效果，需要创建字符样式，然后根据文本内容创建复合字体，在段落样式中的【首字下沉和嵌套样式】选项中设置嵌套样式，选择【字符样式】下拉列表中已创建好的字符样式，最后设置其他选项。

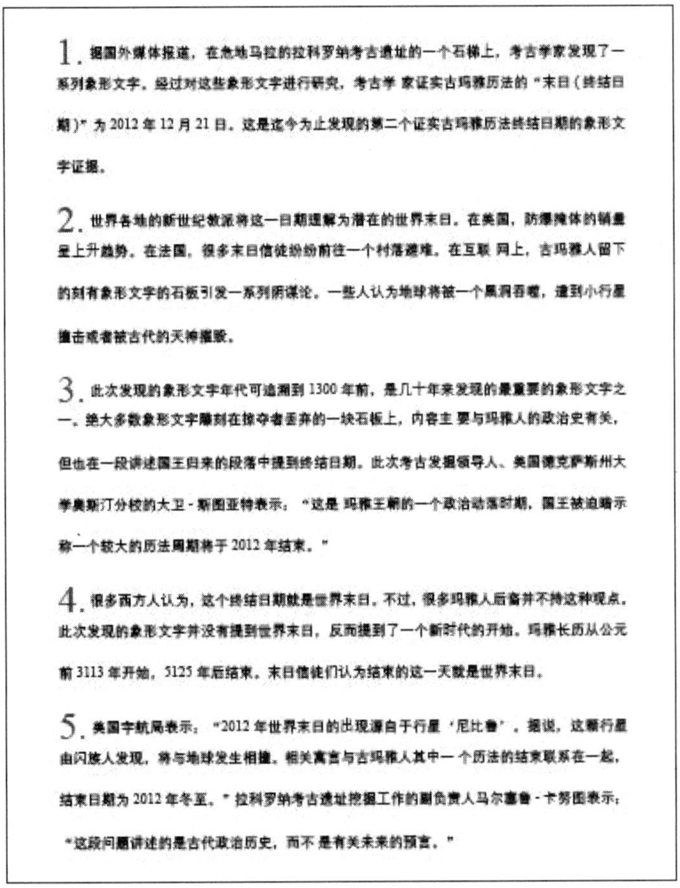

1. 据国外媒体报道，在危地马拉的拉科罗纳考古遗址的一个石梯上，考古学家发现了一系列象形文字。经过对这些象形文字进行研究，考古学家证实古玛雅历法的“末日（终结日期）”为2012年12月21日。这是迄今为止发现的第二个证实古玛雅历法终结日期的象形文字证据。

2. 世界各地的新世纪教派将这一日期理解为潜在的世界末日。在美国，防爆掩体的销量呈上升趋势。在法国，很多末日信徒纷纷前往一个村落避难。在互联网上，古玛雅人留下的刻有象形文字的石板引发一系列阴谋论。一些人认为地球将被一个黑洞吞噬，遭到小行星撞击或者被古代的天神摧毁。

3. 此次发现的象形文字年代可追溯到1300年前，是几十年来发现的最重要的象形文字之一。绝大多数象形文字雕刻在掠夺者丢弃的一块石板上，内容主要与玛雅人的政治史有关，但也在一段讲述国王归来的段落中提到终结日期。此次考古发掘领导人、美国德克萨斯州大学奥斯汀分校的大卫·斯图亚特表示：“这是玛雅王朝的一个政治动荡时期，国王被迫暗示称一个较大的历法周期将于2012年结束。”

4. 很多西方人认为，这个终结日期就是世界末日。不过，很多玛雅人后裔并不持这种观点。此次发现的象形文字并没有提到世界末日，反而提到了一个新时代的开始。玛雅长历从公元前3113年开始，5125年后结束。末日信徒们认为结束的这一天就是世界末日。

5. 美国宇航局表示：“2012年世界末日的出现源自于行星‘尼比鲁’。据说，这颗行星由闪族人发现，将与地球发生相撞。相关寓言与古玛雅人其中一个历法的结束联系在一起，结束日期为2012年冬至。”拉科罗纳考古遗址挖掘工作的副负责人马尔塞鲁·卡努图表示：“这段问题讲述的是古代政治历史，而不是有关未来的预言。”

图 6-89 嵌套效果

第 7 章

图像、文本与图层

在排版过程中，不仅可以设置文本，还可以对图像进行编辑，通过编辑图像框架、裁剪图像、链接图像等，使图像与文本结合在一起。当使用图像与文本进行排版时，除了可以使用文字绕排图像功能外，还可以通过调整图层来放置图像与文本的层次关系。

本章讲述了置入图像并对图像的框架进行编辑、裁剪图像，处理图层、文字与图像三者之间的关系等知识，还讲述了定位对象的功能。

7.1 置入并编辑图像

在 InDesign 中，可以通过工具箱中的【收集】与【置入】功能对图像与内容进行编辑，也可以通过执行【文件】|【置入】命令将外部图像导入并进行编辑。置入的图像类型有多种，如 PSD 图像、PDF 文件、INDD 文件、EPS 图形、AI 图像等。其中有些图像可以以分层形式导入，然后根据图层进行调整。

7.1.1 收集与置入

通过工具箱中的【内容收集器工具】📷 与【内容置入器工具】📷，能够快速进行复制与粘贴操作，还可以通过其弹出的面板中的其他选项进行编辑处理。

1. 收集内容

选择【内容收集器工具】后，将显示【内容传送装置】面板，如图 7-1 所示。

【内容传送装置】面板中的部分选项解释如下。

（1）【内容置入器工具】：在此处单击该按钮，可以切换至内容置入器工具，并将项目置入到指定的位置，同时面板也会激活相关的参数及按钮。

（2）【收集所有串接框架】：勾选此复选项，可以收集文章和所有框架；如果不勾选此复选项，则仅收集单个框架中的文章。

图 7-1　【内容传送装置】面板

（3）【载入传送装置】：单击此按钮，将弹出【载入传送装置】对话框，如图 7-2 所示。勾选【选区】复选项，可以载入所有选定项目；勾选【页面】复选项，可以载入指定页面上的所有项目；勾选【全部】复选项，可以载入所有页面和粘贴板上的项目。如果需要将所有项目归入单个组中，则勾选【创建单个集合】复选项。

要使用【内容收集器工具】收集内容，可以使用它单击页面中的对象，如图形、图像、文本块或页面等，当光标移动至对象上时，将显示边框，单击该对象后即可将其添加到【内容传送装置】面板中，如图 7-3 所示。

图 7-2　【载入传送装置】对话框

图 7-3　添加多个对象后的状态

2．置入内容

在向【内容传送装置】面板中收集了需要的对象后，即可使用【内容置入器工具】将其置入到页面中，选择此工具后，【内容传送装置】面板也将显示更多的参数，如图 7-4 所示。

图 7-4　【内容传送装置】面板

选择【内容置入器工具】后，【内容传送装置】面板中新激活的参数如下。

（1）【创建链接】：勾选此复选项，可以将置入的项目链接到所收集项目的原始位置。可以通过【链接】面板管理链接。

（2）【映射样式】：勾选此复选项，将在原始项目与置入项目之间映射段落、字符、表格或单元格样式。默认情况下，映射时采用样式名称。

（3）【编辑自定样式映射】：单击此按钮，在弹出的【自定样式映射】对话框中可以定义原始项目和置入项目之间的自定样式映射。映射样式以便在置入项目中自动替换原始样式。

（4）【置入】按钮：单击此按钮，在置入项目之后，可以将该项目从【内容传送装置】面板中删除。

（5）【置入多个】按钮：单击此按钮，可以多次置入当前项目，但该项目仍载入到置入喷枪中。

（6）【置入并载入】按钮：单击此按钮，置入该项目，然后移至下一个项目。但该项目仍保留在【内容传送装置】面板中。

（7）　　　：单击相应的三角按钮，可以切换【内容传送装置】面板中要置入的项目。

（8）【末尾】：显示该图标的项目，表示该项目是最后被添加进【内容传送装置】面板的。

若要置入【内容传送装置】面板中的对象，可以将光标移至需要置入项目的位置并单击鼠标即可。

7.1.2 置入图像

置入图像的选项是通过【显示导入选项】设置的。执行【文件】|【置入】命令，在弹出的【置入】对话框中选中要置入的文件后，启用【显示导入选项】复选框。单击【打开】按钮，弹出【显示导入选项】，如图 7-5 所示。如果未启用【显示导入选项】复选框，InDesign 将置入默认设置或上次置入该类型的图形文件时使用的设置。

图 7-5 【置入】对话框

此外，如果用户启用【应用网格格式】复选框，导入对象将自动应用网格格式，如果启用了【替换所选项目】复选框，则导入内容将替换所选的对象。

1. 置入 PSD 图像

在将 PSD 图像导入 InDesign 时，用户不仅能够在文档中使用颜色管理工具，将颜色管理选项应用于各个导入的图形，而且可以使用在 Photoshop 中创建图像存储的剪切路径或 Alpha 通道。这样，用户就可以直接选择图像并修改其路径，而不必更改图形框架。

在【置入】对话框中选中【显示导入选项】复选框后，将会看到如图 7-6 所示的对话框，在【图像】选项卡中具有以下内容。

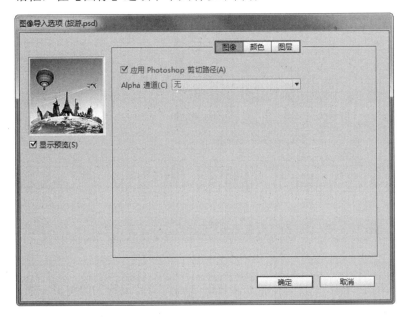

图 7-6 【图像导入选项】对话框

（1）【应用 Photoshop 剪切路径】：如果此选项不可用，则表示图像在存储时并未包含剪切路径，或文件格式不支持剪切路径。如果位图图像没有剪切路径，可以在 InDesign 中创建一个（参考 7.3.4 节使用【剪切路径】命令）。

（2）【Alpha 通道】：选择一个 Alpha 通道，以便将图像中存储为 Alpha 通道的区域导入 Photoshop 中。InDesign 使用 Alpha 通道在图像上创建透明蒙版。此选项仅对至少包含一个 Alpha 通道的图像可用。

通过设置【颜色】选项卡中的内容，不仅可以使 InDesign 将图像的颜色正确地转换为输出设备的色域，而且能够设置渲染的方法。其选项卡如图 7-7 所示。

【颜色】选项卡中的各选项解释如下。

（1）【配置文件】：如果选择【使用文档默认设置】选项，则使此选项保持不变。否则，选择一个与用于创建图形的设备或软件的色域匹配的颜色源配置文件。此配置文件使 InDesign 能够将它的颜色正确地转换为输出设备的色域。

（2）【渲染方法】：通过该项可以选择将图形的颜色范围调整为输出设备的颜色范围

时要使用的方法。一般情况下选择【可感知（图像）】选项，因为它可以精确地表示出照片中的颜色。【饱和度（图形）】、【相对比色】和【绝对比色】选项更适合于纯色区域，但是不能很好地重现照片。

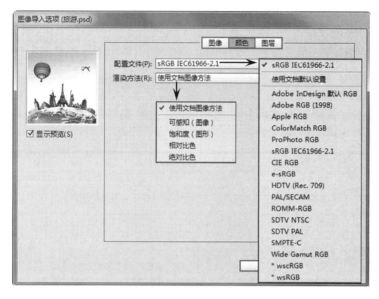

图 7-7　【颜色】选项卡

提　示

【渲染方法】选项对位图、灰度和索引颜色模式的图像不可用。

2．置入 PDF 文件

InDesign 会保留置入的 PDF 中的版面、图形和排版规则。与其他置入的图形一样，不能在 InDesign 中编辑置入的 PDF 页面，但可以控制分层的 PDF 中图层的可视性，还可以置入多个 PDF 页面。

置入 PDF（或使用 Illustrator 9.0 或更高版本存储的文件）并在【置入】对话框中选中【显示导入选项】复选框后，将会看到如图 7-8 所示的对话框中【常规】选项卡的内容。

（1）可以通过【页面】选项指定要置入的 PDF 页面范围，即预览中显示的页面、所有页面或一定范围的页面。

（2）可以通过【裁切到】下拉列表指定 PDF 页面中要置入的范围。

① 【定界框】：该选项可以置入 PDF 页面的定界框，或包围页面上的对象（包括页面标记）的最小区域。

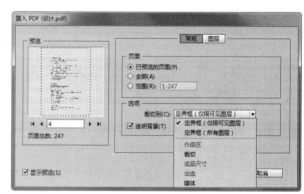

图 7-8　【置入 PDF】对话框

② 【作品区】：该选项仅置入作者为可置入图形（例如，剪贴图）创建的矩形所限定区域中的 PDF 页面。

③ 【裁切】：该选项仅置入 Adobe Acrobat 显示或打印的区域中的 PDF 页面。

④ 【成品尺寸】：该选项能识别最终生成的页面上在生产过程中发生实际剪切操作的位置（如果存在裁切标记）。

⑤ 【出血】：该选项仅置入表示其中的所有页面内容都应被剪切的区域（如果存在出血区域）。如果在生产环境中输出该页面，则此信息很有用。注意，打印页面可能包含位于出血区域之外的页面标记。

⑥ 【媒体】：该选项置入代表原始 PDF 文档的实际纸张大小（例如，A4 纸的尺寸）的区域（包括页面标记）。

启用【透明背景】复选框将显示在 InDesign 版面中位于 PDF 页面下方的文本或图形；禁用该复选框将置入带有白色不透明背景的 PDF 页面。

3. 置入 AI 图形

如何导入 Illustrator 图形取决于导入后需要对图形进行多大程度的编辑。可以将 Illustrator 图形以其固有格式（.ai）导入 InDesign，但是无法编辑插图中的路径、对象或文本；也可以将 Illustrator 图形存储为分层的 PDF 导入，方便用户控制图层的可视性。

无论在 InDesign 中置入哪种形式的 AI 文件，在【置入】对话框中选中【显示导入选项】复选框后，它将打开相应的对话框，例如，如果导入分层的 AI 格式图形，则对话框中的常规选项与置入 PDF 格式的对话框内容相同，如图 7-9 所示。

图 7-9 置入 AI 格式图形

4. 置入 EPS 图像

置入 EPS 图形（或使用 Illustrator 8.0 或更低版本存储的文件）并在【置入】对话框

中选中【显示导入选项】复选框后，将会看到如图 7-10 所示的对话框，其选项如下。

（1）【读取嵌入的 OPI 图像链接】选项指示 InDesign 从包含（或嵌入）在图形中的图像的 OPI 注释中读取链接。如果用户正在使用基于代理的工作流程，并计划让服务提供商使用他们的 OPI 软件执行图像替换，则取消选中此复选框。取消选中此复选框后，InDesign 将保留 OPI 链接，但不读取它们。当打印或导出时，代理及链接将会传递到输出文件中。反之则启用该复选框。

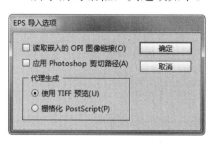

图 7-10 【EPS 导入选项】对话框

提 示

如果所导入的 EPS 文件中包含的 OPI 注释不是基于代理的工作流程的组成部分，也需要选中此复选框。例如，如果所导入的 EPS 文件包含忽略的 TIFF 或位图图像的 OPI 注释，则需要选中此复选框，以便 InDesign 可以在用户输出文件时访问 TIFF 信息。

（2）【应用 Photoshop 剪切路径】复选框，可以应用 Photoshop EPS 文件中的剪切路径。在置入 EPS 文件时，并非所有在 Photoshop 中创建的路径都会显示，而是只显示一个剪切路径，因此应该确保在存储为 EPS 文件之前在 Photoshop 中将需要的路径转换为剪切路径（要保留可编辑的剪切路径，则将文件另存为 PSD 格式）。

（3）【代理生成】选项用于将文件绘制到屏幕上时创建图像的低分辨率位图代理。用户可以设置用于控制代理的生成方式，如下所示。

① 使用 TIFF 预览：某些 EPS 图像包含嵌入预览，启用该选项，可以生成现有预览的代理图像。如果不存在预览，则会通过将 EPS 栅格化成屏外位图来生成代理。

② 栅格化 PostScript：选择此选项将忽略嵌入预览。此选项通常速度较慢，但可以提供最高品质的结果。

5．置入 INDD 文件

在 InDesign 中，除了能够置入该软件以外的图像格式，还可以置入该软件本身的格式，它可以保留 INDD 文件中的版面、图形和排版规则。不过，尽管用户可以控制图层的可视性并能够选择要导入多页面 INDD 文件中的哪些页面，但文件仍被视为对象，并且无法对其进行编辑。

置入 InDesign 文件并选中【显示导入选项】复选框后，将会出现如图 7-11 所示的对话框。该对话框内容选项与导入 PDF 内容相似，此处不再详细介绍。

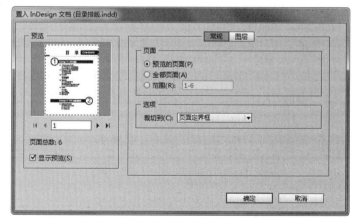

图 7-11 【置入 InDesign 文档】对话框

7.1.3 图像与框架

在 InDesign 中，除了文字排版时的文本框架、网格格架外，置入的图像也是由框架和内容组成的，可以使用工具箱中的工具绘制路径和框架，还可以通过将内容直接置入（导入）或者粘贴到路径中来创建框架。

1. 框架分类

框架类型包括：纯文本框架、网格框架、图文框架、图片框架、表框架等。

图形框架可以充当框架与背景，可以对图形进行裁切或应用蒙版。图形框架作为空占位符时将显示为十字条，如图 7-12 所示。

2. 转换框架类型

通过框架类型之间的相互转换，可以将某些复杂的图形框架轻松地转换为文本框架，省去了编辑文本框架的麻烦，还可以将文本框架或图形框架转换为空框架，在文本或图片没有导入版面之前，作为版面占位符使用。

图 7-12 图形框架

要将路径或文本框架转换为图形框架，可以选择一个路径或一个空文本框架，执行【对象】|【内容】|【图形】命令，效果如图 7-13 所示。

要将路径或图形框架转换为文本框架，可以选择一个路径或一个空图形框架，执行【对象】|【内容】|【文本】命令，效果如图 7-14 所示。

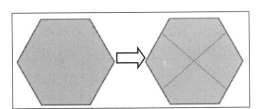

图 7-13 由图形转为图形框架

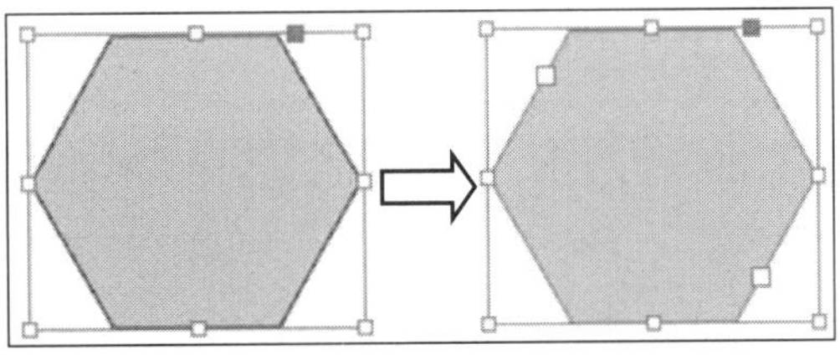

图 7-14 由图形转换为文本框架

如果需要将文本或图形框架作为路径使用，则首先选择一个空框架，然后执行【对象】|【内容】|【未指定】命令即可，效果如图 7-15 所示。

提 示

当框架包含文本或图形时，将无法使用【对象】|【内容】命令对其进行重新定义，但如果选择框架并替换其中的内容，则框架将自动对其自身进行重新定义。

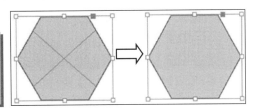

图 7-15 由图形框架转换为图形

3. 创建几何框架

创建几何框架的方法与创建几何图形的方法相似，都可以通过单击并拖动创建图形框架；也可以双击相应的工具，通过打开的对话框精确地绘制它们。而不同之处在于，图形框架中央有十字条，表示图形框架作为占位符使用。

选择【矩形框架工具】⊠，在绘图区中单击并拖动鼠标到对角线方向即可创建矩形框架。默认情况下它是一个没有任何填色或描边的矩形框架，如图 7-16 所示。

选择【矩形框架工具】⊠后，在绘图区中单击鼠标，在打开的【矩形】对话框中设置【宽度】和【高度】参数值，创建精确尺寸的矩形框架，如图 7-17 所示。

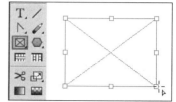

⬤ 图 7-16 绘制矩形框架

⬤ 图 7-17 精确绘制矩形框架

7.1.4 编辑框架内容

在 InDesign 中，可以对选定的框架进行不同形式的编辑，如删除框架内容、移动图形框架及其内容、设置框架适合选项、创建边框和背景以及裁剪对象或对其应用蒙版等。在编辑框架内容时，需要配合【选择工具】▶和【直接选择工具】▶来完成。

1. 删除框架内容

置入的图片一定会带有框架，如果只需要使用置入图形的框架，那么就要将其原来的框架内容删除，而在进行删除之前，必须先将对象选中。

选择对象的不同也就决定了选择工具的不同，使用【选择工具】▶可以选中图形框架本身，而使用【直接选择工具】▶则可以选择框架内容。

（1）启用【直接选择工具】▶单击图像将选择框架内容，这时拖动变换框的控制柄，将会缩小图像本身，如图 7-18 所示。

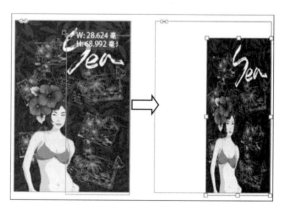

⬤ 图 7-18 选择框架内容

使用【旋转工具】、【缩放工具】、【自由变换工具】单击，将同时选择图形框架与其内容。

（2）启用【直接选择工具】单击该对象后，按 Delete 键或 Ctrl+X 快捷键即可将
框架内容删除，如图 7-19 所示。

2．替换框架内容

替换框架内容可以起到更新版面的作用，即将原有的内容删除或剪切，替换为最新
的内容。替换框架内容的方法有两种，即使用【置入】命令或【链接】面板的【重新链
接】命令。

启用【选择工具】单击框架内容后，执行【文件】|【置入】命令，在打开的【置
入】对话框中双击要替换的图片，即可将框架内容替换，如图 7-20 所示。

图 7-19 删除框架内容

图 7-20 替换框架内容

3．移动框架

要为置入的图像创建蒙版效果，就需要移动框架
或其内容，以适应不同的排版要求。使用【直接选择
工具】只可以移动框架内容，而使用【选择工具】
既可以移动框架，也可以移动框架内容。

（1）在工具箱中选择【选择工具】选择框架对
象。然后，将鼠标移至框架上方，当鼠标变成▶形状
时，拖动鼠标即可同时移动框架与内容，如图 7-21
所示。

使用【选择工具】选中图形框架后，按下 Shift+Ctrl 键的
同时拖动变换框的控制柄，可以缩放框架及其内容。

图 7-21 同时移动框架与内容

（2）选择工具箱中的【选择工具】单击该框架，
然后，切换到【直接选择工具】拖动框架的中心点即可移动框架，而不移动框架内容，

如图 7-22 所示。

（3）在工具箱中选择【选择工具】 ![箭头] ，然后将鼠标移至框架中心。此时，在图像中央将出现一个圆形与手形抓取工具，拖动鼠标即可移动框架内容，如图 7-23 所示。

图 7-22 移动框架   图 7-23 移动框架内容

（4）在工具箱中选择【直接选择工具】 ![箭头] ，直接拖动鼠标即可移动框架内容。

技 巧

选择【选择工具】 ![箭头] 后，在框架中双击鼠标即可直接切换到【直接选择工具】 ![箭头] 状态。

7.1.5 调整与编辑框架

在 InDesign 中，框架与框架中的内容是独立存在的，可以通过调整框架或其内容，达到适应不同设计需求的目的。将一个对象放置或粘贴到框架中时，默认情况下，它出现在框架的左上角。如果框架和其内容的大小不同，则可以使用【适合】命令自动实现完美吻合。

1．使内容适合框架

该命令适用于使用空框架设置好的页面，它可以调整框架内容大小以适合框架并允许更改内容比例。当框架与其内容比例相符时，选择框架对象，执行【对象】|【适合】|【使内容适合框架】命令，或在控制面板中单击【内容适合框架】按钮 ![图标] 即可，如图 7-24 所示。

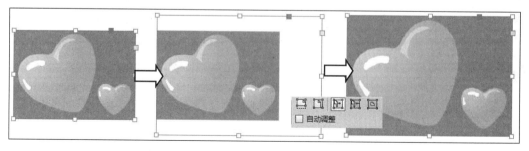

图 7-24 内容适合框架

如果内容和框架具有不同的比例，则内容将自动按当前框架比例进行缩放，显示为拉伸状态，如图 7-25 所示。

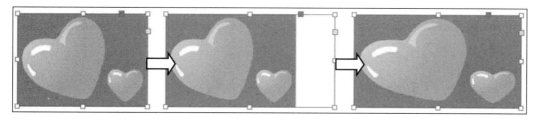

图 7-25 拉伸框架内容

2. 使框架适合内容

【使框架适合内容】命令与【使内容适合框架】相反，它可以自动调整所选框架的大小，以适合其内容。执行【对象】|【适合】|【使框架适合内容】命令即可，如图 7-26 所示。如有必要，该命令还可以改变框架的比例以匹配内容的比例。这对于重置不小心改变的图形框架非常有用。

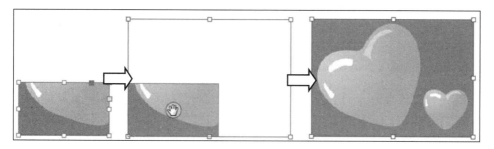

图 7-26 使框架适合内容

另外，要使框架快速适合其内容，可以双击框架上的任一边手柄↕，框架将向远离单击点的方向调整大小，如图 7-27 所示。

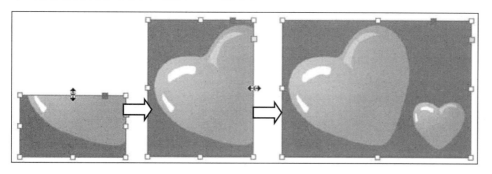

图 7-27 使框架快速适应内容

提 示

【适合】命令会调整内容的外边缘以适合框架描边的中心。如果框架的描边较粗，内容的外边缘将被遮盖。可以将框架的描边对齐方式调整为与框架边缘的中心、内边或外边对齐（参见设置描边）。

3．使内容居中

使用该命令可以将内容放置在框架的中心，框架及其内容的比例会被保留，内容和框架的大小不会改变。执行【对象】|【适合】|【内容居中】命令即可，如图 7-28 所示。

4．按比例适合内容

使用该命令可以调整内容大小以适合框架，同时保持内容的比例，框架的尺寸不会更改。执行【对象】|【适合】|【按比例适合内容】命令即可，如图 7-29 所示。如果内容和框架的比例不同，将会导致一些空白区。

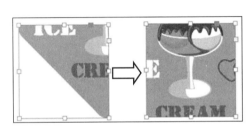

图 7-28 内容居中　　　图 7-29 按比例适合内容

5．按比例填充框架

使用该命令可以调整内容大小以填充整个框架，同时保持内容的比例，框架的尺寸不会更改。执行【对象】|【适合】|【按比例填充框架】命令即可，如图 7-30 所示。如果内容和框架的比例不同，框架的外框将会裁剪部分内容。

6．设置框架适合选项

若要将多个图形框架以同样的形式出现，则可以通过设置【框架适合选项】对话框中的参数，以便新内容置入该框架时，都会应用适合命令。

选择图形框架，执行【对象】|【适合】|【框架适合选项】命令，打开【框架适合选项】对话框，如图 7-31 所示。

图 7-30 按比例填充框架

图 7-31 【框架适合选项】对话框

在【框架适合选项】对话框中，主要包括下列选项。

（1）【自动调整】：启用该复选框，系统将会自动调整框架与内容的显示比例。

（2）【适合】：该选项主要用于设置框架与内容的适合方式，主要包括内容适合框架（可能导致图像倾斜）、按比例适合内容（可能生成某些空白区）还是按比例填充框架（可能裁剪一个或多个边）。

（3）【对齐方式】：在【对齐方式】按钮▦的各点上单击，可指定一个用于裁剪和适合操作的参考点。例如，如果选择右上角作为参考点并选择【按比例适合内容】选项，则图像将会在左侧或底边进行裁剪。

（4）【裁切量】：指定图像外框相对于框架的位置。使用正值可裁剪图像，例如，可以排除围绕置入图像的边框。使用负值可在图像的外框和框架之间添加间距，例如，可以在图像和框架之间出现空白区。如果输入导致图像不可见的裁剪值，则这些值将被忽略，但是仍然实施适合选项。

（5）【预览】：启用该复选框，可以预览框架与内容显示的具体情况。

7．创建边框

创建边框或背景实质上就是为对象同时添加描边和填色效果，以美化图形对象。可以为矢量对象添加边框或背景，也可以为置入的位图对象添加边框和背景效果。接下来将以置入的位图对象为例介绍添加边框和背景的方法。

使用【选择工具】▶，单击置入对象以选择其框架。双击【填色】色块和【描边】色块，为其填充边框或背景色，如图 7-32 所示。

执行【窗口】|【描边】命令，在打开的【描边】对话框中选择描边粗细、类型和对齐方式，如图 7-33 所示。

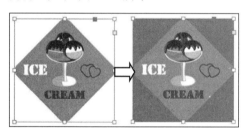

图 7-32　创建框架背景

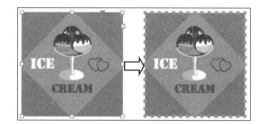

图 7-33　创建描边

提　示

要放大框架而不调整图形大小，可以向外拖动任意外框控制柄；在拖动时按下 Shift 键可保持框架比例。

7.2　图像链接

在 InDesign 中，除了在文档中绘制的图像，其他所有以【置入】方式导入的图像都是以链接形式存在的，可以通过【链接】面板编辑与管理图像。

7.2.1　认识【链接】面板

管理与编辑链接文件的操作都可以在【链接】面板中完成，执行【窗口】|【链接】

命令或按 Shift+Ctrl+D 快捷组合键，即可弹出【链接】面板，如图 7-34 所示。

在【链接】面板中各选项的含义解释如下。

（1）【转到链接】按钮：在选中某个链接的基础上，单击【链接】面板底部的【转到链接】按钮，可以切换到该链接所在页面进行显示。

（2）【重新链接】按钮：该按钮可以对已有的链接进行替换。在选中某个链接的基础上，单击【链接】面板中的【重新链接】按钮，在弹出的对话框中选择要替换的图片后单击【打开】按钮，完成替换。

（3）【更新链接】按钮：链接文件被修改过，就会在文件名右侧显示一个叹号图标，单击面板底部的【更新链接】按钮或按下 Alt 键的同时单击鼠标可以更新全部。

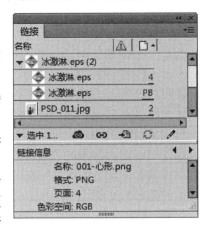

图 7-34 【链接】面板

（4）【编辑原稿】按钮：单击此按钮，可以快速转换到编辑图片软件编辑原文件。

提 示

单击【链接】面板右上角的【面板】按钮，在弹出的菜单中可以选择与上述按钮功能相同的命令。

7.2.2 链接图像和嵌入图像

默认情况下，外部对象置入到 InDesign 文档中后，会保持为链接的关系，其好处在于当前的文档与链接的文件是相对独立的，可以分别对它们进行编辑处理。但缺点就是，链接的文件一定要一直存在，若移动了位置或删除，则在文档中会提示链接错误，导致无法正确输出和印刷。

1．嵌入图像

相对较为保险的方法，就是将链接的对象嵌入到当前文档中，虽然这样做会导致增加文档的大小，但由于对象已经嵌入，因此无须担心链接错误等问题。而在有需要时，也可以将嵌入的对象取消嵌入，将其还原为原本的文件。

要嵌入对象，可以在【链接】面板中将其选中，然后执行以下操作之一。

（1）在选中的对象上单击鼠标右键，在弹出的快捷菜单中选择【嵌入链接】命令。

（2）单击【链接】面板右上角的【面板】按钮，从弹出的【面板】菜单中可以选择【嵌入链接】命令。

如果所选链接文件含有多个实例，可以在其上单击鼠标右键，单击【链接】面板右上角的面板按钮，在弹出的【面板】菜单中选择【嵌入所有实例】命令，即可将所选的链接文件嵌入到当前出版物中，完成嵌入的链接图片文件名的后面会显示【嵌入】图标，如图 7-35 所示。

2．取消嵌入

要取消链接文件的嵌入，可以先选中嵌入了链接的对象，然后执行以下操作。

（1）在选中的对象上单击鼠标右键，在弹出的快捷菜单中选择【取消嵌入链接】命令。

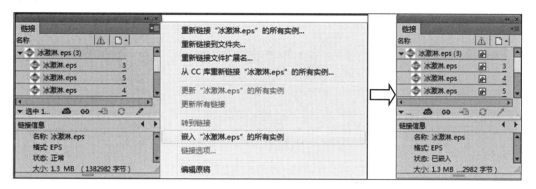

图 7-35 嵌入图像

（2）单击【链接】面板右上角的【面板】按钮，从弹出的【面板】菜单中可以选择【取消嵌入链接】命令。

如果所选嵌入文件含有多个实例，可以在其上单击鼠标右键，或单击【链接】面板右上角的【面板】按钮，在弹出的【面板】菜单中选择【取消嵌入所有实例】命令，会弹出 InDesign 提示框，提示用户是否要链接至原文件，如图 7-36 所示。

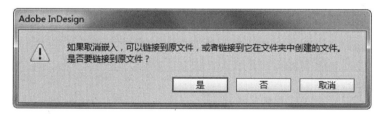

图 7-36 InDesign 提示框

该提示框中各按钮的含义解释如下。

（1）【是】按钮：在 InDesign 提示框中单击此按钮，可以直接取消链接文件的嵌入并链接至原文件。

（2）【否】按钮：在 InDesign 提示框中单击此按钮，将打开【选择文件夹】对话框，选择文件夹将当前的嵌入文件作为链接文件的原文件存放到文件夹中。

（3）【取消】按钮：在 InDesign 提示框中单击此按钮，将放弃【取消嵌入链接】命令。

7.2.3 使用【链接】面板管理图像

通过【链接】面板可以通过查看图像的链接信息、复制链接对象、跳转链接对象所在位置、重新链接对象、更新链接等功能管理与编辑图像。

1. 查看链接信息

若要查看链接对象的信息，在默认情况下，直接选中一个链接对象即可在【链接】

面板底部显示相关的信息；若下方没有显示，则可以双击链接对象，或单击【链接】面板左下角的三角按钮以展开链接信息。链接信息的作用在于，可以对图片的基本信息进行了解。不同格式的图片信息不同，如图 7-37 所示。

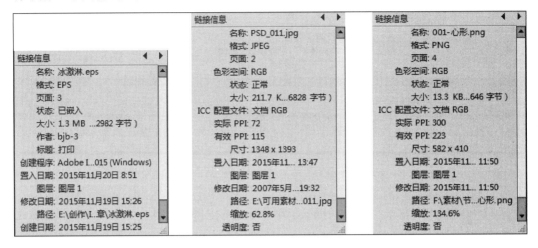

图 7-37 查看链接信息

【链接信息】面板中的部分参数解释如下。

（1）【名称】：该处显示为图片名称。

（2）【格式】：该处显示图片格式。

（3）【页面】：该处显示的数字为图片在文档中所处的页面位置。

（4）【状态】：该处显示图片是否为嵌入、是否为缺失状态。

（5）【大小】：该处可快速查看图片大小。

（6）【实际 PPI】：该处可快速查看图片的实际分辨率。

（7）【有效 PPI】：该处可快速查看图片的有效分辨率。

（8）【尺寸】：该处可快速查看图片的原始尺寸。

（9）【路径】：该处显示图片所处的文件夹位置，有利于查找缺失的链接。

（10）【缩放】：该处可快速查看图片的缩放比例。

（11）【透明度】：该处可快速查看图片是否应用透明度效果。

2．复制链接对象

对于未嵌入到文档中的对象，可以将其复制到新的位置。其操作方法很简单，在【链接】面板中选中要复制到新位置的链接对象，然后在其上单击鼠标右键，或单击【链接】面板右上角的【面板】按钮，从弹出的【面板】菜单中可以选择【将链接复制到】命令，在弹出的对话框中选择一个新的文件夹，并单击【选择】按钮即可。

在完成复制到新位置操作后，也会自动将链接对象更新至此位置中。

3．跳转至链接对象所在的位置

要跳转至链接对象所在的位置，可以在【链接】面板中选中该对象，然后单击【链接】面板中的【转到链接】按钮，或在该对象上单击鼠标右键，在弹出的快捷菜单中选择【转到链接】命令，即可快速跳转到链接图所在的位置。

4．重新链接对象

对于没有嵌入的对象，若由于丢失链接（在【链接】面板中出现问号图标）或需要链接至新的对象时，可以在该链接对象上单击鼠标右键，或单击【链接】面板中的【重新链接】按钮，在弹出的对话框中选择要重新链接的对象，然后单击【打开】按钮即可。

将丢失的图片文件移动回该 InDesign 正文文件夹中，可恢复丢失的链接。对于链接的替换，也可以利用【重新链接】按钮，在打开的重新链接对话框中选择所要替换的图片。若要避免丢失链接，可将所有链接对象与 InDesign 文档保存在相同文件夹内，或不随便更改链接图的文件夹。

启用【直接选择工具】 单击对象后，在【链接】面板中链接对象的名称，单击【重新链接】按钮，选择图像即可，如图 7-38 所示。

5．更新链接

在未嵌入对象时，若链接的对象发生了变化，将在【链接】面板上出现【已修改】图标，此时用户可以选中所有带有此图标的链接对象，然后单击【链接】面板底部的【更新链接】按钮，或单击【链接】面板右上角的【面板】按钮，在弹出的菜单中选择【更新链接】命令，即可完成链接的更新。

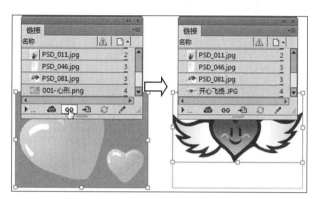
图 7-38 重新链接对象

若按下 Alt 键的同时单击【更新链接】按钮即可更新全部。

7.3 裁剪图像

在排版过程中，经常需要对图像进行裁剪，虽然使用同系列的其他软件也可以进行裁剪，InDesign 为提高工作效率，提供了裁剪图像的功能，如使用工具进行裁剪、使用路径进行裁剪等，免去了很多不必要的操作。

7.3.1 使用现有路径进行裁剪

可以直接将图像置入到某个路径中进行裁剪。置入图像后，无论是路径还是图形都会被系统转换为框架，并利用该框架限制置入图像的显示范围。在实际操作时，也可以利用这一特性，先绘制一些图形作为占位，在确定版面后，再向其中置入图像。如图 7-39 所示是向图形中置入图像并适当调整大小及位置后的效果。

另外，对于已经置入到文档中的图像，用户可以选中图像内容，执行复制或剪切操作，然后再选择路径，执行【编辑】|【贴入内部】命令或按 Ctrl+Alt+V 快捷键，使用该路径对图像进行裁剪。

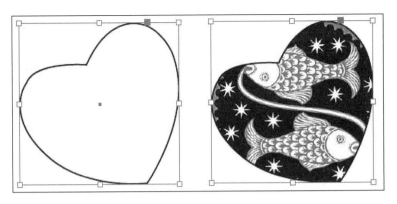

7.3.2 使用【直接选择工具】进行裁剪

在 InDesign 中，使用【直接选择工具】 可以执行两种裁剪操作。

（1）编辑内容：使用【直接选择工具】 单击图像内容，可以将其选中，然后调整大小、位置等属性，从而在现有框架内显示不同的图像内容。

（2）编辑框架：在 InDesign 中，框架本身就是路径，因此使用【直接选择工具】 可以选中框架，并通过编辑框架的路径或锚点，从而改变框架的形态，最终实现多样化的裁剪效果。还可以配合【钢笔工具】 、【添加锚点工具】 等对路径进行更多的编辑。

如图 7-40 所示就是使用【直接选择工具】 选中框架时的状态然后调整锚点位置后的效果。

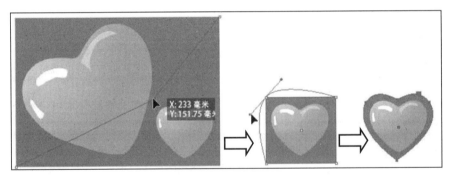

图 7-40 选中框架并编辑锚点后的效果

7.3.3 使用【选择工具】进行裁剪

使用【选择工具】 也可以通过编辑内容或框架的方式执行裁剪操作。将【选择工具】 光标移至对象之上，在中心圆环之外单击鼠标，即可选中该对象的框架，图像周围都会显示相应的控制句柄。用户可以将光标置于控制句柄上，然后拖动即可进行裁剪。如图 7-41 所示为对图像的上方和左方进行裁剪后的效果。

若使用【选择工具】▶单击图像中间的圆环以选中图像内容,此时按住鼠标左键并拖动圆环,即可调整内容的位置,从而实现裁剪操作。

7.3.4 使用【剪切路径】命令

剪切路径功能可以通过检测边缘、使用路径、通道等方式,去除掉图像的背景以隐藏图像中不需要的部分;通过保持剪切路径和图形框架彼此分离,可以使用【直接选择工具】▶和工具箱中的其他绘制工具自由地修改剪切路径,而不会影响图形框架。

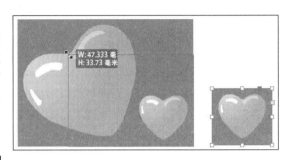

图 7-41 选中框架并裁剪后的效果

执行【对象】|【剪切路径【|【选项】命令,弹出【剪切路径】对话框,如图7-42 所示。

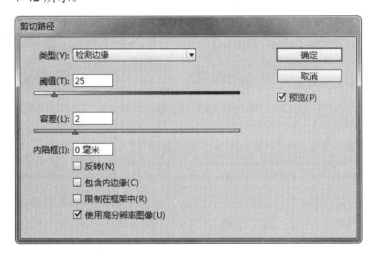

图 7-42 【剪切路径】对话框

该对话框中各选项的功能解释如下。

(1)【类型】:在该下拉列表中可以选择创建镂空背景图像的方法。选择【检测边缘】选项,则依靠 InDesign 的自动检测功能,检测并抠除图像的背景,在要求不高的情况下,可以使用这种方法;选择【Alpha 通道】和【Photoshop 路径】选项,可以调用文件中包含的 Alpha 通道或路径,对图像进行剪切设置;若用户选择了【Photoshop 路径】选项,并编辑了图像自带的路径,将自动选择【用户修改的路径】选项,以区分选择【Photoshop 路径】选项。

(2)【阈值】:此处的数值决定了有多少高亮的颜色被去除,用户在此输入的数值越大,则被去除的颜色从亮到暗依次越多。

(3)【容差】:容差参数控制了用户得到的去底图像边框的精确度,数值越小得到的边框的精确度也越高。因此,在此数值输入框中输入较小的数值有助于得到边缘光滑、精确的边框，并去掉凹凸不平的杂点。

（4）【内陷框】：此参数控制用户得到的去底图像内缩的程度，用户在此处输入的数值越大，则得到的图像内缩程度越大。

（5）【反转】：选中此复选项，得到的去底图像与以正常模式得到的去底图像完全相反，在此选项被选中的情况下，应被去除的部分保存，而本应存在的部分被删除。

（6）【包含内边缘】：在此复选项被选中的情况下，InDesign 在路径内部的镂空边缘处也将创建边框并做去底操作。

（7）【限制在框架中】：选择该复选项，可以使剪贴路径停止在图像的可见边缘上，当使用图框来裁切图像时，可以产生一个更为简化的路径。

（8）【使用高分辨率图像】：在此选项未被选中的情况下，InDesign 以屏幕显示图像的分辨率计算生成的去底图像效果，在此情况下用户将快速得到去底图像效果，但其结果并不精确。所以，为了得到精确的去底图像及其绕排边框，应选中此复选项。

选中图像，打开【剪切路径】对话框，通过选择类型为【检测边缘】，并设置【阈值】及【容差】等参数后得到的抠除效果如图 7-43 所示。

图 7-43 通过【剪切路径】抠除后的效果

7.4 图层

一般在 InDesign 中创建的内容都处在同一图层中，在同一图层中编辑。如果遇到复杂对象需要处理时，为了方便操作与查看，需要创建多个图层，然后在不同的图层创建需要单独编辑的内容，而不对其他图层的内容产生影响，同 Photoshop 等软件一样，在 InDesign 中的图层也可以进行复制、合并、调整顺序等操作。

7.4.1 【图层】面板

【图层】面板可以将构成版面的不同对象和元素隔离到独立图层上进行编辑操作。组成图像的各个图层就相当于一个单独的文档，相互堆叠在一起，透过上一个图层的透明区域可以看到下一个图层中的不透明元素或者对象，透过所有图层的透明区域可以看到底层图层。

在学习使用图层编辑图像之前，必须熟悉【图层】面板，执行【窗口】|【图层】命令，或按 F7 快捷键，即可打开【图层】面板，如图 7-44 所示。

单击【图层】面板右上角中的下列按钮，其菜单中各命令的作用介绍如下。

（1）【新建图层】：使用该命令，可以新建图层。

（2）【复制图层】：使用该命令，可以直接复制当前图层。

（3）【删除图层】：使用该命令，可以删除当前图层。

（4）【图层选项】：执行该命令，通过打开【图层选项】对话框，可以更改当前图层的设置。

（5）【隐藏其他】：使用该命令，可以将该图层之外的所有图层隐藏。

（6）【锁定其他】：使用该命令，可以将该图层之外的所有图层锁定。

（7）【全部解锁】：使用该命令，可以全部解除所有图层的锁定状态。

（8）【取消编组时记住图层】：启用该选项，可以在取消编组时记住图层。

（9）【粘贴时记住图层】：启用该选项，可以在粘贴时记住图层。

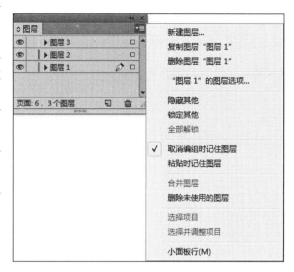

▲ 图 7-44 【图层】面板

（10）【合并图层】：使用该命令，可以将多个图层内容合并到一个图层上。

（11）【删除未使用的图层】：使用该命令，可以将空白图层删除。

（12）【选择项目】：使用该命令，可以选择项目。

（13）【选择并调整项目】：使用该命令，可以选择项目，并调整所选择的项目。

（14）【小面板行】：启用该选项，可以使图层图标缩小显示。

7.4.2　新建图层

每个文档都至少包含一个已命名的图层，当文档内容较丰富或版块较多时，一个图层远远不能满足创作需求，这时创建新的图层就显得尤为重要。通过创建多个图层可以将不同的对象分别放置到不同的图层中，同时还可以为图层设置不同的属性，方便编辑和管理。

1．新建图层

单击【图层】面板底部的【创建新图层】按钮 即可新建图层，如图 7-45 所示。单击【图层】面板右上角的黑色小三角，执行【新建图层】命令，也可新建图层。

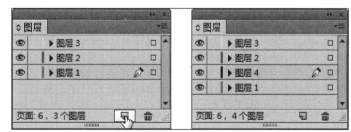

▲ 图 7-45 新建图层

2．设置图层属性

当创建多个图层后，为了便于选择或管理，可以为图层设置不同的属性，方法是双击任意图层，打开如图 7-46 所示的【图层选项】对话框。通过该对话框控制图层的名称、颜色显示、锁定、显示等信息。

在【图层选项】对话框中，主要包括下列选项。

（1）【名称】：用于设置图层的名称。

（2）【颜色】：该下拉列表选项可以定义图层内容的颜色。默认情况下，InDesign 为【图层】面板中的每个图层指定唯一的颜色。通过颜色显示，可在【图层】面板中快速定位对象的相应图层，单击该下拉列表可选择所需颜色。

图 7-46 【图层选项】对话框

（3）【显示图层】：启用该复选框可以使图层可见并可打印。启用该复选框与在【图层】面板中使眼睛图标可见的效果相同。

（4）【显示参考线】：启用该复选框可以使图层上的参考线可见。如果没有为图层选择此选项，即使设置了参考线，参考线也不可见。

（5）【锁定图层】：启用该复选框可以防止对图层上的任何对象进行更改。启用该复选框与在【图层】面板中使交叉铅笔图标可见的效果相同。

（6）【锁定参考线】：启用该复选框可以防止对图层上的所有标尺参考线进行更改。

（7）【打印图层】：启用该复选框可允许图层被打印。当打印或导出至 PDF 时，可以决定是否打印隐藏图层和非打印图层。

（8）【图层隐藏时禁止文本绕排】：启用该复选框后在图层处于隐藏状态并且该图层包含应用了文本绕排的文本时，可以使其他图层上的文本正常排列。

3．在图层中创建对象

在【图层】面板中，哪个图层背景为蓝色表明哪个图层处于工作状态，该图层称为目标图层，同时在图层的右侧将显示钢笔图标。

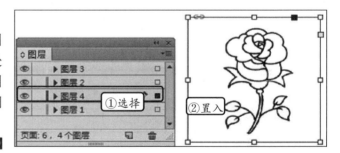

图 7-47 在图层中创建对象

选择目标图层，执行【文件】|【置入】命令，双击准备好的图片，便可以置入对象，如图 7-47 所示。当然，还可以使用绘图工具直接绘制对象。

7.4.3 编辑图层

在【图层】面板中，可以实现对象的位置移动、图层间的堆叠顺序调整以及合并图层等操作。还可以复制整个图层，以便对相同的内容进行不同的编辑，为客户展示多种方案。

1．复制图层

拖动目标图层到【图层】面板底部的【创建新图层】按钮上即可，如图 7-48 所示。这时单击图层名称最左侧的方块，将原图层隐藏，即可查看修改好的效果。

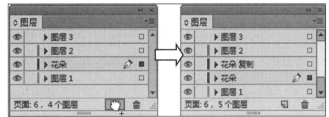

图 7-48　复制图层

> **技　巧**
>
> 【图层】面板中的眼睛图标用于显示或隐藏图层。如果所选图层处于显示状态，则单击图层前的眼睛图标，图层将被隐藏。若再次单击该图标，则重新显示图层内容。

2．合并图层

虽然将图像分层管理较为方便，但有时也需要将一些相关联的图层内容放置到一个图层中，单击【图层】面板右上角的黑色小三角，执行【合并图层】命令即可将图层合并。但在不同情况下使用该命令其效果也会不同。

首先，选择【文本】目标图层，然后按下 Shift 键的同时选择【图形复制】图层，即可将连续图层选中。这时

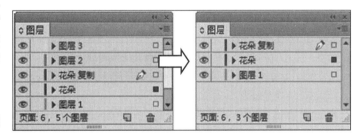

图 7-49　合并相邻的图层

执行【合并图层】命令将所选的图层合并为一层，如图 7-49 所示。

有一种情况就是合并不相邻的图层，这时候需要配合 Ctrl 键进行不相邻图层的选择，然后执行【合并图层】命令，合并后的图层将位于未合并前最上方的位置，如图 7-50 所示。

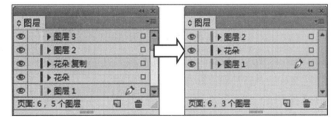

图 7-50　合并不相邻的图层

3．显示/隐藏图层

在【图层】面板中单击图层最左侧的图标，使其显示为灰色，即隐藏该图层，再次单击此图层可重新显示该图层。

如果在图标列中按住鼠标左键向下拖动，可以显示或隐藏拖动过程中所有掠过的图层。按住 Alt 键，单击图层最左侧的图标，则只显示该图层而隐藏其他图层；再次按住 Alt 键，单击该图层最左侧的图标，即可恢复之前的图层显示状态。

另外，只有可见图层才可以被打印，所以对当前图像文件进行打印时，必须保证要打印的图像所在的图层处于显示状态。

4．锁定图层

为了避免误操作，可以将一些对象置于某个图层上，然后将其锁定。锁定图层后，就不可以对图层中的对象进行任何编辑处理了，但不会影响最终的打印输出。

要锁定图层，可以单击图层名称左侧的图标，使之变为 🔒 状态，表示该图层被锁定。如图 7-51 所示为锁定图层前后的状态。再次单击该位置，即可解除图层的锁定状态。

5．删除图层

对于无用的图层，用户可以将其删除。要注意的是，在 InDesign 中，可以根据需要删除任意图层，但最终【图层】面板中至少要保留一个图层。

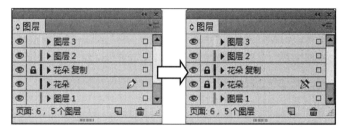

图 7-51 锁定图层前后的状态

要删除图层，可以执行以下的操作之一。

（1）在【图层】面板中选择需要删除的图层，并将其拖至【图层】面板底部的【删除选定图层】按钮上即可。

（2）在【图层】面板中选择需要删除的图层，直接单击【图层】面板底部的【删除选定图层】按钮。

（3）在【图层】面板中选择需要删除的一个图层或多个图层，单击【图层】面板右上角的【面板】按钮，在弹出的菜单中选择【删除图层"当前图层名称"命令】或【删除图层】命令。

（4）单击【图层】面板右上角的【面板】按钮，在弹出的菜单中选择【删除未使用的图层】命令，即可将没有使用的图层全部删除。

Adobe InDesign

⚠ 图层 "花朵 复制" 包含一个或多个对象。仍要删除该图层吗？

确定　　　取消

图 7-52 提示框

InDesign CC 2015 图形设计标准教程

7.5 图像、文本与图层

图像、文本与图层的关系是紧密相连的，其中的关系包括图文绕排、图层顺序调整、不同图像与图层的关系等，在排版中，处理好三者的关系，才能使版面整洁、合理、有序。

7.5.1 图像与图层

通过【图像导入选项】对话框，不仅可以控制图层的可视性，而且通过图层复合可以在 InDesign 中查看不同的图像效果，确定图像的最终状态。以置入 PSD 分层图像为例，执行【文件】|【置入】命令，启用【显示导入选项】选项，单击打开，弹出【图像导入选项】对话框，如图 7-53 所示，其中【图层】选项卡各选项如下。

（1）【显示图层】：通过该选项可以确定图层是显示还是隐藏状态。要隐藏图层或图层组，单击图层或图层组旁边的眼睛图标即可。

（2）【图层复合】：如果图像包含图层复合，通过该选项可以查看不同的图层复合以及最后的文档状态。

（3）【更新链接的时间】：该下拉列表包含两项内容，其中，选择【使用 Photoshop 的图层可视性】选项时，在更新链接时，可使图层可视性设置与所链接文件的可视性设置匹配；选择【保持图层可视性优先】选项，可使图层可视性设置保持在 InDesign 文档所指定的状态。

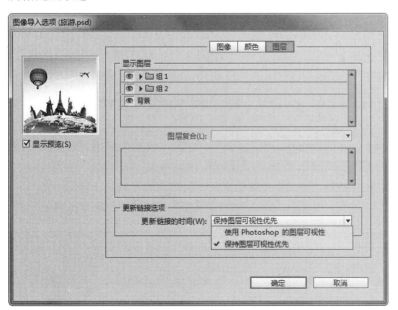

📀 **图 7-53** 【图层】选项卡

注 意

如果置入的是 AI 格式图形，则图层选项卡内容与置入 PDF 格式的对话框相同，只有【显示图层】与【更新链接时间】两个选项；而如果置入的是 EPS 图像，则与其他格式弹出的对话框不同。

7.5.2 图文绕排

在文本绕排对象时，它仅应用于被绕排的对象，而不应用于文本自身。如果用户将绕排对象移近其他文本框架，对绕排边界的任何更改都将保留。

1. 在简单对象周围绕排文本

在使用文本绕排功能时，用户使用【选择工具】▶选择要在其周围绕排文本的对象，执行【窗口】|【文本绕排】命令，打开如图 7-54 所示的面板。默认情况下处于无文本绕排状态，此时文本与图像处于重叠状态。

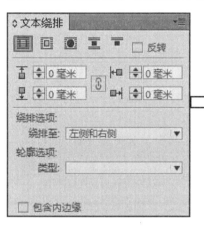

图 7-54 【文本绕排】面板

在【文本绕排】面板中，除了系统默认的绕排方式外，还有其他一些绕排方式，如下所述。

（1）【沿定界框绕排】：单击该按钮，可以创建一个矩形绕排，其宽度和高度由所选对象的定界框决定。

（2）【沿对象形状绕排】：该选项也称为轮廓绕排，单击该按钮可以创建与所选框架形状相同的文本绕排边界（加上或减去所指定的任何位移距离）。

（3）【上下型绕排】：单击该按钮，使文本不会出现在框架右侧或左侧的任何可用空间中。

（4）【下型绕排】：单击该按钮，则强制周围的段落显示在下一栏或下一文本框架的顶部。

其中，各种文本绕排的效果，如图 7-55 所示。

（a）沿定界框绕排　　（b）沿对象形状绕排　　（c）上下型绕排　　（d）下型绕排

图 7-55 文本绕排效果

当对图像使用【沿定界框绕排】或【沿对象形状绕排】形式时，用户还可以在【绕排至】下拉列表中指定图像相对于书脊的某种方式绕排文字，各效果如图7-56所示。

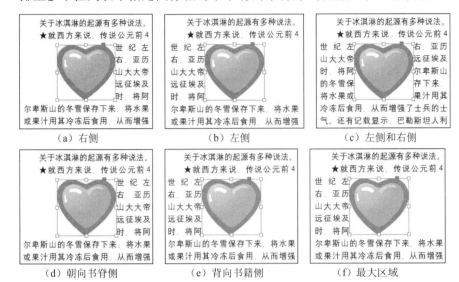

（a）右侧　　　　　　　　　（b）左侧　　　　　　　　　（c）左侧和右侧

（d）朝向书脊侧　　　　　　（e）背向书籍侧　　　　　　（f）最大区域

图7-56　【绕排至】形式

在该面板中，除了可以设置图像绕文本的排列方式外，还可以在上位移、下位移、左位移、右位移文本框中指定其位移数值，更改文本和绕排对象之间的距离。数值为正数时将绕排背向框架移动；数值为负数时将绕排移入框架。

提 示

> 如果无法使文本绕排在图像周围，则需要确定没有为无法绕排的文本框架选择【忽略文本绕排】。同样，如果在【排版】首选项中选择了【文本绕排仅影响下方文本】，则应该确保文本框架位于绕排对象之下。

2．在导入对象周围绕排文本

在使用沿对象形状绕排文本选项时，用户不仅可以在InDesign中创建路径对象，而且可以在导入的图像周围绕排文本，此时用户需要将剪切路径存储到所用于创建此图像的应用程序中，然后将此图像置入InDesign中，在【图像导入选项】对话框中选中【应用Photoshop剪切路径】选项。

在【文本绕排】面板中，单击【沿对象形状绕排】按钮，则默认情况下，在【轮廓选项】的【类型】下拉列表中选择【与剪切路径相同】选项，如图7-57所示。

图7-57　轮廓选项类型

其中，【轮廓选项】的【类型】下拉列表中各选项如下所述。

（1）【定界框】：选择该选项，可以将文本绕排至由图像的高度和宽度构成的矩形。

（2）【检测边缘】：选择该选项，将使用自动边缘检测生成边界。

（3）【Alpha通道】：该选项用于随图像存储的Alpha通道生成边界。如果此选项不可用，则说明没有随该图像存储任何Alpha通道。

（4）【Photoshop 路径】：该选项用于随图像存储的路径生成边界。

（5）【图形框架】：该选项将用容器框架生成边界。

（6）【与剪切路径相同】：该选项用于导入的图像的剪切路径生成边界。

如果需要使文本显示在复合路径的内部中，则可以在【剪切路径】对话框中启用【包含内边缘】复选框，效果如图 7-58 所示。

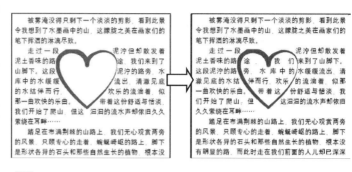

图 7-58 包含内边缘效果

3．创建反转文本绕排

使用【选择工具】选择允许文本在其内部绕排的对象（如复合路径），打开【文本绕排】面板，接着对对象应用文本绕排，然后启用【反转】复选框，该复选框通常与【沿对象形状绕排】复选框一起使用，如图 7-59 所示。

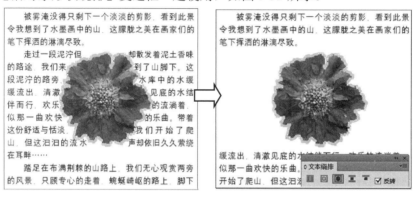

图 7-59 反转文本绕排

4．文中图

在文本输入状态下置入图片，图片会置入到光标所在的位置，并跟随文本一起移动。在制作各种书籍、手册类的出版物时较为常用，效果如图 7-60 所示。

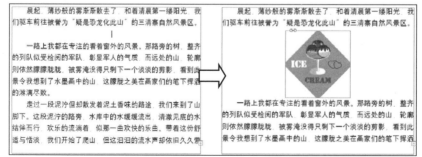

图 7-60 置入的图片

此时，若上面的文本向下蹿行，则图片也会随之移动，例如，在图片上方的文本上增加了几个空白段落后，图片随着文本一起向下移动，如图 7-61 所示。

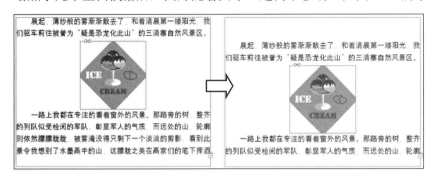

图 7-61　向下移动的图片

7.5.3　调整文本与图像的顺序

在实际工作中，会因为排版工作的需要调整图层的先后顺序。使用鼠标在图层名称或其名称右侧的空白处单击并拖动，在黑色的插入标记出现在期望位置时，释放鼠标按键，效果如图 7-62 所示。

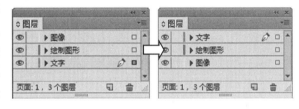

图 7-62　重排图层顺序

技　巧

图层上的对象也具有先后顺序，可以使用 Ctrl+Shift+]或 Ctrl+Shift+[快捷键调整对象与对象之间的顺序。

7.6　定位对象

在 InDesign 中，可以创建定位对象，并可以对其进行选择、复制、查看、调整等操作，还可以快速地手动调整定位对象的位置、自定义定位对象，而且能够精确地设置定位对象在页面上的位置。

定位对象是附加或锚定到特定文本的项目，可以将定位对象用于所有要与特定文本行或文本块相关联的对象。

7.6.1　认识定位对象

通过页面上的定位对象标志符，可以查看定位对象与页面中的文本关系，也可以查看与其关联对象之间的关系以及哪些对象已经锚定等。

要查看锚点和它们与页面上的文本的关系，可以显示对象标志符¥。执行【文字】|【显示隐藏字符】命令可以查看文本中的锚点标志符，如图 7-63 所示。

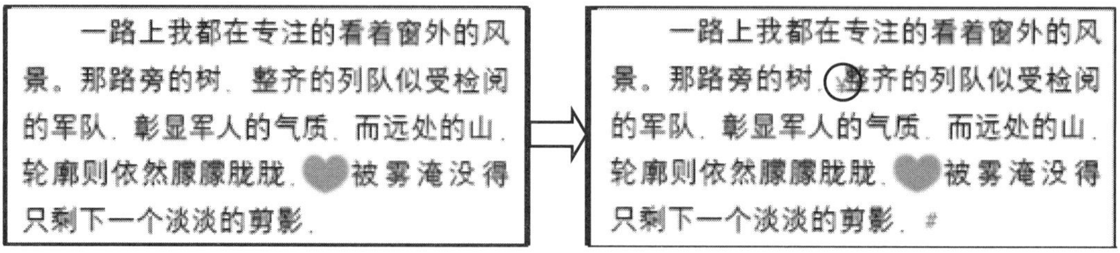

图 7-63 显示锚点标志符

要查看从锚点标志符到与其关联的处于自定位置的对象之间的虚线，可以选中该对象，接着执行【视图】|【其他】|【显示文本串接】命令，串接从锚点标志符延伸到定位对象的当前代理点，如图 7-64 所示。

要查看定位对象上的锚点符号，执行【视图】|【其他】|【显示框架边线】命令，以帮助查看并确定哪些对象已经锚定，如图 7-65 所示。

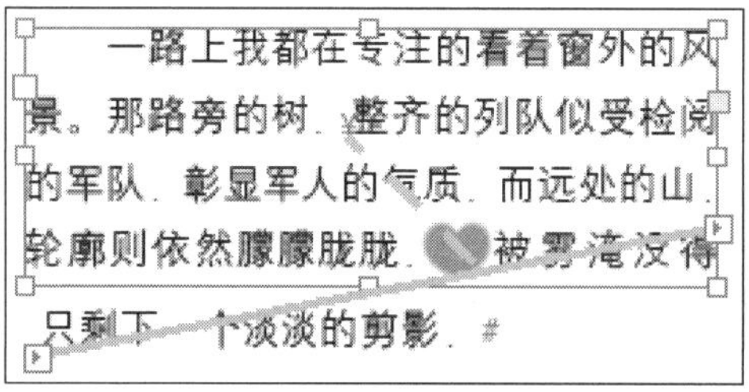

图 7-64 显示文本串接

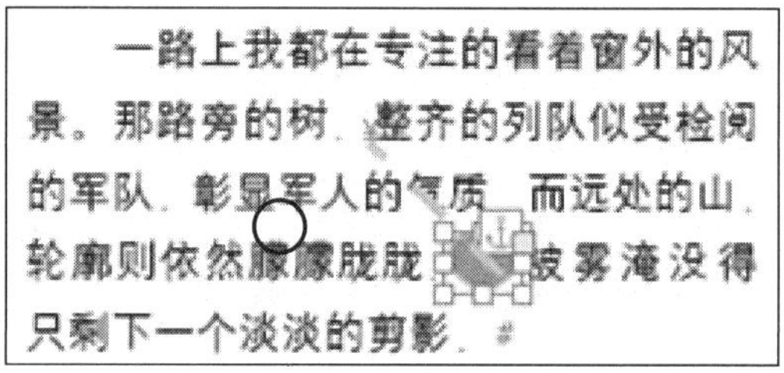

图 7-65 查看定位对象上的锚点符号

7.6.2 创建及编辑定位对象

在 InDesign 中，创建定位对象可以分为三种情况：添加定位对象，定位现有的对象以及为不可用的对象（如还没有写好的旁注文本）添加占位符框架。对于添加的定位对象，当用户不再需要定位对象时，还可以将其释放。创建定位对象后，还可以对其进行选择、复制、查看以及调整大小等操作。

1. 创建定位对象

为不可用的对象添加占位符框架，可以使用【文字工具】选定要放置该对象的锚点的插入点，然后执行【对象】|【定位对象】|【插入】命令，打开【插入定位对象】对话框，如图 7-66 所示。

在【插入定位对象】对话框中，主要包括下列内容。

（1）【内容】：可以指定占位符框架将包含的对象类型。如果选择【文本】选项，则在文本框架中将出现一个插入点；如果选择【图形】或【未指定】选项，InDesign 将选择对象框架。

图 7-66 【插入定位对象】对话框

（2）【对象样式】：该选项可以指定要用来设置对象格式的样式。

（3）【段落样式】：该选项可以指定要用来设置对象格式的段落样式。

（4）【高度】和【宽度】：该选项能够指定占位符框架的尺寸。

提　示

如果对象样式已启用段落样式，并且从【段落样式】下拉列表中选择了其他样式，或者，如果对样式的【定位位置】选项进行了更改，则【对象样式】命令中将显示一个加号(+)，指示进行了覆盖。

为现有的定位框架和对象添加定位对象。为框架添加定位对象有两种方式：可以选择【文字工具】T.，选定要用来放置该对象的锚点的插入点，然后执行【置入】命令或者【粘贴】其对象，如图 7-67 所示。

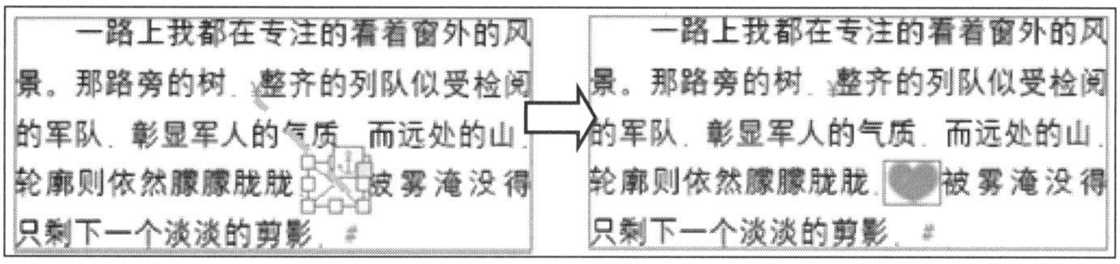

图 7-67　添加定位对象

当不再希望对象相对于与它关联的文本移动时，可以释放它，移去它的锚点。使用【选择工具】选中定位对象，执行【对象】|【定位对象】|【释放】命令即可。

提　示

如果对象的框架高于它所在的文本行，文本可能会与导入的图像重叠，此时也可能会发现该文本行上方的空间增大。需要考虑选择其他定位对象位置、插入软换行符或硬换行符、调整随文对象的大小或者为周围的行指定其他行距值。

定位现有的对象时，首先选中该对象，执行【编辑】|【剪切】命令，然后选定要用来放置该对象的插入点，执行【编辑】|【粘贴】命令。默认情况下，定位对象的位置为行中。

2．选择及复制定位对象

可以使用【选择工具】一次仅选择一个定位对象，也可以使用【文字工具】T.选择包含多个定位对象标志符的一个文本范围，并且使用【文字工具】T.选择多个锚点标志符时，可以同时为所有的定位对象更改位置选项。

复制包含定位对象标志符的文本时，将同时复制定位对象。如果复制定位对象并将其粘贴到文本之外，该定位对象将变为一个不链接到文本的独立图像，如图 7-68 所示。

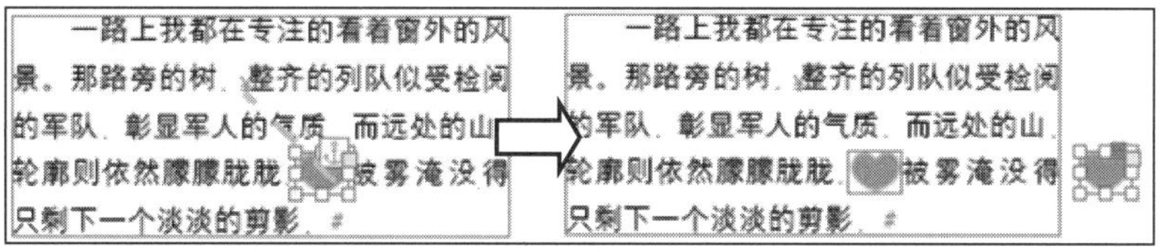

图 7-68　复制定位对象

提　示

如果在同一个位置具有多个定位对象（例如，如果一行文字包含具有相同锚定属性的两个定位对象的标志符），这些对象将互相重叠。

3．调整定位对象的大小

调整定位对象的大小可以分为调整定位对象框架的大小与调整定位对象的大小两种情况，但是在调整定位对象的大小之前，首先应该在【定位对象】对话框中禁用【防止手动定位】复选框。

首先使用【选择工具】▶ 选择对象，然后拖动定界框的边或角手柄，可以调整定位对象框架的大小，如图 7-69 所示。

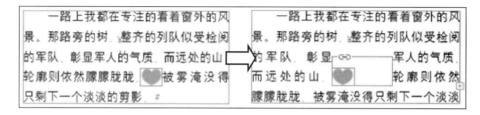

图 7-69　调整对象框架

然后，使用【直接选择工具】▷ 选择对象，拖动定界框的边或角手柄，则可以调整定位对象的大小；若定位对象是路径图形，使用【直接选择工具】▷ 可以改变图形的形状，如图 7-70 所示。

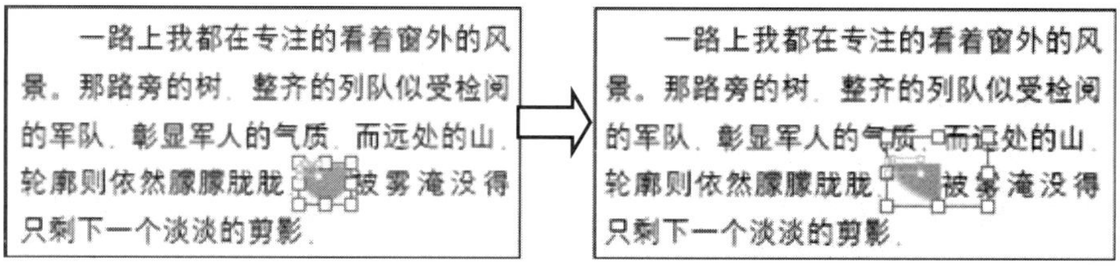

图 7-70　调整对象的大小

提　示

> 调整定位对象的大小时可能会调整对象的位置。如果垂直地调整随文或行上方锚点标志符，可能导致对象溢流。如果锚点标志符溢流，则对象也会溢流。

7.6.3　调整定位对象

在调整页面上的定位对象时，用户可以将定位对象精确定位在文本框中，即设置它在行中和行上方的位置以及对齐方式。

在插入定位对象之后，用户可以选择该对象，执行【对象】|【定位对象】|【选项】命令，在弹出的【定位对象选项】对话框中的【位置】下拉列表中选择【行中或行上】选项，如图 7-71 所示。

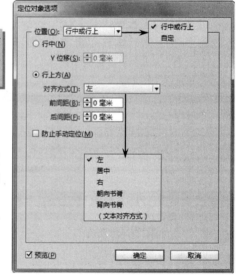

图 7-71　设置位置选项

1. 设置行中选项

【行中】选项是将定位对象的底边（在横排文本中）或左侧（在直排文本中）与基线对齐。当启用该选项时，用户可以通过设置【Y 位移】参数，能够限制随文对象沿 Y 轴的移动距离，如图 7-72 所示。

2. 设置行上方选项

【行上方】选项则在横排文本中，会将对象对齐到包含锚点标志符的文本行上方。在直排文本中指出现在文本右侧的定位对象，效果如图 7-73 所示。

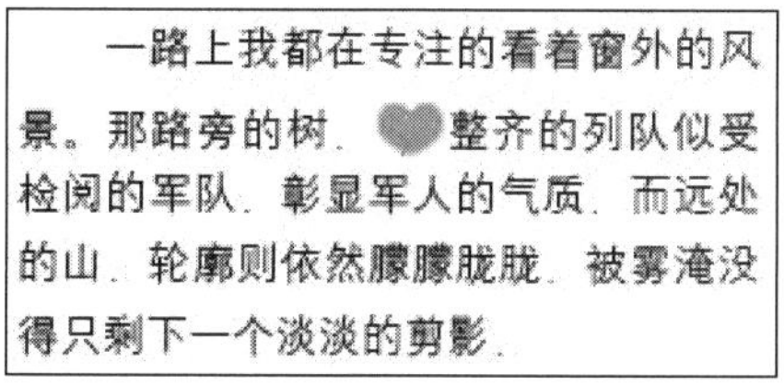

图 7-72 定位对象的行中位置

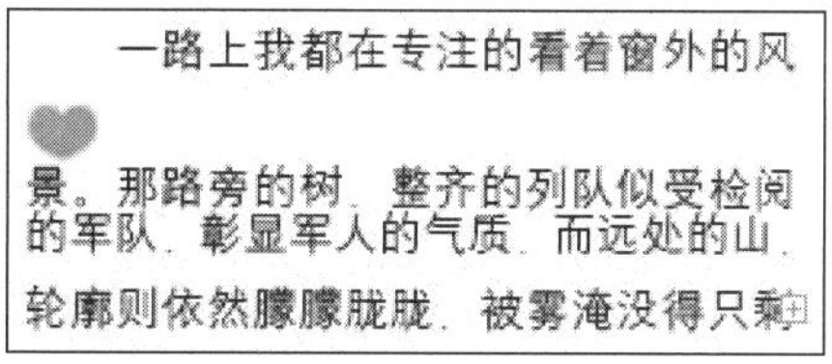

图 7-73 定位对象的行上方位置

其中，在【对齐方式】下拉列表中，主要包括下列 6 种选项。

（1）【左】、【右】和【居中】能够在文本栏内对齐对象，这些选项会忽略应用到段落的缩进值，并在整个栏内对齐对象。

（2）【朝向书脊】和【背向书脊】可以根据对象在跨页的哪一侧，将对象左对齐或右对齐。

（3）【（文本对齐方式）】可以根据段落所定义的对齐方式对齐对象。该选项在对齐对象时使用段落缩进值。

用户还可以设置【前间距】参数，该选项能够指定对象相对于前一行文本中前嵌条的底部的位置。值为正时会同时降低对象和它下方的文本；值为负时会将对象下方的文本向上移向对象。最大负值为对象的高度，如图 7-74 所示。

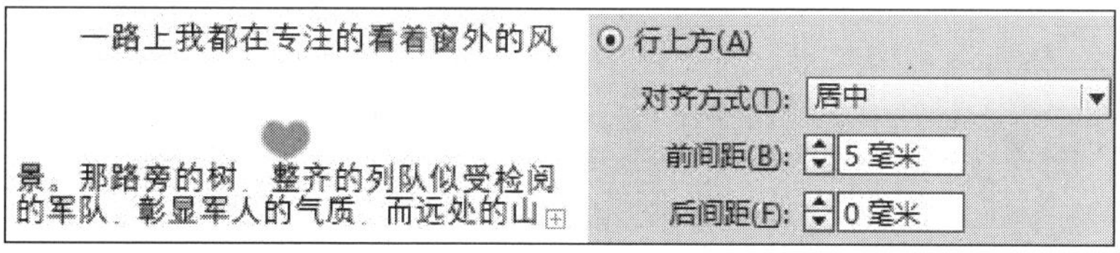

图 7-74 设置【前间距】参数

除此之外，设置【后间距】参数可以指定对象相对于对象下方的行中第一个字符的大写字母高度的位置。值为 0 时会将对象的底边与大写字母高度位置对齐；值为正时会将对象下方的文本向下移（即远离对象的底边）；值为负时会将对象下方的文本向上移（即移向对象）；如图 7-75 所示。

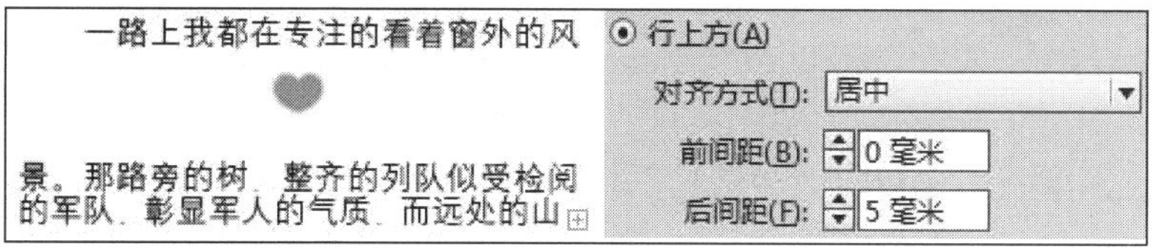

图 7-75 设置【后间距】参数

7.6.4 自定义定位对象

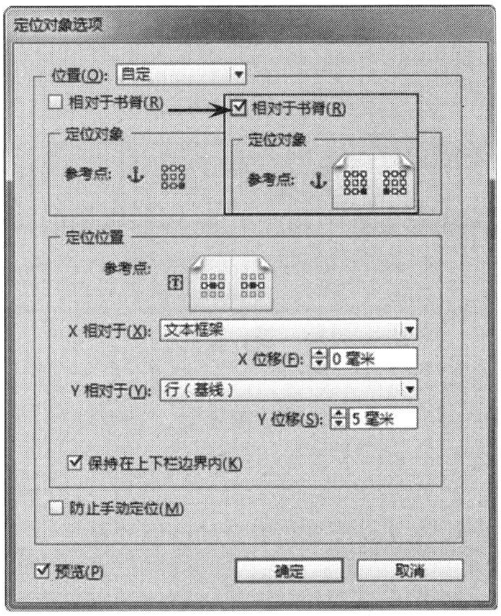

除了应用行中或行上方选项调整定位对象之外,用户还可以通过自定义的方式进行更多的选择,可以指定对象是相对于书脊对齐,还是通过设置【定位对象参考点】选项指定定位对象与页面上的某位置对齐,从而将定位对象精确定位在页面中。

定位处于自定义位置的定位对象时,用户可以在【插入定位对象】对话框或【定位对象选项】对话框中指定这些选项。但是可以设置的内容是一样的,都可以打开如图 7-76 所示的对话框。

1. 相对于书脊

图 7-76 【定位对象选项】对话框

该选项指定对象是否相对于文档书脊进行对齐。如果未选择此选项,定位对象参考点代理将显示为两页的跨页。如果选择此选项,则即使文本被重排到了对页上,定位在跨页的一侧(如外侧边距)的对象也仍将保留在外侧边距上,如图 7-77 所示。

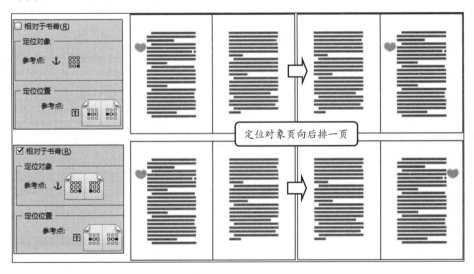

图 7-77 【相对于书脊】选项效果

2．定位对象

应用定位对象中的参考点可以指定对象上要用来与页面上的位置（由【定位位置参考点】指定）对齐的位置。

3．定位位置

应用定位位置中的【参考点】可以指定页面上要将对象与之对齐的位置（由【X 相对于】和【Y 相对于】选项定义）。例如，如果为【X 相对于】选择【文本框架】选项，为【Y 相对于】选择【行（基线）】选项，则此代理表示文本框架的水平区域和包含对象锚点标志符的文本行的垂直区域。如果单击此代理上最靠左的点，对象的参考点▦将与文本框架的左边缘和文本基线对齐，如图 7-78 所示。

图 7-78　对象的右侧与文本框框架左侧对齐

在【定位位置】组中，主要包括【X 相对于】与【Y 相对于】两种选项，其每种选项的具体功能如下所述。

1）【X 相对于】选项

该选项可以指定用户将要使用什么作为水平对齐方式的基准。例如，如果选择【文本框架】，用户可以将对象对齐到文本框架的左侧、中央或右侧。具体水平对齐到哪个位置取决于用户所选择的参考点和为 X 位移指定的位移。如图 7-79（a）所示，为将对象的右侧与页边距的左侧对齐，如图 7-79（b）所示为将对象的右侧与页面边缘的左侧对齐。

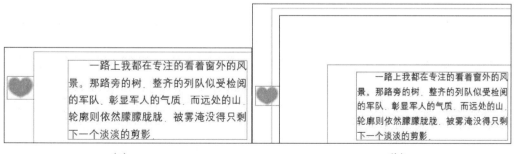

（a） （b）

图 7-79　【X 相对于】选项

2）【Y 相对于】选项

该选项可以指定对象在垂直方向上与什么对齐。例如，如果选择【页面边缘】选项，将使用页面的边缘作为基准将对象与页面的顶部、中心或者底部对齐，则定位位置参考点指定对象是与此页面项目相对应。如图 7-80（a）所示使用【页边距】选项将对象的顶边与框架底顶部对齐；如图 7-80（b）所示将对象的底边与页面边缘的顶部对齐。

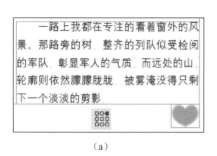
（a）

（b）

图 7-80 【Y 相对于】选项

4．保持在栏的上/下边界内

选择该选项可以将对象保持在文本栏内，如果在不选择此选项时重排文本，将使对象移出文本栏的边界。

当 InDesign 覆盖了对象的位置，将其置于栏的边界内时，用户所指定的 Y 位移值在对话框中将显示为带有一个加号(+)。

7.6.5 手动调整定位对象

手动调整定位对象的操作方便快捷，但是只有在禁用【定位对象】对话框中的【防止手动定位】复选框后才能使用。

这样，要移动随文定位对象，可以使用【选择工具】或者【直接选择工具】选择对象，然后在水平框架中垂直拖动，或者在垂直框架中水平拖动。在横排文本中，用户仅可以垂直移动随文对象，而不能水平移动。在直排文本中，用户则可以水平移动随文对象，如图 7-81 所示。

如果要将随文或行上方对象移动到文本框架外，则可以将其转换为处于自定位置的对象，然后根据需要进行移动；要移动处于自定位置的定位对象，可以使用【选择工具】或者【直接选择工具】选择对象，然后垂直或水平拖动。

一路上我都在专注的看着窗外的风景。那路旁的树，[心形] 整齐的列队似受检阅的军队。彰显军人的气质。而远处的山，轮廓则依然朦朦胧胧。被雾淹没得只剩下一个淡淡的剪影。

一路上我都在专注的看着窗外的风景。那路旁的树，[心形] 整齐的列队似受检阅的军队。彰显军人的气质。而远处的山，轮廓则依然朦朦胧胧。被雾淹没得只剩下一个淡淡的剪影。

一路上我都在专注的看着窗外的风景。那路旁的树，军队，整齐的列队似受检阅的。彰显军人的气质。而远处的山，轮廓则依然朦朦胧胧。被雾淹没得只剩下一个淡淡的剪影。

一路上我都在专注的看着窗外的风景。那路旁的树，军队，整齐的列队似受检阅的。彰显军人的气质。而远处的山，轮廓则依然朦朦胧胧。被雾淹没得只剩下一个淡淡的剪影。

▶ **图 7-81** 移动随文对象

提　示

要以平行于基线的方式移动随文定位对象，可以将插入点放在对象之前或之后，并为【字偶间距调整】指定一个新值。

7.7　课堂实例：菜谱封面设计

本实例将设计菜谱的封面，如图 7-82 所示。在设计过程中，根据版面的需要输入文字、绘制图形并置入图像等，设置文字、图形、图像的属性并对这些对象及图层之间的关系进行合理的排版，达到美观的效果。

▶ **图 7-82** 菜谱封底、封面效果

操作步骤：

1　新建文档。按 Ctrl+N 快捷键，打开【新建文档】对话框，设置文档参数，如图 7-83 所示；单击【边距和分栏】按钮，设置边距参数为 20，如图 7-84 所示。

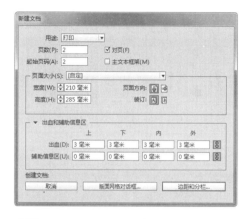

图 7-84　设置【新建边距和分栏】参数

2　绘制矩形。单击【确定】按钮后，使用【矩形工具】在页面中绘制与文档对页大小一致的矩形，如图 7-85 所示，新建颜色色板并填充矩形，效果如图 7-86 所示。

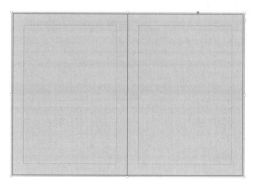

图 7-85　绘制矩形

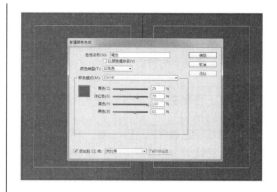

图 7-86　新建色板并填充

3　置入图像。按 Ctrl+D 快捷键置入素材，置于矩形上方，如图 7-87 所示。

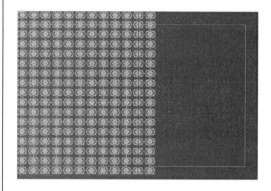

图 7-87　置入图像

4　裁剪图像。将图像放大，使宽度与页面大小一致，然后使用【选择工具】，选中框架进行裁剪，如图 7-88 所示。然后设置图像透明度，效果如图 7-89 所示。

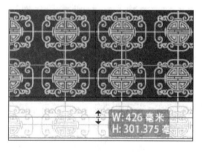

图 7-88　裁剪图像

5　新建图层。打开【图层】面板，将【图层 1】名称改为【背景】，如图 7-90 所示，然后

InDesign CC 2015 图形设计标准教程

新建名称为【图像】的图层，如图 7-91 所示。

图 7-89 透明度效果

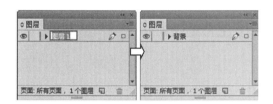

图 7-90 修改图层名称

6 制作书脊。使用【矩形工具】■绘制宽度为 15mm、高度与页面一致的矩形，禁用描边，

置于页面中央，如图 7-92 所示。新建渐变色板，并填充矩形，效果如图 7-93 所示。

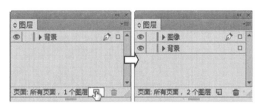

图 7-91 新建图层

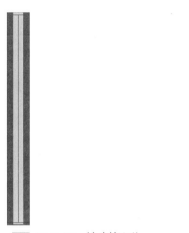

图 7-92 绘制矩形

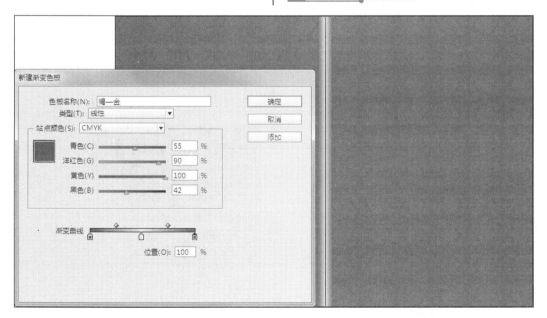

图 7-93 书脊效果

7 绘制图形。使用【矩形工具】■绘制宽度超出页面一点儿、高度为 45mm 的矩形，

描边宽度为 8mm，并填充褐–金色渐变，如图 7-94 所示，新建渐变色板，填充描边，

然后将矩形放于书脊的下方，效果如图
7-95 所示。

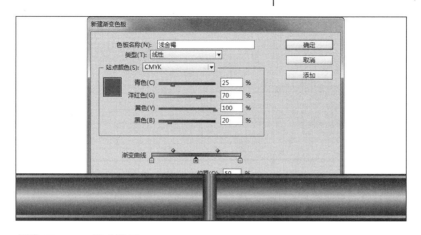

图 7-95 描边效果

8　置入图像。置入素材，调整图像大小，如图
7-96 所示，将图像置于左侧页面，并与页
面左右居中，与横向矩形上下居中，如图
7-97 所示。

图 7-96 置入素材并调整大小

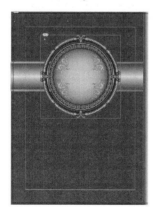

图 7-97 对齐效果

9　新建图层。打开【面板】图层，新建【文字】
图层，如图 7-98 所示。使用【文字工具】
T，输入文字"食为天"，并设置其字号字
体，如图 7-99 所示。

图 7-98 新建【文字】图层

图 7-99 输入文字并设置字体字号

10　立体效果。使用【选择工具】选中文本
框复制并原位粘贴，然后选中上层文本，按

方向键进行微移，使用【文字工具】T.选择上层文字，打开【色板】，新建渐变面板，为文字填充渐变，效果如图 7-100 所示。

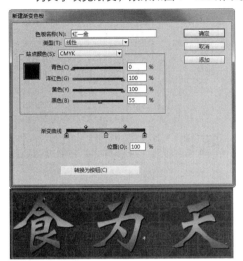

图 7-102 放置文字位置

图 7-102 放置文字位置

图 7-103 输入文字并设置文字属性

图 7-100 立体文字效果

11 调整位置。选中交叠的两个文本框，按 Ctrl+G 快捷键将两个文本编组，如图 7-101 所示，选中编组对象，使其与横向矩形上下居中，与右侧页面左右居中，如图 7-102 所示。

13 置入图像。选择【图像】图层，置入素材图像，调整大小，如图 7-104 所示。使用【椭圆工具】○绘制比图像稍大的正圆形，描边宽度为 2，新建渐变色板与颜色色板，分别填充圆形内部与描边，效果如图 7-105 所示。

图 7-101 编组效果

12 输入文字。在招牌字的上方输入"百年老字号"，设置文字属性，效果如图 7-103 所示。

图 7-104 置入图像

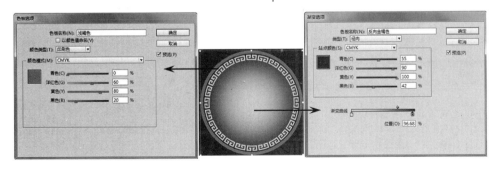

图 7-105 新建色板并填充

14 分布排列。将圆形与图像编组后进行复制，粘贴多个并全部选中，打开【对齐】面板，进行居中对齐和水平分布，然后将文本与图像上下居中对齐后编组并放置于合适的位置，效果如图 7-106 所示。

图 7-106 置入并调整图像

15 文字与图像。选择【文字】图层，输入文字"菜谱"并设置文字的属性，然后选择【图像】图层，置入图像，调整图像大小与文字的位置，设置图像的透明度，然后把图像与文字放置于合理位置，效果如图 7-108 所示。

图 7-107 设置文字与图像

16 设置文字。选择【文字】图层，输入文字"传统文化"，设置字体、字号之后，复制文本并原位粘贴，按方向键向左上方微移，然后为上层文字填充红-金渐变，制作立体效果，然后输入文字"传承经典"，设置与"传统文化"相同的属性，为上层文字填充反向金褐色渐变，效果如图 7-108 所示

传统文化　传承经典

图 7-108 设置文字属性并填充

17 招牌字体。在封底的图像中间添加字体，使用【文字工具】T，输入文字"食"，然后

设置文字的属性，复制并原位粘贴后，选中上层文本进行微移，并为上层文字填充渐变色，效果如图 7-109 所示。

图 7-109 文字效果

18 附属文字。在封底的图像下方，输入公司名称，并设置其属性，如图 7-110 所示。

图 7-110 文字效果

19 附加信息。在封底的右下角拉取文本框，输入酒店信息等，设置字体属性，为字体填充浅色，如图 7-111 所示，打开【链接】面板，选中所有图像，右击鼠标，在弹出的关联菜单中单击【嵌入链接】选项，将图像全部嵌入到文档中，如图 7-112 所示。

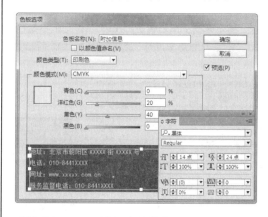

图 7-111 附加文字信息

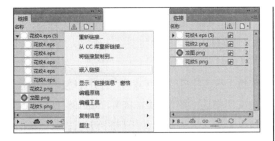

図 7-112 嵌入链接

20 完成制作。按 Ctrl+S 快捷键进行保存，最终效果如图 7-113 所示。

图 7-113 最终效果展示

思考与练习

一、填空题

1. 通过工具箱中的【内容收集器工具】 ![] 与【内容置入器工具】 ![]，能够快速进行_____操作。

2. 管理与编辑链接文件的操作都可以在_____面板中完成。

3._____面板可以将构成版面的不同对象和元素隔离到独立图层上进行编辑操作。

4. 通过_____对话框，不仅可以控制图层的可视性，而且通过图层复合可以在 InDesign 中查看不同的图像效果，确定图像的最终状态。

5. 创建定位对象可以分为三种情况，即：_____、_____以及_____。

二、选择题

1. 在【文本绕排】面板中，除了系统默认的绕排方式，还有其他一些绕排方式。以下不属于其方式的是_____。

　　A. 沿定界框绕排

　　B. 沿对象形状绕排

　　C. 中间型

　　D. 上下型绕排和下型绕排

2. 替换框架内容的方法有_____种。

　　A. 2

　　B. 3

　　C. 4

　　D. 5

3. 图层较多时，按住_____键的同时单击【图层】面板底部的【创建新图层】按钮，可在选定的图层上方创建新图层。

　　A. Ctrl

　　B. Shift

　　C. Alt

　　D. Tab

4. 图层上的对象也具有先后顺序，可以使用_____快捷键调整对象与对象之间的顺序。

　　A. Ctrl+Shift+↑ 或 Ctrl+Shift+↓

　　B. Ctrl+Shift+→ 或 Ctrl+Shift+←

　　C. Ctrl+Alt+] 或 Ctrl+Alt+[

　　D. Ctrl+Shift+] 或 Ctrl+Shift+[

5. 使用_____命令不仅可以精确地确定对象的位置，同时也可以使对象随文排版，满足排版的不同需要。

　　A. 定位对象

　　B. 置入对象

　　C. 粘贴对象

D. 复制对象

三、简答题

1. 怎样创建几何框架？
2. 裁剪图像有哪几种方法？
3. 如何创建定位对象？

四、上机练习

1. 制作沿对象形状绕排的效果

本练习制作的是沿对象形状绕排的效果，如图 7-114 所示。在制作过程中，重点需要在置入图像前需要将剪切路径存储到所用于创建此图像的应用程序中，然后将此图像置入 InDesign 中，在【图像导入选项】对话框中启用【应用 Photoshop 剪切路径】复选框，并通过执行【窗口】|【文本绕排】命令，打开【文本绕排】面板，对其应用【沿对象形状绕排】选项。

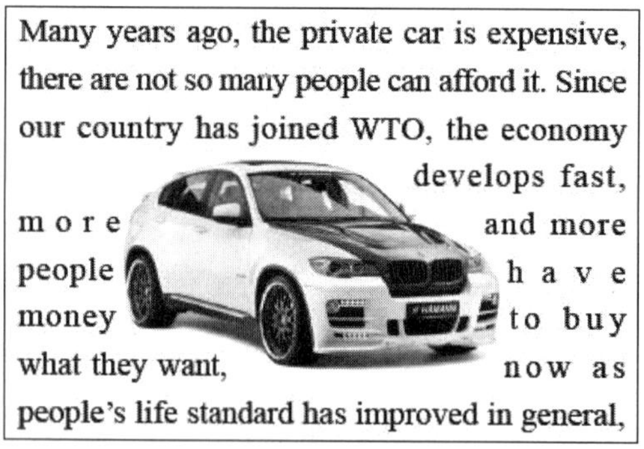

Many years ago, the private car is expensive, there are not so many people can afford it. Since our country has joined WTO, the economy develops fast, more and more people have money to buy what they want, now as people's life standard has improved in general,

图 7-114 沿对象形状绕排效果

2. 嵌入图像链接

本练习制作的是将图像嵌入到文档中，如图 7-115 所示。在制作过程中，需要在文档中置入图像，然后对图像进行裁剪。打开【链接】面板，在文档中选中图像，【链接】面板中相对应的图像也显示选中状态，单击【链接】面板右上角的关联按钮，在弹出的关联菜单中选择【嵌入链接】选项，即可将图像嵌入到文档中。

链接
名称
花朵1.ai
花朵2.ai
花朵3.ai

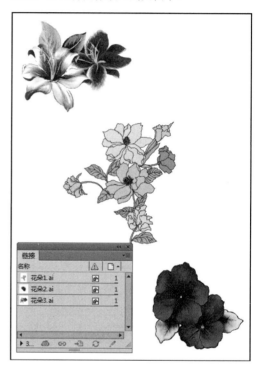

图 7-115 嵌入图像链接

第8章

表格

　　表格是一种常用方法，给人直观明了的感觉，在组织分类或数据统计时起到易于管理与查询的效果。在 InDesign 中，提供了强大的创建与管理表格的功能和数据合并功能。它可以将不同的文本、图形进行有效地规划并将数据信息进行分类管理，易于查询。

　　本章主要讲解表格的创建、设置及使用的操作方法，还详细介绍了表格、单元格的属性设置及与文字、图形之间相互转换的技巧等知识，通过创建表格样式对表格进行管理，然后对其中的内容进行数据合并，帮助读者整体掌握表格的知识。

8.1　创建表格

　　在 InDesign 排版中，表格能够起到调整版面的作用，将不同的文字与图形放置到表格中，通过调整表格，使版面整洁而规范。创建表格的方法有多种，常见的方法是直接创建与置入表格。

●--8.1.1　创建表--

　　在实际工作中，可以直接创建表格。执行【表】|【创建表】命令，弹出【创建表】对话框，设置表格的属性，最后单击【确定】按钮，如图 8-1 所示。

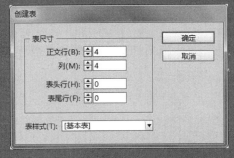

◎　图 8-1　【创建表】对话框

技　巧

直接创建好的表格本身是在一个文本框中，文本框与表格大小相同，使用【选择工具】 将文本框放大，使用【文字工具】 可以在表格外的空白部分输入文字。

　　也可以使用【文字工具】 在绘制区中拖动出矩形文本框，并将插入点定位在文本

框架中，然后执行【表】|【插入表】命令，打开【插入表】对话框，设置表格的属性，最后单击【确定】按钮，如图 8-2 所示。

【创建表】与【插入表】对话框中的选项是完全相同的，主要包括下列选项。

（1）【正文行】：该文本框用于指定正文的行数。

（2）【列】：该文本框用于指定正文的列数。

（3）【表头行】：该文本框用于指定表头的行数。

（4）【表尾行】：该文本框用于指定表尾的行数。

（5）【表样式】：该下拉列表可以指定基于表的样式。

图 8-2 【插入表】对话框

表格的排版方向取决于用来创建该表格的文本框架的排版方向；文本框架的排版方向改变时，表的排版方向会随之改变。

技 巧

在 InDesign 中创建表格时，新建表格的宽度会与作为容器的文本框的宽度一致。插入点位于行首时，表格插在同一行上；插入点位于行中间时，表格插在下一行上。

8.1.2 导入 Excel 表格

除了插入表格和将文本转换为表格外，还可以从其他应用程序中直接导入表格。当处理数据庞大的信息时，可以在 Excel 或 Word 中对数据信息使用表格的形式进行处理，然后再导入到 InDesign 中使用。

要导入 Excel 文件，可以执行【文件】|【置入】命令，在打开的【置入】对话框中启用【显示导入选项】复选框，然后双击要导入的 Excel 文档，打开【Microsoft Excel 导入选项】对话框，如图 8-3 所示。

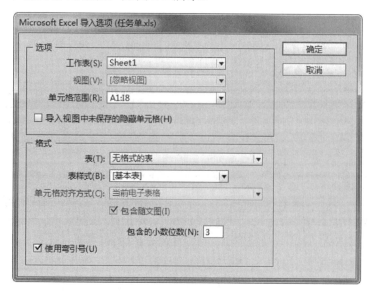

图 8-3 【Microsoft Excel 导入选项】对话框

【Microsoft Excel 导入选项】对话框中，各选项的具体含义如下所述。

（1）【工作表】：该下拉列表用于指定置入文档的名称（当多个文档一起置入时）。

（2）【单元格范围】：该下拉列表用于指定置入文档的单元格区域。

（3）【导入视图中未保存的隐藏单元格】：启用该复选框，可以将 Excel 文档中未保存的隐藏单元格一起导入。

（4）【表】：该下拉列表用于选择置入表格后所显示的情况。

（5）【表样式】：该下拉列表用于指定表的样式是否基于表。

（6）【包含的小数位数】：该文本框用于指定所置入文档中所包含的小数位数（默认情况下为 3）。

（7）【使用弯引号】：启用该复选框可确保导入的文本为左右引号（""）.和撇号（'），而不是英文直引号（""）和撇号（'）。

提 示

设置好对话框中的参数后，使用与置入 Word 文件相同的方法将 Excel 文件置入到版面中。

8.1.3 导入 Word 表格

要导入 Word 文件，可以执行【文件】|【置入】命令或按 Ctrl+D 快捷键，在打开的【置入】对话框中启用【显示导入选项】复选框，然后双击要置入的 Word 文档，打开【Microsoft Word 导入选项】对话框，如图 8-4 所示。

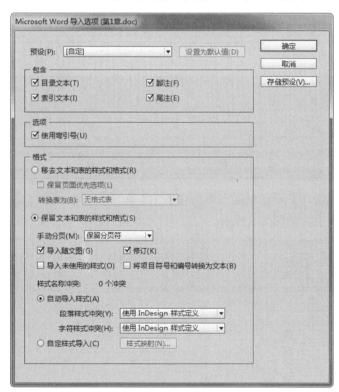

图 8-4 【Microsoft Word 导入选项】对话框

【Microsoft Word 导入选项】对话框中的各选项的具体含义，如表 8-1 所示。

表 8-1　【Microsoft Word 导入选项】对话框中各选项的含义

组	选　项	功　能
预设		在【预设】下拉列表中将自动使用默认的预设，可以选取一种存储的预设
包含	目录文本	若启用该复选框，则将目录作为文本的一部分导入到出版物中，这些条目作为纯文本导入
	索引文本	若启用该复选框，则将索引作为文本的一部分导入到出版物中
	脚注	若启用该复选框，则将脚注作为文本的一部分导入为 InDesign 脚注。脚注与引用是保留的，但根据文档的脚注设置重新排列
	尾注	若启用该复选框，则将尾注作为文本的一部分导入到出版物的末尾
选项	使用弯引号	【使用弯引号】复选框可确保导入的文本为左右引号（""）和撇号（'），而不是英文直引号（""）和撇号（'）
格式	移去文本和表的样式和格式	若启用该单选按钮，将不导入文档中的样式与随文图形，并从导入的文本或表中的文本移动格式，如字体、文字样式等
	保留页面优先选项	若启用该复选框，将保留应用到页面段落的字符格式
	转换表为	在该下拉列表中可以选择将表转换为无格式的表或无格式的制作表符分隔的文本
	保留文本和表的样式和格式	若启用该单选按钮，将保留 Word 文档的格式
	手动分页	在该列表中，可以选择保留分页符、将其转换为分栏符或不换行
	导入随文图	若启用该复选框，导入时将保留 Word 文档的随文图形
	导入未使用的样式	若启用该复选框，导入 Word 文档中的所有样式，包括未应用于文本的样式
	修订	若启用该复选框，将显示 Word 文档中的修订信息
	将项目符号和编号转换为文本	若启用该复选框，导入 Word 文档将文档中的项目符号和编号转换为文本
	样式名称冲突	若出现黄色警告三角形，则表明有一个或多个段落或字符样式与 InDesign 样式同名
	自动导入样式	若启用该单选按钮，在【段落样式冲突】或【字符样式冲突】列表中可以使用 InDesign 样式或自动重命名
	自定样式导入	若启用该单选按钮，单击【样式映射】按钮可以导入 Word 样式——选择所需要的 InDesign 样式

设置好【Microsoft Word 导入选项】对话框后，单击【确定】按钮，当光标变为置入图标时，单击将表格置入到版面中，如图 8-5 所示。

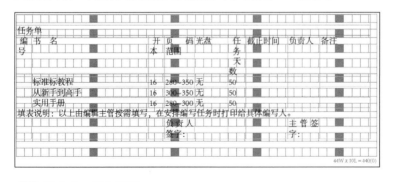

图 8-5　置入表格

8.2 设置表选项

创建表格或置入表格之后，需要对表格进行多次的编辑、调整等，才能满足使用要求。比如选中表格或选中部分单元格、调整尺寸、框线、填色等，特别需要注意的是表头与表尾的设置。

8.2.1 选择表格

在 InDesign 中，表格元素既包含其本身，还包含单元格、行与列，这些元素的选择方法各不相同。使用【文字工具】T.可以选择单个单元格，也可以选择多个单元格，还可以选择整个表。

1. 选择单个单元格

启用【文字工具】T.，在表格的任何单元格内单击，执行【表】|【选择】|【单元格】命令，即可将单个单元格选中，如图 8-6 所示。

技 巧

定位好光标插入点后，按 Esc 键也可将单元格选中。

2. 选择连续的单元格

启用【文字工具】T.，在表格内单击并跨单元格边框拖动，即可选中连续单元格，如图 8-7 所示。

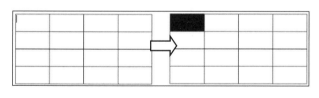

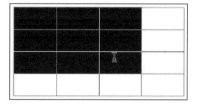

图 8-6 选择单个单元格   图 8-7 选择连续的单元格

技 巧

定位好光标插入点后，按 Shift+方向键可以选择当前单元格各方向上的单元格。

3. 选择整行或整列

启用【文字工具】T.，将光标定位在任意一列中，执行【表】|【选择】|【列】命令，即可将整列单元格选中，如图 8-8 所示。另外，选择表头、表尾和正文行的方法与选择整列的方法相同。

启用【文字工具】T,，将光标移至列的上边缘，当光标变为↓时，单击鼠标即可选中整列，如图 8-9 所示。

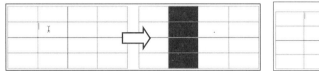

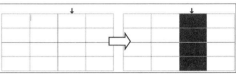

图 8-8 命令法选择整列

图 8-9 鼠标法选择整列

技 巧

将光标移至行的左边缘，当光标变为→时，单击鼠标即可选中整行。

4．选择整个表

启用【文字工具】T,，将光标移至表格左上角的边缘，当光标变为↘时，单击鼠标即可选中整个表格，如图 8-10 所示。

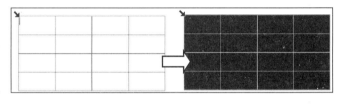

图 8-10 选择整个表

8.2.2 表设置

启用【文字工具】T,，将光标插入点定位在表格中，执行【表】|【表选项】|【表设置】命令，打开【表选项】对话框，如图 8-11 所示。

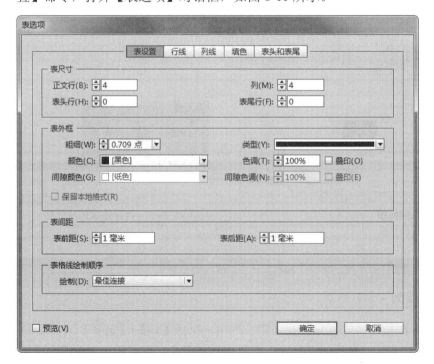

图 8-11 【表选项】对话框

在【表选项】对话框中，主要包括下列 5 个选项组。

（1）【表尺寸】：可以设置表格正文行数、列数、表头行数、表尾行数。

（2）【表外框】：若禁用【保留本地格式】复选框，可以进一步设置表框粗细、类型、颜色、色调等，否则将使用默认格式。设置表格外框的方法与设置普通对象描边的方法是相同的，此处不再详细介绍。图 8-12 展示了表格应用了 3 mm 粗的细-细黑色边框的效果。

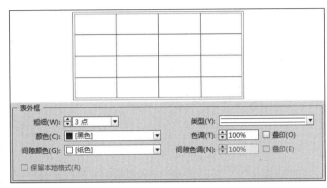

（3）【表间距】：可以为表格前间距或表格后间距指定不同的值。

（4）【表格线绘制顺序】：在【绘制】下拉列表中可以设置表格线条的绘制顺序，共包括三种类型，即最佳连接、行线在上和列线在上。默认情况下使用最佳连接。图 8-13 显示了使用不同的绘制顺序的效果。

图 8-12　设置表外框

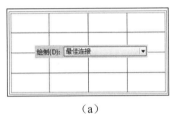

（a）

（b）

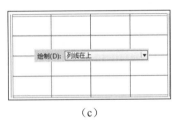

（c）

图 8-13　不同线条绘制顺序的效果

（5）【预览】：启用该复选框，可以预览到设置表格选项的效果。

8.2.3　行线与列线

设置交替行线或列线方法完全相同，接下来只介绍如何设置交替行线，在【表选项】对话框中选取【行线】选项卡，如图 8-14 所示。

在【行线】选项卡中，主要包括下列选项。

（1）【交替模式】：在交替模式列表中，若选择【无】，则不使用任何交替方式；若选择【每隔一行】，则可以使表格外框隔行改变颜色；若选择【自定行】，则可以进一步指定交替方式，如某一行使用黑色粗线，而随后的三行使用黄色细线。图 8-15 展示了使用不同的交替模

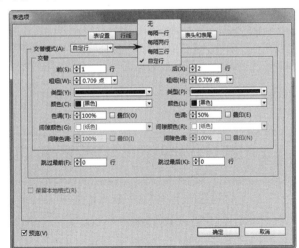

图 8-14　【行线】选项卡

式的效果。

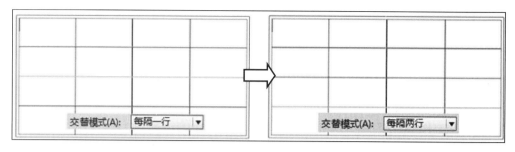

图 8-15 设置交替模式

（2）【交替】：在该选项区域中，可以进一步为前后设置行线粗细、类型、颜色、色调等，如图 8-16 所示。

图 8-16 设置交替行线

（3）【保留本地格式】：若启用该复选框，将保留以前应用于表的描边效果。

（4）【跳过最前】或【跳过最后】：这两个文本框可以指定填色所不应用的表开始和结尾处的行或列数。

提 示

要设置交替列线，在打开的【表选项】对话框中选择【列线】选项卡即可。

8.2.4 填色

要给表格填充颜色，需选择【填色】选项卡，如图 8-17 所示。在此选项卡中可以设置表格颜色交替模式，根据不同的需要填充不同的行色或列色。

在【填色】选项卡中，主要包括下列选项。

（1）【交替模式】：在该下拉列表中，可以选择交替模式为【无】、【每隔一行】、【每隔两行】、【每隔两列】或【自定行】等，同设置表格外框的方式相同，图 8-18 展示了每隔一行/列填充颜色的效果。

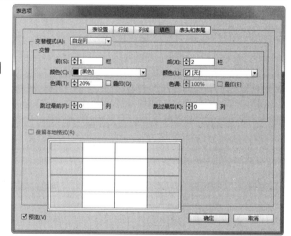

图 8-17 【填色】选项卡

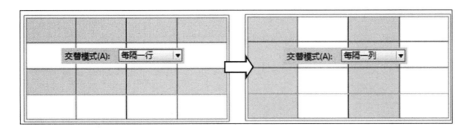

图 8-18 隔行或隔列填色效果

（2）【交替】：在该选项区域中，可以进一步为前后行设置线粗细、类型、颜色、色调等。若要将填色应用于每行，可以在【后】文本框中输入"0"。

（3）【保留本地格式】：若启用该复选框，将保持以前应用于表的描边格式有效。

（4）【跳过最前】或【跳过最后】：这两个文本框用于指定填色所不应用的表开始和结尾处的行数或列数。

8.2.5 设置表头与表尾

在创建长表格时，可能要跨多个栏、框架或页面。可以使用表头或表尾在表的每个拆开部分表头或表尾重复显示信息，可以将现有行转换为表头或表尾，也可以将表头或表尾转换为正文行。选择【表选项】对话框中的最后一个选项卡，如图 8-19 所示。

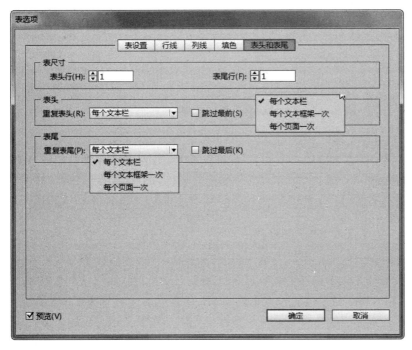

图 8-19 【表头和表尾】选项卡

其中，【表头和表尾】选项卡中各选项如下所述。

（1）表尺寸：在该选项区域中，【表头】和【表尾】这两个文本框用于指定表头行数与表尾行数。图 8-20 展示了添加了表头与表尾的表格效果。

（2）【表头】：若设置表头行数，可在【重复表头】列表中将表头重复在每个文本栏、框架或页面中；若启用【跳过最前】复选框，可以将表头信息不显示在表的第一行中。

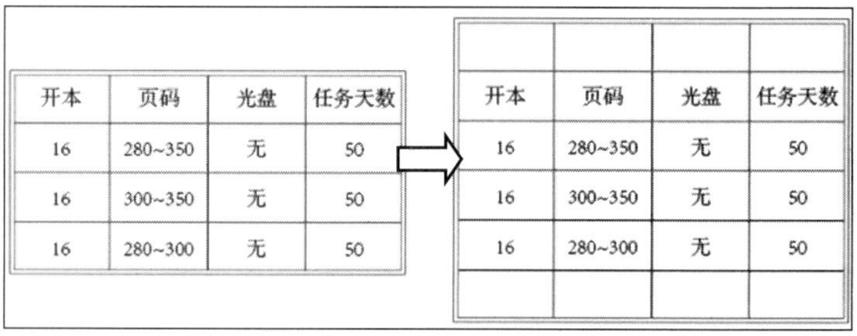

图 8-20 添加表头与表尾

（3）【表尾】：若设置表尾数，可在【重复表尾】列表中将表尾重复在每个文本栏、框架或页面中；若启用【跳过最后】复选框，可以将表头信息不显示在表的最后一行中。

表头与表尾无法与普通表格同时选中，要创建表头，可以使用以下方法。

（1）在使用【表】|【插入表】命令时，在【插入表】对话框中设置【表头】数值。

（2）在【表选项】对话框中选择【表设置】选项卡，然后在其中设置【表头】数值。

（3）在【表选项】对话框中选择【表头和表尾】选项卡，然后在其中设置【表头】数值。

（4）选中表格的第一行或包含第一行的多行单元格，在其上单击鼠标右键，在弹出的快捷菜单中选择【转换为表头】命令。

（5）对于已有表头的表格，可以将光标置于表头下面一行的任意一个单元格中，然后选择【表】|【转换行】|【到表头】命令，从而将其也转换为表头。

要删除表头，可以使用以下方法。

（1）在【表选项】对话框中选择【表设置】选项卡，然后在其中设置【表头】数值为 0。

（2）在【表选项】对话框中选择【表头和表尾】选项卡，然后在其中设置【表头】数值为 0。

（3）选中表头，在其上单击鼠标右键，在弹出的快捷菜单中选择【转换为正文行】命令。

（4）将光标置于表头的任意一个单元格中，然后选择【表】|【转换行】|【到正文】命令。

表尾与表头的功能基本相同，差别在于表尾是位于表格的末尾。当表格分布于多个文本框中时，系统会自动在表格末尾增加表尾，要创建表尾，可以使用以下方法。

（1）在使用【表】|【插入表】命令时，在【插入表】对话框中设置【表尾】数值。

（2）在【表选项】对话框中选择【表设置】选项卡，然后在其中设置【表尾】数值。

（3）选中表格的最后一行或包含最后一行的多行单元格，在其上单击鼠标右键，在弹出的快捷菜单中选择【转换为表尾】命令。

（4）对于已有表尾的表格，可以将光标置于表尾上面一行的任意一个单元格中，然后选择【表】|【转换行】|【到表尾】命令，从而将其也转换为表尾。

要删除表尾，可以使用以下方法。

（1）在【表选项】对话框中选择【表设置】选项卡，然后在其中设置【表尾】数值为0。

（2）在【表选项】对话框中选择【表头和表尾】选项卡，然后在其中设置【表尾】数值为0。

（3）选中表头，在其上单击鼠标右键，在弹出的快捷菜单中选择【转换为正文行】命令。

（4）将光标置于表头的任意一个单元格中，然后选择【表】|【转换行】|【到正文】命令。

8.3 设置单元格选项

表是由单元格组成的，表不仅可以整体设置，还可以设置单个或几个单元格的属性。通过单元格选项，可以设置单元格中的文本格式、描边、填充、单元格的大小以及为单元格添加对角线等。

8.3.1 设置文本

执行【表】|【单元格选项】|【文本】命令，打开【单元格选项】对话框，如图8-21所示。在【文本】选项卡中可以设置文本的排版方向、设置单元格内边距和单元格对齐方式等。

其中，【文本】选项卡中各选项如下所述。

（1）【排版方向】：在【排版方向】下拉列表中可以设置文本排版方向为【水平】或【垂直】。

（2）【单元格内边距】：可以在【上】、【下】、【左】或【右】文本框中设置内边距。

（3）【垂直对齐】：在【对齐】下拉列

图8-21 【文本】选项卡

表中可以设置文本垂直对齐方式为【上对齐】、【居中对齐】、【下对齐】或【撑满】，若选择【撑满】，则将排满单元格上下的位置，如图8-22所示。

（4）【首行基线】：在【位移】列表中选择一种文本将偏离单元格顶部方式；在【最小】文本框中设置最小的位移量。

（5）【文本旋转】：在【旋转】列表中可以设置文本旋转为0°、90°、180°或270°。

（6）【剪切】：在该选项区域中，若启用【按单元格大小剪切内容】复选框，将剪切单元格溢流内容。

8.3.2 图形

执行【表】|【单元格选项】|【图形】命令，打开【单元格选项】对话框，如图 8-23 所示。在【图形】选项卡中可以设置文本的排版方向、设置单元格内边距和单元格对齐方式等。

其中，【图形】选项卡中各选项如下所述。

（1）【单元格内边距】：通过上下左右几个选项可以设置图形与单元格边线的距离。

（2）【剪切】：启用该选项下的复选框后，向单元格中置入图像时，将以单元格大小为边框对图像进行裁切。

这是 InDesign CC 2015 版的新增功能之一，当把图片置入表格中时会将单元格视为图像框架，如图 8-24 所示。

所有框架和适合选项均适用，使得创建同时包含文本和图形的表轻松许多，如图 8-25 所示为对置入的图像进行【框架适合内容】的操作。可以将图像拖放到表单元格中，或者使用内容收集器置入它们，然后使用图形框架知识对图像进行调整。

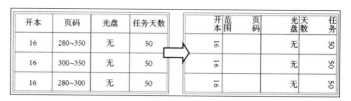

图 8-22 使用文本撑满单元格

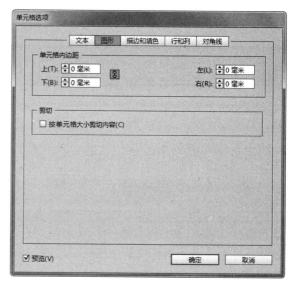

图 8-23 【图形】选项卡

开本	页码	光盘	任务天数
16	280~350	无	50
16	300~350	无	50
16	280~300	无	50

图 8-24 单元格框架

开本	页码	光盘	任务天数
16	280~350	无	50
16	300~350	无	50
16	280~300	无	50

图 8-25 单元格【框架适合内容】效果

8.3.3 描边与填色

在设置表格格式时，还可以为单独的单元格或单元格区域设置填色或描边。为单元格设置填色或描边的方式有两种，一种是前面讲过的【描边】面板和【色板】面板，一种是使用【单元格选项】对话框中的【描边和填色】选项卡。

要设置单元格描边与填色选项，可选择【单元格选项】对话框中的【描边和填色】选项卡，如图 8-26 所示。

【描边和填色】选项卡中各选项如下所述。

（1）【单元格描边】：在该选项区域中，可以设置单元格描边的粗细、类型、颜色、色调、间隙等，如图 8-27 所示。

图 8-26 【描边和与填色】选项卡   图 8-27 设置单元格描边

（2）【单元格填色】：在该选项区域中，可以设置单元格填色的颜色与色调。

8.3.4 行与列

设置行高与列宽的方式有两种，既可以通过前面讲过的【表】面板来设置，也可以通过【单元格选项】中的【行和列】选项卡。要设置单元格行高与列宽选项，可选择【单元格选项】对话框中的【行和列】选项卡，如图 8-28 所示。

其中，在【行高】选项中，若选择【最少】选项，可设置行高最小值与最大值，在添加文本或增加大小时，将增加行高；若选择【精确】选项，可设置固定的行高，添加或移去文本时，行高将不会改变。列宽亦是如此。若将表拆分到多个串接框架中，可以在【保持选项】选项区域中设置确定应将多少行保留在一起，或者指定起始行位置，如下一框架等。图 8-29 展示了将表拆分到两个框架中的效果。

图 8-28 【行和列】选项卡

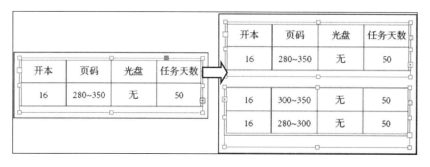

图 8-29 将表拆分到两个框架中的效果

另外，在【保持选项】选项组中，可以在【起始行】下拉列表中设置起始行位置，例如，下一文本栏、下一框架等；若启用【与下一行接排】复选框，下一行将与选定行保持在一起。

8.3.5 对角线

在【单元格选项】对话框中选择【对角线】选项卡后，将显示为如图 8-30 所示的状态。

在此对话框中，可以设置所选单元格是否带有对角线。在【对角线】选项卡的下方，可以选择对角线的方向，在下面的参数区中可以设置对角线的描边属性。

图 8-30 【对角线】选项卡

8.4 设置表格属性

表格有时并不能一次创建成功，通常创建出原始表格后，还需要根据实际需要进行添加或删除行/列、合并或拆分单元格、复制粘贴单元格中的内容以及在表格中嵌套表格等操作，经过多次的编辑与调整之后，达到最终的效果。

8.4.1 添加与删除行/列

一般情况下，在创建表格时就会设置好所需要的行数与列数，当需要添加内容时，就需要在表格中插入新的行或列。插入行与列的方法有两种，一种是通过菜单命令，另一种是通过直接拖动插入行或列。

1. 命令法插入行与列

通过菜单命令可以一次性插入多行或多列，并且插入的行或列的属性与插入点所在单元格的属性保持一致。

启用【文字工具】 T. ，将插入点定位在希望新行出现位置的上一行或下一行，执行【表】|【插入】|【行】命令，打开【插入行】对话框，如图 8-31 所示。

其中，【行数】用来设置需要插入的具体行数；启用【上】单选按钮，可以在插入点所在的单元格的上方插入行；启用【下】单选按钮，可以在插入点所在的单元格的下方插入行。设置好插入行的参数后，单击【确定】按钮即可插入新行，如图 8-32 所示。

图 8-31 【插入行】对话框　　图 8-32 插入新行

技　巧

将插入点定位在表格最后一个单元格中，按 Tab 键也可以插入新行。

另外，插入新列的方法与插入新行的方法相似，不同之处在于需要将插入点定位在希望新列出现位置的左一列或右一列。启用【文字工具】 T. ，将插入点定位在单元格中，执行【表】|【插入】|【列】命令，在打开的【插入列】对话框中设置要插入的列数及位置，如图 8-33 所示。

开本	页码	光盘	任务天数
16	280~350	无	50
16	300~350	无	50
16	280~300	无	50

开本	页码		光盘	任务天数
16	280~350		无	50
16	300~350		无	50
16	280~300		无	50

图 8-33 插入新列

技　巧

还可以通过【表】面板来更改行数和列数，执行【窗口】|【文字和表】|【表】命令，即可打开【表】面板。

2. 鼠标法插入行与列

拖动表格的边框时，如果拖动的距离超过了被拖动行宽度的 1.5 倍，就会添加与原始行等高的新行，使用这种方法也可以一次性插入多行或多列。

开本	页码	光盘	任务天数
16	280~350	无	50
16	300~350	无	50
16	280~300	无	50

开本	页码	光盘	任务天数
16	280~350	无	50
16	300~350	无	50
16	280~300	无	50

图 8-34 插入新行

要插入新行可以将【文字工具】 T. 放置在行的边框上，当光标显示双箭头图标 ↕ 时，单击向下拖动，拖动时再按住 Alt 键即可插入新行，如图 8-34 所示。使用相同的方法也可插入新列。

　　除了可以在表格中插入行或列外，还可以通过删除行或列等操作，将表格中多余的内容删除。方法是，启用【文字工具】，将插入点定位在要删除行的单元格中，执行【表】|【删除】|【行】命令，即可删除单元格所在的行，如图 8-35 所示。另外，删除列的方法与删除行相同。

开本	页码	光盘	任务天数
16	280~350	无	50
16	300~350	无	50
16	280~300	无	50
⬚			

➡️

开本	页码	光盘	任务天数
16	280~350	无	50
16	300~350	无	50
16	280~300	无	50

🔘 图 8-35　删除行

8.4.2　合并与拆分单元格

　　在创建内容较多的表格时，有时需要将某些单元格拆分或合并，例如，可以将表格最上面一行中的所有单元格合并成一个单元格，以留作表格标题使用。

1．拆分单元格

　　在创建表单类型的表格时，可以选择多个单元格，然后垂直或水平拆分它们。方法是，将插入点定位在要拆分的单元格中（也可选择行、列及单元格区域），执行【表】|【水平拆分单元格】或【垂直拆分单元格】命令即可，如图 8-36 所示。

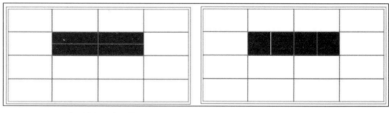

（a）水平拆分单元格　　　　　（b）垂直拆分单元格

🔘 图 8-36　拆分单元格

2．合并单元格

　　使用【文字工具】 **T.** 选取要合并的单元格，执行【表】|【合并单元格】命令即可，如图 8-37 所示。

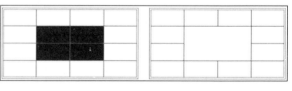

🔘 图 8-37　合并单元格

技　巧

将插入点定位在经过合并的单元格中，执行【表】|【取消合并单元格】命令，即可取消合并单元格。

8.4.3 嵌套表格

表格在 InDesign 中是用来定位与排版的，而有时一个表格无法满足所有的要求，这时就需要运用到嵌套表格。嵌套表格顾名思义就是在表格中插入表格。这样一来，由总表格负责整体的排版，由嵌套的表格负责各个子栏目的排版，并插入到总表格的相应位置中。

要想插入嵌套表格，首先要创建表格，然后将光标放置在单元格中，使用插入表格的方法插入嵌套表格即可，如图 8-38 所示。

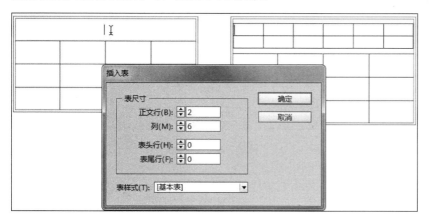

图 8-38 嵌套表格

提 示

嵌套表格是在另一个表格的单元格中的表格。可以像对任何其他表格一样对嵌套表格进行格式设置；但是，其宽度受它所在单元格的宽度的限制。

8.4.4 添加内容

在 InDesign 中，创建并编辑好表格整体框架以后，就可以在单元格中添加相应的数据、图片等内容了。在表格中插入文本或者图像的方法与直接在版面中插入文本或者图像的方法基本相同，不同之处在于，在插入之前，需要先将光标放置在表格中。

1. 在表格中输入文本

在表格中输入文本的方法与输入普通文本的方法相似。不同之处在于，在表格中输入时需要先将插入点定位在单元格中，然后再输入文本。图 8-39 展示了输入不同文本制作的购房方案表。

任务单					
编号	任务名称	任务天数	截止时间	负责人	备注
01	标准标教程	50			
02	从新手到高手	50			
03	实用手册	50			

图 8-39 输入文本

2. 在表格中插入图像

要在表格中插入图像，可以将光标定位在要插入图像的单元格中，按照普通图像的插入方法插入即可，如图 8-40 所示。

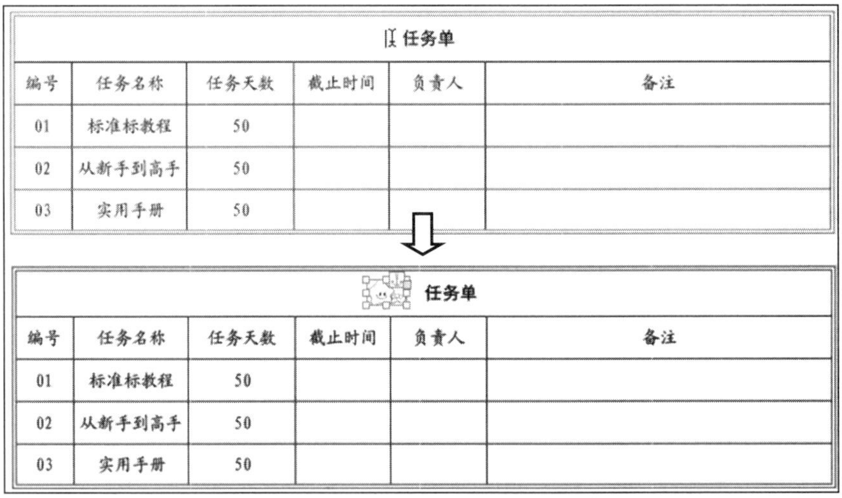

☒ 任务单					
编号	任务名称	任务天数	截止时间	负责人	备注
01	标准标教程	50			
02	从新手到高手	50			
03	实用手册	50			

🖼 任务单					
编号	任务名称	任务天数	截止时间	负责人	备注
01	标准标教程	50			
02	从新手到高手	50			
03	实用手册	50			

图 8-40 插入图像

提 示

插入图片后还可以对其进行不同形式的变换，如改变对象的大小、形状以及位置，还可以改变选定对象的旋转角度和倾斜度等。

另外，用户还可以在一个单元格中插入多个图像，将光标定位在"任务单"的右侧，插入图像。保持插入图像的选择状态并右击，执行【变换】|【水平翻转】命令，将图片水平翻转，如图 8-41 所示。

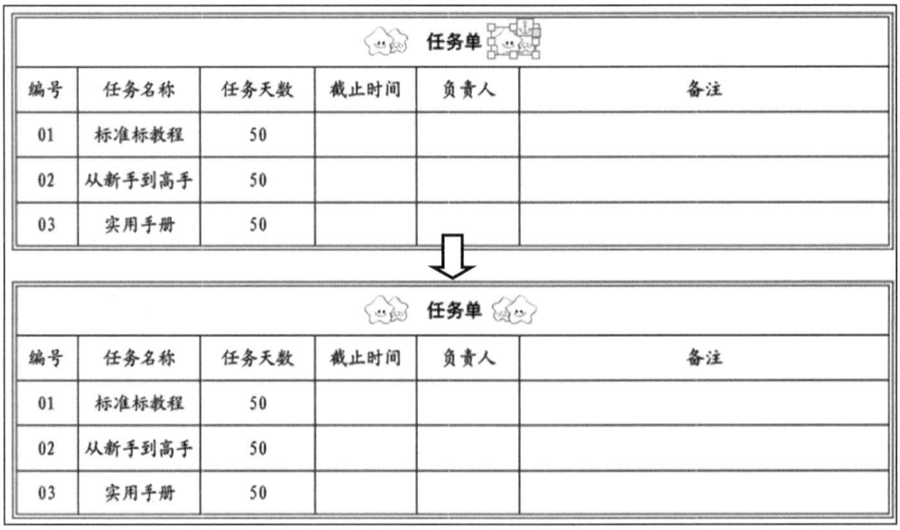

🌸 任务单 🌸					
编号	任务名称	任务天数	截止时间	负责人	备注
01	标准标教程	50			
02	从新手到高手	50			
03	实用手册	50			

🌸 任务单 🌸					
编号	任务名称	任务天数	截止时间	负责人	备注
01	标准标教程	50			
02	从新手到高手	50			
03	实用手册	50			

图 8-41 插入多个图像

8.4.5 复制与粘贴表格内容

就像文本、图片能够被复制与粘贴一样，单元格也可以复制与粘贴，并且可以在保留单元格格式的情况下复制并粘贴多个单元格。表格中的单元格既可以覆盖现有的单元格，也可以生成新的表格。

1．普通复制与粘贴表格内容

选中表格中第1行第1列与第 2 列两个单元格，执行【编辑】|【复制】命令或按Ctrl＋C 快捷键，然后选中第3 行第3 列与第4 列两个单元格，执行【编辑】|【粘贴】命令（快捷键 Ctrl＋V），即可

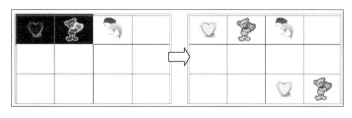

图 8-42 复制粘贴表格内容

将前者的单元格以及其中的图片同时粘贴到后者单元格中，并且覆盖其中的图像，如图 8-42 所示。

2．通过粘贴创建新表格

除了普通的复制与粘贴之外，还可以将复制的单元格粘贴至表格以外，所粘贴的行、列或者单元格就会作为一个新的表格出现，如图 8-43 所示。

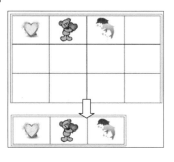

图 8-43 粘贴创建新表格

8.4.6 调整表格大小

当创建了不符合实际应用要求的表格时，就需要对表格元素进行放大或缩小等调整。调整表格大小与调整其单元格、行或列所使用的工具是不同的。使用【选择工具】 选中整个表格后，将显示表格框架变换框，通过表格框架变换框能够将表格横向、纵向或者整体放大。如需调整单元格、行或列的大小，则必须使用【文字工具】 T.。

1．水平调整表格大小

要水平调整表格大小，将光标放置在表格的边缘，按住鼠标并拖动变换框直到表格所需大小，图 8-44 展示了水平放大的表格。

开本	页码范围	光盘	任务天数		开本	页码范围	光盘	任务天数
16	280~350	无	50		16	280~350	无	50
16	300~350	无	50		16	300~350	无	50
16	280~300	无	50		16	280~300	无	50

图 8-44 水平放大表格

要平均水平放大表格，将光标放置在表格的边缘，按住 Shift 键并拖动变换框直到表格所需大小，图 8-45 展示了横向放大的表格。

开本	页码范围	光盘	任务天数
16	280~350	无	50
16	300~350	无	50
16	280~300	无	50

开本	页码范围	光盘	任务天数
16	280~350	无	50
16	300~350	无	50
16	280~300	无	50

图 8-45 横向放大的表格

2．等比例缩放表格

要按比例缩放表格，将光标放在边框处，当鼠标指针变为 ↘ 时，按住 Shift 键拖动变换框直到表格所需大小，如图 8-46 所示。

3．调整单元格的高度

图 8-46 等比例缩放表格

将光标指向内部单元格的边框时，鼠标变成 ↕ 形状时，向上或向下拖动鼠标即可改变光标所在单元格的高度。按住 Shift 键拖动表格边框可平均改变表格的高度。

提　示

以这种方式改变单元格高度后，其表格整体也会跟着变化，要使表框架适合表格，右击鼠标并执行【适合】|【使框架适合内容】命令即可。

4．单独调整单元格大小

要想在不改变表格高度的情况下，改变光标所在单元格的高度，可以结合 Shift 键并拖动鼠标来实现，如图 8-47 所示。

图 8-47 单独调整单元格大小

5．均匀分布行/列

启用【文字工具】T.，单击或拖动选取应当等宽或等高的单元格区域，执行【表】|【均匀分布行】或【均匀分布列】命令，即可平均分布所选的行与列，如图 8-48 所示。

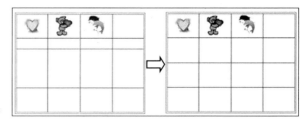

图 8-48 均匀分布行与列

8.5 转换表格

在 InDesign CC 2015 中，文本与表格之间是可以相互转换的，只要在文字间添加分隔符等操作即可将文字转换为表格，除此之外，还有将单元格转为图形单元格、将单元格转为文本单元格等功能。

8.5.1 文本与表格的转换

在实际工作中，当创建了使用分隔符分隔的数据文档，如需以表格的形式表现出来，就需要将文本转换为表格。将文本转换为表格之前，一定要正确创建规范文本，即输入字符串或数据并在字符串或数据间插入统一的列分隔符与行分隔符，如定位符、逗号、段落回车符等。

要将规范的文本转换为表格，可以使用【文字工具】T.选取要转换为表格的文本，执行【表】|【将文本转换为表】命令，打开【将文本转换为表】对话框，如图 8-49 所示。

在【将文本转换为表】对话框中，主要包括下列选项。

（1）【列分隔符】：指定文本转换为表格时以何种方式分隔列。该列表中包括【制表符】、【逗号】和【段落】三个选项。当文本源文件以数据隔开时，可选择【逗号】；当源文件以段落隔开时，可选择【段落】。

图 8-49 【将文本转换为表】对话框

（2）【行分隔符】：指定文本转换为表格时以何种方式分隔行。该列表中也包括三个选项，其使用方法与【列分隔符】相似。当选择【制表符】时，【列数】变为可用状态，在其后的文本框中输入列数即可。

（3）【列数】：指定文本转换为表格时所显示的具体列数，该值介于 1~200 之间。

（4）【表样式】：指定基于表的样式。

一般情况下，默认该对话框中的参数，单击【确定】按钮即可将文本转换为表格，如图 8-50 所示。

开本	页码范围	光盘	任务天数
16	280~350	无	50
16	300~350	无	50
16	280~300	无	50

⇒

开本	页码范围	光盘	任务天数
16	280~350	无	50
16	300~350	无	50
16	280~300	无	50

图 8-50 将文本转换为表格

> **技 巧**
>
> 使用【文字工具】选择表格，执行【表】|【将表转换为文本】命令，默认打开的【将表转换为文本】对话框中的参数，即可将表格转换为文本。

8.5.2　文本单元格与图形单元格的转换

当把图片置入表格中时会将单元格视为图像框架，这是 InDesign CC 2015 的一个新增功能。但大多数时候，还需要在图形单格中输入内容，或使用单元格框架作为无文本图像的框架，这就需要将图形单元格与文本单元格进行转换。

1．将单元格转为图形单元格

选中单元格，执行【表】|【将单元格转换为图形单元格】命令，即可将单元格转换为具有图形框架属性的图形框架，如图 8-51 所示。然后复制图形，选中图形框架，将图像进行【贴入内部】操作，这时所有框架和适合选项均适用。

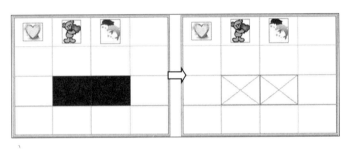

图 8-51　单元格转换为图形框架

> **提　示**
>
> 也可以直接将图像置入到单元格中，这时的单元格默认为图形框架，同样，所有的框架和适合选项均适用。

2．将图形单元格转为文本单元格

选中图形单元格，执行【表】|【将单元格转换为文本单元格】命令，即可将单元格转换为文本单元格，将单元格放大后可见转换之后的单元格中包含与单元格大小一致的图形框架，如图 8-52 所示。这时可在单元格中同时输入文字与图像。

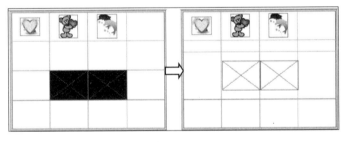

图 8-52　将图形单元格转为文本单元格

8.6　表样式与单元格样式

与文本、图像、对象样式一样，表格也可以建立样式，通过设置表选项与单元格选项创建表或单元格样式，命名样式名称并指定快捷键后，将样式应用于现有的表与单元格及创建或导入的表与单元格。

8.6.1　认识【表】面板

执行【窗口】|【文字和表】|【表】命令，在打开的【表】面板中可以设置单元格的

排版方向及对齐方式等，如图 8-53 所示。其中，【表】面板分为三个部分，即设置行高与列宽、单元格排版方向、设置内边距。

1．设置行高与列宽

这一部分可以设置表格中的行数与列数，以及精确设置行高与列宽。当行高方式设置为【精确】时，可以在【行高】文本框中输入精确数值，以约束行高；当行高方式设置为【最少】时，则行高可以为任意数值，列宽也是如此。

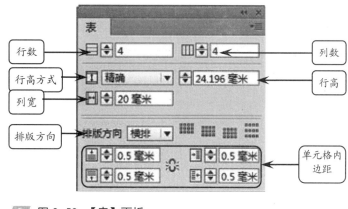

图 8-53 【表】面板

2．设置排版方向与对齐方式

这一部分可以设置表格内单元格的排版方向及对齐方式。数据在单元格内有各种对齐方式，默认情况下为文本左对齐、数字右对齐。有时为了使表格中的数据更加美观，就需要为数据设置一种合适的对齐方式。

当在横排表格中添加文本或图形时，可以将其文本或图形的排版方向变为直排，同时可以使用【排版方向】右侧的 4 个对齐按钮设置单元格的对齐方式，如图 8-54 所示。

开本	页码范围	光盘	任务天数
16	280~350	无	50
16	300~350	无	50
16	280~300	无	50

排版方向 横排 ▾

开本	范页围码	光盘	任务天数
16		无	50
16		无	50
16		无	50

排版方向 直排 ▾

图 8-54 设置排版方向与对齐方式

3．设置单元格的内边距

单元格内边距是指单元格内文本或图形距单元格边框的距离，默认情况下为 0.5 mm。如需改变其内边距，可以将插入点定位在要改变内边距的单元格区域中，在【单元格内边距】选项区域中指定上、下、左、右的数值，如图 8-55 所示。

提 示

启用【将所有设置设为相同】按钮，可以同时改变单元格内边距；禁用该按钮可以单独改变单元格的内边距，例如只改变单元格上边距。

虽然表格由单元格组成，但是表格与单元格的格式属性可以分别设置。就像使用段落样式和字符样式设置文本的格式一样，InDesign 可以使用表样式和单元格样式设置表格的格式。表样式是可以在一个单独的步骤中应用的一系列表格格式属性的集合。单元格样式包括

开本	页码范围	光盘	任务天数
16	280~350	无	50
16	300~350	无	50
16	280~300	无	50

开本	页码范围	光盘	任务天数
16	280~350	无	50
16	300~350	无	50
16	280~300	无	50

图 8-55 设置单元格的内边距

单元格内边距、段落样式、描边、填色等。

8.6.2 设置表样式

使用【表样式】面板可以创建和命名表样式，并将样式应用于现有的表或应用于创建或导入的表。也就是说，在【表样式】面板中创建的表样式会显示在【插入表】对话框的【表样式】下拉列表中以供选择。

执行【窗口】|【样式】|【表样式】命令，打开【表样式】面板，如图 8-56 所示。其中，【基本表】样式为默认样式，虽然可以更改该样式，但是不能重命名或删除该样式。

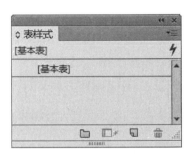

图 8-56 【表样式】面板

1. 创建表样式

执行【表样式】面板中的【新建表样式】命令，在打开的对话框中，左侧列表中的选项与【表选项】对话框中的基本相同，设置其中的格式选项，如图 8-57 所示。

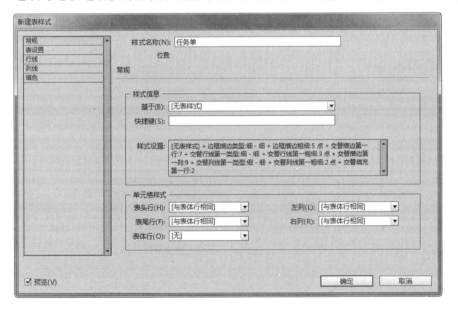

图 8-57 创建表样式

对话框的【常规】选项区域中包括【单元格样式】选项，下拉列表中的选项由【单元格样式】面板中的单元格样式决定。

2. 应用表样式

与段落样式和字符样式不同的是，表样式和单元格样式并不共享属性，因此应用单元格样式不会覆盖表格式，应用表样式也不会覆盖单元格格式。要应用表样式，首先要选中该表，或使用【文字工具】 **T**.将光标放置于表格中，然后单击【表样式】面板中的【任务单】样式，将样式应用于表中，效果如图 8-58 所示。

			任务单					
编号	书名	开本	页码范围	光盘	任务天数	截止时间	负责人	备注
01	标准教程	16	280～350	无	50	2016.1.1		
02	从新手到高手	16	300～350	无	50	2016.1.1		
03	实用手册	16	280～300	无	50	2016.1.1		

填表说明：以上由编辑主管按需填写，在安排编写任务时打印给具体编写人。

负责人签字：　　　　　　　主管签字：

图 8-58 应用表样式

在【表样式】面板中创建表样式后，再在页面中创建或插入表格时，表样式就会显现在【创建表】或【插入表】对话框的【表样式】下拉列表中，如图 8-59 所示为【插入表】对话框。

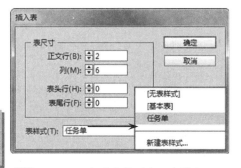

图 8-59 创建表格时应用表样式

> **提 示**
> 在面板中双击表样式分为两种情况：当光标放置在表中时会在表格中应用该样式；当未选中任何表对象时，则双击某个表样式把该样式设为所创建表的默认样式。

3. 编辑表样式

应用表样式后，如果对样式效果不满意，可以在面板中双击该样式，打开【表样式选项】对话框，重新设置其中的格式选项，页面中的表格自动改变，如图 8-60 所示。

> **提 示**
> 在【表样式】面板中，如果选定的单元格或表具有不属于所应用样式的附加格式，则当前单元格样式或表样式旁边会显示一个加号，这种附加格式称为优先选项。

8.6.3 设置单元格样式

使用【单元格样式】面板可以创建和命名单元格样式，并将样式重复应用于不同的单元格。执行【窗口】|【样式】|【单元格样式】命令，打开【单元格样式】面板，如图

8-61 所示。其中，【无】样式为默认样式，该样式不能重命名或删除。

图 8-60 编辑表样式后的效果

图 8-61 【单元格样式】面板

1. 创建单元格样式

执行【单元格样式】面板中的【新建单元格样式】命令，在打开的对话框中发现，除了【常规】选项与其他样式相同外，其他选项都可以在【单元格选项】对话框中找到。根据需要设置格式选项后，只要在【常规】选项区域中设置如图 8-62 所示的选项，即可创建单元格样式。

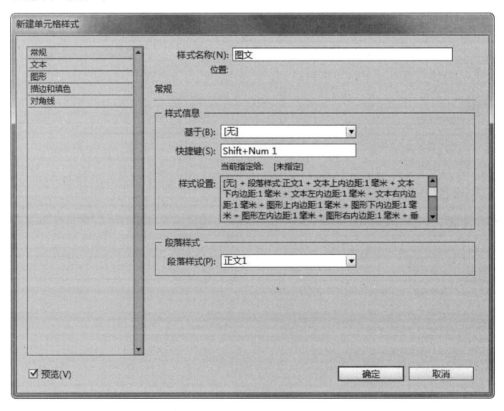

图 8-62 新建单元格样式

在【常规】选项区域中,【快捷键】选项的设置可以按住 Shift、Alt 或 Ctrl 键的任意组合,并按小键盘上的数字创建,但不能使用字母或非小键盘数字定义样式快捷键;【段落样式】选项用来设置单元格中的段落文本样式,设置该选项的前提是必须创建段落样式。

由于创建的【图文】单元格样式不适用于所有的单元格,所以还需要创建一个与之不同的单元格样式。方法是选中【图文】单元格样式后,执行【直接复制样式】命令,在【直接复制单元格样式】对话框中将【对角线】区域中的选项设置为初始状态,并重新设置【快捷键】选项,如图 8-63 所示。

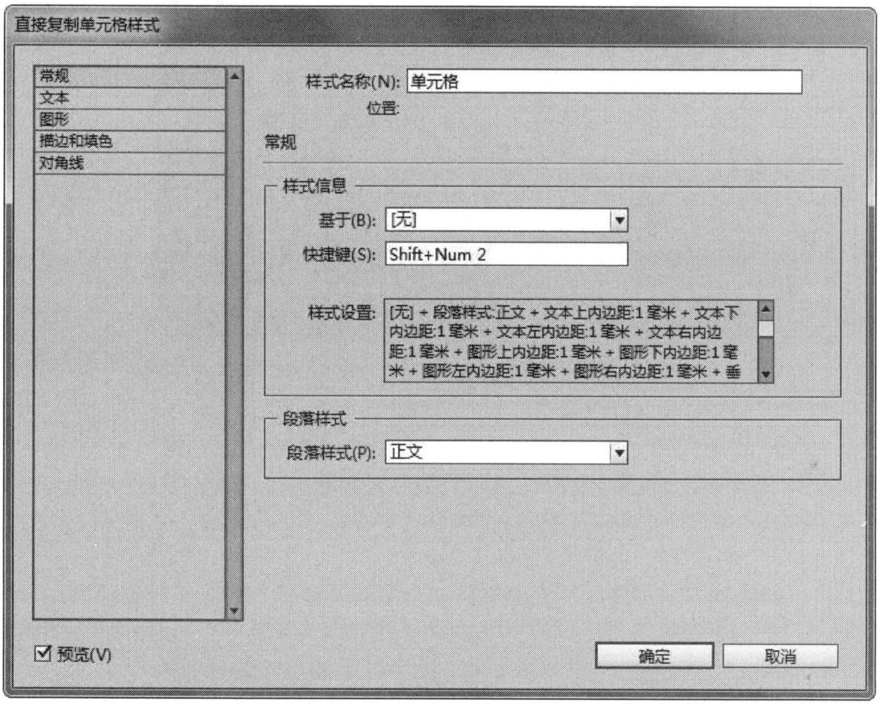

图 8-63 复制单元格样式

2. 应用单元格样式

选择【文字工具】**T.**,将光标放置在单元格中,单击【单元格样式】面板中的【图文】样式,即可将该样式应用在光标所在的单元格,如图 8-64 所示。

在该单元格中输入文本,显示的是应用后的单元格样式格式,如图 8-65 所示。

图 8-64 对单个单元格应用单元格样式

图 8-65 输入文本

如果对表格中的其他单元格应用同一个单元格样式，则首先需要同时选中这些单元格，然后按 Shift＋2 快捷键将【普通格式】单元格样式应用于选中的单元格，如图 8-66 所示。

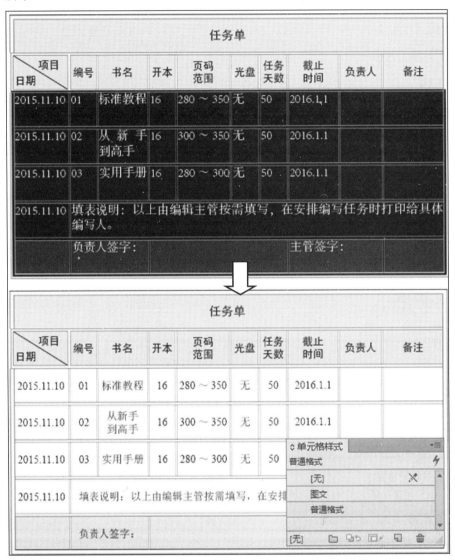

图 8-66 对多个单元格应用单元格样式

3. 编辑单元格样式

当光标放置在单元格中时，要想在不应用样式的情况下编辑该样式，可以在面板中右击样式，执行【编辑"样式名称"】命令，在打开的【单元格样式选项】对话框中重新编辑。该对话框与【新建单元格样式】对话框的设置方法相同。

在创建单元格样式时发现，其中的格式选项并没有完全包括所有的单元格属性，比如宽度和高度等，这时就需要再次编辑单元格对象，这里增加了单元格宽度，如图 8-67 所示。

任务单									
项目 日期	编号	书名	开本	页码范围	光盘	任务天数	截止时间	负责人	备注
2015.11.10	01	标准教程	16	280～350	无	50	2016.1.1		
2015.11.10	02	从新手到高手	16	300～350	无	50	2016.1.1		
2015.11.10	03	实用手册	16	280～300	无	50	2016.1.1		
2015.11.10	填表说明：以上由编辑主管按需填写，在安排编写任务时打印给具体编写人。								
	负责人签字：						主管签字：		

图 8-67 编辑单元格样式

8.7 数据合并

InDesign 提供了强大的数据合并功能。使用它能够处理主要内容基本相同，只是具体数据有变化的文件等，比如学生的成绩单等。使用【数据合并】功能建立一个包括所有文件共有内容的目标文档和一个包括变化信息的数据源文档，然后在目标文档中插入变化的信息即可。

8.7.1 创建数据源文件

首先创建数据源文件，数据源文件通常由电子表格或数据库应用程序生成，也可以使用任何文本编辑器创建自己的数据源文件。数据源文件应当以逗号分隔的 CSV 文件或制表符分隔的 TXT 的文本格式存储。

在逗号分隔或制表符分隔的文本文件中，记录是用分段符分隔的，域是用列分隔的。数据源文件中还可以包含指向磁盘上的图像的路径名。图 8-68 显示了在 Excel 中编辑好的数据源文件。

	A	B	C	D
1	姓名	职位	工作编号	@照片
2	李乐	经理	1001	E:\创作\InDesign CC 2015 标准教程\图片\第8章\照片\李乐.jpg
3	王平	经理	1002	E:\创作\InDesign CC 2015 标准教程\图片\第8章\照片\王平.jpg
4	崔小山	经理	1003	E:\创作\InDesign CC 2015 标准教程\图片\第8章\照片\崔小山.jpg
5	刘文义	经理	1004	E:\创作\InDesign CC 2015 标准教程\图片\第8章\照片\刘文义.jpg
6	胡海	经理	1005	E:\创作\InDesign CC 2015 标准教程\图片\第8章\照片\胡海.jpg
7	王姗姗	经理	1006	E:\创作\InDesign CC 2015 标准教程\图片\第8章\照片\王姗姗.jpg
8	杜若	经理	1007	E:\创作\InDesign CC 2015 标准教程\图片\第8章\照片\杜若.jpg
9	王磊	经理	1008	E:\创作\InDesign CC 2015 标准教程\图片\第8章\照片\王磊.jpg
10	杨阳	经理	1009	E:\创作\InDesign CC 2015 标准教程\图片\第8章\照片\杨阳.jpg
11	李木子	经理	1010	E:\创作\InDesign CC 2015 标准教程\图片\第8章\照片\李木子.jpg
12	张广	经理	1011	E:\创作\InDesign CC 2015 标准教程\图片\第8章\照片\张广.jpg
13	刘丽丽	经理	1012	E:\创作\InDesign CC 2015 标准教程\图片\第8章\照片\刘丽丽.jpg

图 8-68 Excel 数据源文件

编辑好数据源文件后,执行【文件】|【另存为】命令,打开【另存为】对话框,在【保存类型】下拉列表中选择【CSV(逗号分隔)】,将其另存为逗号分隔的 CSV 文件,如图 8-69 所示。

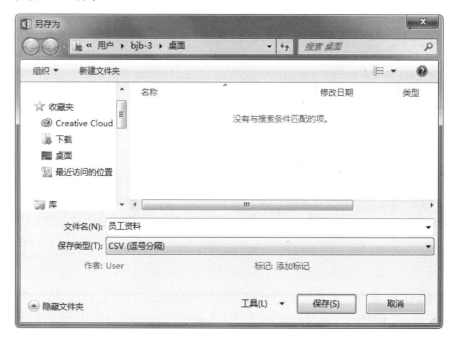

图 8-69 保存文件

8.7.2 制作目标文档

创建完数据源文件以后,需要建立目标文档并插入数据源文件中的域。目标文档包含数据域占位符文本和图形,例如要在每张准考证上显示的文字信息和照片。图 8-70 展示了具有占位符图形和文本的目标文档。

1. 选择数据源

执行【窗口】|【实用程序】|【数据合并】命令,打开如图 8-71 所示的【数据合并】面板。单击右上角的黑色小三角按钮,执行【选择数据源】命令,在打开的【选择数据源】对话框中双击要打开的数据源文件即可,这

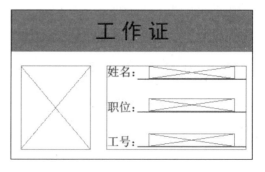

图 8-70 目标文档

时在【数据合并】面板中将显示数据域。

2. 在目标文本中插入文本数据域

选择目标文档中的文本占位符，单击【数据合并】面板列表中相对应的文本数据域，即可将文本数据域插入到目标文档中，如图 8-72 所示。使用相同的方法添加其他的文本数据域。

图 8-71 【数据合并】面板

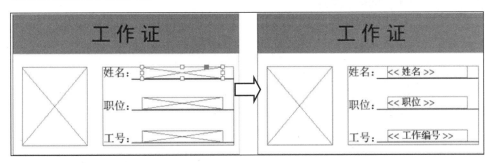

图 8-72 插入文本数据域

3. 在目标文本中插入图像数据域

要插入新的随文图占位符，可将【数据合并】面板列表中的图像域拖到一个图形框架上，或将插入点定位到文本框架中所需位置，单击该图像域，如图 8-73 所示。

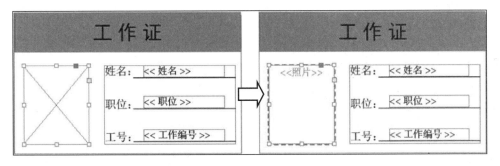

图 8-73 插入图像数据域

提 示

要插入新的浮动图形，可将图像域拖到空的框架或现有的图形框架上。要将图像域拖到空白的框架上，空框架将变成图形框架；要将域插入编组项目、表单元格或嵌入项目中，可将该图像域拖动到目标上。

4. 预览目标文档中的记录

预览记录时，【数据合并】面板将显示数据源文件中的实际数据而非域占位符。<<姓名>>、<<性别>>、<<准考证号>>文本数据域和<<照片>>图像数据域将显示为实际记录中的内容，启用【数据合并】面板中的【预览】复选框，就可以预览目标文档中的记录；单击  中的按钮可以循环浏览来自不同记录的数据，如图 8-74 所示。

8.7.3 生成合并文档

设置完目标文档的格式并插入数据源文件中的域后，就可以将数据中的信息与目标文档合并。合并时，InDesign 将创建一个基于目标文档的合并文档，并将目标文档中的域替换为数据源文件中的相应信息。合并主页中包含数据域占位符时，该主页项目将被复制到新生成的文档的主页中。若主页中显示占位符，则合并期间将忽略任何空主页面。

> **图 8-74** 预览目标文档

打开制作好的目标文档，对预览目标文档中的记录满意后，单击【数据合并】面板右上方的黑色小三角按钮，在弹出的快捷菜单中执行【创建合并文档】命令，打开如图 8-75 所示的【创建合并文档】对话框。

1.【记录】选项卡

在【记录】选项卡中，主要包括下列选项。

（1）【所有记录】：若启用该单选按钮将合并数据源文件中的所有记录。

（2）【单个记录】：若启用该单选按钮将合并单条特定记录。

（3）【范围】：若启用该单选按钮，可以在其右方的文本框中指定要合并的记录的范围，用逗号分隔记录编号。

（4）【每个文档页的记录】：在该列表中，若选择【单个记录】，则每条记录在下一页的顶部开始，否则可在每个页面中创建多个记录。

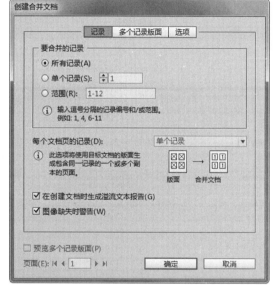

> **图 8-75** 【创建合并文档】对话框

（5）【在创建文档时生成溢流文本报告】：启用该复选框将自动生成溢流文本报告。

（6）【图像缺失时警告】：启用该复选框将显示图像缺失链接警告。

2.【多个记录版面】选项卡

若要在合并文档页面中包含多个记录，可选择如图 8-76 所示的【多个记录版面】选项卡。

【多个记录版面】选项卡中各选项如下所述。

（1）【边距】：在【上】、【下】、【左】、【右】文本框中设置创建合并文档的内边距。

（2）【记录版面】：可以设置排版依据为行优先或列优先，并设置行间或列间间距。

3.【选项】选项卡

还有一些选项可以通过【选项】选项卡设置，打开【选项】选项卡，如图 8-77 所示。

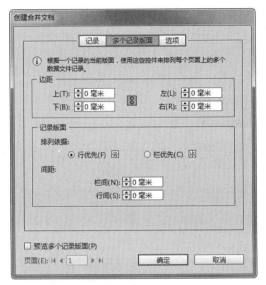

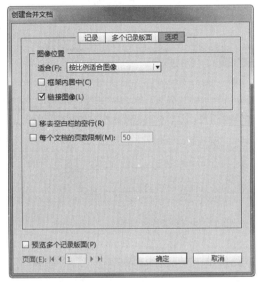

图 8-76 【多个记录版面】选项卡 　　　图 8-77 【选项】选项卡

【选项】选项卡中各选项如下所述。

（1）【适合】：在该下拉列表中，若选择【按比例适合图像】选项，将保持图像的长宽比不变，快速改变图像的大小使之适合框架；若选择【使图像适合框架】选项，将调整图像的大小使之长宽比与框架的长宽比完全相同；若选择【保留框架和图像的大小】选项，将图像对齐框架的左上角并以原有大小置入框架中，超出框架的图像部分将被剪去；若选择【按比例填充框架】选项，图像将按等宽比例填满框架，超出的图像部分将被剪去。

（2）【框架内居中】：若启用该复选框，图像的中心将与框架的中心重合。

（3）【链接图像】：若启用该复选框，将创建指向原始图像文件的链接，否则将所有图像数据嵌入到生成的合并文档中。

（4）【移去空白栏的空行】：若启用该复选框，将移动空域中插入的段落回车或软回车。

（5）【每个文档的页数限制】：若启用该复选框，可进一步在其后的文本框中指定每个合并文档的最大页数。达到该临界值时，将创建一个新的文档，新文档的页数由剩余的合并记录决定。

（6）【预览多个记录版面】：若启用该复选框，可用 |◀ ◀ 3 ▶ ▶| 导航条的按钮循环浏览来自不同记录的数据。

对预览效果满意后，单击【确定】按钮，创建如图 8-78 所示的合并文档。

工作证		工作证	
	姓名: 李乐		姓名: 王平
	职位: 经理		职位: 经理
	工号: 1001		工号: 1002
工作证		工作证	
	姓名: 崔小山		姓名: 刘文义
	职位: 经理		职位: 经理
	工号: 1003		工号: 1004
工作证		工作证	
	姓名: 胡海		姓名: 王娜娜
	职位: 经理		职位: 经理
	工号: 1005		工号: 1006

图 8-78 创建合并文档

8.8 课堂实例：游乐园项目收费一览表

本实例制作的是游乐园项目收费表，如图 8-79 所示。收费表包括图片、项目名称收费标准等。首先创建数据源文件，然后使用 InDesign 中的数据合并功能，对其中的数据进行合并，最后设置表格的内外框线等。

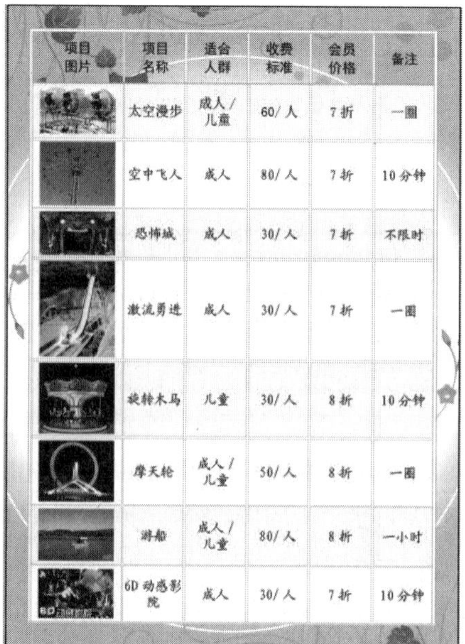

图 8-79 游乐园收费表

InDesign CC 2015 图形设计标准教程

操作步骤：

1 制作数据源文件。在 Excel 2013 中输入游乐园收费表内容，并指定图片的链接位置，如图 8-80 所示，将文件另存为【U 文本】，格式为【Unicode 文本】，如图 8-81 所示。

@照片	项目名称	适合人群	收费标准
F:\素材\游乐园项目图片\海盗船.jpg	海盗船	儿童	30/人
F:\素材\游乐园项目图片\碰碰车.jpg	碰碰车	成人/儿童	30/人
F:\素材\游乐园项目图片\卡丁车.jpg	卡丁车	成人	50/人
F:\素材\游乐园项目图片\过山车.jpg	过山车	成人	60/人
F:\素材\游乐园项目图片\大摆锤.jpg	大摆锤	成人	60/人
F:\素材\游乐园项目图片\跳楼机.jpg	跳楼机	成人	40/人
F:\素材\游乐园项目图片\太空漫步.jpg	太空漫步	成人/儿童	60/人
F:\素材\游乐园项目图片\空中飞人.jpg	空中飞人	成人	80/人
F:\素材\游乐园项目图片\恐怖城.jpg	恐怖城	成人	30/人
F:\素材\游乐园项目图片\激流勇进.jpg	激流勇进	成人	30/人
F:\素材\游乐园项目图片\旋转木马.jpg	旋转木马	儿童	30/人
F:\素材\游乐园项目图片\摩天轮.jpg	摩天轮	成人/儿童	50/人
F:\素材\游乐园项目图片\游船.jpg	游船	成人/儿童	80/人
F:\素材\游乐园项目图片\6D动感影院.jpg	6D动感影院	成人	30/人
说明:	儿童需在家长陪同下进行游戏，请注意安全。请心脏病、血压高患者勿参与任何游戏！请看好随身贵重物品，游戏时可交与工作人员代为保管！		

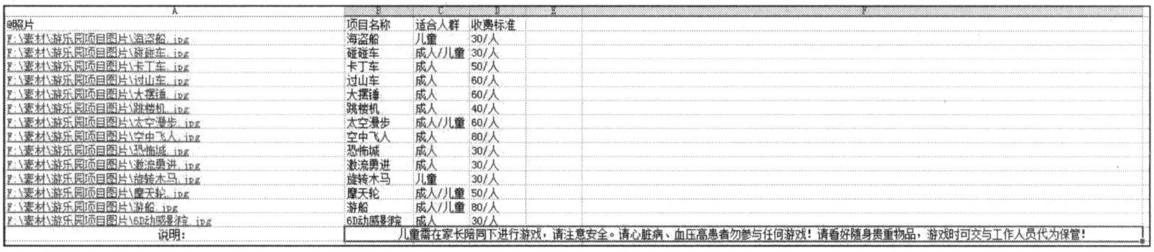

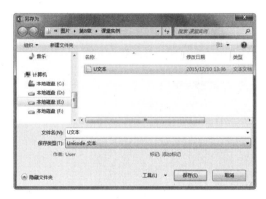

图 8-80 输入内容

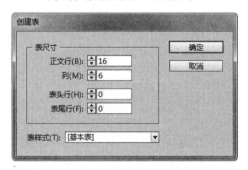

图 8-81 保存文件

2 新建文档。在 InDesign 中，新建一个文档，执行【表】|【创建表】命令，弹出【创建表】对话框，设置行数为 16，列数为 6，如图 8-82 所示。单击【确定】按钮后，在页上单击，效果如图 8-83 所示。

图 8-82 【创建表】对话框

3 选据数据源。执行【窗口】|【实用程序】|【数据合并】命令，打开【数据合并】面板，单击面板右上角的按钮，在关联菜单中单击【选择数据源】选项，如图 8-84 所示，在弹出的对话框中选择【U 文本】文件，单击【打开】按钮，效果如图 8-85 所示。

图 8-83 表格效果

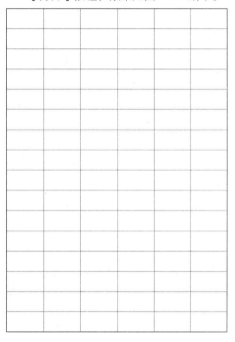

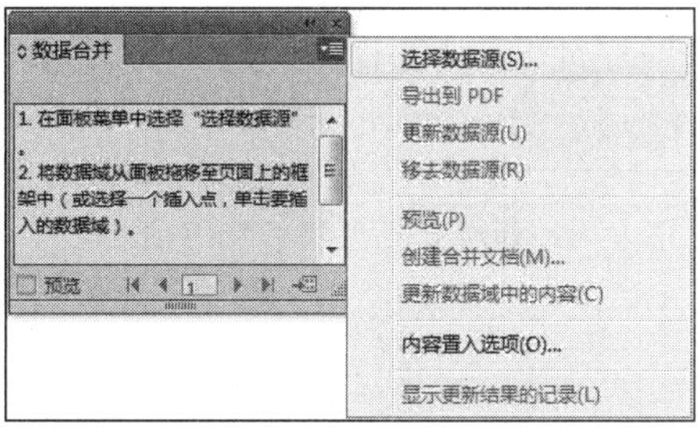

图 8-84 【数据合并】面板

图 8-85　选择数据源效果

4　添加内容。使用【文字工具】T，将光标放在第 2 行第 1 列中，单击【数据合并】面板中的图片，将光标放在第 2 行第 2 列中，单击【数据合并】面板中的项目名称，以此类推，将第 2 行的所有列中都置入内容，如图 8-86 所示。

5　数据合并。单击【数据合并】面板右上角的按钮，在关联菜单中单击【创建合并文档】选项，在弹出的【创建合并文档】对话框中，

<<照片>>	<< 项目名称 >>	<< 适合人群 >>	<< 收费标准 >>	<< 会员 >>	<< 备注 >>

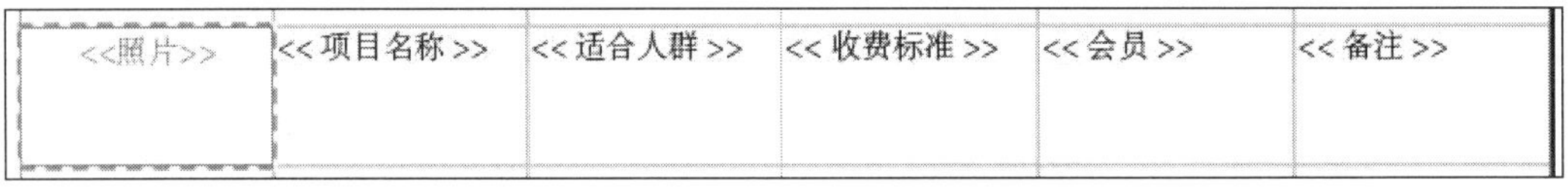

图 8-86　在表格中添加内容

设置【要合并的记录】为【单个记录】，控制框中为 1，如图 8-87 所示。单击【确定】按钮，得到表格效果如图 8-88 所示。

6　合并效果。创建合并的文档为新建文档，如图 8-89 所示，【数据合并】面板也恢复到原来的状态，如图 8-90 所示。

7　添加内容，在新增的文档中，按步骤（4）、（5）的操作，为第 3 行添加内容，并创建合并文档，效果如图 8-91 所示。

图 8-87　创建合并文档

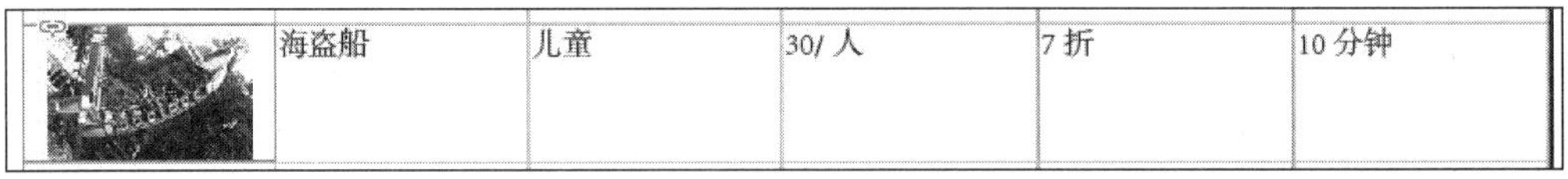

	海盗船	儿童	30/ 人	7 折	10 分钟

图 8-88　合并效果

图 8-89　新增文档

8　添加全部内容。在每一个新增文件中，为下一行添加内容并创建合并文档，添加全部内容并创建合并文档后，效果如图 8-92 所示。

图 8-90　【数据合并】面板

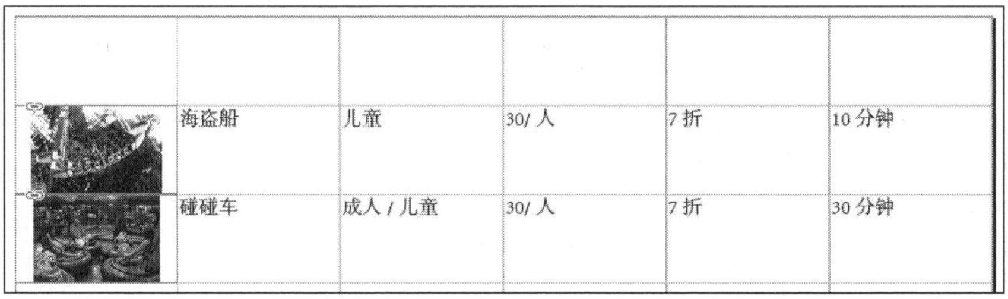

海盗船
儿童
30/ 人
7 折
10 分钟
碰碰车
成人 / 儿童
30/ 人
7 折
30 分钟

图 8-91 创建合并文档

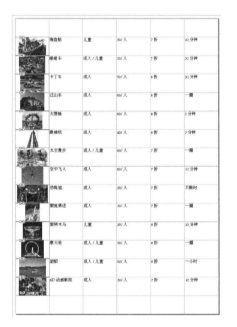

图 8-92 创建合并文档后的效果

9 合并单元格。第一行设置为表头，分别输入项目名称，如图 8-93 所示。最后一行第一列中输入说明，并将第 2~6 列单元格选中，执行【表】|【合并单元格】命令进行合并，然后输入说明内容，如图 8-94 所示。

10 设置图片。选中表格中的图片单元格，执行【表】|【将单元格转为文本单元格】命令，如图 8-95 所示，设置合适选项为【框架适合内容】，然后设置图片宽度统一大小，如图 8-96 所示。

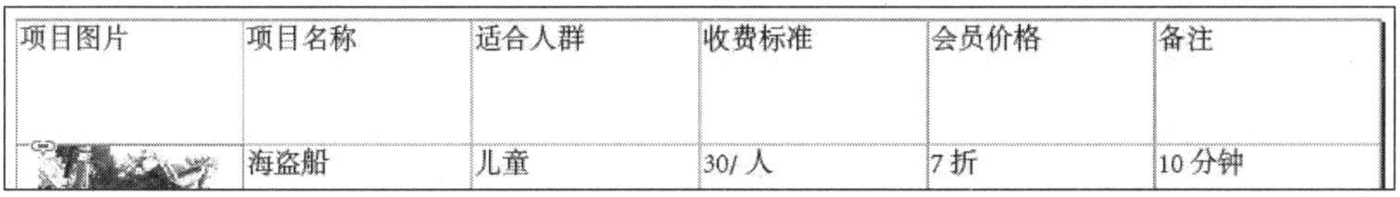

项目图片
项目名称
适合人群
收费标准
会员价格
备注
海盗船
儿童
30/ 人
7 折
10 分钟

图 8-93 在表头中输入内容

说明
说明
儿童需在家长陪同下进行游戏，请注意安全。请心脏病、血压高患者勿参与任何游戏！请看好随身贵重物品，游戏时可交与工作人员代为保管！

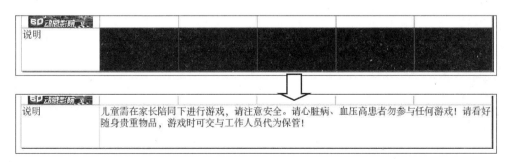

图 8-94 合并单元格并输入内容

图 8-95 转换单元格

图 8-96 设置图片宽度统一

11 添加页面。当图片增大之后，出现溢流文本，按 Shift+Ctrl+P 快捷键添加页面，并创建串接文本，将溢出的表格添加到新页面上，如图 8-97 所示。

图 8-97 添加页面并创建串接文本

12 设置表头。选中表头文字，设置字体为黑体、居中，字号为 24 号，如图 8-98 所示。

图 8-98 设置表头字体属性

13 设置表格内文字属性。选中表格内文字，设置字体、字号，并上下左右居中，如图 8-99 所示。

14 设置表格属性。选中整个表格，执行【表】|【表选项】|【表设置】命令，弹出【表选项】对话框，在【表设置】选项卡中设置表外框线、行线与列线、填色、表头等，如图 8-100 所示。

项目图片	项目名称	适合人群	收费标准	会员价格	备注
	海盗船	儿童	30/人	7折	10分钟
	碰碰车	成人/儿童	30/人	7折	30分钟
	卡丁车	成人	50/人	8折	30分钟
	过山车	成人	60/人	8折	一圈
	大摆锤	成人	60/人	8折	3分钟
	跳楼机	成人	40/人	8折	3分种
	太空漫步	成人/儿童	60/人	7折	一圈

	空中飞人	成人	80/人	7折	10分钟
	恐怖城	成人	30/人	7折	不限时
	激流勇进	成人	30/人	7折	一圈
	旋转木马	儿童	30/人	8折	10分钟
	摩天轮	成人/儿童	50/人	8折	一圈
	游船	成人/儿童	80/人	8折	一小时
	6D 动感影院	成人	30/人	7折	10分钟
说明	儿童需在家长陪同下进行游戏，请注意安全，请心脏病、血压高患者勿参与任何游戏！请看好随身贵重物品，游戏时可交与工作人员代为保管！				

图 8-99 设置表内文字属性

15 调整单元格大小。设置了内外框线后，单元格变小，图片成为溢流文本，选中文字单元格，在控制面板中设置宽度，根据每个图片的高度，设置表格的行高，效果如图8-101 所示。

16 表格对齐。选中整个表格，在控制面板中设置上下左右居中，效果如图 8-102 所示。

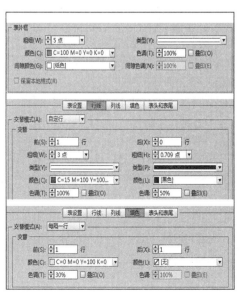

项目图片	项目名称	适合人群	收费标准	会员价格	备注
	海盗船	儿童	30/人	7折	10分钟
	碰碰车	成人/儿童	30/人	7折	30分钟
	卡丁车	成人	50/人	8折	30分钟
	过山车	成人	60/人	8折	一圈
	大摆锤	成人	60/人	8折	3分钟
	跳楼机	成人	40/人	8折	3分种
	太空漫步	成人/儿童	60/人	7折	一圈

图 8-100 设置表属性及效果

17 添加表题。在第一页表格的上方添加表题文字，并设置其属性，如图 8-103 所示。

18 制作背景。置入素材图片，置于表格底层，完成表格的制作，如图 8-104 所示。

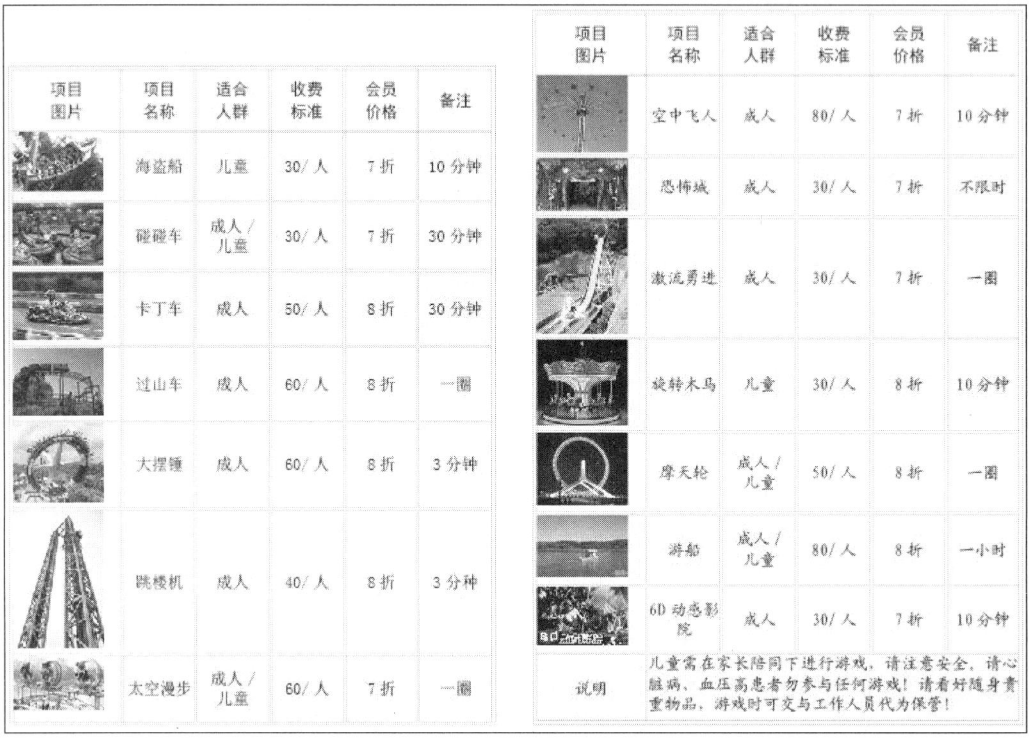

図 8-101 调整单元格大小

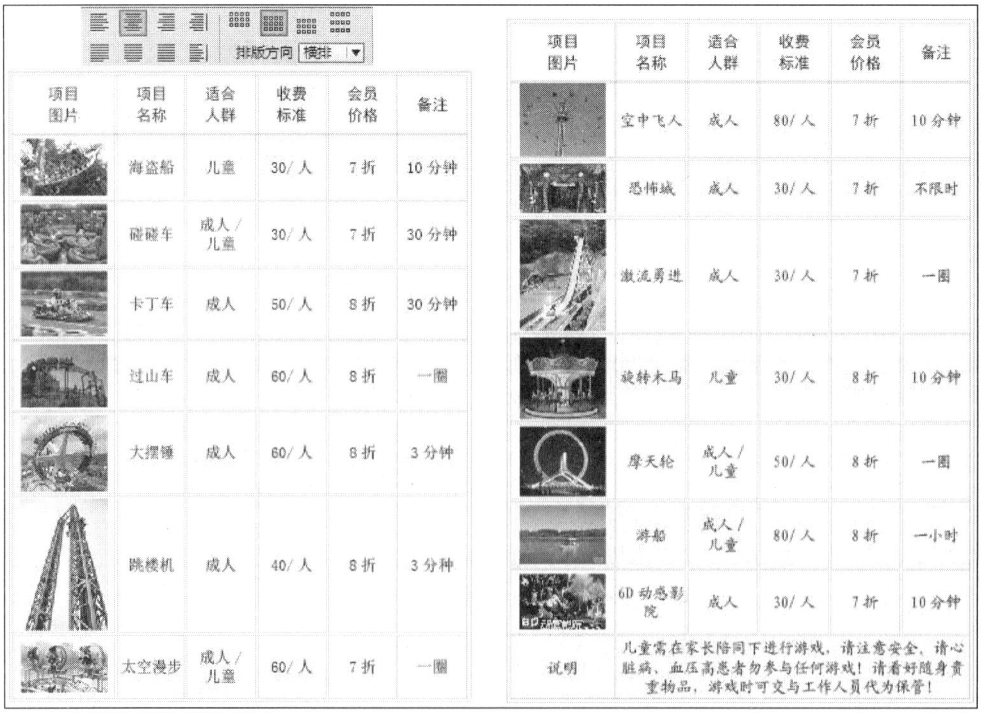

项目图片	项目名称	适合人群	收费标准	会员价格	备注
	海盗船	儿童	30/人	7折	10分钟
	碰碰车	成人/儿童	30/人	7折	30分钟
	卡丁车	成人	50/人	8折	30分钟
	过山车	成人	60/人	8折	一圈
	大摆锤	成人	60/人	8折	3分钟
	跳楼机	成人	40/人	8折	3分种
	太空漫步	成人/儿童	60/人	7折	一圈

项目图片	项目名称	适合人群	收费标准	会员价格	备注
	空中飞人	成人	80/人	7折	10分钟
	恐怖城	成人	30/人	7折	不限时
	激流勇进	成人	30/人	7折	一圈
	旋转木马	儿童	30/人	8折	10分钟
	摩天轮	成人/儿童	50/人	8折	一圈
	游船	成人/儿童	80/人	8折	一小时
	6D动感影院	成人	30/人	7折	10分钟
说明	儿童需在家长陪同下进行游戏，请注意安全，请心脏病、血压高患者勿参与任何游戏！请看好随身贵重物品，游戏时可交与工作人员代为保管！				

図 8-102 表格内容全部居中

项目图片	项目名称	适合人群	收费标准	会员价格	备注
	海盗船	儿童	30/人	7折	10分钟
	碰碰车	成人/儿童	30/人	7折	30分钟
	卡丁车	成人	50/人	8折	30分钟
	过山车	成人	60/人	8折	一圈
	大摆锤	成人	60/人	8折	3分钟
	跳楼机	成人	40/人	8折	3分种
	太空漫步	成人/儿童	60/人	7折	一圈

项目图片	项目名称	适合人群	收费标准	会员价格	备注
	空中飞人	成人	80/人	7折	10分钟
	恐怖城	成人	30/人	7折	不限时
	激流勇进	成人	30/人	7折	一圈
	旋转木马	儿童	30/人	8折	10分钟
	摩天轮	成人/儿童	50/人	8折	一圈
	游船	成人/儿童	80/人	8折	一小时
	6D动感影院	成人	30/人	7折	10分钟
说明	儿童需在家长陪同下进行游戏，请注意安全，请心脏病、血压高患者勿参与任何游戏！请看好随身贵重物品，游戏时可交与工作人员代为保管！				

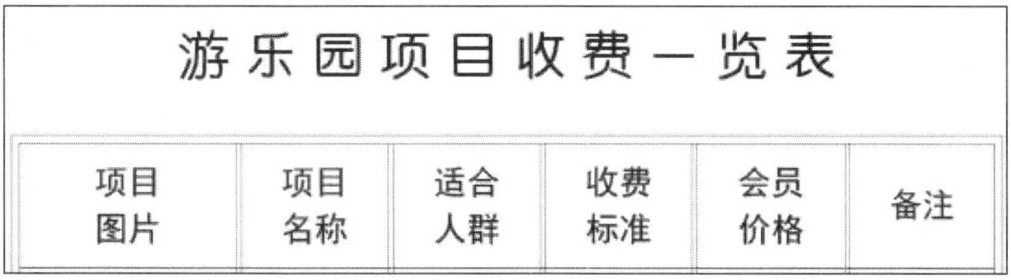

游乐园项目收费一览表					
项目图片	项目名称	适合人群	收费标准	会员价格	备注

图 8-103 添加表题并设置其文字属性

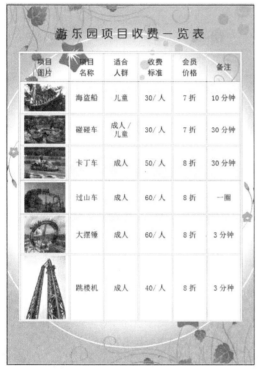

图 8-104 制作表格背景

思考与练习

一、填空题

1．选中两个以上的单元格后，执行_____命令可以将其合并为一个单元格。

2．在 InDesign 中，可以实现_____与表格之间的转换。

3．在 InDesign 中，可以导入 Word、_____中的文件。

4．使用【表】|【插入】命令，可以插入_____。

5．图片置入表格中时会将_____视为图像框架。

二、选择题

1．要想在不改变表格高度的情况下改变光标所在单元格的高度，可以结合_____键。

A．Shift

B．Ctrl

C．Alt

D．Shift+Alt

2．要平均水平放大表格，将光标放置在表格的边缘，按住＿＿＿＿＿键并拖动变换框直到表格所需大小。

A．Ctrl

B．Shift

C．Alt

D．Shift+Alt

3．选中单元格，执行【表】|＿＿＿＿＿命令，即可将单元格转换为具有图形框架属性的图形框架。

A．【将文本转换为表】

B．【将表转换为文本】

C．【将单元格转换为图形单元格】

D．【将单元格转换为文本单元格】

4．用于制作合并文档的数据源文件的格式为＿＿＿＿＿。

A．Excel 文件

B．TXT 文本文件

C．逗号分隔的 CSV 文件

D．以上都不是

5．对角线样式分为＿＿＿＿＿种。

A．3

B．6

C．5

D．4

三、简答题

1．如何插入行与列？

2．如何在表格中嵌套表格？

3．简述【表】面板的特性。

四、上机练习

1．创建表格

本练习将为表格添加如图 8-105 所示的效果。制作过程中，首先执行【表】|【创建表】命令，在【创建表】对话框中设置行数与列数，然后使用【文字工具】将光标置于单元格中并输入文字。然后选中【午休】一行，执行【表格】|【合并单元格】命令，将单元格合并，最后，根据实际需要，设置行高与列宽。

星期\课程	星期一	星期二	星期三	星期四	星期五	星期六	星期日
第一节							
第二节							
第三节							
第四节							
午 休							
第五节							
第六节							
第七节							
自 习							

图 8-105 创建表格

2．美化表格

本练习将为表格添加如图 8-106 所示的效果。制作过程中，首先设置表格中的字体属性，然后执行【表】|【表选项】|【表设置】命令，在打开的【表选项】对话框中对各个选项卡进行设置。制作本练习的重点通过【表选项】对话框对表格的外框以及内部行与列的样式和颜色进行设置，然后结合实际情况，对单元格进行单独设置，达到美化表格的目的。

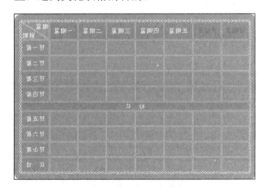

图 8-106 创建并美化表格

第 9 章

编辑对象属性

同其他设计软件相似，在 InDesign 中也可以为对象添加特效。通过【效果】面板，可以为大部分对象添加特效和更改外观，如设置混合模式、添加投影、发光效果、羽化效果等。添加特效后还可以随时修改参数设置。还可以通过创建对象样式，将特效快捷地应用于不同的对象，最后还可以通过库将创建的图形、文本等内容组织并存储到库中，更快捷地提高工作效率。

本章将讲解为对象添加混合效果、特殊效果、创建与应用对象样式、编辑对象样式、创建库、管理库等内容。

9.1 混合效果

在 InDesign 中，可以通过【效果】面板设置对象的混合效果，如设置对象的不透明度，设置对象的混合模式等，还可以通过设置混合选项为对象添加更多的效果。

●--9.1.1 【效果】面板 --、

使用【效果】面板可以为对象及其描边、填色或文本指定不透明度，并可以决定对象本身及其描边、填色或文本与下方对象的混合方式。执行【窗口】|【效果】命令，打开如图 9-1 所示面板。

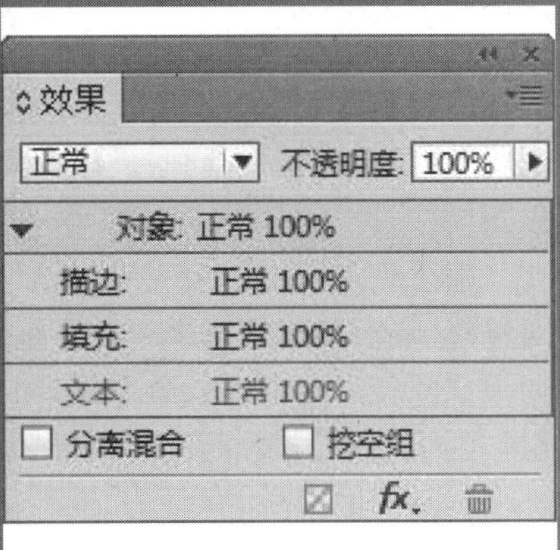

在【效果】面板中，主要包括下列选项。

（1）【混合模式】：该下拉列表用于指定透明对象中的颜色如何与其下面的对象相互作用，主要包括【叠加】、【柔光】、【色相】等 16 种选项。

（2）【不透明度】：该文本框用于指定对象、描边、填色或文本的不透明度。

图 9-1 【效果】面板

（3）【对象】：选择该级别，透明度将影响整个对象。

（4）【描边】：选择该级别，透明度仅影响对象的描边（包括间隙颜色）。

（5）【填充】：选择该级别，透明度仅影响对象的填色。

（6）【文本】：选择该级别，透明度仅影响文本的填色。

（7）【分离混合】：该复选框用于决定是否将混合模式应用于选定的对象组。

（8）【挖空组】：该复选框用于决定是否使组中每个对象的不透明度和混合属性挖空或遮蔽组中的底层对象。

（9）【清除效果】：单击该按钮可以清除对象（描边、填色或文本）的效果，即将混合模式设置为【正常】，并将整个对象的不透明度设置更改为100%。

（10）样式按钮（FX按钮）：单击该按钮可以显示透明度效果列表，主要包括投影、内投影、内发光、光泽等效果。

9.1.2 设置不透明度

默认情况下，当创建对象或描边、应用填色或输入文本时，这些对象显示为实底状态，即不透明度为100%。可以通过多种方式使对象透明化。例如，可以将不透明度从100%改变到0%。降低不透明度后，就可以透过对象、描边、填色或文本看见下方的对象。

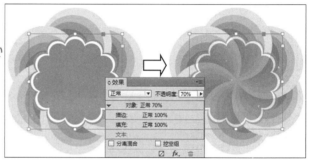

图 9-2　降低对象透明度

选择对象后，选择【效果】面板中的【对象】选项，设置其【不透明度】为50%，得到如图9-2所示的效果。

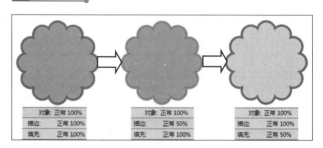

图 9-3　不同的填色或描边效果

如果选择了【描边】或【填色】级别，那么透明度效果仅影响对象的描边或填色，图9-3展示了当透明度相同时，对象不同的描边和填色效果。

除了将透明度效果应用于单一对象外，还可以将其效果应用于组。如果选择使用【编组】命令创建的组，则【效果】面板会将该组视为一个对象，如图9-4所示。

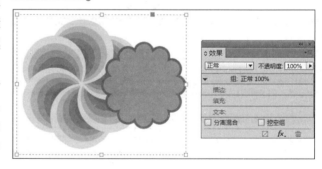

图 9-4　编组对象

提 示

将具有不同透明度的对象编组后,对象本身的透明度保持不变,而编组对象的【不透明度】变为100%。

9.1.3 设置混合模式

混合模式是指在两个对象之间，当前对象颜色（基色）与其下一对象或对象组颜色的相互混合。使用混合模式可以改变堆栈对象颜色混合的方式。在默认情况下，对象之间的混合模式为正常，也就是说上方对象会覆盖下方对象。

单击【效果】面板中的【混合模式】下列按钮，如图9-5所示。

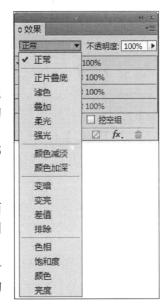

○ 图9-5 混合模式选项

【混合模式】列表中相应的模式介绍如下。

（1）【正常】：该模式为混合模式的默认模式，只是把两个对象重叠在一起，不会产生任何混合效果。在修改不透明度的情况下，下层图像才会显示出来。

（2）【正片叠底】：基色与混合色的复合，得到的颜色一般较暗。与黑色复合的任何颜色会产生黑色，与白色复合的任何颜色则会保持原来的颜色。选择对象，在【混合模式】选项框中选择【正片叠底】，效果如图9-6所示。此效果类似于使用多支魔术水彩笔在页面上添加颜色。

（3）【滤色】：与【正片叠底】模式不同，该模式下对象重叠得到的颜色显亮，使用黑色过滤时颜色不改变，使用白色过滤得到白色。应用【滤色】模式后，效果如图 9-7所示。

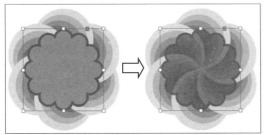

○ 图9-6 正片叠底模式

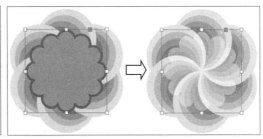

○ 图9-7 滤色模式

（4）【叠加】：该模式的混合效果使亮部更亮，暗调部更暗，可以保留当前颜色的明暗对比以表现原始颜色的明度和暗度。

（5）【柔光】：使颜色变亮或变暗，具体取决于混合色。如果上层对象的颜色比 50% 灰色亮，则图像变亮；反之，则图像变暗。

（6）【强光】：此模式的叠加效果与【柔光】类似，但其加亮与变暗的程度较【柔光】模式大许多，效果如图9-8所示。

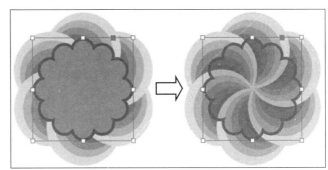

○ 图9-8 强光模式

（7）【颜色减淡】：选择此命令可以生成非常亮的合成效果，其原理为上方对象的颜色值与下方对象的颜色值采取一定的算法相加，此模式通常被用来创建光源中心点极亮效果，如图9-9所示。

（8）【颜色加深】：此模式与【颜色减淡】模式相反，通常用于创建非常暗的阴影效果，此模式效果如图9-10所示。

（9）【变暗】：选择此命令，将以上方对象中的较暗像素代替下方对象中与之相对应的较亮像素，且以下方对象中的较暗区域代替上方图层中的较亮区域，因此叠加后整体图像呈暗色调。

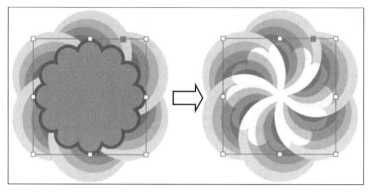

图 9-9　颜色减淡模式

（10）【变亮】：此模式与变暗模式相反，将以上方对象中较亮像素代替下方对象中与之相对应的较暗像素，且以下方对象中的较亮区域代替上方对象中的较暗区域，因此叠加后整体图像呈亮色调。

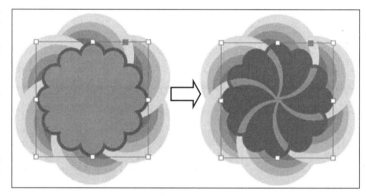

图 9-10　颜色加深模式

（11）【差值】：此模式可在上方对象中减去下方对象相应处像素的颜色值，通常用于使图像变暗并取得反相效果。若想反转当前基色值，则可以与白色混合，与黑色混合则不会发生变化。

（12）【排除】：选择此命令可创建一种与差值模式相似但具有高对比度低饱和度、色彩更柔和的效果。若想反转基色值，则可以与白色混合，与黑色混合则不会发生变化，如图9-11所示。

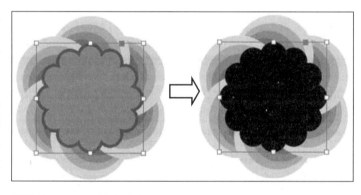

图 9-11　排除模式

（13）【色相】：选择此命令，最终图像的像素值由下方对象的亮度与饱和度及上方对象的色相值构成。

（14）【饱和度】：选择此命令，最终对象的像素值由下方图层的亮度和色相值及上方图层的饱和度值构成。

（15）【颜色】：选择此命令，最终对象的像素值由下方对象的亮度及上方对象的色相和饱和度值构成。此模式可以保留图片的灰阶，在给单色图片上色和给彩色图片着色的运用上非常有用。

（16）【亮度】：选择此命令，最终对象的像素值由上层对象与下层对象的色调、饱和度进行混合，创建最终颜色。此模式下的对象效果与颜色模式下的对象效果相反，效果如图 9-12 所示。

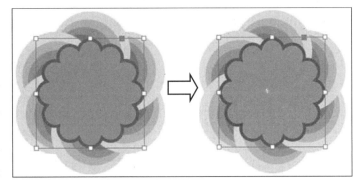

图 9-12　亮度模式

使用【效果】面板中其他常用混合模式后的效果如图 9-13 所示。在排版的过程中，应避免对具有专色的对象应用【差值】、【排除】、【色相】、【饱和度】、【颜色】、【亮度】等混合模式，否则会在文档中添加多余的颜色。

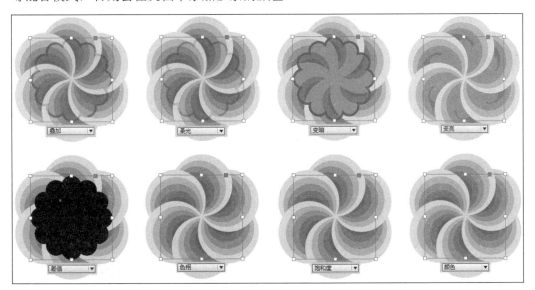

图 9-13　使用其他混合模式

9.1.4　设置混合选项

当一个版面中存在多个对象，它们又必须同时应用不同的【混合模式】或【不透明度】设置时，它们堆栈在一起时组与组之间或组与对象之间的效果不容易分辨。这时就需要配合【分离混合】或【挖空组】命令，将对象与对象之间或对象与组之间的相互作用隔离开来，方便查看或编辑。

1. 分离混合

在对象上应用混合模式时，其颜色会与它下面的所有对象混合。如需将混合范围限制于特定对象，就可以启用【效果】面板中的【分离混合】复选框。该选项可以将混合范围限制到组中，避免组下面的对象受到影响。

选中星形与多边形，按下Ctrl+G 快捷键将其编组，同时启用【效果】面板中的【分离混合】复选框，然后使用【直接选择工具】单击星形，将其【混合模式】改为【正片叠底】，这时星形与多边形之间的颜色产生混合效果，如图 9-14 所示。

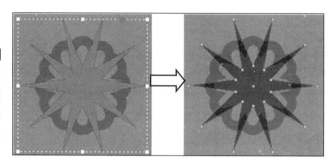

图 9-14 分离混合效果

2. 挖空组

启用【效果】面板中的【挖空组】复选框，可使选定组中每个对象的不透明度和混合属性挖空（即在视觉上遮蔽）组中底层对象。方法是，首先将混合模式和不透明度设置应用于要挖空的对象，然后将它们编组，然后启用【效果】面板中的【挖空组】复选框即可，效果如图 9-15 所示。

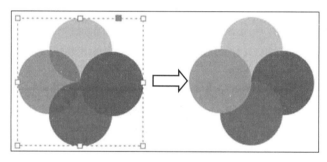

图 9-15 挖空组效果

提 示

只有选定组中的对象才会被挖空。选定组下面的对象将会受到应用于该组中对象的混合模式或不透明度的影响。

9.2 特殊效果

通过【效果】面板与【效果】对话框设置对象的效果是一样的，除了可以设置混合模式与不透明度外，还可以为对象添加投影、发光、斜面和浮雕等效果。

9.2.1 投影

利用【投影】命令可以为任意对象添加阴影效果，还可以设置阴影的混合模式、不透明度、模糊程度及颜色等参数。执行【对象】|【效果】|【投影】命令，弹出【效果】对话框，选择【投影】选项卡，如图 9-16 所示。

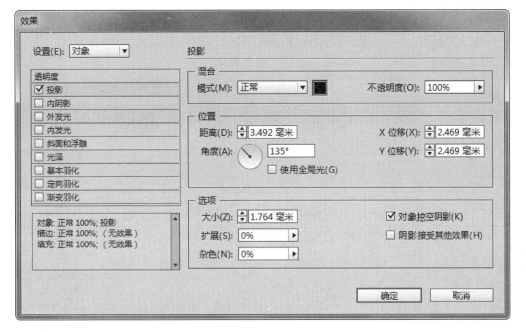

图 9-16　【投影】选项卡

该选项卡中各选项的功能解释如下。

（1）【模式】：在该下拉列表框中可以选择阴影的混合模式。

设置阴影颜色色块：单击此色块，弹出【效果颜色】对话框，在【颜色】选项中，可以选择需要的颜色模式，然后设置阴影的颜色，如图 9-17 所示。

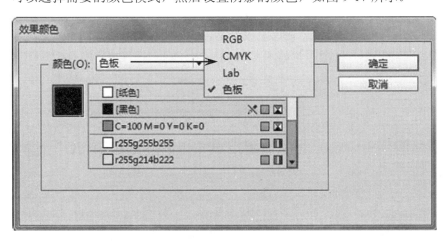

图 9-17　【效果颜色】对话框

（2）【不透明度】：在此文本框中输入数值，用于控制阴影的透明属性。

（3）【距离】：在此文本框中输入数值，用于设置阴影的位置。

（4）【X 位移】：在此文本框中输入数值，用于控制阴影在 X 轴上的位置。

（5）【Y 位移】：在此文本框中输入数值，用于控制阴影在 Y 轴上的位置。

（6）【角度】：在此文本框中输入数值，用于设置阴影的角度。

（7）【使用全局光】：勾选此复选项，将使用全局光。

（8）【大小】：在此文本框中输入数值，用于控制阴影的大小。

（9）【扩展】：在此文本框中输入数值，用于控制阴影的外散程度。

（10）【杂色】：在此文本框中输入数值，用于控制阴影包含杂点的数量。

选中图像，然后在【效果】对话框中设置参数，得到的效果如图 9-18 所示。

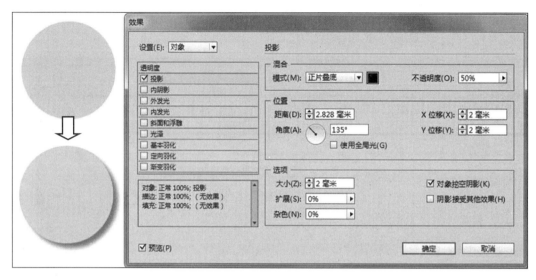

图 9-18　添加投影效果

9.2.2　内阴影

使用【内阴影】命令可以为图像添加内阴影效果，并使图像具有凹陷的效果。打开【效果】对话框选择【内阴影】选项卡，如图 9-19 所示。

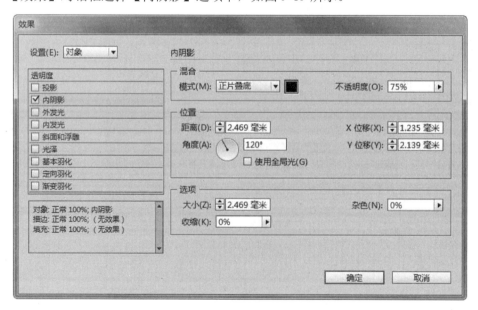

图 9-19　【内阴影】选项卡

该选项卡中的【收缩】选项用于控制内阴影效果边缘的模糊扩展程度。如图 9-20 所示为图像添加内阴影前后的对比效果。

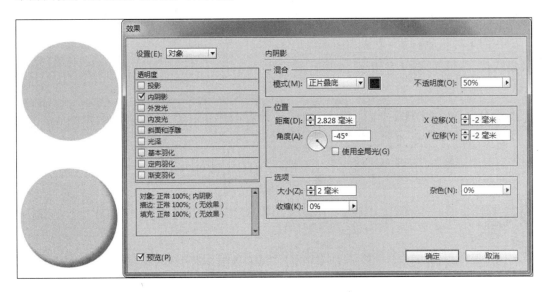

图 9-20　添加内阴影前后的对比效果

9.2.3　发光效果

同阴影和内阴影相似，发光效果也有外发光与内发光两种效果。使用【外发光】命令可以为图像外边缘添加发光效果，其相应的选项卡如图 9-21 所示。

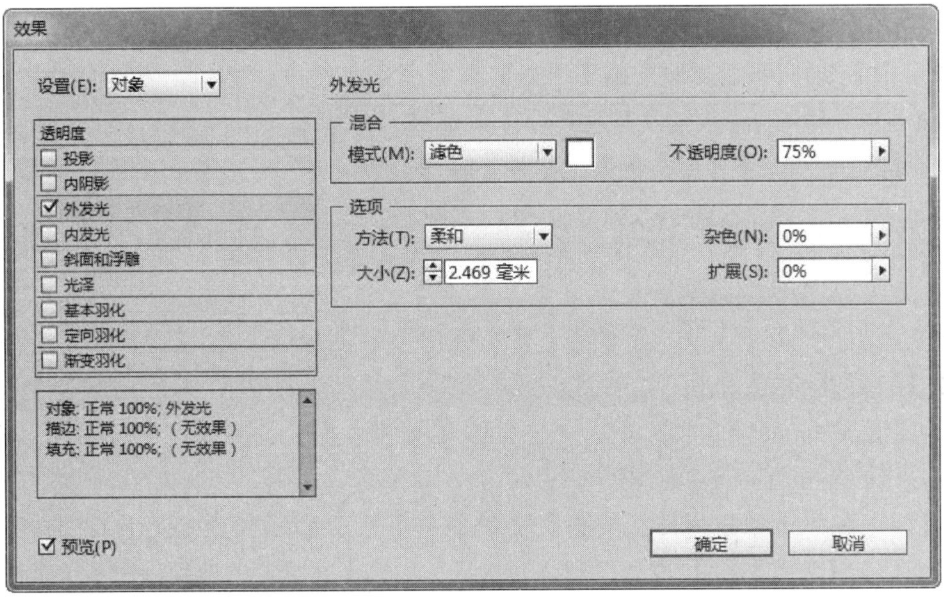

图 9-21　【外发光】选项卡

选项卡中【方法】下拉列表中的【柔和】和【精确】选项，用于控制发光边缘的清晰和模糊程度，如图 9-22 所示为图像添加不同外发光后的效果。

使用【内发光】命令可以为图像内边缘添加发光效果，其选项卡如图 9-23 所示。

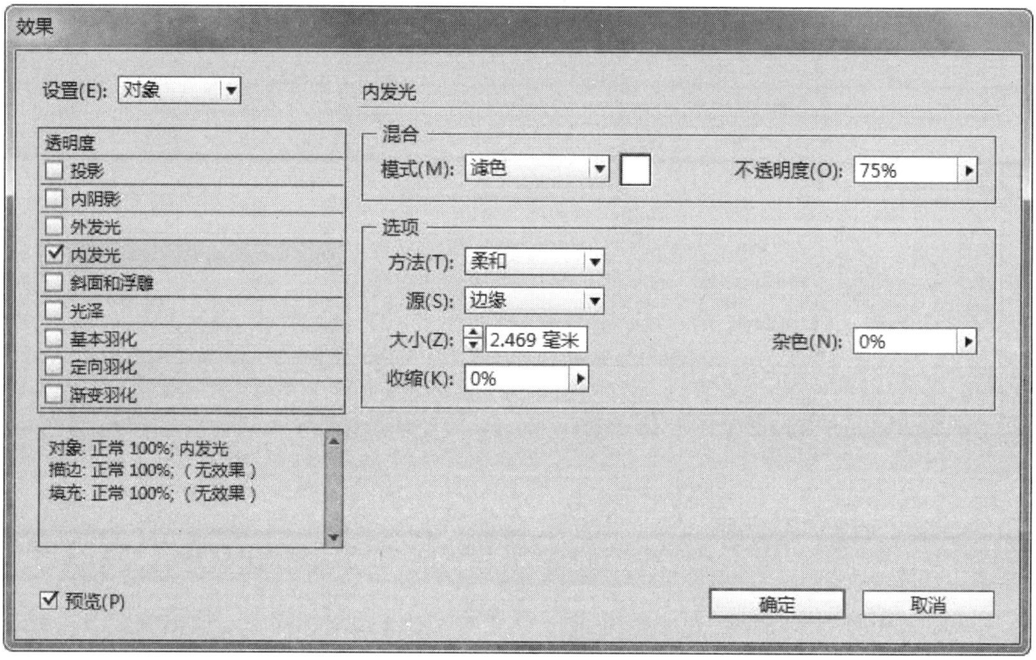

图 9-22　添加外发光后的效果

效果

设置(E)：对象

内发光

透明度
- ☐ 投影
- ☐ 内阴影
- ☐ 外发光
- ☑ 内发光
- ☐ 斜面和浮雕
- ☐ 光泽
- ☐ 基本羽化
- ☐ 定向羽化
- ☐ 渐变羽化

混合
模式(M)：滤色　　不透明度(O)：75%

选项
方法(T)：柔和
源(S)：边缘
大小(Z)：2.469 毫米　　杂色(N)：0%
收缩(K)：0%

对象：正常 100%；内发光
描边：正常 100%；（无效果）
填充：正常 100%；（无效果）

☑ 预览(P)

确定　　取消

图 9-23　【内发光】选项卡

选项卡中【源】下拉列表框中的【中心】和【边缘】选项，用于控制创建发光效果的方式。如图 9-24 所示为图像添加内发光后的效果。

9.2.4　斜面和浮雕

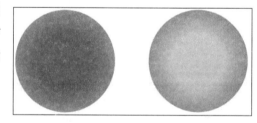

图 9-24　添加内发光后的效果

使用【斜面和浮雕】命令可以创建具有斜面或者浮雕效果的图像，其相应的对话框如图 9-25 所示。

该选项卡中部分选项的功能解释如下。

（1）【样式】：在其下拉列表中选择其中的各选项可以设置不同的效果，包括【外斜面】、【内斜面】、【浮雕】和【枕状浮雕】4 种效果。如图 9-26 所示是分别应用了【内斜面】和【枕状浮雕】的效果。

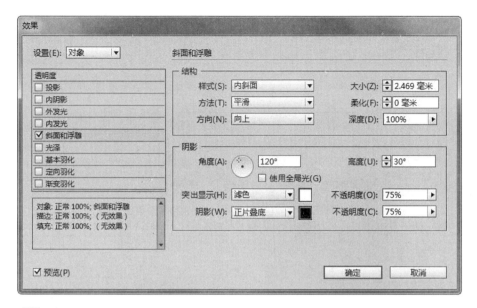

图 9-25 【斜面和浮雕】选项卡

（2）【方法】：在此下拉列表中可以选择【平滑】、【雕刻清晰】、【雕刻柔和】三种来添加斜面和浮雕效果的方式。如图 9-27 所示为分别选择这三个选项后的效果。

（3）【柔化】：此选项控制斜面和浮雕效果亮部区域与暗部区域的柔和程度。数值越大，则亮部区域与暗部区域越柔和。

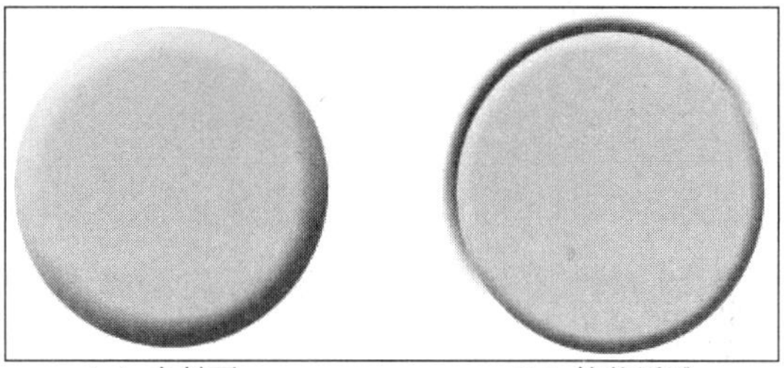

（a）内斜面　　　　　　　（b）枕状浮雕

图 9-26 样式效果

（4）【方向】：在此可以选择斜面和浮雕效果的视觉方向。单击【向上】选项，在视觉上斜面和浮雕样式呈现凸起效果；单击【向下】选项，在视觉上斜面和浮雕样式呈现凹陷效果。

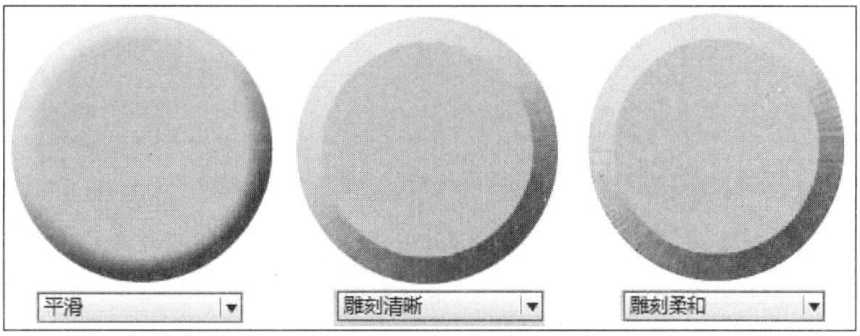

图 9-27 不同的斜面和浮雕效果

（5）【深度】：此数值控制斜面和浮雕效果的深度。数值越大，效果越明显。

（6）【高度】：在此文本框中输入数值，用于设置光照的高度。

（7）【突出显示】、【阴影】：在这两个下拉列表中，可以为形成倒角或者浮雕效果的高光与阴影区域选择不同的混合模式，从而得到不同的效果。如果分别单击右侧的色块，还可以在弹出的对话框中为高光与阴影区域选择不同的颜色。因为在某些情况下，高光区域并非完全为白色，可能会呈现某种色调；同样，阴影区域也并非完全为黑色。

9.2.5 光泽

【光泽】命令通常用于创建光滑的磨光或者金属效果。其选项卡如图 9-28 所示。

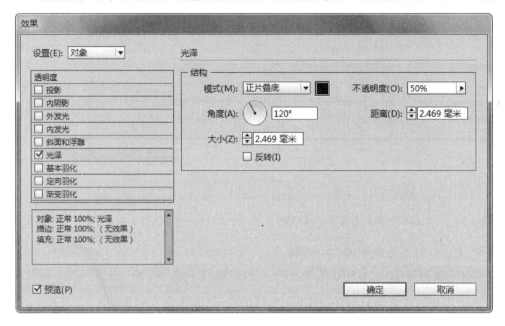

图 9-28 　【光泽】选项卡

选项卡中的【反转】复选项用于控制光泽效果的方向，如图 9-29 所示。

9.2.6 羽化效果

羽化效果分为三种，分别为：基本羽化、定向羽化和渐变羽化效果。通过不同的羽化效果，可以为对象添加不同的效果。

图 9-29 　添加光泽效果

1. 基本羽化

【基本羽化】命令用于为图像添加柔化的边缘，其相应的对话框如图 9-30 所示。
该选项卡中各选项的功能解释如下。

（1）【羽化宽度】：在此文本框中输入数值，用于控制图像从不透明渐隐为透明需要经过的距离。

（2）【收缩】：与羽化宽度设置一起，控制边缘羽化的强度值；设置的值越大，不透明度越高；设置的值越小，透明度越高。

（3）【角点】：在此下拉列表中可以选择【锐化】、【圆角】和【扩散】三个选项。【锐化】选项适合于星形对象，以及对矩形应用特殊效果；【圆角】选项可以将角点进行圆角化处理，应用于矩形时可取得良好效果；【扩散】选项可以产生比较模糊的羽化效果。

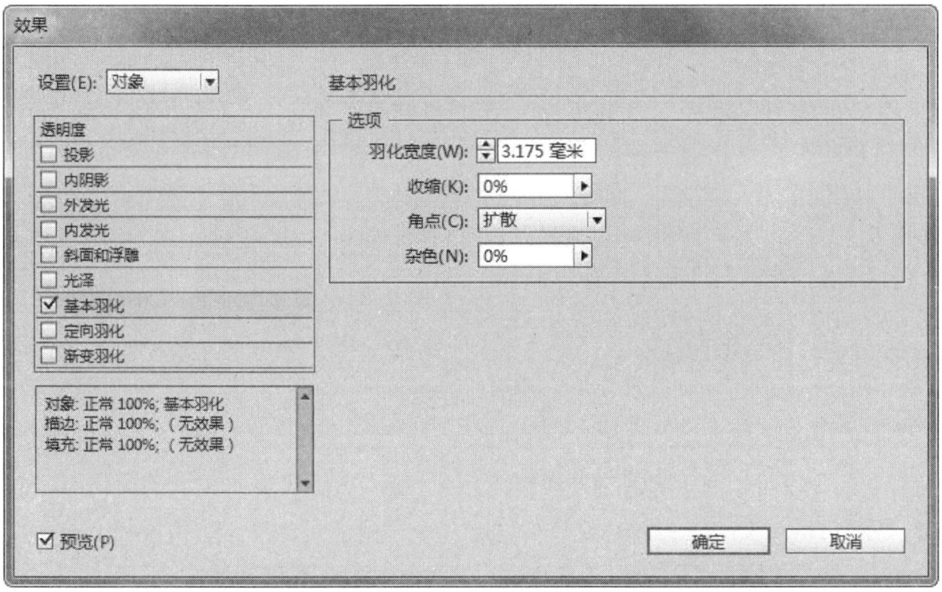

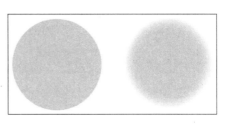

效果

设置(E): 对象 ▾   基本羽化

透明度
☐ 投影
☐ 内阴影
☐ 外发光
☐ 内发光
☐ 斜面和浮雕
☐ 光泽
☑ 基本羽化
☐ 定向羽化
☐ 渐变羽化

选项
羽化宽度(W): ⬍ 3.175 毫米
收缩(K): 0% ▸
角点(C): 扩散 ▾
杂色(N): 0% ▸

对象: 正常 100%; 基本羽化
描边: 正常 100%; (无效果)
填充: 正常 100%; (无效果)

☑ 预览(P)   确定   取消

图 9-30　【基本羽化】选项卡

选中图形, 对图像设置基本羽化后的效果如图 9-31 所示。

2. 定向羽化

【定向羽化】命令用于为图像的边缘沿指定的方向实现边缘羽化。其相应的选项卡如图 9-32 所示。

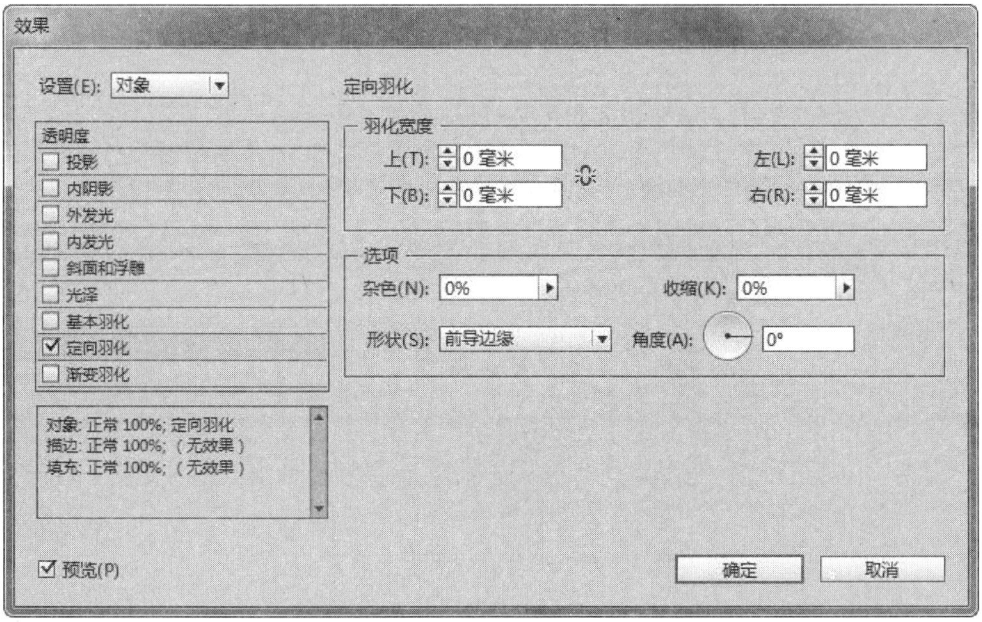

图 9-31　设置基本羽化后的效果

效果

设置(E): 对象 ▾   定向羽化

透明度
☐ 投影
☐ 内阴影
☐ 外发光
☐ 内发光
☐ 斜面和浮雕
☐ 光泽
☐ 基本羽化
☑ 定向羽化
☐ 渐变羽化

羽化宽度
上(T): ⬍ 0 毫米   左(L): ⬍ 0 毫米
下(B): ⬍ 0 毫米   右(R): ⬍ 0 毫米

选项
杂色(N): 0% ▸   收缩(K): 0% ▸
形状(S): 前导边缘 ▾   角度(A): ◯ 0°

对象: 正常 100%; 定向羽化
描边: 正常 100%; (无效果)
填充: 正常 100%; (无效果)

☑ 预览(P)   确定   取消

图 9-32　【定向羽化】选项卡

该选项卡中部分选项的功能解释如下。

（1）【羽化宽度】：可以通过设置上、下、左、右的羽化值控制羽化半径。单击【将所有设置为相同】按钮，使其处于被按下的状态，可以同时修改上、下、左、右的羽化值。

（2）【形状】：在此下拉列表中可以选择【仅第一个边缘】、【前导边缘】和【所有边缘】选项，以确定图像原始形状的界限，如图9-33所示为对图像设置定向羽化后的效果。

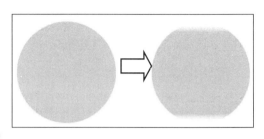

图 9-33　设置定向羽化后的效果

3. 渐变羽化

【渐变羽化】命令可以使对象所在区域渐隐为透明，从而实现此区域的柔化。其相应的选项卡如图9-34所示。

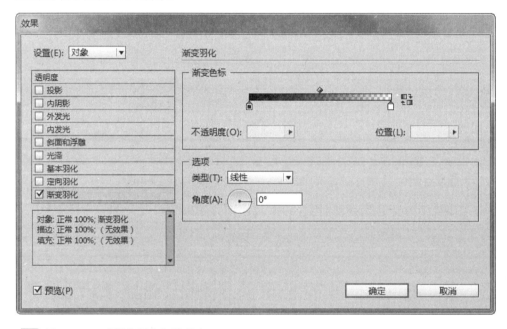

图 9-34　【渐变羽化】选项卡

该选项卡中部分选项的功能解释如下。

（1）【渐变色标】：该区域中的选项用来编辑渐变羽化的色标。在【位置】文本框中输入数值用于控制渐变中心点的位置。

要创建渐变色标，可以在渐变滑块的下方单击鼠标（将渐变色标拖离滑块可以删除色标）；要调整色标的位置，可以将其向左或向右拖动；要调整两个不透明度色标之间的中点，可以拖动渐变滑块上方的菱形，菱形位置决定色标之间过渡的剧烈或渐进程度。

（2）【反向渐变】按钮：单击此按钮可以反转渐变方向。

（3）【类型】：在此下拉列表中可以选择【线性】、【径向】两个选项，以控制渐变的类型，如图9-35所示为对图像设置基本渐变羽化后的效果。

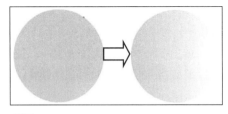

9.2.7 编辑效果

在为对象添加效果后，还可以重新修改效果，也可以进行复制、删除等操作，通过反复的编辑，得到最终效果。

图 9-35 设置渐变羽化后的效果

1. 修改效果

要修改效果，可以在【效果】面板中双击【对象】选项，或者单击【效果】面板底部的 **fx** 按钮，在弹出的下拉菜单中选择要编辑的效果的名称，然后在弹出的对话框中修改参数即可。

2. 复制效果

要有选择地在对象之间复制效果，请使用【吸管工具】 ✐。要控制用【吸管工具】 ✐ 复制哪些透明度描边、填色和对象设置，请双击该工具打开【吸管选项】对话框。然后选择或取消选择【描边设置】、【填色设置】和【对象设置】区域中的选项。

要在同一对象中将一个级别的效果复制到另一个级别，在按住 Alt 键时，在【效果】面板上将一个级别的图标拖动到另一个级别（【描边】、【填充】或【文本】）。

> **提 示**
>
> 可以通过拖动图标将同一个对象中一个级别的效果移到另一个级别。

3. 删除效果

要清除某对象的全部效果，将混合模式更改为【正常】，将【不透明度】设置更改为 100%，需要在【效果】面板中单击【清除所有效果并使对象变为不透明】按钮，或者在【效果】面板菜单中选择【清除全部透明度】命令。

要清除全部效果但保留混合和不透明度设置，需要选择一个级别并在【效果】面板菜单中选择【清除效果】命令，或者将图标从【效果】面板中的【描边】、【填色】或【文本】级别拖动到【从选定的目标中移去效果】按钮上。

若要清除效果的多个级别（描边、填色或文本），需要选择所需级别，然后单击【从选定的目标中移去效果】按钮。

> **提 示**
>
> 要删除某对象的个别效果，需要打开【效果】对话框并取消选择一个透明效果。

9.3 对象样式

同建立其他样式相同，通过【对象样式】面板可以创建、应用、编辑对象样式等。对象样式的作用就是将填充、描边、混合模式、对象效果及不透明度等属性保存起来，然后在【对象样式】面板中，直接单击相应的样式名称，将对象样式应用在指定的对象上。

执行【窗口】|【样式】|【对象样式】命令，即可弹出【对象样式】面板，如图 9-36 所示。使用此面板可以创建、重命名和应用对象样式，对于每个新文档，该面板最初将列出一组默认的对象样式。对象样式随文档一同存储，每次打开该文档时，它们都会显示在面板中。

该面板中各选项的含义解释如下。

（1）【基本图形框架】：标记图形框架的默认样式。

（2）【基本文本框架】：标记文本框架的默认样式。

（3）【基本网格】：标记框架网格的默认样式。

对象样式的功能及使用方法与字符样式或段落样式非常相似，对于已经创建的样式，用户在【对象样式】面板中单击样式名称即可将其应用于选中的对象。

图 9-36　【对象样式】面板

9.3.1　创建并应用对象样式

对于图形和框架对象，前面已经详细地介绍了各种基本属性，为了提高工作效率，InDesign 提供了对象样式，将这些属性和效果创建在一个样式中，使其同时应用这些格式于一个或多个对象中。

执行【窗口】|【样式】|【对象样式】命令或按 Ctrl＋F7 快捷键，在打开的【对象样式】面板中包括【无】、【基本图形框架】、【基本文本框架】和【基本网格】4 个对象样式。执行【新建对象样式】命令，打开【新建对象样式】对话框，如图 9-37 所示。

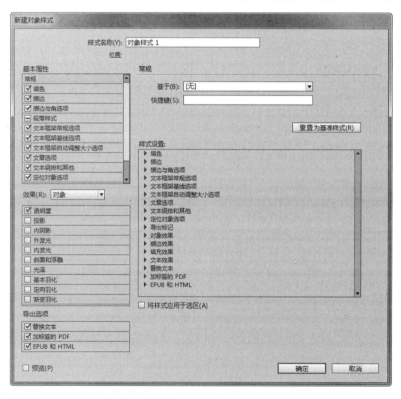

图 9-37　【新建对象样式】对话框

提 示

如果希望该样式只应用某些属性，而保持其他任何设置不变，可以确保希望该样式控制的类别处于合适的状态。每个类别可以使用以下三种状态中的任何一种：打开☑、关闭☐或忽略▣。

该对话框分为 4 部分：第一部分为【样式名称】选项；第二部分为【基本属性】选项；第三部分为【效果】选项；第四部分为选项设置区域。【常规】选项中的设置方法与字符样式中的相同；【基本属性】选项与【效果】选项中的设置方法与单独设置时相同。这里设置了【基本属性】中的【文本绕排和其他】选项和【效果】中的【内发光】选项，如图 9-38 所示。

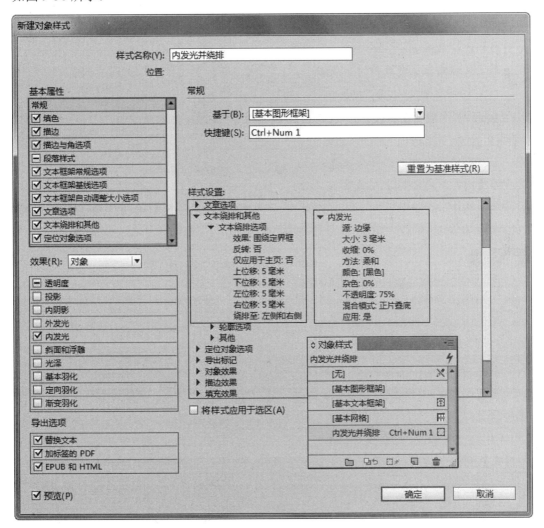

图 9-38　创建对象样式

使用【选择工具】选中页面中的图形框架，按 Ctrl＋1 快捷键使其应用【内发光并绕排】对象样式，效果如图 9-39 所示。图形框架中的图像添加了内发光效果，并且还与周围的文本绕排。

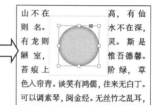

图 9-39 应用对象

9.3.2 重新定义样式

在 InDesign 中，更新定义样式的方法有两种：一种是打开样式本身并对格式选项进行修改，修改后的样式效果直接反映到被应用的对象中；另一种是通过自身的格式修改对象，然后根据对象中的效果重新定义样式。

对象样式中的格式选项均可以在【描边】面板与【色板】面板、【效果】命令中找到相同的选项设置。所以当页面中的多个图像框架被应用【内发光并绕排】对象样式

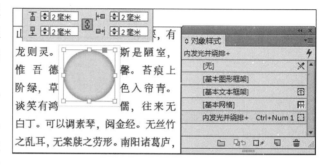

图 9-40 重新设置样式

后，选中其中一个框架对象，可以继续在这些面板或者对话框中单独设置该对象，如图 9-40 所示为将选中对象中的绕排距离缩小。

要想将页面中所有应用该样式的对象统一更改为设置后的效果，不用逐一去修改，只要执行【对象样式】面板中的【重新定义样式】命令即可，如图 9-41 所示。

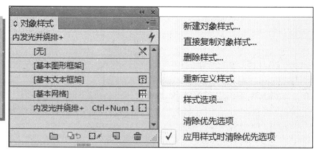

图 9-41 重新定义样式

9.4 库

InDesign 通过使用对象库的方式来批量设置各种对象的属性选项，以便提高工作效率。对象库可以组织常用的图形、文本、页面以及标尺参考线、网格、绘制的形状和编组图像等。对象库在 InDesign 中是以面板形式显示的，在磁盘中是以命名文件的形式存在的。

9.4.1 新建库

创建库的方法有两种，一种是与新建文档的步骤相似的对象库；另一种是 InDesign CC 版本的新增功能，即 CC Libraries 面板，通过它可以和 Adobe 系列中其他 CC 版本的软件共享，受邀请进行共同作业的人也可以对 CC Libraries 面板中的内容进行编辑操作。

1. 创建对象库

要创建对象库，首先执行【文件】|【新建】|【库】命令，在打开的【新建库】对话框中选择【保存类型】为【库】，并设置【文件名称】为"文件库.indl"，单击【保存】按钮，在本地磁盘中显示文件"文件库.indl"，并且在InDesign 中显示【文件库】面板，如图 9-42 所示。

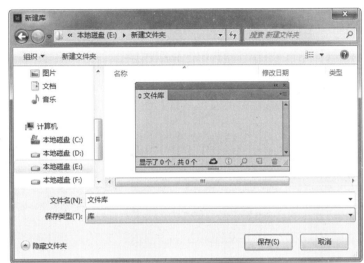

图 9-42 创建库文件

提 示

在创建对象库时，首先要保存对象库，这样才可以在InDesign 中显示出对象库。

创建对象库后，在InDesign 中显示的是一个空白的【文件库】面板，如图 9-43 所示，这时关联菜单中只有部分命令可以使用。当执行【关闭库】命令后，会将对象库从当前会话中删除，但并不删除它的文件，所以还可以通过【打开】命令将对象库打开。

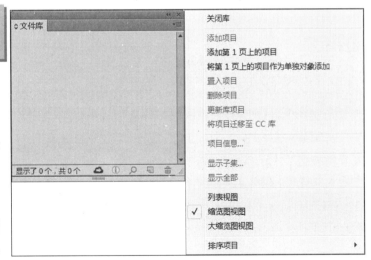

图 9-43 【文件库】面板

提 示

在创建对象库时，首先要保存对象库，这样才可以在 InDesign 中显示出对象库。

接下来要为对象库添加库项目，首先在页面中选中一个对象，然后单击【文件库】面板底部的【新建库项目】按钮，将选中的对象添加到对象库中，如图 9-44 所示。

如果在页面中选中两个或者两个以上对象，并将其拖至【文件库】面板中，则会将这些对象作为一个库项目添加在对象库中，如图 9-45 所示。

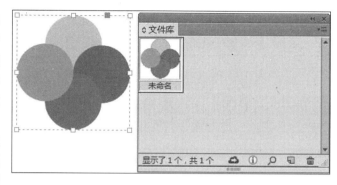

图 9-44　创建库项目

要想将页面中的文本也添加至对象库中，需要选中文本框架，然后单击【新建库项目】按钮或者执行【添加项目】命令，将其添加至对象库中，如图 9-46 所示。

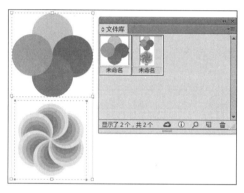

图 9-45　添加多个对象到库中

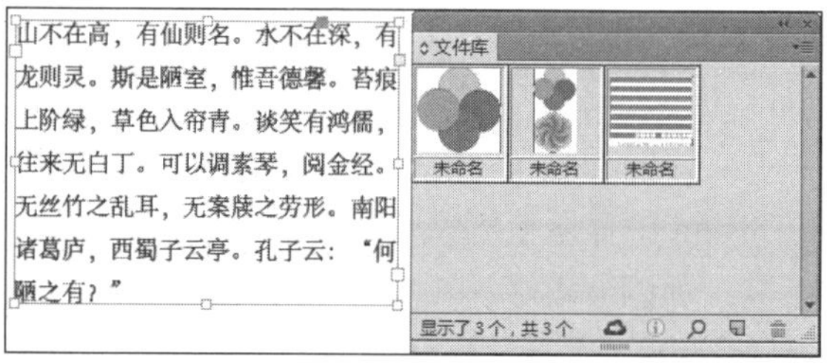

图 9-46　添加项目

技　巧

如果对象中具有属性选项或者样式，则会连同样式一起添加至对象库中。

单击【文件库】底部的【将库项目迁移至 CC 库】按钮，弹出【迁移至 CC 库】对话框，可以设置迁移项目在 CC 库中的名称，如图 9-47 所示。

图 9-47　迁移库项目

2. CC Libraries 面板

CC Libraries 简称 "CC 库"，所有使用过的颜色、样式、效果等都会默认保存在【我的库】中，执行【窗口】|CC Libraries 命令，打开 CC Libraries 面板，如图 9-48 所示。

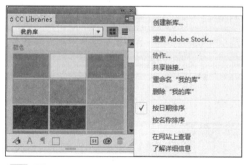

图 9-48　CC Libraries 面板

在 CC 库中，各个按钮的功能介绍如下。

图 9-49 不同的项目显示方式

（1）【名称】：单击名称后的三角按钮，可以选择不同的库。

（2）【显示】：名称后的两个按钮，显示项目方式为【以图标形式显示项目】或【以列表形式显示项目】，如图 9-49 所示。

（3）【添加图形】：选中对象，然后单击该按钮，即可将选中的对象添加至 CC 库中。

（4）【添加字符样式】：选中文字，然后单击该按钮，即可将选中文字的字符样式添加至 CC 库中。

（5）【段落样式】：选中文本，然后单击该按钮，即可将选中的文本段落样式添加至 CC 库中。

（6）【添加填充色】：选中图形，然后单击该按钮，即可将选中的图形所填充的颜色添加至 CC 库中。

单击【CC 库】面板的关联菜单按钮，弹出的关联菜单的各个选项的作用简单介绍如下。

（1）【创建新库】：单击此选项，能够创建新库。

（2）【搜索 Adobe Stock】：Adobe Stock 是一项新增服务，销售数以百万计的高品质、免版税照片、插图和图形。（详细内容参见第 1 章新增知识。）

（3）【协作】：单击此选项，可以邀请共同作业人员。共同作业人员可以检视、编辑、移动或删除这个共用资料库的内容。

（4）【共享链接】：通过此选项可与他人建立传送连接，连接后可与其他人共同检视此资料库。移除连接后，即可再次将此资料库设为私密。

（5）【重命名"我的库"】：【我的库】中系统默认的名称，通过此选项可以更改名称。

（6）【删除"我的库"】：单击此选项可删除当前所显示的库及库中所有的项目。

（7）【按日期排序】：使库中的内容按日期排列。

（8）【按名称排序】：使库中的内容按名称排列。

（9）【在网站上查看】：可以在网页中查看库中的项目。

（10）【了解详细信息】：可以通过网页查看关于库的所有详细信息。

9.4.2 编辑库

对象库并不是针对一个文档创建的，所以既可以在对象源文档中应用对象库，也可以在其他文档中应用对象库，而且编辑页面中的对象也不会影响对象库中的库项目。

应用对象库其实就是将对象库中的库项目添加至页面中，方法是在对象库中选中一个库项目，将其拖至页面中即可。

当库项目拖至页面后，就成为一个独立的对象。对拖至页面的图像对象进行缩小与文本绕排操作，【文件库】面板中的库项目并不会变化，如图9-50所示。

图 9-50　编辑对象

将多个对象组成的库项目添加至页面后，这些对象仍然是被同时选中状态，但同样可以分别编辑这些对象，如图9-51所示。

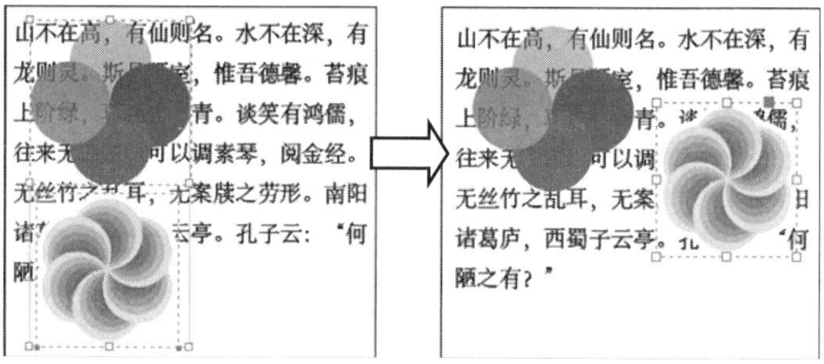

执行【置入项目】命令也是将库项目添加至页面中的一种方式，但前提是需要在创建库项目时选定对象在页面中。

图 9-51　添加多个库项目到文档中

在【文件库】面板中选中该库项目后，执行【置入项目】命令，或右击库项目，执行【置入项目】命令即可在光标所在页面插入对象，且该对象的位置为源对象的显示位置，如图9-52所示。

9.4.3 管理库

当对象库中的库项目数量与类型繁多时，可以在对

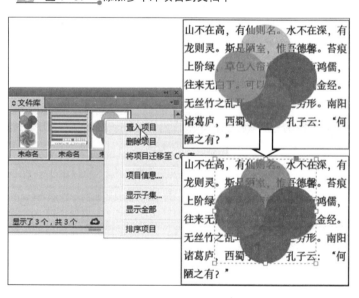

图 9-52　置入项目

象库中查找、查看或编辑库项目，使得对象库中的库项目清晰明了，并且更加快速地应

用库项目至文档中。

1. 查找库项目

在对象库中，库项目默认情况下是按照名称排列的，但是在关联菜单中的【排序项目】命令中还包括【按时间（由新到旧）】、【按时间（由旧到新）】和【按类型】三个子命令。

如果通过排序还是无法快速找到想要的库项目，则可以通过查找来锁定特定库项目。在对象库中选中一个库项目，单击面板底部的【显示库子集】按钮 $\boxed{Q}$ ，打开【显示子集】对话框，如图9-53所示。

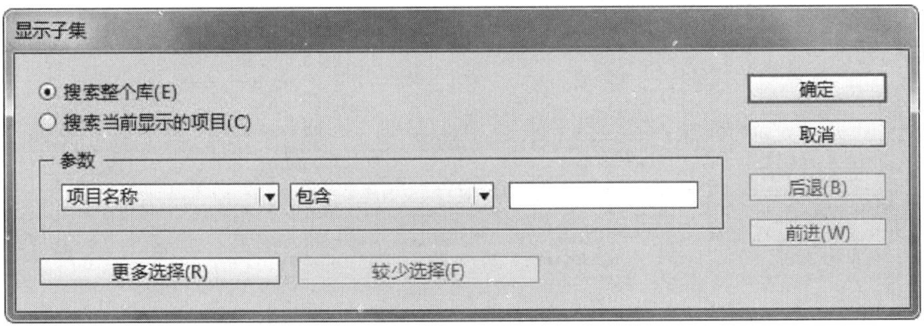

图9-53 【显示子集】对话框

在该对话框中的各个选项如下所述。

（1）【搜索整个库】：启用该选项后，针对对象库中的所有库项目进行搜索。

（2）【搜索当前显示的项目】：启用该选项后，针对对象库中当前显示的库项目进行搜索，也就是说可以进行第二次搜索。

（3）【参数】：该区域中包括三个限定选项，一个是项目类型；一个是项目范围；一个是包含文字。通过不同的限定选项可以搜索不同类型的库项目。

（4）【更多选择】：单击该按钮可以添加搜索条件，单击一次添加一个，如图9-54所示。反之，当显示两个或者两个以上的搜索条件时，可以单击【较少选择】按钮来减少搜索条件。

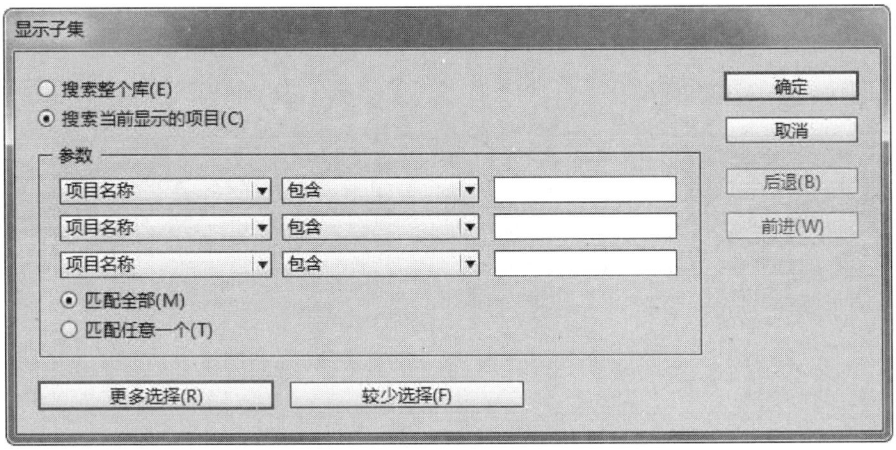

图9-54 添加搜索条件

（5）【匹配全部】：启
用该选项，只显示那些与
所有搜索条件都匹配的
对象。

（6）【匹配任意一个】：
启用该选项，显示与条件
中任何项匹配的对象。

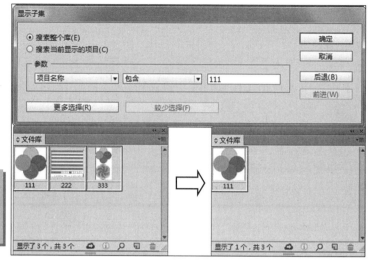

技 巧

当添加一个搜索条件后，还
可以通过对话框中的【后退】
与【前进】按钮来减少或者
添加搜索条件。

在【显示子集】对话
框中按照项目名称设置搜

图 9-55　搜索库项目

索条件后，单击【确定】按钮，即可显示出与搜索条件相符的库项目，如图 9-55 所示。

提 示

当对象库中没有显示所有的库项目时，可以执行关联菜单中的【显示全部】命令显示所有的库项目。

2．查看与编辑库项目

要想查看与编辑库项目属性，可
以在对象库中选中库项目，单击面板
底部的【库项目信息】按钮 ⓘ，在
【项目信息】对话框中可以设置【项
目名称】、【对象类型】与【说明】选
项，如图 9-56 所示。

3．更新库项目

图 9-56　编辑库项目属性

在面板中选中要替换的库项目，然后在页面中选中一个对象，执行面板中的【更新
库项目】命令即可，如图 9-57 所示。

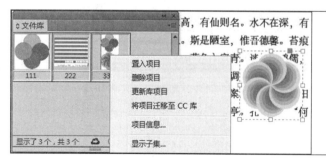

图 9-57　更新库项目

9.5　课堂实例：吸烟有害健康

本实例制作的是燃烧的香烟的特殊效果，如图 9-58 所示。在制作过程中，首先使用绘图工具绘制香烟各部分的形状，并填充不同的颜色，然后使用【效果】面板中的命令，为不同的图形添加特效，使各部分图形形成一幅具有警示效果的图像。

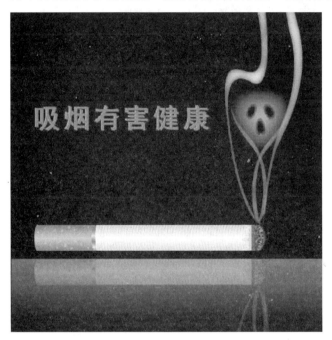

图 9-58　燃烧的香烟效果

操作步骤：

1　按 Ctrl+N 快捷键，新建一个长宽均为 100mm 的文档，边距均为 0mm，如图 9-59 所示。然后使用【矩形工具】▣绘制一个

与页面大小一致的矩形，然后填充黑色，如图 9-60 所示。

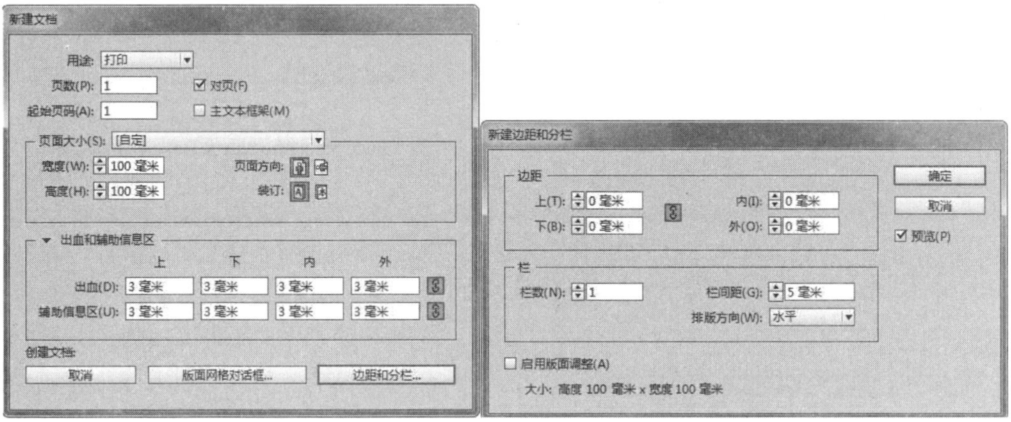

图 9-59　新建文档

图 9-60 矩形效果

2 绘制矩形。使用工具箱中的【矩形工具】 ，在页面中单击，在弹出的对话框中设置烟身的尺寸为 8mm×70mm，如图 9-61 所示。使用同样的方法，绘制过滤嘴的尺寸 8mm ×19mm，然后将两个矩形进行左对齐与上下居中对齐，如图 9-62 所示。

图 9-61 绘制烟身

图 9-62 对齐效果

3 改变角度。使用【直接选择工具】 将过滤嘴矩形的左右两边调整为曲线形状，如图 9-63 所示。

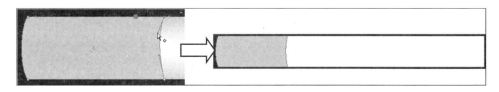

图 9-63 调整矩形边缘

4 创建渐变色。按 F5 键打开色板，单击面板右上侧的关联按钮，在弹出的关联菜单中选择【新建渐变色板】选项，创建名称为【灰色渐变】的渐变色板，然后应用于烟身并使用【渐变色板工具】 调整角度，如图 9-64 所示。使用相同的方法，创建【褐色渐变】，应用于香烟过滤嘴，如图 9-65 所示。

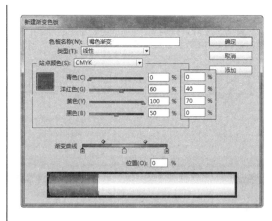

图 9-65 创建渐变色并应用于过滤嘴

5 过渡条。使用【矩形工具】 绘制一个矩形，使用【直接选择工具】 与【转换锚点工具】 调整矩形与过滤嘴一致的曲线，如图 9-66 所示。新建【金色渐变】色板，并应用于矩形，如图 9-67 所示。然后将过渡条放置于过滤嘴图形的右侧。

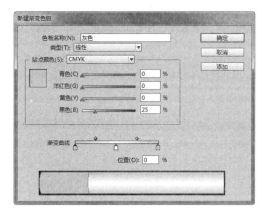

图 9-64 创建渐变色并应用于烟身

InDesign CC 2015 图形设计标准教程

图 9-66　调整矩形曲线

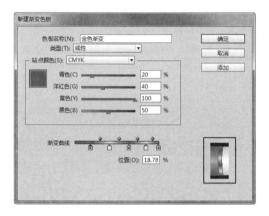

图 9-67　创建渐变色并应用矩形

6　绘制纹路。使用【钢笔工具】绘制与过滤嘴方向弧度一致的曲线，设置描边为黑色，选中曲线后按住 Alt 键水平向右拖动，然后按 Shift+Ctrl+Alt+D 组合键进行同步粘贴，最后按 Ctrl+G 快捷键将其编组，如图 9-68 所示。

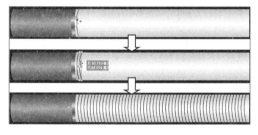

图 9-68　绘制曲线并同步复制

7　绘制斑点。使用钢笔工具，在过滤嘴上绘制任意简单图形并随意放置，设置小图形禁用描边，黄色填充，绘制完成后，选中所有小图形，按 Ctrl+G 快捷键将其编组，如图 9-69 所示。

图 9-69　绘制斑点效果

8　设置混合模式。选中不规则图形编组对象，打开【效果】面板，设置其混合模式为【柔光】，如图 9-70 所示。选中曲线编组对象，在【效果】面板中，设置混合模式为【叠加】，如图 9-71 所示。

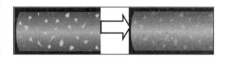

图 9-70　【柔光】模式

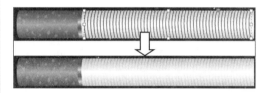

图 9-71　【叠加】模式

9　燃烧边缘效果。使用【钢笔工具】，在烟身的右侧绘制不规则图形，形成燃烧边缘的效果，并填充浅灰色，如图 9-72 所示。复制粘贴图形，将上层图形缩小，填充不同的颜色，并在【色板】面板中设置色调，如图 9-73 所示。

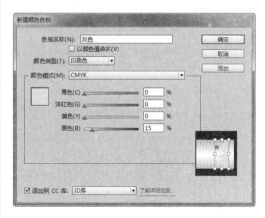

图 9-72　绘制不规则图形并填充颜色

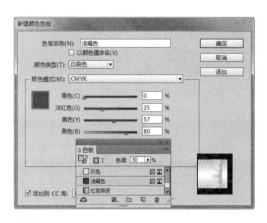

图 9-73　复制并调整图形后填充颜色

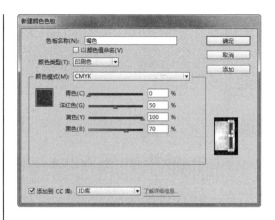

图 9-75　绘制矩形并填充

10　烧焦效果。选择上方的不规则图形,打开【效果】对话框,设置【定向羽化】效果,如图9-74 所示。然后在燃烧边缘,绘制一个矩形,填充褐色,如图 9-75 所示。

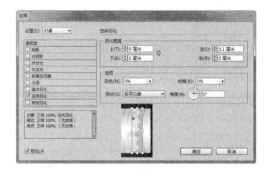

图 9-74　定向羽化效果

11　燃烧图形。绘制矩形,将矩形的右侧调整为曲线,填充灰色,打开【效果】对话框,为图像添加【内阴影】效果,参数及效果如图9-76 所示。然后复制图形并原位粘贴,清除效果后新建【红色渐变】色板进行填充,如图 9-77 所示。

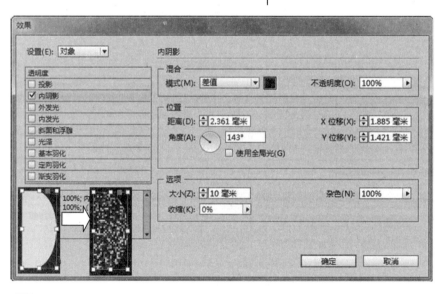

图 9-76　设置【内阴影】效果

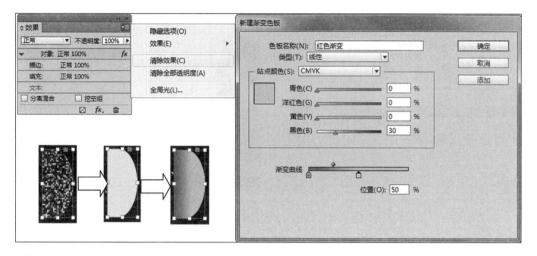

图 9-77 清除效果后填充渐变效果

12 燃烧效果。选中渐变燃烧图形，打开【效果】面板，将其混合模式设置为【正片叠底】，如图 9-78 所示。将两个燃烧图形选中并编组，在【效果】对话框中设置【定向羽化】效果，如图 9-79 所示。

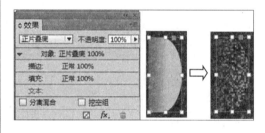

图 9-78 设置【正片叠底】效果

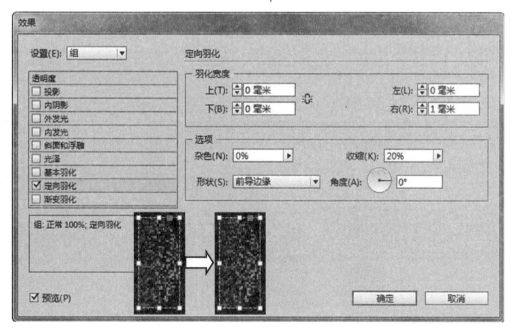

图 9-79 定向羽化效果

13 绘制烟雾。将燃烧图形放置于烟身的右侧，

如图 9-80 所示。使用【钢笔工具】 绘

制几个线条图形，并填充白色，如图 9-81
所示。打开【效果】对话框，设置【基本羽
化】效果，如图 9-82 所示。

图 9-80　香烟效果

图 9-81　绘制烟雾线条

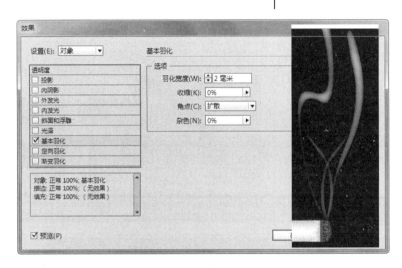

图 9-82　烟雾效果

14　绘制骷髅。使用【钢笔工具】　绘制三个
不规则圆形，填充黑色并禁用描边后编组，
然后在【效果】面板中设置【外发光】效果
和【基本羽化】效果，如图 9-83 所示。

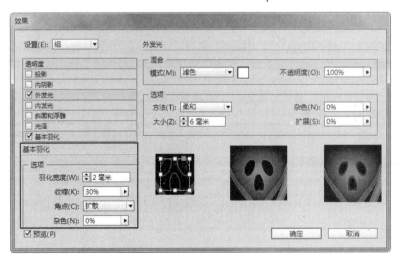

图 9-83　骷髅效果

15　倒影。绘制一个矩形，放置于香烟的下方，填充由白色到黑色的渐变色，然后设置合适的透明度，如图 9-84 所示，选择香烟与烟雾进行编组并复制，原位粘贴后进行垂直翻转，然后放置于渐变背景处，设置透明度，形成倒影效果，如图 9-85 所示。

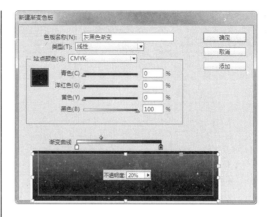

图 9-84　绘制矩形并填充渐变

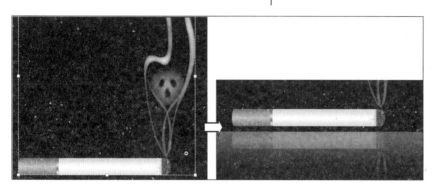

图 9-85　倒影效果

16　文字效果。在页面中输入"吸烟有害健康"，设置字体属性，如图 9-86 所示。选中文本框，在【效果】对话框中为文本添加投影效果，如图 9-87 所示。至此，香烟效果制作完成。

图 9-86　设置文字属性

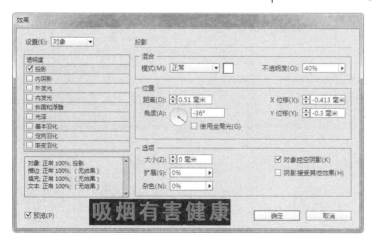

图 9-87　文字效果

思考与练习

一、填空题

1. 通过_____面板能够设置对象的混合效果。

2. 默认情况下，当创建对象或描边、应用填充或输入文本时，这些对象显示为实底状态，即不透明度为_____。

3. 在默认情况下，对象之间的混合模式为_____，也就是说上方对象会覆盖下方对象。

4. 要_____某对象的个别效果，需要打开【效果】对话框并取消选择一个透明效果。

5. 当执行【关闭库】命令后，会将对象库从当前会话中删除，但并不删除它的文件，所以还可以通过_____命令将对象库打开。

二、选择题

1. 使用混合模式可以产生不同的效果，【效果】面板中共包括_____种混合模式。

    A．15

    B．16

    C．17

    D．18

2. 使用_____模式，可以使混合色的互补色与基色复合，结果色总是较亮的颜色，用黑色过滤时颜色保持不变。

    A．叠加

    B．颜色减淡

    C．柔光

    D．滤色

3. 在【斜面与浮雕】选项卡的【样式】菜单中，可以设置不同的效果，其中不包括_____效果。

    A．【平滑】

    B．【外斜面】

    C．【内斜面】

    D．【浮雕】

4. _____命令用于为图像添加柔化的边缘。

    A．【基本羽化】

    B．【定向羽化】

    C．【渐变羽化】

    D．【宽度羽化】

5. 在对象库中，库项目默认情况下是按照名称排列的，在关联菜单中的【排序项目】命令中不包括_____子命令。

    A．按时间（由新到旧）

    B．按时间（由旧到新）

    C．按大小

    D．按类型

三、简答题

1. 【效果】面板中包括多少种混合模式？分别是什么？

2. 在为对象添加效果后，怎样再次修改效果？

3. 怎样查看与编辑库项目？

四、上机练习

1. 整理照片

本练习制作的是建立对象样式的效果，如图9-88所示。制作本练习，首先将素材置入，调好大小与位置等，然后建立对象样式，在【新建对象样式】对话框中，输入样式名称，指定样式快捷键后，设置描边和【斜面和浮雕】效果，最后将样式应用于图片。本练习的重点在于，在创建对象样式的同时，将描边与添加特效结合起来，制作成图像的边框效果，然后选中图像，将对象样式应用于图片。

图 9-88 添加边框效果

2. 创建对象库

本练习制作的是创建对象库的效果，如图 9-89 所示。制作本练习，执行【文件】|【新建】|【库】命令，在弹出的【新建库】对话框中，指定保存路径，输入库名称，单击【保存】按钮，生成空白【库】面板，在文档中将使用频率较高的文本或图形拖动到【对象库】面板中，然后双击【对象库】中的项目，在弹出的【项目信息】对话框中设置项目名称与属性即可。

图 9-89　创建对象库

第 10 章

书籍排版

在书籍排版中，版面是由前面章节所介绍的文字、图片、表格等元素组成的，并按照一定的操作技术使版面布局条理化。在排版过程中，多个版面一起就组成了书籍，这就需要把握书籍的整体性、艺术性、实用性与经济性，从而使书刊达到最佳的视觉效果。

本章主要讲解在排版过程中如何设置页面的属性、怎样使用主页、设置页码，以及创建书籍和抽取目录等内容，帮助读者把握书籍的整体性。

10.1　书籍排版知识

在书刊排版中，正文必须保持字号、行长、行距等统一，保持版心的基本一致，还需处理好标题、页码、正文、注文和图表相互之间的关系，使版面具有主次分明、协调、美观、可读性等特点。

不同种类的书籍包含的公式、图表等内容不同，页数也不同，页数较多的一般采用16开本。例如，杂志期刊的版面内容相对于图书来讲，比较丰富，版面格式与编排上多采用分栏形式，字号也不像教材与科技类图书那样固定不变，可以灵活运用。

为方便印刷和机器装订配页，页数大多为32、48、64等能被16整除的数字，采用简单的"骑马订"。

书籍排版中通常包括一些版面、版心、版口等术语，便于用户对其进行统称。在书籍排版之前，用户还需要了解一下书籍排版中的一些术语，通常情况下包括下列排版术语。

封面：封面又称封一、前封面、封皮、书面，主要起到美化书刊与保护书芯的作用，一般情况下，封面包括书名、作者或译者，以及出版社名称与出版城市。

封里：封里又称封二，为封面的背页。通常情况下，封里为空白页。除了作为空白页之外，还可以在期刊中显示目录或图片。

封底里：封底里又称封三，为封底的里页。通常情况下，封底里为空白页。除了作为空白页之外，还可以在期刊中显示正文或正文之外的文本与图片。

封底：封底又称封四，主要用于显示书号与书籍定价。另外，期刊一般将封底作为版权页，或用来显示目录或正文之外的文本与图片。

书脊：书脊又称为封脊，主要用来连接封面和封底。一般情况下，书脊上显示书名、译者、作者姓名以及出版社名称。

扉页：扉页又称为封里或副封面，主要起到装饰书籍、增减书籍美观度的作用。扉页是位于书籍封面或衬页之后、正文之前的页面。一般情况下，扉页上显示书名、作者或译者姓名、出版社名称，以及出版日期等信息。

插页：插页是指超过开本范围或单独印刷插装在书刊内，以及印有图片或图表的单页。

篇章页：篇章页为显示篇、编或章名称的单页，只能利用单码、双码留空白。某些时候，为区别篇章页与普通页，需要用带色的纸张进行印刷。

目录：目录为书刊中章节、标题的汇总记录，起到索引正文的作用。

版权页：版权页是版本的记录页，主要用于记录书名、作者或译者姓名、出版社、发行者、印刷者、版次、印次、印数、开本、印张、字数、出版年月、定价、书号等内容。

版式：版式是指书刊版面的所有格式，包括正文与标题的字体、字号、版心大小、每页的行数、通栏、双栏等。

版面：版面为书刊页面的所有形式，包括图文和空白部分的综合。其中，图文包括版心、书眉、页码等，而空白部分即为版心四周的白边。

版口：版口是指版心边沿至成品边沿的空白区域，即版心左右上下的极限。

版心：版心是指页面中的图文部分，传统中版心在版面略微偏下的位置，即天头大于地脚，翻口稍微大于订口。

天头：天头为版心上边沿至成品边沿的空白区域。

地脚：地脚为版心下边沿至成品边沿的空白区域。

10.2　页面

在 InDesign 中，页面比较直观，默认情况下，InDesign 中的左侧是偶数页，右侧是奇数页。在【页面】面板中还可以设置页面的起始页码，还可以进行选择页面、添加和删除页面、移动和复制页面、跳转页面、替代版面等操作。

10.2.1　认识页面

在设计排版之前应当先了解页面的构成，便于后面的深入学习。页面是指书刊、报纸一页纸的幅面，其中，书刊页面包括版心、页眉和页码，如图 10-1 所示。

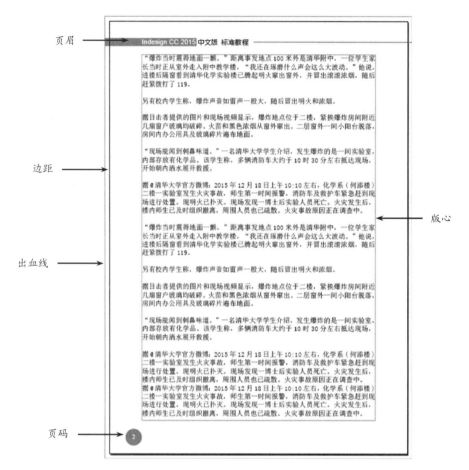

页眉

边距

出血线

页码

版心

图 10-1　页面的构成

其具体含义如下所述。

（1）版心：版心又叫节口，是页面主要内容所在的位置，是排放正文文字的部分，也是版面构成的重要因素之一。版心一般位于版面的中央，书籍的开本直接决定了版心的大小。

（2）页眉：页眉位于版心上方，主要包括页码、文字和页眉线，一般用于检索篇章。

（3）页码：页码位于书籍切口的一侧，一般的书刊正文每页都排有页码。印刷行业中，会将页码正反面两个页码称为一页。

除此之外，页面中的边距和出血线具有同样的重要性。边距是指版心边框与页面边框之间的距离。出血线是指成活与非成活区域的界限，主要用于弥补从印刷到装裱成活中的误差。

10.2.2　【页面】面板

【页面】面板可以方便地管理与处理出版物的页面，该面板中显示出版物的页码和章节编号，如图 10-2 所示。

在【页面】面板中，主要包括下列 5 种选项。

（1）【无】：拖动该页面到任意页面上，将不应用任何主页。

（2）【主页】：在该页面上创建的对象可以应用到其他页面上，例如相同的背景。

（3）【编辑页面大小】：要重新定义页面的大小尺寸，可以单击该下拉按钮，在其列表中选择相应的选项即可。

（4）【新建页面】：要插入新页面，可以选择要插入页面的位置并单击该按钮。

（5）【删除选中页面】：要删除页面，可以选取要删除的页面并单击该按钮。

单击【页面】面板右上角的黑色下拉按钮，在弹出的快捷菜单中可以通过执行相应的命令，来对页面进行编辑，各命令及作用如表 10-1 所示。

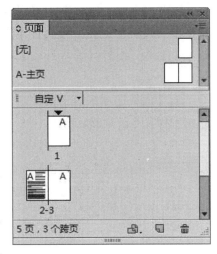

图 10-2 【页面】面板

表 10-1 【页面】面板快捷菜单中各命令及作用

命　令	作　用
插入页面	使用该命令，可以在任意位置插入页面
移动页面	使用该命令，可以快速将页面移动到所需位置
新建主页	该命令与面板中的【新建页面】按钮的作用相同，都可以创建新的页面
直接复制页面	使用该命令，可以直接将页面连同页面上的所有对象复制
删除跨页	使用该命令，可以删除所选页面
选择未使用的主页	使用该命令，可以选择未使用的主页
旋转跨页视图	使用该命令，可以按顺时针 90°、逆时针 90° 或 180° 选择跨页
页面过滤效果	使用该命令，可以设置页面的百叶窗、盒状等过滤效果
颜色标签	使用该命令，可以设置主页的颜色
主页选项	使用该命令，可以进一步对主页进行编辑
将主页应用于页面	使用该命令，可以直接将主页应用到某页面或跨页上
存储为主页	使用该命令，可以将页面存储为主页
载入主页	使用该命令，可以载入其他文档的主页
隐藏主页项目	使用该命令，可以暂时隐藏主页上的内容
覆盖所有主页项目	使用该命令，可以使用新的主页覆盖现有的全部主页内容
删除所有页面优先选项	使用该命令，可以删除全部页面中的优先选项
分离所有来自主页的对象	使用该命令，可以将主页上的对象分离出来
在选区上允许主页项目优先	使用该命令，可以在选区上允许主页内容优先显示
允许文档页面随机排布	使用该命令，可以允许文档页面随机排布
允许选定的跨页随机排布	使用该命令，可以允许选定的跨页随机排布
页码和章节选项	使用该命令，可以对页码和章节选项进行编辑
跨页拼合	使用该命令，可以将跨页内容拼合，例如统一将文字转换为曲线
面板选项	使用该命令，可以编辑【页面】面板的显示状态，例如更改图标显示大小

【页面】面板的显示状态是可以改变的，在【页面】面板中执行【面板选项】命令，打开【面板选项】对话框，如图10-3所示。

该【面板选项】对话框中，主页包括下列几个选项组。

（1）【页面】：在该选项区域中可以设置页面图标的大小及显示方式。

（2）【主页】：在该选项区域中可以设置主页图标的大小及显示方式。

（3）图标：在该选项区域中可以设置图标的透明度、跨页旋转或过滤效果。

（4）【面板版面】：该选项区域包括两个选项，当启用【页面在上】单

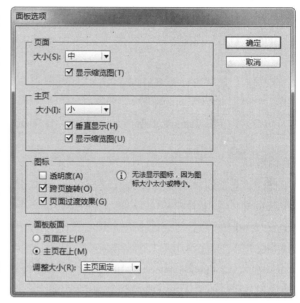

图 10-3 　【面板选项】对话框

选按钮时，将设置页面图标部分显示在主页图标部分的上方；当启用【主页在上】单选按钮时，将设置主页图标部分显示在页面图标部分的上方。

（5）【调整大小】：在该下拉列表中包括三个选项，选择【按比例】选项将会同时调整面板的【页面】和【主页】部分的大小；选择【页固定】选项可以保持【页面】部分的大小不变而只调整【主页】部分的大小；选择【主页固定】选项可以保持【主页】部分的大小不变而只调整【页面】部分的大小。

在【面板选项】对话框中，设置好该面板的显示状态之后，单击【确定】按钮即可，如图10-4所示。

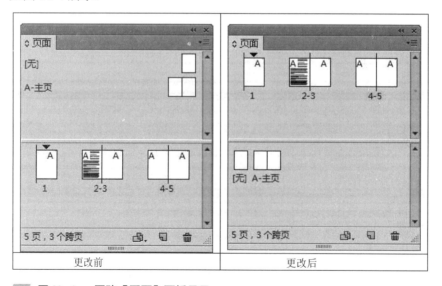

图 10-4 　更改【页面】面板显示

10.2.3　选择页面

当文档窗口中有多个页面可见，且需要将对象粘贴到特定页面上时，就必须选取该页面。要选取页面，在【页面】面板中单击某一页面即可。单击的同时按住 Ctrl 键可以选择不相邻的页面；按住 Shift 键可以选择相邻的多个页面，如图 10-5 所示。

提　示

要确定目标跨页并选择它，可以双击其图标或位于图标下的页码，也可以通过单击页面、该页面上的任何对象或文档窗口中该页面的粘贴板来选择目标跨页。

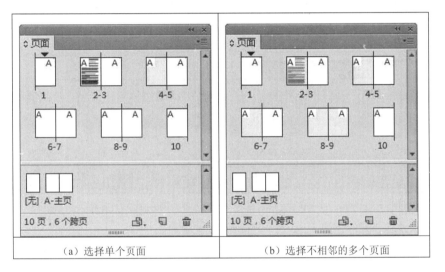

| （a）选择单个页面 | （b）选择不相邻的多个页面 |

图 10-5　选择页面

要定位页面所在视图，在【页面】面板中双击某一页面，同时状态栏将显示当前页面，如图 10-6 所示。

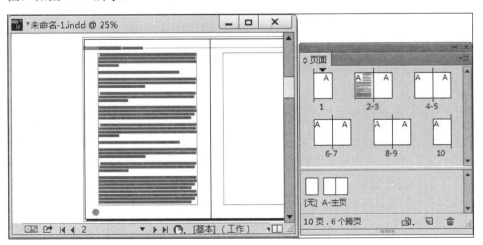

图 10-6　定位单页

如果双击位于跨页图标下的页码，则状态栏显示同时选中该跨页的两个页面，如图
10-7 所示。

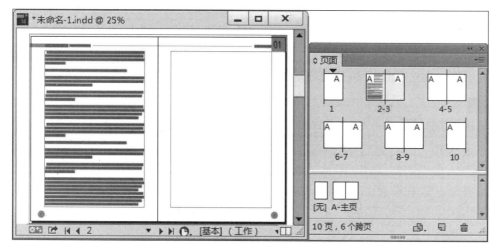

图 10-7　定位跨页

提　示

在 InDesign 中，每个跨页最多包括 10 个页面。但是，大多数文档都只使用两页跨页，为确保文档
只包含两页跨页，可以在【页面】面板中执行【允许页面随机排布】命令，以防止意外分页。

10.2.4　插入和移动页面

要插入新页面，先选取要插入页面的位置，然后执行【页面】面板中的【插入页面】
命令，打开【插入页面】对话框，如
图 10-8 所示。

在【插入页面】对话框中，主要
包括下列三个选项。

（1）【页数】：用于指定插入的页
数。当启用【新建文档】对话框中的
【对页】复选框时，在该文本框中输入
"1"可以插入页面；输入 2 以上的数值可以插入跨页或页面。

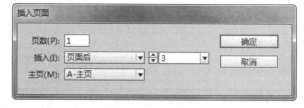

图 10-8　【插入页面】对话框

（2）【插入】：在该选项区域中可以指定插入页面的位置及页数。其位置主要包括页
面后、页面前、文档开始与文档末尾 4 种选项；而页数则根据文档中的页数而自动改变，
例如文档中有 8 页，则取值范围介于 1~8 之间。

（3）【主页】：在该下拉列表中可以指定插入的页面基于哪个主页。

在【插入页面】对话框中，设置相应的参数之后，单击【确定】按钮即可将页面或
跨页插入到相应位置，如图 10-9 所示。

4．移动页面

要移动页面，单击页面图标并拖动，拖动时黑色的竖条将指示释放该图标时页面的位置，拖动到目标位置后释放鼠标即可。另外，用户还可以使用菜单命令快速、准确地将页面移动到目标位置，即执行【版面】|【页面】|【移动页面】命令，打开【移动页面】对话框，如图 10-10 所示。

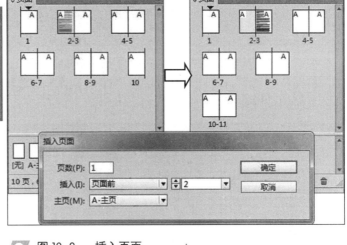

图 10-9　插入页面

图 10-10　【移动页面】对话框

在【移动页面】对话框中，主要包括下列几个选项。

（1）【移动页面】：用于指定要移动的页面或跨页。

（2）【目标】：在该下拉列表中可以选择要移动页面的位置并根据需要指定页面及页数，其移动位置主要包括【页面后】、【页面前】、【文档开始】与【文档末尾】4 种选项。

（3）【移至】：当同时打开两个以上文档时，可以将页面移动到另一个文档中。

（4）【移动后删除页面】：必须同时打开两个以上的文档，该复选框才可用。启用该复选框会将页面移动到另外一个文档中时删除现有文档的页面。

10.2.5　复制和删除页面

对于内容相同而版面要求不同的页面，可以采用复制的方法，以提高工作效率。选中页面后按住 Alt 键，将页面图标或跨页下的页码拖动到新的位置即可，如图 10-11 所示。

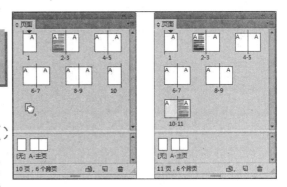

图 10-11　复制页面

要在不同的文档之间复制页面，可在【页面】面板中选择要复制的页面或跨页的图标。将图标拖动到另一个文档窗口中，打开【插入页面】对话框，在该对话框中选择要插入页面的位置即可，如图 10-12 所示。

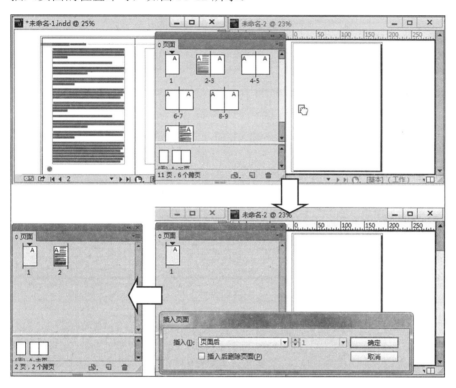

图 10-12　跨文档复制页面

6．删除页面

要删除页面或跨页，首先要选择要删除的页面或跨页，单击【删除页面】按钮 🗑 ，

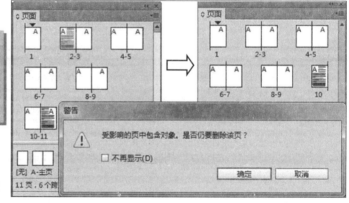

图 10-13　删除页面

弹出【警告】对话框，在对话框中单击【确定】按钮，即可删除页面，删除页面后，其他页面将按顺序自动更新，如图 10-13 所示。

10.2.6　跳转页面

页面之间的跳转是指用户根据排版需求而手动选
择的某个页面，或向前与向后选择页面。在具有多个页
面的文档中，执行【版面】菜单中针对页面跳转操作的
命令即可，如图 10-14 所示。

在【版面】菜单中，主要包含 9 种页面跳转命令，
每种命令的具体作用，如表 10-2 所示。

图 10-14　【版面】菜单

表 10-2　【版面】菜单中各命令、作用和快捷键

命　　令	作　　　用	快　捷　键
第一页	执行该命令，可以显示文档的第一页	Shift+Ctrl+Page Up
上一页	执行该命令，可以显示当前编辑页面的前一页	Shift+Page Up
下一页	执行该命令，可以显示当前编辑页面的后一页	Shift+Page Down
最后一页	执行该命令，可以显示文档的最后一页	Shift+Ctrl+Page Down
下一跨页	执行该命令，可以显示当前编辑页面的后一跨页	Alt+Page Down
上一跨页	执行该命令，可以显示当前编辑页面的前一跨页	Alt+Page Up
转到页面	执行该命令，可以弹出【转到页面】对话框	Ctrl+J
向后	执行该命令，可以显示第一次编辑的页面	Ctrl+Page Up
向前	执行该命令，可以显示最后一次显示的页面	Ctrl+ Page Down

10.2.7　替代版面

在排版过程中，有时需要改变其中一个
或多个版面的尺寸、方向等，使用【替代版
面】命令可创建不同尺寸的页面。

单击【页面】面板右上角的关联按钮，
在关联菜单中选择【创建替代版面】命令，
弹出【创建替代版面】对话框，如图 10-15
所示。

对话框中各选项的介绍如下。

图 10-15　【创建替代版面】对话框

（1）【名称】：可在选项框中自定义新建替代版面的主页名称。

（2）【从源页面】：可指定创建替代版面为源页面中的某个或全部页面。

（3）【页面大小】：可自定义创建替代版面的尺寸和方向。

（4）【自适应页面规则】：选择该选项中的项目，可使用源版面中的内容属性等适应替代版面或保持不变。

（5）【链接文章】：启用该复选项，可使创建替代版面中的内容保持链接状态。

（6）【将文本样式复制到新建样式组】：启用该复选项，可使源页中的样式复制到替代版面中。

（7）【智能文本重排】：启用该复选项，可使文本根据替代版面自动进行重新排列。

在【创建替代版面】对话框中，可以通过设置参数创建单个或多个替代版面，效果如图 10-16 所示。

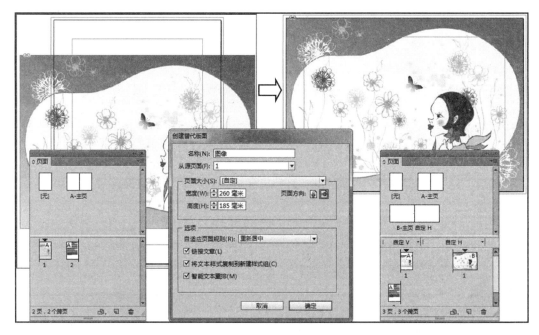

图 10-16　创建单个替代版面效果

10.2.8　自适应版面

使用【页面设置】或【边距和分栏】命令对现有版面进行更改，需要花费大量时间和精力来重新排列对象以适应新版面，这时就可以使用 InDesign 的自动排版功能，自动调整版面中的框架、文字、参考线等内容，提高工作效率。执行【版面】|【版面调整】命令，打开【版面调整】对话框，如图 10-17 所示。

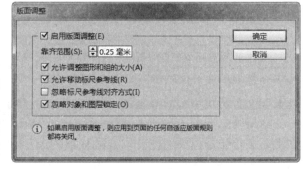

图 10-17　【版面调整】对话框

在【版面调整】对话框中，主要包括下列 6 种选项。

（1）【启用版面调整】：启用该复选框，系统将自动进行版面调整。

（2）【靠齐范围】：该选项表示在调整布局时，对象距离边线与栏线的距离，其取值范围介于 0~4.233mm 之间。

（3）【允许调整图形和组的大小】：启用该复选框，可以调整图形和组成群组的大小。

（4）【允许移动标尺参考线】：启用该复选框，可以调整辅助线的位置。

（5）【忽略标尺参考线对齐方式】：启用该复选框，可以忽略某些对象的辅助线格式。

（6）【忽略对象和图层锁定】：启用该复选框，可以忽略调整被锁定的对象和图层。

当版面严格地基于一个边距、页面栏和标尺参考线的框架并且对象靠齐参考线时，【版面调整】功能才能产生预见的结果。

选择工具箱中的【页面工具】 ，单击目标页面及页面中的对象，打开【自适应版面】面板，设置【自适应页面规则】中的选项也可以直接在控制面板中设置，然后设置适应页面的尺寸即可，如图 10-18 所示。

图 10-18 设置自适应页面选项

在版面自动调整时，新版面尽量采用与原版面接近的比例，并遵循以下规则。

（1）调整边距参考线的位置，但保持边距宽度不变；如果页面大小发生变化，则移动栏和标尺参考线以保持与页面边缘、边距或栏参考线的距离成比例。

（2）如果新的版面指定了不同的栏数，则会添加或删除栏参考线。

（3）移动已经对齐任何边距、栏或标尺参考线的对象，或已经对齐任何两个互相垂直的参考线的对象，以便在版面调整过程中移动参考线时，对象仍与这些参考线在一起。

（4）成比例地调整已经对齐两个平行边距、栏、标尺参考线或三个以上参考线的对象大小，以便在版面调整过程中移动参考线时，对象仍与这些参考线在一起。

（5）按【定位对象选项】对话框中所指定的设置，保持定位到文本对象的相对位置。

（6）如果页面大小发生更改，则移动对象以使它们在页面上处于同一相对位置。

提　示

【版面调整】会对文本框架内的栏和页面栏产生不同的影响。如果通过【版面调整】调整框架本身的大小并且在【文本框架选项】对话框中未选定【固定栏宽】，文本框架中栏的大小会按比例进行调整；如果选择了【固定栏宽】选项，将根据需要添加或删除栏。

10.3　设置主页面

主页面是书籍中不可缺少的重要组成部分。在 InDesign 中，主页一般用于放置页眉、页脚、页码、图形等可以同时应用于多个页面的元素，主页面可以以跨页形式显示，可以以单页形式显示，跨页显示时左页中的内容相应地应用于普通页面的偶数页，右页则应用于奇数页，而单页显示时，可以将主页应用于任何一个页面。主页面可以创建多个，也可以在应用了主页的普通页面中将其与主页分离，也可以进行覆盖、删除等操作。

10.3.1 认识主页

在 InDesign 中，主页可以包含空的文本框架或图形框架，以作为页面上的占位符使用。与页面相同，主页可以具有多个图层，主页图层中的对象将显示在出版物页面的同一图层中的对象后面。每一个出版物可以包含多个主页，出版物中的页面可以选取应用不同的主页，这些操作都可以使用【页面】面板来完成，如图 10-19 所示。

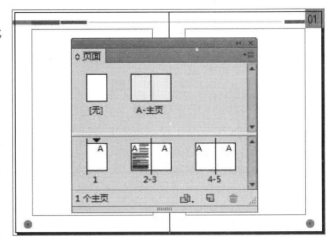

图 10-19 主页与【页面】面板

在排版主页时需要注意以下方法与原则。

（1）若需要一些对主页设计略做变化的主页，可以创建一个主页，并在其基础上进行其他变化，产生子主页。更新主要主页时，子主页也将更新。

（2）可以创建多个主页将其依次应用到包含不同典型内容的页面。

（3）在主页中可以包含多个图层。使用图层可确定主页上的对象与页面中的对象的重叠方式。

（4）要快速对新的出版物进行排版，可以将一组主页存储到文档模板中，并同时存储字符与段落样式、颜色库以及其他样式和预设。

（5）若更改主页中的分栏或边距，可以强制页面中的对象进行自动调整。

（6）在主页上串接文本框架最好用于单个跨页内串接。要在多个跨页间进行串接，可在页面上串接文本框架。

提 示

在创建文档时，若启用【主页文本框架】复选框，将创建一个与边距参考线内的区域大小相同的文本框架，并与所指定的栏设置相匹配，该主页文本框架被添加到主页 A 中，这样只要手动将文本导入就可以了。

10.3.2 创建主页

新建文档时，在【页面】面板的上方将出现两个默认主页，即名为"无"的空白主页，应用此主页的工作页面将不含有任何主页元素；另一个是名为"A-主页"的主页，该主页可以根据需要对其做修改，其页面上的内容将自动出现在各个工作页面上，还可以根据需要重新创建新的主页。

要创建主页，单击【页面】面板右上角的关联按钮，执行【新建主页】命令，打开如图 10-20 所示的对话框。

InDesign CC 2015 图形设计标准教程

该对话框中各选项如下。

（1）【前缀】：在该文本框中默认前缀为"A、B、C…"，可以输入一个前缀以标识主页，最多可以输入 4 个字符。

（2）【名称】：默认名称为"主页"，可以输入主页的名称。

（3）【基于主页】：在该下拉列表中可以选择已有的主页作为基础主页；若选择【无】选项，它不基于任何主页。

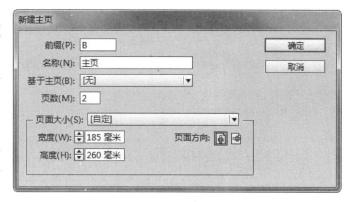

图 10-20 【新建主页】对话框

（4）【页数】：在该文本框中，默认页数为 2，可以输入作为主页跨页中的要包含的页数，最多为 10。

（5）【页面大小】：在此选项中，可以设置新建主页面的大小和方向。

> **提 示**
>
> 基于主页的页面图标将标有基础主页的前缀，基础主页的任何内容发生变化都将直接影响所有基于该主页所创建的主页。

主页也可以利用已有主页或跨页进行创建，对源主页所做的任何更改将自动映射到所有基于它的主页中。

要从选取页面或跨页创建主页，可以将其直接拖动到【页面】面板上部的主页部分。图 10-21 显示了从选取的跨页中创建主页的效果。

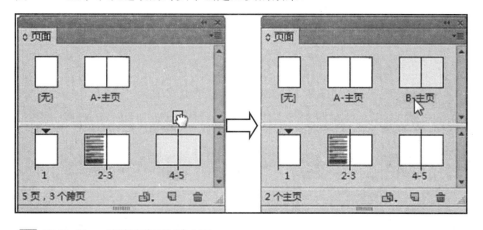

图 10-21 从选取跨页创建主页

> **提 示**
>
> 要从选取页面或跨页创建主页，可以执行【页面】面板中的【存储为主页】命令，将自动生成一个主页。

除了以上新建主页的方法外，还可以导入其他 InDesign 文档的主页。如果目标文档所包含的主页名称与源文档中的主页名称相同，则会覆盖目标文档中的主页。

要从其他文档中导入主页，在【页面】面板中执行【载入主页】命令，在打开的【打开文件】对话框中双击包含要导入主页的 InDesign 文档，打开如图 10-22 所示的【载入主页警告】对话框。

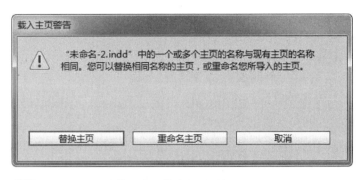

该对话框中各选项如下所述。

图 10-22　【载入主页警告】对话框

（1）【替换主页】：单击该按钮，可以用来自源文档中的主页覆盖目标文档中具有相同名称的主页。

（2）【重命名主页】：单击该按钮，可将页面前缀更改为字母表中的下一个可用字母，如图 10-23 所示显示了单击【重命名主页】按钮后的效果。

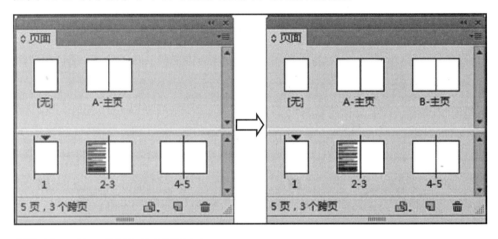

图 10-23　为导入的主页重命名

（3）【取消】：单击该按钮可以重新选择其他的 InDesign 文档。

一旦从源文档中导入主页，在源文档和目标文档间便会建立一个链接。随后从相同的源文档中载入主页时，会保持被覆盖项目与重新载入主页中它们的父级项目之间的联系。这种联系可以保持主页在不同文档中的一致性，而无须将那些文档放入书籍中。

提　示

如果随后从不同的源文档导入主页并单击【替换主页】按钮，则被覆盖项目也可能会被分离。任何来自新源文档的同名主页将会被应用到包含被覆盖项目的文档页面中，并创建两组对象。

10.3.3　设置主页选项

可以通过【页面】面板中的命令设置主页。在【A-主页】上单击鼠标右键或选中 A-主页后单击【页面】面板右上角的面板按钮，在弹出的菜单中选择【"A-主页"的主页选项】命令，在弹出的对话框中即可设置参数，如图 10-24 所示。

【主页选项】对话框中的参数解释如下。

（1）【前缀】：在此文本框中可以定义主页的标识符。

（2）【名称】：在此文本框中可以设置主页的名称，用户可以以此作为区分各个主页的方法。

图 10-24　【主页选项】对话框

（3）【基于主页】：在此可以选择一个以某个主页作为当前主页的基础，当前主页将拥有所选主页的元素。

（4）【页数】：在此可以设置当前主页的页面数量。

10.3.4　编辑主页内容

编辑主页的方法与编辑普通页面的方法几乎是完全相同的。在编辑主页前，首先要进入该主页中，在【页面】面板中双击要编辑的主页名称或在文档底部的状态栏上单击【页码切换下拉】按钮，在弹出的菜单中选择需要编辑的主页名称，如图 10-25 所示。

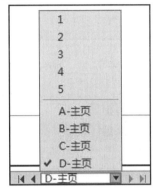

图 10-25　选择主页

提 示

默认情况下，主页中包括两个空白页面，左侧的页面代表出版物中偶数页的版式，右侧的页面则代表出版物中奇数页的版式。

10.3.5　应用主页

应用主页是将创建好的主页应用于出版物所需的页面上。在默认状态下，所有页面将应用 A-主页。用户可以改变页面所应用的主页，也可以在 A-主页的基础上应用其他主页。

1．将主页应用于页面或跨页

要将主页应用于页面或跨页，可以在【页面】面板中执行【将主页应用于页面】命令，打开如图 10-26 所示的对话框。

图 10-26　【应用主页】对话框

该对话框中各选项如下。

（1）【应用主页】：在该下拉列表中可以选择要应用的主页。

（2）【于页面】：在该文本框中可以输入要应用主页的范围，如可以输入"1-5"，以将同一个主页应用于 5 个页面，如图 10-27 所示。

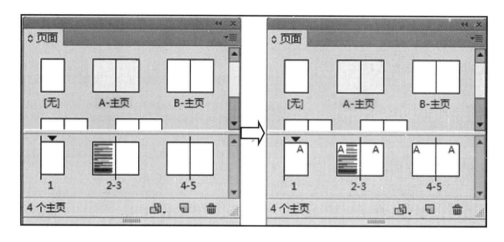

图 10-27   应用 A-主页的页面效果

选中【页面】面板中的页面或跨页，然后按下 Alt 键的同时单击要应用的主页，可以应用主页；将主页图标拖动到页面或跨页图标的角点上，黑色矩形围绕所需页面或跨页图标时再释放鼠标，也可将该主页应用于页面或跨页。

2. 使主页基于另一个主页

要使一个主页基于另一个主页，可以在【页面】面板中选择一个主页跨页，然后执行【"A-主页"的主页选项】命令，打开如图 10-28 所示的【主页选项】对话框。

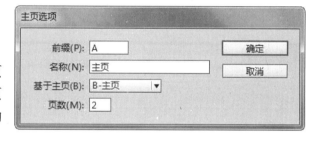

图 10-28   【主页选项】对话框

在该对话框中的【基于主页】下拉列表中选择【B-主页】，即可将 A-主页和 B-主页同时应用到页面中，如图 10-29 所示。

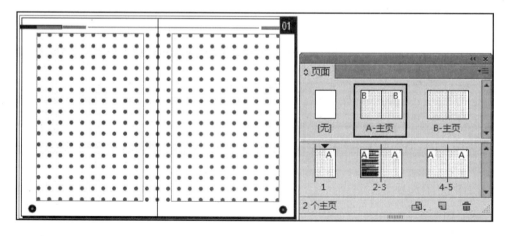

图 10-29   基于 B-主页的 A-主页

创建基于同一个文档中的另一个主页（称为父级主页）并随该主页更新而改变的主页。

如图 10-30 所示，创建基于 A 主页的 B 主页。B 主页会随 A 主页的更新而改变。A 主页为父级主页，B 主页就是基于父级主页的子级主页。例如，如果文档有 10 章，使用只有少许变化的主页跨页，就可以将它们基于一个包含 10 章所共有元素的主页跨页。这样，对基本设计的更改只须编辑父级主页而无须对所有 10 章分别进行编辑。

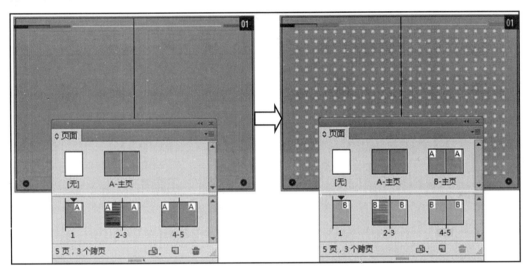

图 10-30　父级和子级主页

要改变子级主页上的格式，可以在子级主页上覆盖父级主页项目，以便在主页上创建不同的效果，就像可以在文档页面上覆盖主页对象一样。这样可以在版式上保持一致且不断变化和更新。

10.3.6　覆盖和分离主页对象

将主页应用于文档页面时，主页上的所有对象均显示在文档页面上。有时需要某个特定页面不同于主页，此时无须在该页面上重新创建主页，可以在页面中重新定义某些主页对象及其属性，而页面上的其他主页对象将继续随主页更新。要重新定义某些主页对象及其属性，可以使用覆盖或分离主页对象功能。

1. 覆盖主页对象

可以覆盖的主页对象属性包括描边、框架的内容与相关变化，如旋转、倾斜、透明度效果等。

要覆盖文档页面上的特定主页对象，首先在【页面】面板的关联菜单中选择【覆盖所有主页项目】选项，选择跨页上的任何主页对象，并对对象属性加以编辑，编辑后的对象仍将保留与主页的关联，如图 10-31 所示。

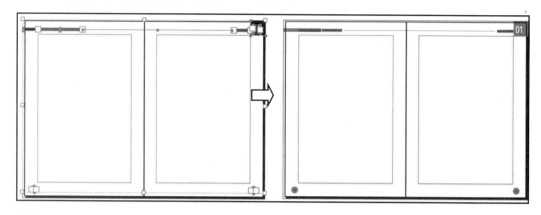

图 10-31　覆盖主页对象并更改其颜色

要覆盖文档跨页中的所有主页项目，可以选择一个跨页作为目标，然后执行【页面】面板中的【覆盖所有主页项目】命令，根据需要选择和修改任何或全部主页项目。

注　意

在覆盖任何主页项目之后，其点线外框会变成一条实线，表明已创建本地副本。如果覆盖的是串接的文本框架，将覆盖该串接中的所有可见框架，即使这些框架位于跨页中的不同页面上。

2．分离主页对象

在页面中，可以将主页对象从其主页中分离。将单个主页对象从其主页中分离，按住 Ctrl+Shift 键的同时单击文档页面上的该对象以将其覆盖，然后在【页面】面板的关联菜单中执行【主页】|【分离所有来自主页的对象】命令。

执行【页面】面板关联菜单中的【覆盖所有主页项目】命令后，再执行关联菜单中的【主页】|【分离来自主页的对象】命令，该主页对象将全部被复制到页面中，其与主页的关联将断开，分离的对象不会随主页更新。

提　示

【分离所有来自主页的对象】命令将分离跨页上的所有已被覆盖的主页对象，而不是全部主页对象。若要分离跨页上的所有主页对象，首先需要覆盖所有主页对象。

分离了主页对象后，就无法将它们恢复为主页，但可以删除分离对象，然后将主页重新应用到该页面。如果已经覆盖了主页对象，可以对其进行恢复以与主页匹配。执行此操作时，对象的属性会恢复为其在对应主页上的状态，而且编辑主页时，对象将再次更新。

要从一个或多个对象上移去主页覆盖，可以在跨页中选择覆盖的主页对象，然后在【页面】面板中执行【删除选定的页面优先选项】命令；要从跨页移去所有主页覆盖，可以在【页面】面板中执行【删除所有页面优先选项】命令。

10.3.7 复制主页

复制主页分为两种，一是在同一文档内复制，二是将主页从一个文档复制到另外一个文档以作为新主页的基础。

1．在同一文档内复制主页

在【页面】面板中，可以将主页跨页的名称拖至面板底部的【新建页面】按钮上进行复制，如图 10-32 所示。

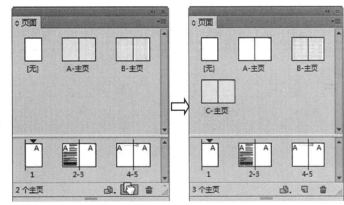

图 10-32 复制主页

选择主页跨页的名称，例如"A-主页"，然后单击【页面】面板右上角关联菜单按钮，在弹出的关联菜单中选择【直接复制主页跨页"A-主页"】命令。

2．将主页复制或移动到另外一个文档

要将当前的主页复制到其他的文档中，可以打开目标文档，接着打开源文档，在源文档的【页面】面板中，选择并拖动主页跨页至目标文档中，以便对其进行复制。

还可以选择要移动或复制的主页，接着选择【版面】|【页面】|【移动主页】命令，弹出【移动主页】对话框，如图 10-33 所示。

图 10-33 【移动主页】对话框

该对话框中各选项的功能如下。

（1）【移动页面】：选定的要移动或复制的主页。

（2）【移至】：单击其右侧的三角按钮，在弹出的菜单中选择目标文档名称。

（3）【移动后删除页面】：选中此复选项，可以从源文档中删除一个或多个页面。

10.3.8 删除主页

要删除主页，首先将要删除的主页选中，然后单击面板底部的【删除选中页面】按钮 🗑，或将选择的主页图标拖到面板底部的【删除选中页面】按钮 🗑，如图 10-34 所示。

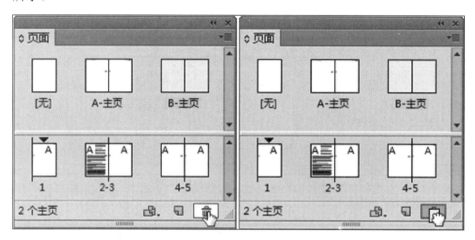

图 10-34 删除选中页面的不同方式

还可以选择【面板】菜单中的【删除主页跨页"主页名称"】命令。

删除主页后，【无】主页将应用于已删除的主页所应用的所有文档页面。如要选择所有未使用的主页，可以单击【页面】面板右上角的【面板】按钮，在弹出的菜单中选择【主页】|【选择未使用的主页】命令。

10.4 设置页码

默认情况下，InDesign 中的页码为奇数的页面始终显示在右侧，偶数页则显示在左侧，而且页码使用的是阿拉伯数字，页码可以进行重置页码样式。在 InDesign 的书籍排版过程中，最多可以包含 9999 个页面。

10.4.1 设置起始页码

用户可以在主页或页面中添加自动更新的页码，在主页中添加的页码可以作为整个文档的页码使用，而在页面中添加的自动更新的页码可以作为章节编号使用。

1．添加自动更新的页码

在主页中添加页码标志符可自动更新，这样可以确保多页出版物中的每一页上都显示正确的页码。

要添加自动更新的页码，首先需要在【页面】面板中选取目标主页，然后使用【文字工具】T.在要添加页码的位置拖动出矩形文本框架，输入要与页码一起显示的文本，如"page"、"第 A 页"等，最后执行【文字】|【插入特殊字符】|【标志符】|【当前页码】命令即可，如图 10-35 所示。

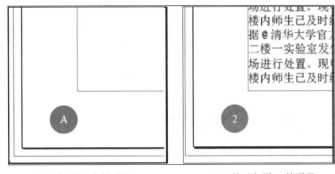

(a) 主页 A 上的页码　　　　(b) 基于主页 A 的页码

图 10-35　添加页码

2. 添加自动更新的章节编码

如同页码一样，章节编号可自动更新，并像文本一样可以设置其格式和样式。章节编号变量常用于组成书籍的各个文档中。一个文档只能拥有指定给它的一个章节编号；如果需要将单个文档划分为多个章，可以使用创建章节的方式来实现。

如果需要在显示章节编号的位置创建文本框架，使某一章节编号在若干页面中显示，可以在主页上创建文本框架，并将此主页应用于文档页面。

在章节编号文本框架中，可以添加位于章节编号之前或之后的任何文本或变量。方法是，将插入点定位在显示章节编号的位置，然后执行【文本】|【文本变量】|【插入文本变量】|【章节编号】命令即可。

3. 添加自动更新的章节标志符

要添加自动更新的章节标志符，需要先在文档中定义章节，然后在章节中使用页面或主页。方法是，使用【文字工具】T.创建一个文本框架，然后执行【文字】|【插入特殊字符】|【标志符】|【章节标志符】命令即可。图 10-36 展示了在 A-主页中插入了页码标志符和章节标志符的效果。

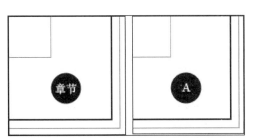

图 10-36　添加章节标志符和页码标志符

提 示

在【页面】面板中，可以显示绝对页码或章节页码，更改页码显示方式将影响 InDesign 文档中指示页面的方式，但不会改变页码在页面上的外观。

10.4.2　对页面和章节重新编号

默认情况下，书籍或出版物中的页码是连续编号的，当分为多个章节时，就需要对页面和章节重新编号。

要对页面和章节重新编号，可以在【页面】面板中选择要定义的章节中的第一个页

面，执行【版面】|【页码和章节
选项】命令，打开如图 10-37 所
示的【页码和章节选项】对话框。

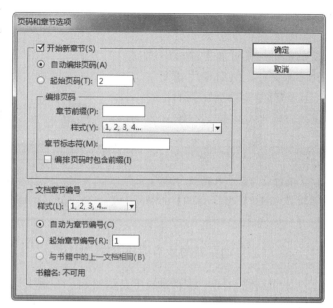

该对话框中各选项如下。

（1）【开始新章节】：若启用
该复选框，可以将选定的页面标
记为新章节的开始；要移动章节，
可以禁用该复选框。

（2）【自动编排页码】：若启
用该单选按钮，可以将页码跟随
前一章节的页码改变。

（3）【起始页码】：启用该单
选按钮，可进一步输入重新开始
编号起始页码。

（4）【章节前缀】：该文本框
用于显示默认的章节标签名，可
以重新编辑该章节标签名。该标

签限于 8 个字符，但不能为空，也不能包含空格。

（5）【样式】：在该下拉列表中，可以选择一种页码样式。

（6）【章节标志符】：在该文本框中可以输入一个标签，InDesign 将该标签插入页面
在章节标志符字符所在处。

（7）【编排页码时包含前缀】：若启用该复选框，可在生成目录索引或打印时包含章
节前缀，否则在 InDesign 中将显示章节前缀，但在打印、生成索引和目录时隐藏该前缀。

（8）【文档章节编号】：在该选项区域的样式列表中可以选择章节编号的样式。当用
户选中【自动章节编号】选项时，系统将自动添加章节编号。若选中【起始章节编号】
选项，则需要指定起始章节号码。

设置好参数后，单击【确定】按钮即可对章节重新编号，如图 10-38 所示。

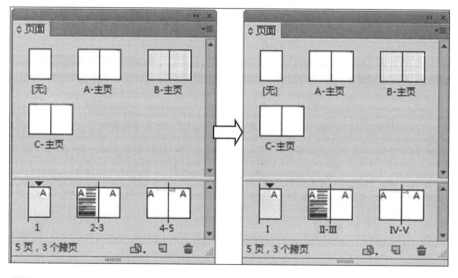

图 10-38　重新定义章节编号及编号样式

10.5　创建与编辑书籍

使用具有相同样式、色板、主页以及其他项目的多个文档，可以使用创建书籍的方式将其组合成一个文档集。新建的书籍面板是空的，可以在书籍面板中，按顺序添加文档，也可以在添加文档后调整文档顺序、页面编号、打印其中选定的一个或多个文档或导出为 PDF 文件。

10.5.1　认识书籍面板

要创建书籍，可以执行【文件】|【新建】|【书籍】命令，在打开的【新建书籍】对话框中为该书籍输入一个名称，指定位置后单击【保存】按钮，此时将会出现【我的书籍】面板，如图10-39 所示。

由于还没有指定任何将包含在该书籍中的 InDesign 文件，因此该面板为空。单击【书籍】面板右上角的黑色小三角，执行【添加文档】命令，在打开的【添加文档】对话框中双击要添加到该书籍的文档，此时【我的书籍】面板中将出现每个文档的名称及页码，如图 10-40 所示。

该面板中各选项的含义如下所述。

（1）【同步样式和色板】：单击该按钮，可以自动在选定的文件中搜索所有的样式和色板定义，并将它们与指定样式源文件中的定义进行比较。当文件中的定义与指定样式源文件中的定义不同时，将自动添加或删除和编辑选定文件中的定义，使其与定义源文件中的定义相同。

（2）【存储书籍】：单击该按钮可以保存书籍。

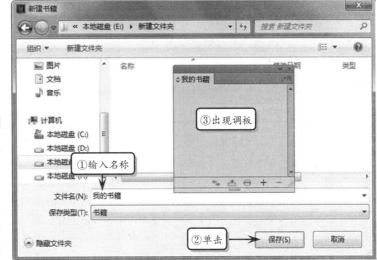

图 10-39　【新建书籍】对话框

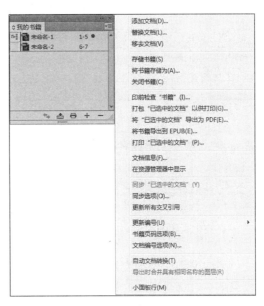

图 10-40　【我的书籍】面板

（3）【打印书籍】：单击该按钮可以打印书籍。

（4）【添加文档】：单击该按钮可以添加文档。

（5）【移去文档】：单击该按钮可以删除书籍中的文档。

单击【我的书籍】面板右上角的黑色小三角，在弹出的快捷菜单中也可以执行相应的命令，对书籍进行编辑，菜单中各命令如表 10-3 所示。

表 10-3　【我的书籍】面板菜单中各命令

名　　称	作　　用
添加文档	使用该命令，可以添加书籍文档
替换文档	使用该命令，可以更新选中的文档
移去文档	使用该命令，可以删除选中的文档
存储书籍	使用该命令，可以将书籍保存
将书籍存储为	使用该命令，可以将书籍另存为一份
关闭书籍	使用该命令，可以将书籍关闭
印前检查"书籍"	使用该命令，可以在打印之前检查书籍文档信息
打包"已选中的文档"以供打印	使用该命令，可以将选中的书籍文档自动创建一个包含整个书籍文档以及打印说明的文件夹，以供打印使用
将书籍导出到 EPUB	使用该命令，可以将书籍导出为 EPUB 格式的文档
将"已选中的文档"导出为 PDF	使用该命令，可以将选中的文档导出为 PDF 文档，供阅览使用
打印"已选中的文档"	使用该命令，可以只打印选中的文档
文档信息	使用该命令，可以在打开的【文档信息】对话框中查看文档的相信信息
在资源管理器中显示	使用该命令，可以在计算机中的资源管理器窗口中显示当前所选文档
同步"已选中的文档"	使用该命令，可以同步面板中的所有书籍
同步选项	使用该命令，可以打开【同步选项】对话框，以设置同步选项参数
更新所有交叉引用	使用该命令，系统将自动更新书籍中的所有的交叉引用
更新编号	使用该命令，可以更新文档中的页面或章节编号
书籍页码选项	使用该命令，可以更改整个书籍的页码编号
文档编号选项	使用该命令，可以改变单独文档的编号
自动文档转换	使用该命令，可以使文档与文档之间的页码自动更新
导出时合并具有相同名称的图层	使用该命令，可以在导出时合并具有相同名称的图层
小面板行	使用该命令，可以将文档列表缩小显示

10.5.2　书籍的基础操作

创建书籍后，就要使用【书籍】面板对其中的文档进行操作，比如，添加文档、删除文档、替换文档、调整文档顺序等。

1．添加文档

要向书籍中添加文档，可以单击【书籍】面板底部的【添加文档】按钮 ➕，或在面板菜单中选择【添加文档】命令，在弹出的【添加文档】对话框中选择要添加的文档。单击【打开】按钮即可将该文档添加至书籍中。

也可以直接从 Windows 资源管理器中拖动文档至【书籍】面板中，释放鼠标即可将文档添加至书籍中。

提 示

若添加至书籍中的是旧版本的 InDesign 文档，则在添加过程中，会弹出保存对话框，提示用户重新保存该文档。

2．删除文档

要删除书籍中的一个或多个文档，可以先将其选中，然后单击【书籍】面板底部的【移去文档】按钮 ▬ 。

单击【书籍】面板右上角的关联菜单按钮，在弹出的关联菜单中选择【移去文档】命令也可删除文档。

3．替换文档

要使用其他文档替换当前书籍中的某个文档，可以将其选中，然后单击【书籍】面板右上角的关联按钮，在弹出的关联菜单中选择【替换文档】命令，在弹出的【替换文档】对话框中指定需要使用的文档，单击【打开】按钮即可。

4．调整文档顺序

要调整书籍中文档的顺序，可以先将其选中（一个或多个文档），然后按住鼠标左键拖至目标位置，当出现一条粗黑线时释放鼠标即可，如图 10-41 所示。

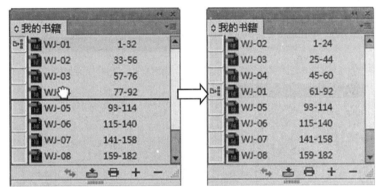

图 10-41 拖动文档调整顺序

注 意

改变文档位置后，页码也将随之改变，以反映书籍中文件的排列顺序。

5．保存书籍

如果要使用新名称存储书籍，可以单击【书籍】面板右上角的关联按钮，在弹出的关联菜单中选择【将书籍存储为】命令，在弹出的【将书籍存储为】对话框中指定一个位置和文件名，然后单击【保存】按钮。

如果要使用同一名称存储现有书籍，可以单击【书籍】面板右上角的关联按钮，在弹出的关联菜单中选择【存储书籍】命令，或单击【书籍】面板底部的【存储书籍】按钮 ▣ 。

6. 关闭书籍

要关闭书籍，可以单击要关闭的【书籍】面板中右上角的按钮。也可以单击【书籍】面板右上角的关联按钮，在弹出的关联菜单中选择【关闭书籍】命令。

10.5.3 同步书籍中的文档

对于书籍中的文档，可以根据需要统一各文档中的属性，如段落样式、字符样式、对象样式、主页、字体等，该操作对多文档之间的协调统一非常重要。

1. 设定同步的样式源

在进行同步操作前，首先要确定用于同步的样式源，也就是选定一个文档作为标准文档，将该标准文档中的属性同步到其他文档中。

默认情况下，InDesign 会使用书籍中的第一个文档作为样式源，即该文档左侧会显示【样式源】图标，可以在文档

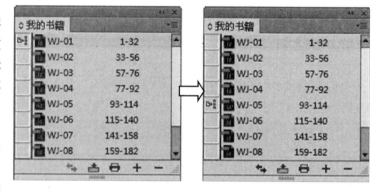

图 10-42 改变样式源状态

左侧的空白处单击，使之变为样式源图标即可改变样式源，如图 10-42 所示。

2. 同步书籍

在设定了同步样式源后，可以在【书籍】面板中，选中要被同步的文档，如果未选中任何文档，将同步整个书籍。要确保未选中任何文档，需要单击最后一个文档的下方的空白灰色区域，这可能需要滚动【书籍】面板或调整面板大小。

直接单击使用【样式源】同步样式及【色板】按钮，则按照默认或上一次设定的同步参数进行同步。按住 Alt 键单击使用【样式源】同步样式及【色板】按钮，或单击【书

籍】面板右上角的关联按钮，在弹出的关联菜单中选择【同步选项】命令，弹出【同步选项】对话框，如图 10-43 所示。

在【同步选项】对话框中指定要从样式源复制的项目，然后单击【同步】按钮，InDesign 将自动进行同步操作。若单击【确定】按钮，则仅保存同步选项，而不会对文档进行同步处理。完成后将弹出如图 10-44 所示的提示框，单击【确定】按钮。

默认情况下，【同步选项】对话框中并没有选中【主页】选项，若需要同步主页，应该选中此选项。同步主页对于使用相同设计元素（如动态的页眉和页脚，或连续的表头和表尾）的文档非常有用。但是，若想保留非样式源文档的主页上的页面项目，则不要同步主页，或应创建不同名称的主页。

图 10-43 【同步选项】对话框

图 10-44 同步书籍提示框

在首次同步主页之后，文档页面上被覆盖的所有主页项目将从主页中分离。因此，如果打算同步书籍中的主页，最好在设计过程一开始就同步书籍中的所有文档。这样，被覆盖的主页项目将保留与主页的连接，从而可以继续根据样式源中修改的主页项目进行更新。

另外，最好只使用一个样式源来同步主页。如果采用不同的样式源进行同步，则被覆盖的主页项目可能会与主页分离。如果需要使用不同的样式源进行同步，应该在同步之前取消选择【同步选项】对话框中的【主页】选项。

10.5.4 设置书籍中的页码

在【书籍】面板中按正确的顺序组织章节时不仅可以改变文档的顺序，还可以改变文档页码。如果有一章包含的页数为奇数，其后的每一章都将从偶数页开始。在这种情况下，为确保每章都从奇数页开始，可以对页码顺序重新设置。

要重新设置页码顺序，可以单击【书籍】面板右上角的关联按钮，执行【书籍页码选项】命令，打开【书籍页码选项】对话框，如图 10-45 所示。

该对话框中各选项如下所述。

（1）【从上一个文档继续：启用该单选按钮，可以使书籍页码从上一个文档继续排列。

（2）【在下一奇数页继续】：启用该单选按钮，可以使书籍页码从下一奇数页开始排列。

（3）【在下一偶数页继续】：启用该单选按钮，可以使书籍页码从下一偶数页开始排列。

◖ 图 10-45 ┈┈ 【书籍页码选项】对话框

（4）【插入空白页面】：启用该复选框，可以在文档末尾添加空白页，确保下一页从奇数开始。

（5）【自动更新页面和章节页码】：启用该复选框，可以自动更新页面和章节页码，例如改变文档的顺序。

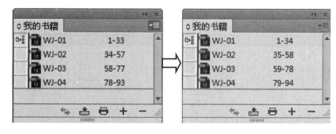

◖ 图 10-46 ┈┈ 调整书籍页码

设置好参数后，单击【确定】按钮即可，效果如图 10-46 所示。

10.6　目录与索引

目录是书籍中不可缺少的部分。通过目录可以快速查找书籍中的内容，具有很重要的引导作用。在 InDesign 中，可以在单个文档中提取目录，也可以通过书籍面板对多个文档进行提取。索引与目录功能较为相似，最大的不同之处在于索引是通过在页面中通过定义关键字将内容提取出来，然后进行排版。

10.6.1　创建目录

每个目录都是一篇由标题和条目列表组成的独立文章，条目可以直接从文档内容中提取，并可以随时更新，甚至可以跨越同一书籍文件中的多个文档进行提取。

创建目录需要三个步骤，首先，创建并应用要用作目录基础的段落样式；其次，指定要在目录中使用哪些样式以及如何设置目录的格式；最后，将目录排入文档中。

1. 在书籍中添加目录文件

创建目录前，需要查看书籍列表是否完整、所有文档是否按正确的顺序排列、所有标题是否以正确的段落样式统一了格式。

要在书籍中添加目录文件，可以从【我的书籍】面板中执行【添加文档】命令，添加创建好的空目录文档，并将其拖动到该面板列表的开头，如图 10-47 所示。

接着在【我的书籍】面板中双击目录文档，在窗口中打开它，当前该文档是空白页面。然后使用罗马数字标记目录的页码，即从【我的书籍】面板中执行【文档编号选项】命令，在打开的【文档编号选项】对话框中启用【起始页码】单选按钮，并输入"1"；在【样式】下拉列表中选择【I，II，III，IV…】，然后单击【确定】按钮即可，如图 10-48 所示。

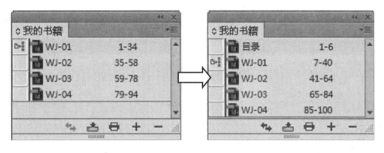

图 10-47 调整列表顺序

如果【目录】后面未显示必要的样式，则可能需要对书籍进行同步，以便将样式复制到包含目录的文档中。

> **注 意**
>
> 一定要确保在书籍中使用一致的段落样式，并避免使用名称相同但定义不同的样式。如果有多个名称相同但样式定义不同的样式，InDesign 会使用当前文档中的样式定义，或使用书籍中的第一个样式实例来定义。

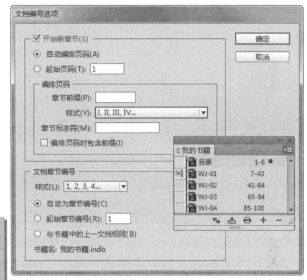

图 10-48 更改目录编号样式

2．生成目录

生成目录前，先确定应包含的段落（如章、节标题），然后为每个段落定义段落样式，确保将这些样式应用于单篇文档或编入书籍的多篇文档中的所有相应段落。

如果要为单篇文档创建目录，首先需要选中列表中的所有文档，然后单击【书籍】面板底部的【同步样式和色板】按钮 ，以确保整个书籍的段落样式和颜色定义一致。接着执行【版面】|【目录】命令，打开如图 10-49 所示的【目录】对话框。

该对话框中各选项的含义如下所述。

（1）【目录样式】：在该下拉列表中可以选择设置好的目录样式。

（2）【标题及样式】：该文本框用于指定目录标题。此标题将显示在目录顶部，要设置标题的格式，可以从【样式】下拉列表中选择一个样式。

（3）【其他样式】：该选项区域可以确定要在目录中包括哪些内容，以将其添加到【包含段落样式】列表中来实现。

（4）【条目样式】：在该下拉列表中可以选择一种条目的样式。

（5）【创建 PDF 书签】：若启用该复选框，则可以在生成目录时创建 PDF 书签。

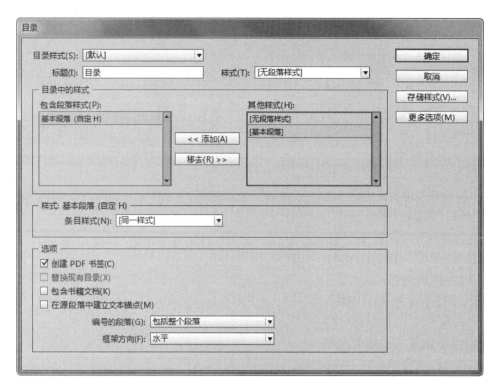

图 10-49　【目录】对话框

（6）【替换现有目录】：替换文档中所有现有的目录文章，以生成新的目录。

（7）【包含书籍文档】：启用该复选框可以为书籍列表中的所有文档创建一个目录，然后重编该书的页码。如果只想为当前文档生成目录，则取消选中此复选框（如果当前文档不是书籍文件的组成部分，此复选框将变灰）。

（8）【编号的段落】：在该下拉列表中可以选择生成目录所包含内容的类型。

（9）【框架方向】：该下拉列表用于指定框架的方向是垂直还是水平。

提 示

应避免将目录框架串接到文档中的其他文本档架。如果替换现有目录，则整篇文章都将被更新后的目录替换。

10.6.2　更新目录

目录相当于文档内容的缩影。如果文档中的页码发生变化，或者对标题或与目录条目关联的其他元素进行了编辑，则需要更新目录。

要更新目录，首先要打开包含目录的文档，然后根据不同的需求进行不同的操作：要更改目录条目，需要编辑所涉及的单篇文档或编入书籍的多篇文档，而不是编辑目录文章本身；要更改应用于目录的标题、条目或页码的格式，需要编辑与这些元素关联的段落或字符样式；要更改页面的编号方式（例如，1、2、3 或 i、ii、iii），需要更改文档或书籍中的章节页码；要指定新标题、在目录中使用其他段落样式或对目录条目的样式

进行进一步设置，需要编辑目录样式，最后执行【版面】|【更新目录】命令即可。

10.6.3 创建索引

要创建索引，首先需要将索引标志符置于文本中，将每个索引标志符与要显示在索引中的单词（称作主题）建立关联。

创建主题列表。执行【窗口】|【文字和表】|【索引】命令以显示【索引】面板，如图10-50所示。

在【索引】面板中包含【引用】和【主题】两个模式。

（1）在【引用】模式中，预览区域显示当前文档或书籍的完整索引条目，主要用于添加索引条目。

（2）在【主题】模式中，预览区域只显示主题，而不显示页码或交叉引用，主要用于创建索引结构。

图 10-50 【索引】面板

选择【主题】模式，单击【索引】面板右上角的关联按钮，在弹出的菜单中选择【新建主题】命令，或者单击【索引】面板底部的【创建新索引条目】按钮，弹出【新建主题】对话框，如图10-51所示。

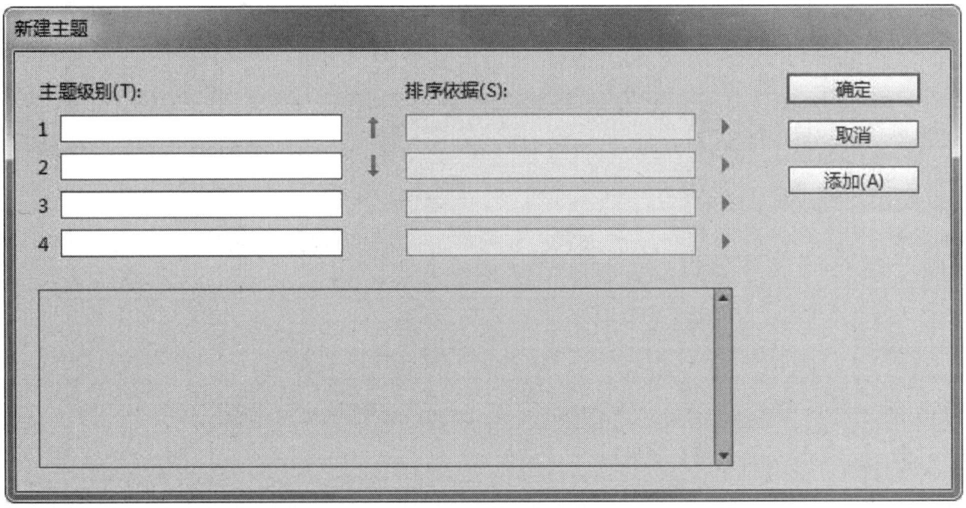

图 10-51 【新建主题】对话框

在【主题级别】下的第一个文本框中输入主题名称（如"标题一"）。在第二个文本框中输入副主题（如"标题二"）。在输入"标题二"时相对于"标题一"要有所缩进。如果还要在副主题下创建副主题，可以在第三个文本框中输入名称，以此类推。设置好后，单击【添加】按钮以添加主题，此主题将显示在【新建主题】对话框和【索引】面板中，单击【完成】按钮退出对话框。

添加索引标志符：在工具箱中选择【文字工具】T.，将光标插在希望显示索引标志符的位置，或在文档中选择要作为索引引用基础的文本。

当选定的文本包含随文图或特殊字符时，某些字符（例如索引标志符和随文图）将会从【主题级别】框中删除。而其他字符（例如全角破折号和版权符号）将转换为元字符（例如，^_ 或 ^2）。

在【索引】面板中，选择【引用】模式。如果添加到【主题】列表的条目没有显示在【引用】中，此时可以单击【索引】面板右上角的关联按钮，在弹出的关联菜单中选择【显示未使用的主题】命令，随后就可以在添加条目时使用那些主题。

如果要从书籍文件中任何打开的文档查看索引条目，可以选择【书籍】模式。

单击【索引】面板右上角的关联按钮，在弹出的关联菜单中选择【新建页面引用】命令，弹出如图 10-52 所示的对话框。

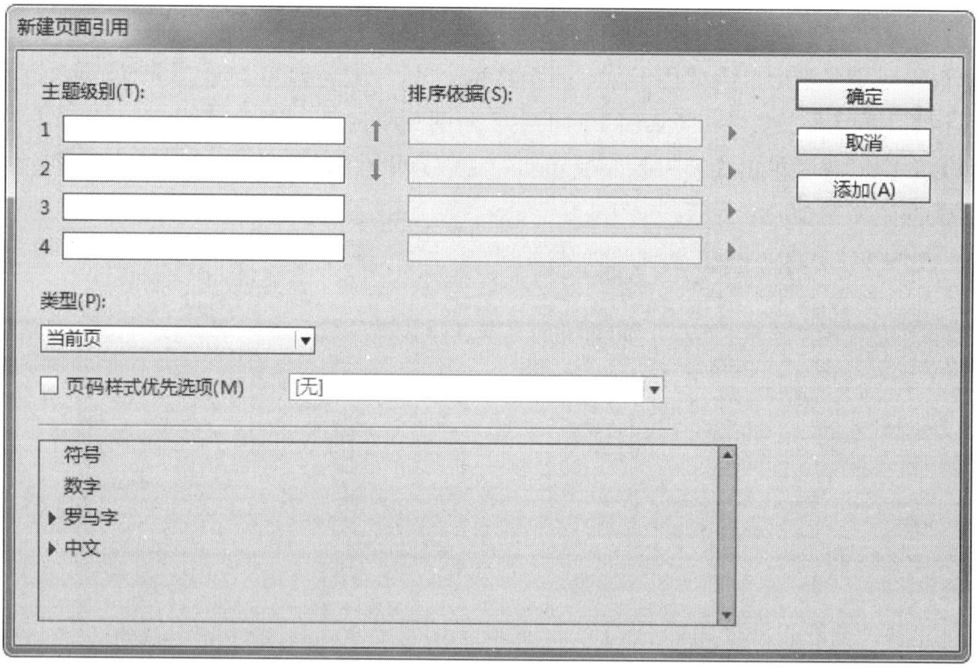

图 10-52　【新建页面引用】对话框

该对话框中各选项的含义介绍如下。

（1）【主题级别】：如果要创建简单索引条目，可以在第一个文本框中输入条目名称（如果选择了文本，则该文本将显示在【主题级别】框中）；如果要创建条目和子条目，可以在第一个文本框中输入父级名称，并在后面的文本框中输入子条目；如果要应用已有的主题，可以双击对话框底部列表框中的任一主题。

（2）【排序依据】：控制更改条目在最终索引中的排序方式。

（3）【类型】：在此下拉列表中选择【当前页】选项，页面范围不扩展到当前页面之外；选择【到下一样式更改】选项，更改页面范围从索引标志符到段落样式的下一更改处；选择【到下一次使用样式】选项，页面范围从索引标志符到【邻近段落样式】弹出菜单中所指定的段落样式的下一个实例所出现的页面；选择【到文章末尾】选项，页面范围从索引标志符到包含文本的文本框架当前串接的结尾；选择【到文档末尾】选项，页面范围从索引标志符到文档的结尾；选择【到章节末尾】选项，页面范围从索引标志符扩展到【页面】面板中所定义的当前章节的结尾；选择【后段】选项，页面范围从索引标志符到【邻近】文本框中所指定的段数的结尾，或是到现有的所有段落的结尾；选择【后页】选项，页面范围从索引标志符到【邻近】文本框中所指定的页数的结尾，或是到现有的所有页面的结尾；选择【禁止页面范围】选项，即关闭页面范围；如果要创建引用其他条目的索引条目，可以用一个交叉引用选项，如【参见此处，另请参见此处】、【[另请]参见，另请参见】或【请参见】，然后在【引用】文本框中输入条目名称，或将底部列表中的现有条目拖到【引用】框中；如果要自定交叉引用条目中显示的【请参见】和【另请参见】条目，可以选择【自定交叉引用】选项。

（4）【页码样式优先选项】：选择此复选项，可以在右侧的下拉列表中指定字符样式以强调特定的索引条目。

（5）【添加】按钮：单击此按钮，将添加当前条目，并使此对话框保持打开状态以添加其他条目。

设置好后，单击【添加】按钮，然后单击【确定】按钮退出。

生成索引：单击【索引】面板右上角的【面板】按钮，在弹出的菜单中选择【生成索引】命令，弹出如图 10-53 所示的对话框。

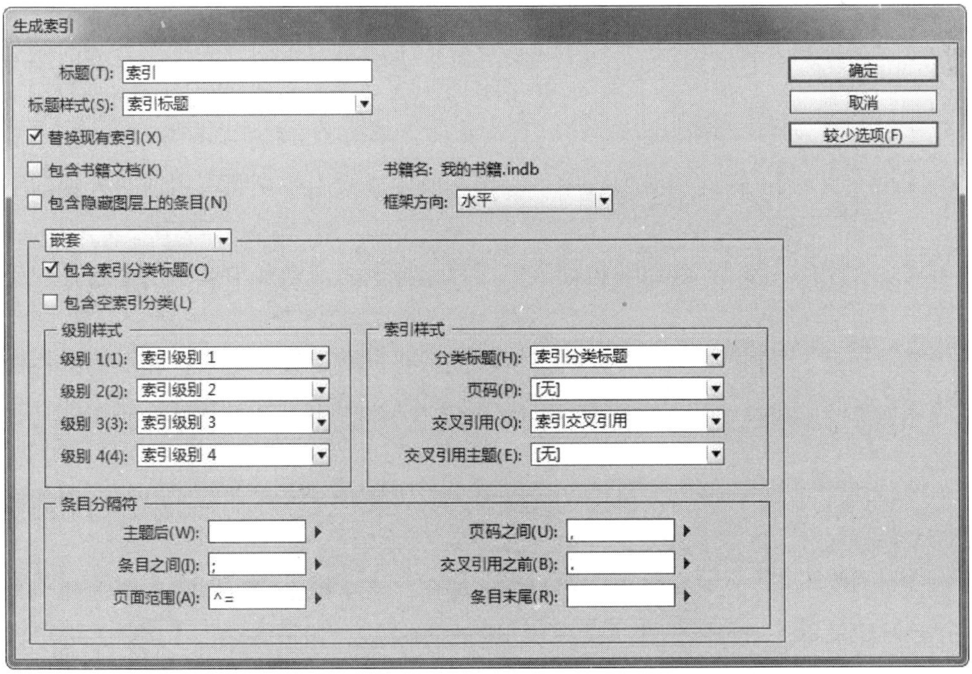

图 10-53 【生成索引】对话框

该对话框中的各选项的含义解释如下。

（1）【标题】：在此文本框中可以输入将显示在索引顶部的文本。

（2）【标题样式】：在此下拉列表中选择一个选项，用于设置标题格式。

（3）【替换现有索引】：选中此复选项，将更新现有索引。如果尚未生成索引，此复选项呈灰显状态；如果取消选择此复选项，则可以创建多个索引。

（4）【包含书籍文档】：选中此复选项，可以为当前书籍列表中的所有文档创建一个索引，并重新编排书籍的页码。如果只想为当前文档生成索引，则取消选择此复选项。

（5）【包含隐藏图层上的条目】：选中此复选项，可以将隐藏图层上的索引标志符包含在索引中。

提　示

以下的选项，需要单击【更多选项】按钮才能显示出来。

（6）【嵌套】：选择此选项，可以使用默认样式设置索引格式，且子条目作为独立的缩进段落嵌套在条目之下。

（7）【接排】：选择此复选项，可以将条目的所有级别显示在单个段落中。

（8）【包含索引分类标题】：选择此复选项，将生成包含表示后续部分字母字符的分类标题。

（9）【包含空索引分类】：选择此选项，将针对字母表的所有字母生成分类标题，即使索引缺少任何以特定字母开头的一级条目也会如此。

（10）【级别样式】：对每个索引级别，选择要应用于每个索引条目级别的段落样式。在生成索引后，可以在【段落样式】面板中编辑这些样式。

（11）【分类标题】：在此下拉列表中可以选择所生成索引中的分类标题外观的段落样式。

（12）【页码】：在此下拉列表中可以选择所生成索引中的页码外观的字符样式。

（13）【交叉引用】：在此下拉列表中可以选择所生成索引中交叉引用前缀外观的字符样式。

（14）【交叉引用主题】：在此下拉列表中可以选择所生成索引中被引用主题外观的字符样式。

（15）【主题后】：在此文本框中，可以输入或选择一个用来分隔条目和页码的特殊字符。默认值是两个空格，通过编辑相应的级别样式或选择其他级别样式，确定此字符的格式。

（16）【页码之间】：在此文本框中，可以输入或选择一个特殊字符，以便将相邻页码或页面范围分隔开来。默认值是逗号加半角空格。

（17）【条目之间】：如果选择【嵌套】选项，在此文本框中，可以输入或选择一个特殊字符，以决定单个条目下的两个交叉引用的分隔方式。如果选择了【接排】选项，此设置则决定条目和子条目的分隔方式。

（18）【交叉引用之前】：在此文本框中，可以输入或选择一个在引用和交叉引用之间显示的特殊字符。默认值是句点加空格，通过切换或编辑相应的级别样式来决定此字符的格式。

（19）【页面范围】：在此文本框中，可以输入或选择一个用来分隔页面范围中的第一个页码和最后一个页码的特殊字符。默认值是半角破折号，通过切换或编辑页码样式来决定此字符的格式。

（20）【条目末尾】：在此文本框中，可以输入或选择一个在条目结尾处显示的特殊字符。如果选择了【接排】选项，则指定字符将显示在最后一个交叉引用的结尾。默认值是无字符。

排入索引文章：使用载入的文本光标将索引排入文本框中，然后设置页面和索引的格式。

提　示

多数情况下，索引需要开始于新的页面。另外，在出版前的索引调整过程中，这些步骤可能需要重复若干次。

10.6.4　管理索引

在设置索引并向文档中添加索引标志符之后，便可通过多种方式管理索引。可以查看书籍中的所有索引主题、从【主题】列表中移去【引用】列表中未使用的主题、在【引用】列表或【主题】列表中查找条目以及从文档中删除索引标志符等。

打开书籍文件及【书籍】面板中包含的所有文档，然后在【索引】面板中选择【书籍】模式，即可显示整本书中的条目。

创建索引后，通过单击【索引】面板右上角的关联按钮，在弹出的菜单中选择【移去未使用的主题】命令，可以移去索引中未包含的主题。

单击【索引】面板右上角的关联按钮，在弹出的菜单中选择【显示查找栏】命令，然后在【查找】文本框中输入要查找的条目名称，然后单击向下箭头或向上箭头键开始查找。

在【索引】面板中，选择要删除的条目或主题，然后单击【删除选定条目】按钮，即可将选定的条目或主题删除。

提　示

如果选定的条目是多个子标题的上级标题，则会删除所有子标题。另外，在文档中，选择索引标志符，按 BackSpace 键或 Delete 键也可以将选定的索引标志符删除。

要定位索引标志符，执行【文字】|【显示隐含的字符】命令，使文档中显示索引标志符。在【索引】面板中，选择【引用】模式，然后选择要定位的条目。单击【索引】面板右上角的关联按钮，在弹出的菜单中选择【转到选定标志符】命令，此时插入点将显示在索引标志符的右侧。

10.7　课堂实例：设计诗集目录版式

本实例将为一本诗集设计制作目录页，如图 10-54 所示。在设计过程中，首先要创建主页，在创建主页完成后，将主页应用于其他页面，然后对内容进行排版，排版完成后创建书籍并将所有文档添加到【书籍】面板中，然后抽取目录，生成目录后，创建并应用要用作目录基础的段落样式，最后对目录进行排版。

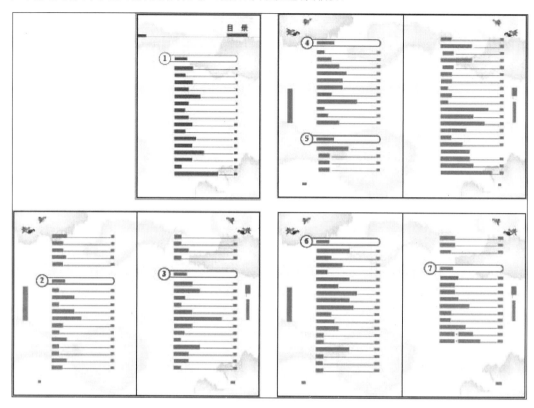

图 10-54　目录

操作步骤：

1 新建文档。新建一个 140mm×203mm 的文档，设置边距均为 25mm，如图 10-55 所示。打开【页面】面板，双击【A-主页】，打开【主页】面板，如图 10-56 所示。

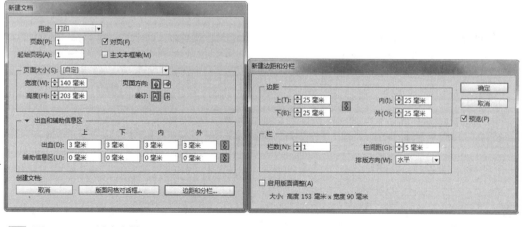

图 10-55　新建文档

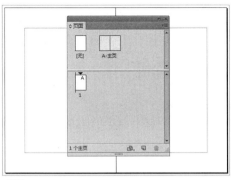

图 10-56　打开主页

2 背景图片。在主页中，置入素材图片，调整图片大小，如图 10-57 所示。

图 10-57　置入图片并调整事的效果

3 复制主页。单击【页面】面板右上角的关联按钮，在弹出的关联菜单中选择【直接复制主页跨页"A-主页"】选项，在【页面】面板中出现"B-主页"，如图 10-58 所示。在【B-主页】中，添加页眉、页脚等元素，然后在页面的下方添加页码，如图 10-59 所示。

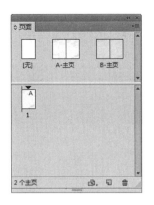

图 10-58　复制主页效果

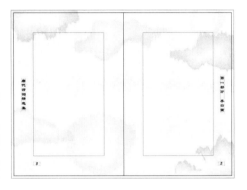

图 10-59　添加书籍中的统一元素

提　示

也可以在复制 B-主页后，将背景图片删除，然后在主页选项中选择基于 A-主页。

4 内文排版。在【页面】面板中单击页面 1，将内容置入书籍中进行排版，排版后的页面将默认选择应用主页，如图 10-60 所示。

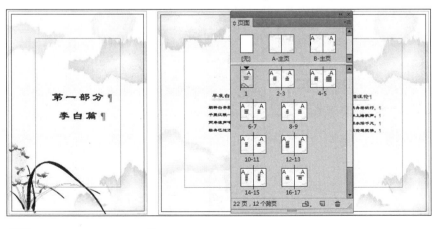

图 10-60　排版后的效果

5 应用主页。一般章首页不应用页眉页脚等元素，所以选中第一页，重新应用 A-主页，连续选中从第 2 页到最后一页，应用 B-主页，效果如图 10-61 所示。

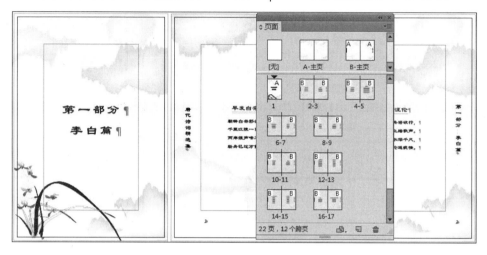

图 10-61 应用主页效果

6 创建书籍。应用主页后，对文档进行保存。使用同样的步骤对其余的章节进行排版。排版完成后执行【文件】|【新建】|【书籍】命令，指定路径与文档路径一致，设置书籍的名称为"诗集"，单击【保存】按钮，弹出空白的【诗集】面板，如图 10-62 所示。

图 10-63 【添加文档】对话框

图 10-64 【诗集】面板效果

8 调整顺序。将【诗集】面板中的文档按顺序调整，调整文档时页码也会发生变化，注意页码顺序的连续性，整理后的效果如图 10-65 所示。

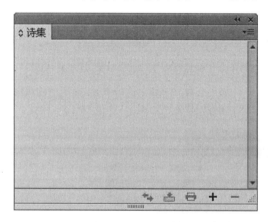

图 10-62 创建【诗集】面板效果

7 添加文档。单击【诗集】面板底部的【添加文档】按钮 ✚，弹出【添加文档】对话框，在对话框中选中要添加的文档，如图 10-63 所示，单击【打开】按钮，将文档添加到【诗集】面板中，如图 10-64 所示。

图 10-65 调整文档顺序

图 10-67 抽取目录效果

9　生成目录。打开第一个文档，执行【版面】|【目录】命令，打开【目录】对话框，在对话框中进行设置抽取目录的标题级别，并在【选项】下的选项中选中【包含书籍文档】复选框，如图 10-66 所示。单击【确定】按钮，将抽取整个书籍的目录，当鼠标指针变为 🗒 时，在文档页面外的空白处单击，出现包含目录内容的文本，如图 10-67 所示。

10　目录排版。新建一个与正文文档一致的目录文档，为目录条目设置段落样式并应用，然后将目录全部规范排版到文档中，如图 10-68 所示。

图 10-66 【目录】对话框

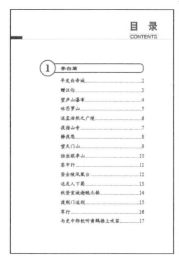

图 10-68 目录排版

11 设置主页。打开任意一个正文文档，选中 A–主页与 B–主页，单击【页面】面板右上角的关联按钮，选择【移动页面】选项，将主页移动到目录文档中，移动主页后的面板效果如图 10-69 所示。保持 B–主页不变，重新编辑 C–主页中的内容以和目录相符，效果如图 10-70 所示。

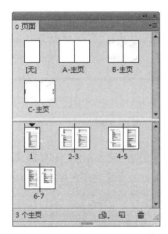

图 10-69 移动主页后的面板效果

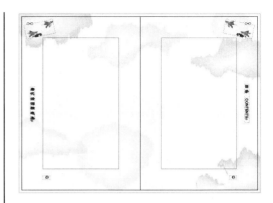

图 10-70 编辑主页内容后的效果

12 应用主页。设置主页之后，将 B–主页应用于目录首页，将 C–主页应用于其他页面，完成目录排版，如图 10-71 所示。

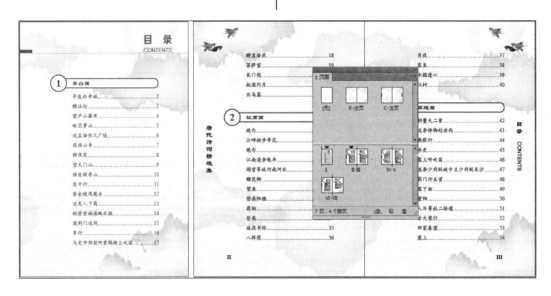

图 10-71 应用主页后的面板及页面效果

思考与练习

一、填空题

1.【页面】面板可以方便地管理与处理出版物的页面，该面板中显示出版物_____的_____和_____。

2. 复制页面时,选中页面后按住_____键,将页面图标或跨页下的页码拖动到新的位置即可。

3. _____主页对象后,就无法将它们恢复为主页,但可以删除分离对象,然后将主页重新应用到该页面。

4. 在主页中添加_____可自动更新,这样可以确保多页出版物中的每一页上都显示正确的页码。

5. 默认情况下,InDesign 会使用书籍中的_____作为样式源,即该文档左侧会显示【样式源】图标。

二、选择题

1. 在选择页面时,单击鼠标的同时按住 Ctrl 键可以选择不相邻的页面;按住_____键可以选择相邻的多个页面。

    A. Ctrl

    B. Alt

    C. Shift

    D. Ctrl+Alt

2. 在跳转页面时,除了通过执行【版面】|【第一页】命令之外,还可以按_____快捷键快速跳转到第一页。

    A. Shift+Ctrl+Page Up

    B. Ctrl+Alt+Page Up

    C. Shift+Ctrl+Page Down

    D. Ctrl+Alt+Page Down

3. 下列描述中,不属于创建目录步骤的为_____。

    A. 创建并应用到要用作目录基础的段落样式

    B. 指定要在目录中使用哪些样式以及如何设置目录的格式

    C. 将目录排入文档中

    D. 将目录进行存储

4. 下面描述中,不属于版面自动调整时所遵循规则的选项为_____。

    A. 调整边距参考线的位置,但保持边距宽度不变

    B. 如果新的版面指定了不同的栏数,则会添加或删除栏参考线

    C. 如果页面大小发生更改,则移动对象使它们在页面上处于上下位置

    D. 按【定位对象选项】对话框中所指定的设置,保持定位到文本对象的相对位置

5. 在 InDesign 的出版物中,最多可以包含_____个页面。

    A. 99

    B. 999

    C. 9999

    D. 以上都不是

三、简答题

1. 怎样创建主页?

2. 怎样创建书籍?

3. 怎样更新目录?

四、上机练习

1. 为儿童书籍创建主页

本练习将要为一本儿童书籍制作主页,如图 10-72 所示。在制作过程中,首先要创建主页,然后在主页上添加页面中具有相同信息的内容,利用【应用页面】对话框将主页应用于其他页面,如图 10-73 所示。本练习的重点在于如何创建主页并将主页应用到其他页面上,以创建具有一致效果的书籍效果。

2. 覆盖主页对象

本练习将对应用了主页的页面进行覆盖主页对象并编辑的效果,如图 10-74 所示。在制作过程中,首先应用主页,然后在【页面】面板中选中要覆盖的页面,单击【页面】面板右上角的关联按钮,在关联菜单中选择【覆盖所有主页项目】选项,然后进行编辑即可。

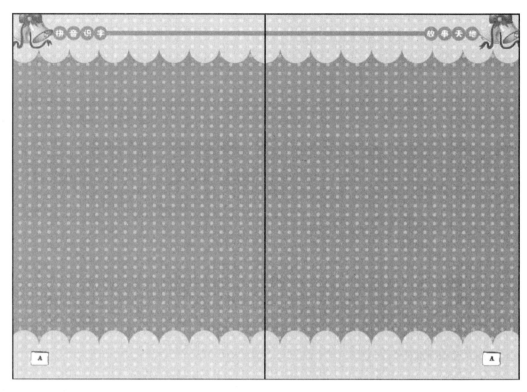

图 10-72　创建主页

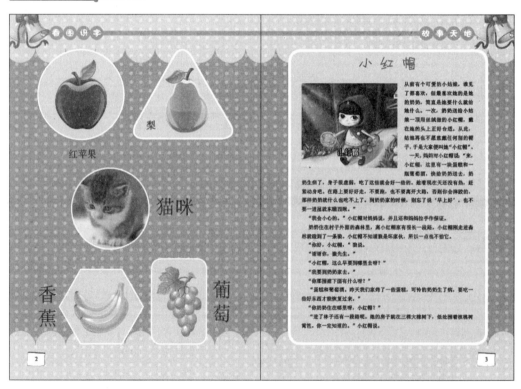

图 10-73　应用主页

图 10-74　覆盖主页对象并编辑

第11章

印前与输出

在完成文件的设计后，就可以对文件进行输出了。在 InDesign 中包括打印和导出 PDF 文件两种输出方式。在输出之前要通过【印前检查】面板对文件进行检查，以确保输出的正确性。确定无误后可在【打印】面板中对文档进行打印设置，比如设置打印质量、裁切标记、出血等。导出的 PDF 文件可将其作为电子文件在计算机中浏览或发布到网格中。

本章主要介绍印前检查、陷印预设、输出 PDF 文件、打印书籍文档以及打印文档时的打印设置与管理等。

11.1 印前检查

在每个文件打印之前，都要进行印前检查，比如检查文本中有无溢流文本、有无缺少图像链接等。还要检查文档中的颜色、混合空间以及透明度拼合等。通过一系列印前检查，以确保文件在输出时无误，减少麻烦。

11.1.1 定义与编辑印前检查配置

在 InDesign 中，使用【印前检查】面板可以显示、查找并定义错误的显示范围，执行【窗口】|【输出】|【印前检查】命令，或双击文档窗口底部的【印前检查】图标，弹出的【印前检查】面板如图 11-1 所示。

默认情况下，在【印前检查】面板中采用默认的【[基本] (工作)】配置文件，它可以检查出文档中缺失的链接、修改的链接、溢流文本和缺失的字体等问题。

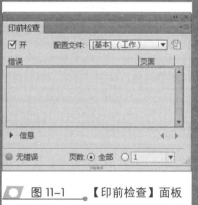

图 11-1　【印前检查】面板

在检测的过程中，如果没有检测到错误，【印前检查】图标显示为绿色图标；如果检测到错误，则会显示为红色图标。此时在【印前检查】面板中，可以展开问题，并跳转至相应的页面以解决问题。

1. 定义印前检查配置

通常情况下，使用默认的印前检查配置文件，已经可能满足日常的工作需求，若有需要，也可以自定义配置文件。单击【印前检查】面板右上角的关联按钮，在弹出的菜单中选择【定义配置文件】命令，打开【印前检查配置文件】对话框。在对话框的左下方单击【新建印前检查配置文件】图标并输入名称，即可得到新的配置文件，如图 11-2 所示。

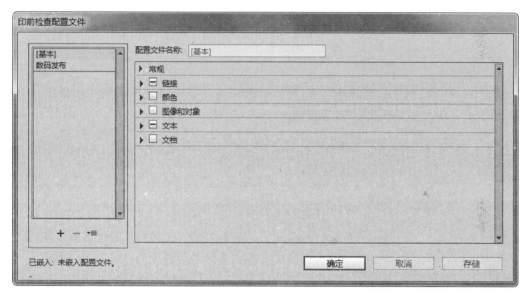

图 11-2 新建印前检查配置文件

在【印前检查配置文件】对话框中各选项的含义解释如下。

（1）【配置文件名称】：在此文本框中可以输入配置文件的名称。

（2）【链接】：此选项组用于确定缺失的链接和修改的链接是否显示为错误。

（3）【颜色】：此选项组用于确定需要何种透明混合空间，以及是否允许使用 CMYK 印版、色彩空间、叠印等项。

（4）【图像和对象】：此选项组用于指定图像分辨率、透明度、描边宽度等项的要求。

（5）【文本】：此选项组用于显示缺失字体、溢流文本等项错误。

（6）【文档】：此选项组用于指定对页面大小和方向、页数、空白页面以及出血和辅助信息区设置的要求。

设置完成后，单击【存储】按钮以保留对一个配置文件的更改，然后再处理另一个配置文件。或直接单击【确定】按钮，关闭对话框并存储所有更改。

2. 嵌入配置文件

默认情况下，印前检查配置文件保存在本地计算机中，若希望配置文件在其他计算机上也可用，则可以将其嵌入到文档中，从而在保存文件里，将其嵌入到当前文档中。

要嵌入一个配置文件，可以在【印前检查】面板中的【配置文件】下拉列表中选择要嵌入的配置文件，然后单击【配置文件】列表右侧的【嵌入】图标。

在【印前检查配置文件】对话框左侧的列表中选择要嵌入的配置文件，再单击对话框下方的【印前检查配置文件菜单】图标，然后在弹出的快捷菜单中选择【嵌入配置文件】命令。

只能嵌入一个配置文件，无法嵌入【[基本]（工作）】配置文件。

3．取消嵌入配置文件

要取消嵌入配置文件，可以在【印前检查配置文件】对话框左侧的列表中选择要取消嵌入的配置文件，再单击对话框下方的【印前检查配置文件菜单】图标，然后在弹出的快捷菜单中选择【取消嵌入配置文件】命令。

4．导出配置文件

对于设置好的配置文件，若希望以后或在其他计算机也使用，则可以将其导出为.idpp 文件。用户可以在【印前检查配置文件】对话框左侧的列表中选择要导出的配置文件，再单击对话框下方的【印前检查配置文件菜单】图标，然后在弹出的快捷菜单中选择【导出配置文件】命令，在弹出的【将印前检查配置文件另存为】对话框中指定位置和名称，最后单击【保存】按钮即可。

5．载入配置文件

要载入配置文件，可以在【印前检查配置文件】对话框左侧的列表中选择要载入的配置文件，单击对话框下方的【印前检查配置文件菜单】图标，然后在弹出的快捷菜单中选择【载入配置文件】命令，在弹出的【打开文件】对话框中选择包含要使用的嵌入配置文件的*.idpp 文件或文档，最后单击【打开】按钮即可。

6．删除配置文件

要删除配置文件，可以单击【印前检查】面板右上角的关联按钮，在弹出的菜单中选择【定义配置文件】命令，在弹出的【印前检查配置文件】对话框左侧的列表中选择要删除的配置文件，然后单击对话框下方的【删除印前检查配置文件】图标，最后在弹出的提示框中单击【确定】按钮即可。

11.1.2　检查文档项目

对于要打印的文档，应该注意检查文档中颜色的使用：确认【色板】面板中所用颜色均为 CMYK 模式，颜色后面的图标显示为图标。

对于彩色印刷且拥有大量文本的文档，如书籍或杂志中的正文、图注等，其文字应使用单色黑（C0、M0、Y0、K100），以避免在套版时发生错位，从而导致发生文字显示问题。虽然这种错位问题出现的几率很低，但还是应该做好预防工作。

InDesign 提供了 RGB 与 CMYK 两种透明混合空间，用户可以在【编辑】|【透明混合空间】子菜单中进行选择。如果所创建文档用于打印，可以选择 CMYK 透明混合空间；

若文档用于 Web 或在计算机上查看，则可以选择 RGB 透明混合空间。

当文档从 InDesign 中进行输出时，如果存在透明度则需要进行透明度拼合处理。如果输出的 PDF 不想进行拼合，保留透明度，需要将文件保存为 Adobe PDF 1.4 (Acrobat 5.0) 或更高版本的格式。在 InDesign 中，对于打印、导出这些操作是较频繁的，为了让拼合过程自动化，执行【编辑】|【透明度拼合预设】命令，在弹出的【透明度拼合预设】对话框中对透明度的拼合进行设置，并将拼合设置存储在【透明度拼合预设】对话框中，如图 11-3 所示。

对话框中的选项作用介绍如下。

（1）【低分辨率】：文本分辨率较低，适用于在黑白桌面打印机打印的普通校样，也广泛应用于在 Web 上发布或导出为 SVG 的文档。

（2）【中分辨率】：文本分辨率适中，适用于桌面校样及 Adobe PostScript 彩色打印机上打印文档。

（3）【高分辨率】：文本分辨率较高，适用于文档的最终出版及高品质的校样。

单击【新建】按钮，在弹出的【透明度拼合预设】对话框中进行拼合设置，如图 11-4 所示。单击【确定】按钮以存储此拼合预设，或单击【取消】按钮以放弃此拼合预设。

对于现有的拼合预设，可以单击【编辑】按钮，在弹出的【透明度拼合预设】对话框中对它进行重新设置。

单击【删除】按钮，可将拼合预设删除，但默认的拼合预设无法进行编辑和删除。在【透明度拼合预设】对话框中按住 Alt 键，使对话框中的【取消】按钮变为【重置】按钮，如图 11-5 所示。单击该按钮，可将现有的拼合预设删除，只剩下默认的拼合预设。

图 11-3　【透明度拼合预设】对话框

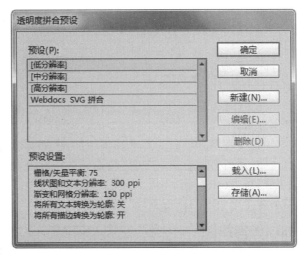

图 11-4　【透明度拼合预设】对话框

图 11-5　重置透明度拼合预设

单击【载入】按钮，可将需要的拼合预设.flst 文件载入。选中一个预设，单击【存储】按钮，选择目标文件夹，可将此预设存储为单独的文件以方便下次的载入使用。设置好透明拼合后，执行菜单【窗口】|【输出】|【拼合预览】命令，在弹出的【拼合预览】面板中对预览选项进行选择，如图 11-6 所示。

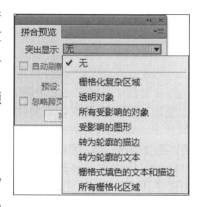

图 11-6　【拼合预览】面板

【拼合预览】面板中各选项的含义解释如下。

（1）【无】：此选项为默认设置，模式为停用预览。

（2）【栅格化复杂区域】：选择此选项，对象的复杂区域由于性能原因不能高亮显示时，可以选择【栅格化复杂区域】选项进行栅格化处理。

（3）【透明对象】：选择此选项，当对象应用了透明度时，可以应用此模式进行预览。

应用了透明度的对象大部分是半透明（包括带有 Alpha 通道的图像）、含有不透明蒙版和含有混合模式等对象。

（4）【所有受影响的对象】：选择此选项，突出显示应用于涉及透明度有影响的所有对象。

（5）【转为轮廓的描边】：选择此选项，对于轮廓化描边或涉及透明度的描边的影响将会突出显示。

（6）【转为轮廓的文本】：选择此选项，对于将文本轮廓化或涉及透明度的文本将会突出显示。

（7）【栅格式填色的文本和描边】：选择此选项，对文本和描边进行栅格化填色。

（8）【所有栅格化区域】：选择此选项，处理时间比其他选项的处理时间长。突出显示某些在 PostScript 中没有其他方式可让其表现出来或者要光栅化的对象。该选项还可显示涉及透明度的栅格图形与栅格效果。

11.2　应用陷印预设

在制作彩色印刷品时，由于纸张变形等原因，在进行套印时，不同颜色的图文在纸张上会出现一定程度的偏移，承印材质的底色就会露出细细的白线。所以为了获得最佳印刷效果，必须在印刷过程中保证精确的套印精度，这就需要进行调整色块的叠印范围，这种色块的交叠或扩展就叫作陷印。

11.2.1　创建陷印预设

陷印预设是陷印设置的集合，可将这些设置应用于文档中的一页或一个页面范围。【陷印预设】面板提供了一个用于输入陷印设置和存储陷印预设的界面。可以将陷印预设应用于当前文档的任意或所有页面，执行【窗口】|【输出】|【陷印预设】命令可以打开该面板，如图 11-7 所示。

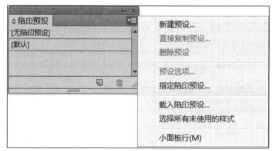

图 11-7　【陷印预设】面板

单击面板右上角的关联按钮，在关联菜单中选择【新建预设】选项，在打开的【新建陷印预设】对话框中设置【名称】、【陷印宽度】与【陷印外观】等选项，如图 11-8 所示。

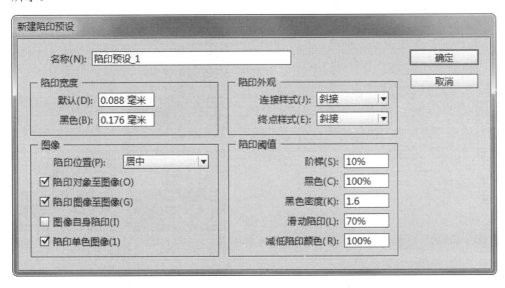

图 11-8　【新建陷印预设】对话框

提　示

执行【陷印预设】面板中的【直接复制预设】命令即可基于选中的陷印预设创建相同参数的新陷印预设。

1. 陷印宽度

陷印宽度指陷印间的重叠程度。不同的纸张特性、网线数和印刷条件要求不同的陷印宽度。要确定每个作业适合的陷印宽度，可以咨询商业印刷商。

在【陷印宽度】选项区域中，【默认值】选项以点为单位指定与单色黑有关的颜色以外的颜色的陷印宽度，默认值为 0.25 点；【黑色】选项指定油墨扩展到单色黑的距离，或者叫"阻碍量"，即陷印多色黑时黑色边缘与下层油墨之间的距离，默认值为 0.5 点。该值通常设置为默认陷印宽度的 1.5~2 倍。

注　意

在 InDesign 中，设置的【黑色】值决定单色黑或多色黑、为增加透明和多色颜色和彩色油墨混合的印刷黑色油墨。

2. 陷印外观

陷印外观主要是设置节点，节点是两个陷印边缘重合相连的端点，可以控制两个陷印段和三个陷印交叉点的节点外形。

【连接样式】选项控制两个陷印段的节点形状，可以从【斜接】、【圆形】和【斜角】

中选择。默认设置为【斜接】，它与早期的陷印结果相匹配，以保持与以前版本的 Adobe 陷印引擎的兼容。图 11-9 显示了节点样式，从左到右分别为斜接节点、圆形节点、斜角节点。

图 11-9 连接节点样式

【终点样式】选项控制三向陷印的交叉点位置。【斜接】样式是改变陷印端点的形状，使其不与交叉对象重合；【重叠】样式会影响由最浅的中性色密度对象与两个或两个以上深色对象交叉生成的陷印外形。最浅颜色陷印的端点会与三个对象的交叉点重叠，如图 11-10 所示。

3．陷印阈值

【陷印阈值】选项区域用来指定执行陷印的条件，许多不确定因素都会影响需要在这里输入的值。该选项区域中的参数作用如下。

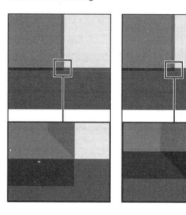

图 11-10 斜接和重叠

（1）【阶梯】：指定陷印引擎创建陷印的颜色变化阈值。有些作业只需要针对最明显的颜色变化进行陷印，而有些作业则需要针对非常细微的颜色变化进行陷印。【阶梯】值指定相近颜色组件（如 CMYK 值）创建陷印所必需的变化程度。

（2）【黑色】：指定应用【黑色】陷印宽度设置所需达到的最少黑色油墨量，默认值为 100%。为获得最佳效果，必须使用不低于 70%的值。

（3）【黑色密度】：指定中性色密度值，当油墨达到或超过该值时，InDesign 会将该油墨视为黑色。例如，如果想让一种深专色油墨使用【黑色】陷印宽度设置，需要在这里输入合适的中性色密度值。本值通常设置为默认的 1.6 倍左右。

（4）【滑动陷印】：确定何时启动陷印引擎以横跨颜色边界的中心线。该值是指较浅颜色的中性密度值与相邻的较深颜色的中性密度值的比例。例如，当【滑动陷印】的值设置为 70%时，陷印开始横跨中心线的位置就会移动到较浅颜色中性密度超过较深颜色中性密度 70%的地方（较浅颜色的中性密度除以较深颜色的中性密度所得的值大于 0.70）。除非【陷印平滑量】设置为 100%，否则相同中性密度的颜色将始终使其陷印正好横跨中心线。

（5）【减低陷印颜色】：指定使用相邻颜色中的成分来减低陷印颜色深度的程度。本设置有助于防止某些相邻颜色（例如蜡笔色）产生比其他颜色都深的不美观的陷印效果。指定低于 100%的【减低陷印颜色】会使陷印颜色开始变浅；【减低陷印颜色】值为 0%时，将产生中性色密度等于较深颜色的中性色密度的陷印。

技　巧

要更改使得相邻颜色陷印之前其中的油墨成分可以变化的程度，可以在【新建陷印预设】或【修改陷印预设选项】对话框中增加或减小【阶梯】值。默认值为 10%。为获得最佳效果，可以使用 8%～20%之间的值。较低的百分比会增加颜色变化的敏感度，从而产生更多的陷印。

4．图像

【图像】选项区域中的参数是用来指定决定如何陷印导入的位图图像的设置。其中可以创建陷印预设来控制图像间的陷印，以及位图图像与矢量对象间的陷印。每个陷印引擎处理导入图形都不同。当设置陷印选项时，了解这些差别是非常重要的。

（1）【陷印位置】：提供决定将矢量对象（包括 InDesign 中绘制的对象）与位图图像陷印时陷印放置位置的选项。除【中性密度】选项外的所有选项均会创建视觉上一致的边缘。【居中】选项会创建以对象与图像相接的边缘为中心的陷印；【收缩】选项会使对象叠压相邻图像；【中性密度】应用与文档中其他位置相同的陷印规则。使用【中性密度】选项设置将对象陷印到照片会导致不平滑的边缘，因为陷印位置不断来回移动；【扩展】选项会使位图图像叠压相邻对象。

（2）【陷印对象至图像】：启用该复选框以确保矢量对象（例如用作边框的线条）使用【陷印位置】设置陷印到图像。如果陷印页面范围内没有矢量对象与图像重叠，应考虑禁用该复选框以加快该页面范围陷印的速度。

（3）【陷印图像至图像】：该复选框会创建沿着重叠或相邻位图图像边界的陷印，该功能默认启用。

（4）【图像自身陷印】：该复选框是开启每个位图图像中颜色之间的陷印（不仅是它们与矢量图和文本相邻的地方）。该复选框仅适用于包含简单、高对比度图像（例如屏幕抓图或漫画）的页面。对于连续色调图像和其他复杂图像，不要启用该复选框，因为它可能创建效果不好的陷印。禁用该复选框可以加快陷印速度。

（5）【陷印单色图像】：确保单色图像陷印到相邻对象。该复选框不使用【陷印位置】设置，因为单色图像只使用一种颜色。大多数情况下启用该复选框。在某些情况下，例如，单色图像像素比较分散时，启用该复选框会加深图像并减慢陷印速度。

> **提 示**
>
> 创建陷印预设后，要想再次更改其中的参数，可以双击该陷印预设或执行【预设选项】命令，打开【修改陷印预设选项】对话框进行设置。该对话框中的选项与【新建陷印预设】相同。

11.2.2 指定陷印预设

创建陷印预设后，就可以将其指定到页面、文档甚至书籍中。在指定陷印预设过程中，既可以限制指定范围，也可以停用陷印预设。

要指定陷印预设，可以在【陷印预设】面板中执行【指定陷印预设】命令，在打开的对话框中选择要预设的陷印预设选项以及页面范围，单击【指定】按钮后，【陷印任务】列表中显示预设信息，如图

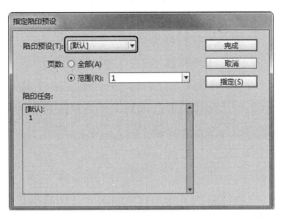

图 11-11　【指定陷印预设】对话框

11-11 所示。如果对没有相邻颜色的页面停用陷印，则可以加快这些页面的打印速度。

直到打印该文档时，陷印才会真正进行。

在设置陷印页面范围时，启用【全部】单选按钮会针对整体所在文档；如果启用【范围】单选按钮，则可以在文本框中输入页面数。方法是，输入一个或多个按升序排列的范围，对每个范围使用一个连字符，页面与范围之间用逗号或者逗号加空格隔开，例如"2-4, 6, 10-10,"就是一个有效的范围。

如果要停用陷印预设，则再次打开【指定陷印预设】对话框，在【陷印预设】下拉列表中选择【无陷印预设】选项，然后单击【指定】按钮即可完成，【陷印任务】区域中显示相关信息，如图 11-12 所示。

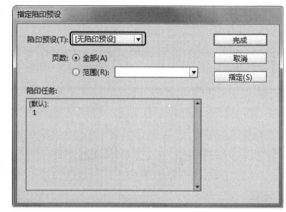

图 11-12 停用陷印预设

11.3 打印设置

在检查完文档后，就可以将文件进行打印输出，在打印时可以在【打印】对话框中的【常规】、【设置】、【标记和出血】、【输出】、【图形】、【颜色管理】、【高级】、【小结】等选项卡中设置需要打印的效果，设置完成后单击【确定】按钮即可打印。

11.3.1 常规设置

在【打印】对话框中，常规设置是所有设置选项中最基础的一项。在该选项中，可以完成打印数量及打印方式的设置。

执行【文件】|【打印】命令按 Ctrl+P 快捷键，弹出【打印】对话框，当设置完成【名称】与【打印机】选项后，下面默认显示的是左侧列表中的第一个【常规】选项以及其中的相关参数，如图 11-13 所示。

1. 份数

在【份数】文本框中输入要打印的份数。如果是两份或者两份以上，可以启用【逐份打印】复选框逐份打印内容。如果启用【逆页序打印】复选框，则将从后到前打印文档。

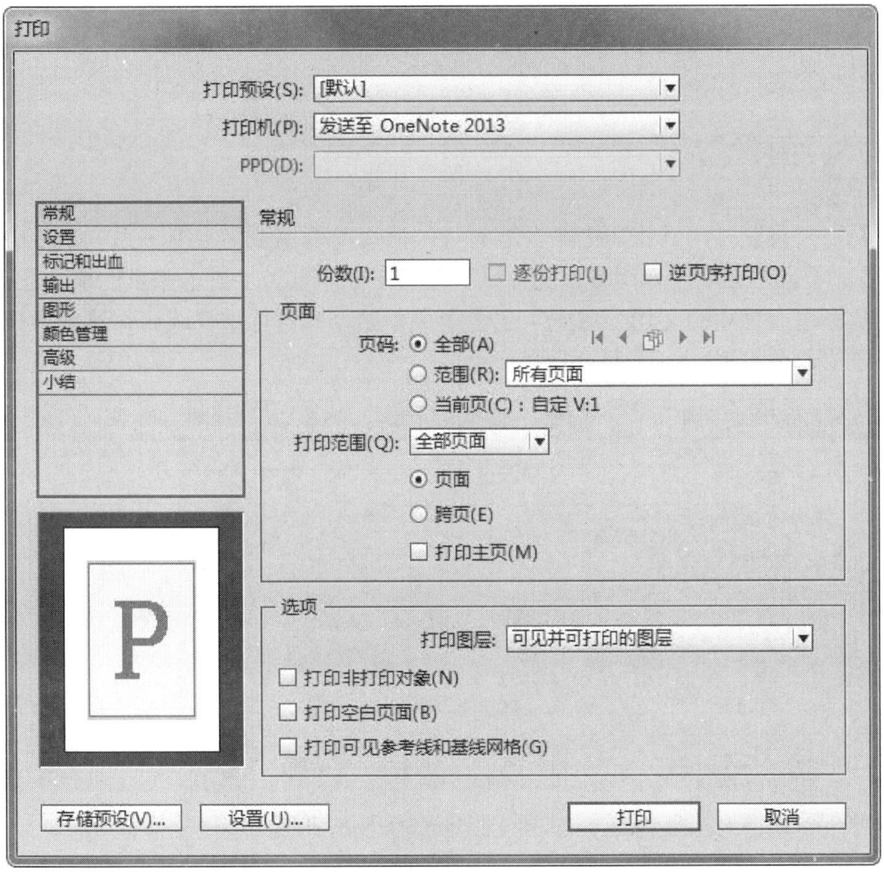

图 11-13 【常规】选项卡中的参数显示

2. 页面

在【页面】选项区域中，【打印范围】下拉列表中包括【全部页面】、【仅偶数页】与【仅奇数页】选项，选择不同的选项可打印相关的页面。

启用【跨页】复选框将打印跨页，否则将打印单个页面；启用【打印主页】复选框将只打印主页，否则打印所有页面。

3. 选项

在制作过程中，一些对象可能分布在不同的图层中，也不一定所有的页面均创建对象，可能会存在空白页面或者非打印对象，以及辅助性的参考线等不会打印的对象。

在【选项】区域中，可以设置文档中要打开的图层范围。如果要打印默认情况下不会打印的对象，则可以根据需要启用不同的复选框。其中各个选项如下。

（1）【打印非打印对象】：启用该复选框，将打印所有对象，而不考虑选择性防止打印单个对象的设置。

（2）【打印空白页面】：启用该复选框，将打印指定页面范围中的所有页面，包括没有出现文本或对象的页面。打印分色时，此复选框不可用。

（3）【打印可见参考线和基线网格】：启用该复选框，将按照文档中的颜色打印可见的参考线和基线网格。可以使用【视图】菜单控制哪些辅助线和网格可见。打印分色时，该复选框不可用。

11.3.2　页面设置

该选项主要用于设置打印纸张的大小、方向等，该选项基本上同 Office 系列软件中的页面设置相似。不同的是，在 InDesign 中，可以在单个打印页面上显示多页的缩览图，还可以使用拼贴将超大尺寸的文档分成一个或者多个页面，并进行重叠组合。这些操作可在【设置】选项卡中设置，如图 11-14 所示。

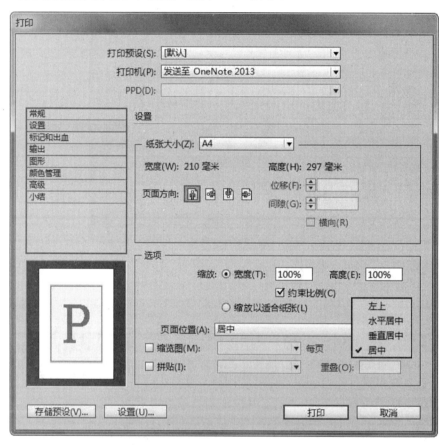

图 11-14　【设置】选项卡中的参数显示

1．纸张大小

虽然在制作初期创建页面时已经设置了页面大小与页面方向，但在打印时还可以重新设置。比如在【纸张大小】下拉列表中选择一种纸张大小（比如 A4）；在【页面方向】选项中单击对应的按钮，设置页面方向为纵向、反向纵向、横排或者反向横排。

2．选项

在【选项】区域中，启用【宽度】单选按钮可以自定义页面缩放的比例；启用【缩放以适合纸张】单选按钮，可以根据页面中的内容来缩放纸张尺寸。

【页面位置】下拉列表中包括【左上】、【水平居中】、【垂直居中】与【居中】4个选项。选择不同的选项，打印时内容在页面中的位置均不相同。

要在单个页面上显示多个页面，可以创建缩览图。启用【缩览图】复选框后，可以设置每页中打印几个页面，图 11-15 显示的是3×3 缩览图显示。

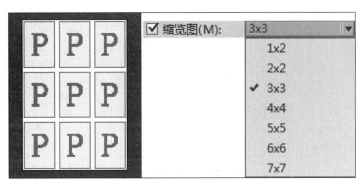

图 11-15　缩览图排列

要在桌面打印机上打印超大尺寸的文档，可以每一页打印文档的局部，然后裁切并组合这些拼贴。启用【拼贴】复选框可以将超大尺寸的文档分成一个或者多个可用页面大小对应进行拼贴。在右方列表中，选择【自动】选项可设置【重叠】宽度选项，如图 11-16所示；选择【手动】选项可手动组合拼贴；选择【自动对齐】选项同样可用【重叠】宽度选项。

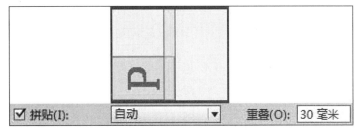

图 11-16　【拼贴】选项

注　意

【缩览图】与【拼贴】选项在【打印预设】对话框中无法查看预览效果，必须在【打印】对话框中才能预览效果。

11.3.3　标记和出血设置

准备用于打印的文档时，需要添加一些标记以帮助打印机在生成样稿时确定纸张裁切的位置、分色胶片对齐的位置、为获取正确校准数据测量胶片的位置以及网点密度等。其中，出血是指溢出在印刷边框或裁剪标记和修剪标记外面的作品量。

所有这些标记与出血是在【标记和出血】选项卡中设置的，如图 11-17所示。

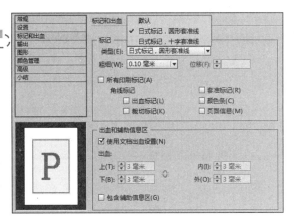

图 11-17　【标记和出血】选项卡中的参数显示

1．标记

在【标记】选项区域中可以设置所有的打印标记。当启用【所有印刷标记】复选框时，可以将这些标记打印出来，如图11-18所示。

其中各个选项如下。

（1）【类型】：可以选择【日式标记，圆形套准线】、【日式标记，十字套准线】或【默认】选项，也可以创建自定义的印刷标记或使用由其他公司创建的自定义标记。

（2）【位移】：指定

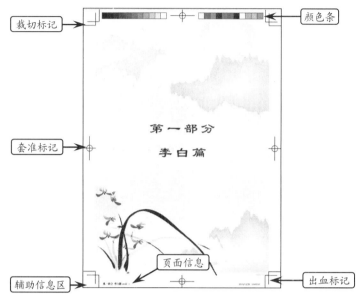

裁切标记　颜色条　套准标记　页面信息　辅助信息区　出血标记

图11-18 打印页面中的标记

InDesign打印页面信息或标记距页面边缘的宽度（裁切标记的位置）。只有在【类型】中选择【默认】时，此选项才可用。

（3）【粗细】：默认设置为0.10 mm，还可以从0.05 mm、0.07 mm、0.10 mm、0.15 mm、0.20 mm、0.30 mm、0.125点、0.25点和0.50点中选择。

（4）【裁切标记】：启用该复选框，添加定义页面应当裁切的位置的水平和垂直细线。裁切标记也可以帮助将一个分色与另一个分色对齐。

（5）【出血标记】：启用该复选框，添加细线，该线定义的页面中图像向外扩展区域的大小。

（6）【套准标记】：启用该复选框，在页面区域外添加小的"靶心图"，以对齐彩色文档中不同的分色。

（7）【颜色条】：启用该复选框，添加表示CMYK油墨和灰色色调（以10%递增）的颜色的小方块。

（8）【页面信息】：启用该复选框，在每页纸张或胶片的左下角用6磅的Helvetica字体打印文件名、页码、当前日期和时间及分色名称。【页面信息】选项要求距水平边缘有0.5英寸（13mm）。需要注意的是，页面信息用GothicBBB-Medium-83pv-RKSJ- H (Medium Gothic)字体打印。

2．出血和辅助信息区

出血是指加大产品外尺寸的图案，在裁切位加一些图案的延伸，专门给各生产工序在其工艺公差范围内使用，但是不能在压线位加。出血并不都是3mm，不同产品应分别对待。

（1）一般彩咭盒（版面尺寸都不是很大，比如计算机小风扇的包装盒）的出血值为3mm。

（2）一般单坑彩盒（比如裱 A9、B9、C9、O9、K9、K3 等）、对裱彩盒（比如 250G 灰卡裱 300G 灰卡）的出血值为 3～5mm。

（3）双坑彩盒（比如 250G 灰卡裱 B3+B3）的出血值为 5～8mm。

（4）咭牌的出血值为 2mm 或 3mm，因为最小双刀位是 3mm 或 4mm。

在【出血和辅助信息区】选项区域中，如果启用【使用文档出血设置】复选框，将使用创建页面时设置的出血值；如果禁用该复选框，那么可以在【上】、【下】、【左】和【右】列表中设置出血值，其中，启用【包括辅助信息区】复选框，可以打印在【文档设置】对话框中定义的辅助信息区。

11.3.4 输出设置

打印预设中的【输出】选项可以确定如何将文档中的复合颜色发送到打印机。启用颜色管理时，【颜色】设置默认值会使输出的颜色得到校准。在颜色转换中，专色信息将保留；只有印刷色将根据指定的颜色空间转换为等效值。单击左侧列表中的【输出】选项后，右侧显示与之相关的设置界面，如图 11-19 所示。

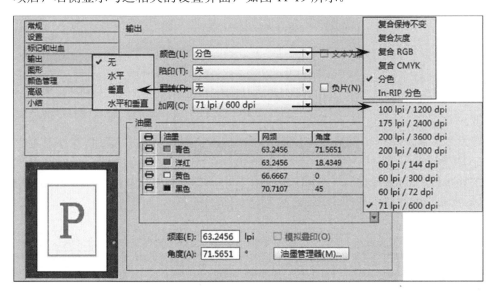

图 11-19　【输出】选项中的参数显示

当作为复合打印时，会禁用【自动陷印】复选框，但可以启用【模拟叠印】复选框校样文本叠印、描边叠印或填充叠印。在【颜色】下拉列表中包括下列颜色选项，也可能还会提供其他选项，这取决于配置的打印机。

（1）【复合保持不变】：将指定页面的全彩色版本发送到打印机，保留原始文档中所有的颜色值。如果选择此选项，则禁用【模拟叠印】复选框。

（2）【复合灰度】：将灰度版本的指定页面发送到打印机，例如，在不进行分色的情况下打印到单色打印机。

（3）【复合 RGB】：将彩色版本的指定页面发送到打印机，例如，在不进行分色的情况下打印到 RGB 彩色打印机。

（4）【复合 CMYK】：将彩色版本的指定页面发送到打印机，例如，在不进行分色的情况下打印到 CMYK 彩色打印机。但是此选项仅可用于 PostScript 打印机。

（5）【分色】：为文档要求的每个分色创建 PostScript 信息，并将该信息发送到输出设备。此选项仅可用于 PostScript 打印机。

（6）【In-RIP 分色】：将分色信息发送到输出设备的 RIP。此选项仅可用于 PostScript 打印机。

（7）【文本为黑色】：将 InDesign 中创建的文本全部打印成黑色，文本颜色为无或纸色，或与白色的颜色值相等。同时为打印和 PDF 发布创建内容时，此选项很有用。例如，超链接在 PDF 版本中为蓝色，选择此选项后，这些链接在灰度打印机上将打印为黑色，而不是半调图案。

单击【油墨管理器】按钮，打开【油墨管理器】对话框，如图 11-20 所示。【油墨管理器】

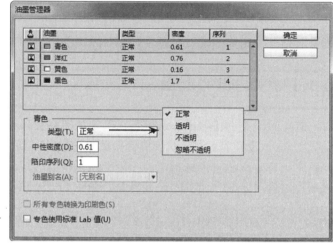

图 11-20　【油墨管理器】对话框

在输出时对所有油墨提供控制。使用【油墨管理器】进行的更改会影响输出，但不影响颜色在文档中定义的方式。

【油墨管理器】对话框中的选项对印刷服务提供商特别有用。例如，如果印刷作业包含专色，服务提供商可以打开文档并将专色转换为等效的 CMYK 印刷色。如果文档包含两种相类似的专色，仅当需要一种时，或如果相同的专色有两个不同的名称，服务提供商可以将它们映射为两个或一个别名。

11.3.5　图形设置

【图形】选项在打印包含复杂图形的文档时更改分辨率或者栅格化设置以获得最佳输出效果，主要用于设置图形与文字打印。单击左侧列表中的【图形】选项，右侧显示相关信息，如图 11-21 所示。

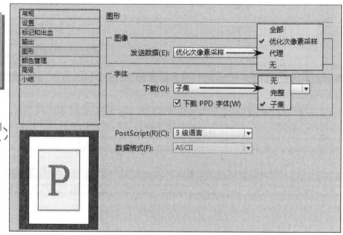

图 11-21　【图形】选项中的参数显示

1. 图像

在【图像】选项区域中，可指定输出过程中图形处理的方式。【发送数据】选项用于控制置入的位图图像发送到打印机或文件的图像数据量。下拉列表中的各个选项如下。

（1）【全部】：发送全分辨率数据（适合于任何高分辨率打印或打印高对比度的灰度或彩色图像），如同在具有一种专色的黑白文本中。此选项需要的磁盘空间最大。

（2）【优化次像素采样】：只发送足够的图像数据供输出设备以最高分辨率打印图形（高分辨率打印机将比低分辨率打印机使用更多的数据）。当处理高分辨率图像而将校样打印到台式打印机时可以选择此选项。

（3）【代理】：发送置入位图图像的屏幕分辨率版本（72dpi），因此缩短打印时间。

（4）【无】：打印时临时删除所有图形，并使用具有交叉线的图形框替代这些图形，这样可以缩短打印时间。图形框架的尺寸与导入图形的尺寸相同，且保留了剪贴路径，以便仍检查大小和定位。如果要将文本校样分发给编辑或校样人员，禁止打印导入的图形时很有用。当尝试分析打印问题的原因时，不打印图形也很有用。

2. 字体

驻留打印机的字体是存储在打印机内存中或与打印机相连的硬盘上的字体。Type 1和 TrueType 字体也可以存储在打印机或计算机上；位图字体只能存储在计算机上。InDesign 会根据需要下载字体，条件是字体安装在计算机的硬盘中。

在【字体】选项区域中，可以控制将字体下载到打印机的方式。启用【下载 PPD 字体】复选框，可以下载文档中使用的所有字体，包括驻留在打印机中的字体。使用此复选框可让 InDesign 用计算机上的字体轮廓打印普通字体。【下载】下拉列表中的各个选项如下。

（1）【无】：此选项包括对 PostScript 文件中字体的引用，该文件告诉 RIP 或后续处理器应当包括字体的位置。如果字体驻留在打印机中，应该选择此选项。TrueType 字体根据字体中 PostScript 名称命名，但并非所有的应用程序都可以解释这些名称。要确保正确地解释 TrueType 字体，须使用其他字体下载选项之一。

（2）【完整】：在打印作业开始时下载文档所需的所有字体，包括字体中的所有字形和字符，即使不在文档中使用。InDesign 自动对多于【首选项】对话框中指定的最大字形（字符）数量的字体取子集。

（3）【子集】：仅下载文档中使用的字符（字形），每页下载一次字形。用于单页文档或具有较少文本的短文档时，使用此选项可以快速生成较小的 PostScript 文件。

3. PostScript 打印选项

在【图形】选项区域中可以指定将 PostScript 信息发送到打印机的方式。其中，PostScript 选项是指定 PostScript 输出设备中解释器的兼容性级别；而【数据格式】选项是指定 InDesign 将图像数据从计算机发送到打印机的方式。ASCII 作为 ASCII 文本发送，可以与较早的网络和并口打印机兼容，且对于在多平台上使用的图形是最佳选择。二进制导出为二进制代码，它较 ASCII 的压缩程度高，但可能与某些系统不兼容。

11.3.6 颜色管理设置

打印颜色管理文档时，可指定其他颜色管理选项以保证打印机输出中的颜色一致。
单击左侧列表中的【颜色管理】选项，右侧显示相关信息，如图 11-22 所示。

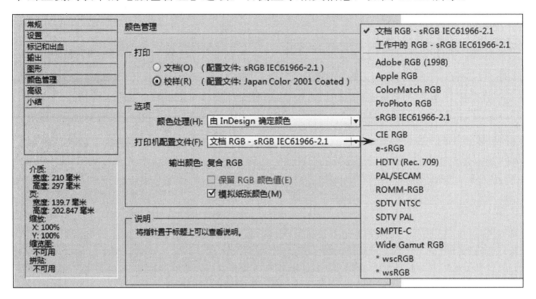

图 11-22　【颜色管理】选项中的参数显示

1. 打印

【打印】选项区域中包括两种打印方式：一种是文档打印，启用该选项可以打印文
档；另外一种是校样打印，启用该选项可以通过模拟文档在其他设备上的输出方式来打
印该文档。校样配置文件显示用于将颜色转换至试图模拟打印的设备的配置文件的名称。

提　示

将光标移到标题上时，在说明框中将显示该标题的功能与操作说明。

2. 选项

无论在【打印】选项区域中启用哪个选项，均可以在【选项】区域中设置。在【颜
色处理】中选择【由 InDesign 确定颜色】选项；在【打印机配置文件】中选择输出设备
的配置文件。

11.3.7 高级设置

【高级】选项主要用来设置不同打印机对图像的打印设置。单击左侧列表中的【高
级】选项，在【打印机】下拉列表中选择【PostScript(R)文件】选项后，OPI 选项与【透
明度拼合】选项区域中的选项处于可用状态，如图 11-23 所示。其中，【打印为位图】复

InDesign CC 2015 图形设计标准教程

选框在打印到非 PostScript 打印机时方可使用。

使用【高级】区域中的 OPI 选项，可在将图像数据发送到打印机或文件时有选择地忽略导入图形的不同类型，只保留 OPI 链接（注释）由 OPI 服务器以后处理。

启用【OPI 图像替换】复选框，将启用 InDesign 在输出时用高分辨率图形替换低分辨率 EPS 代理的图形；而在【在 OPI 中忽略】复选框中，可以启用 OPI 忽略图形的类型，比如 EPS、PDF 或者【位图图像】。

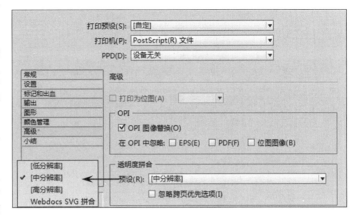

图 11-23 【高级】选项中的参数显示

在【透明度拼合】选项区域中，如果启用【忽略跨页优先选项】复选框，在透明度拼合时将忽略跨页覆盖。而在【预设】下拉列表中，如果选择【低分辨率】选项，可以在黑白桌面打印机中快速地打印校样，在 Web 中发布或者导出为 SVG 文档；如果选择【中分辨率】选项，可用于桌面校样或者在 PostScript 彩色打印机中打印文档；如果选择【高分辨率】选项，则可以用于最终出版或者打印高品质校样。

技 巧

> 在 InDesign 中打印文档，如果想要直接使用某个打印预设打印，则可以执行【文件】|【打印预设】|【排版打印】命令，在打开的【打印】对话框中直接单击【打印】按钮即可。

11.4 输出 PDF

InDesign 文档不仅可以打印出来查看，也可以导出为 PDF 文件在计算机中查看，PDF 是 Adobe 公司开发的可跨平台的文件格式，是电子文本的行业标准。在使用 InDesign 导出 PDF 时，可设置导出文件的分辨率、尺寸、裁切标记等。

11.4.1 导出为 PDF 文档

在 InDesign 中打开制作好的文档，执行【文件】|【导出】命令或按 Ctrl＋E 快捷键，在打开的【导出】对话框中设置【保存类型】选项为 Adobe PDF，如图 11-24 所示。

图 11-24 【导出】对话框

在对话框中输入文档名称，单击【保存】按钮，弹出【导出 Adobe PDF】对话框，如图 11-25 所示。直接单击【导出】按钮即可导出 PDF 文件。

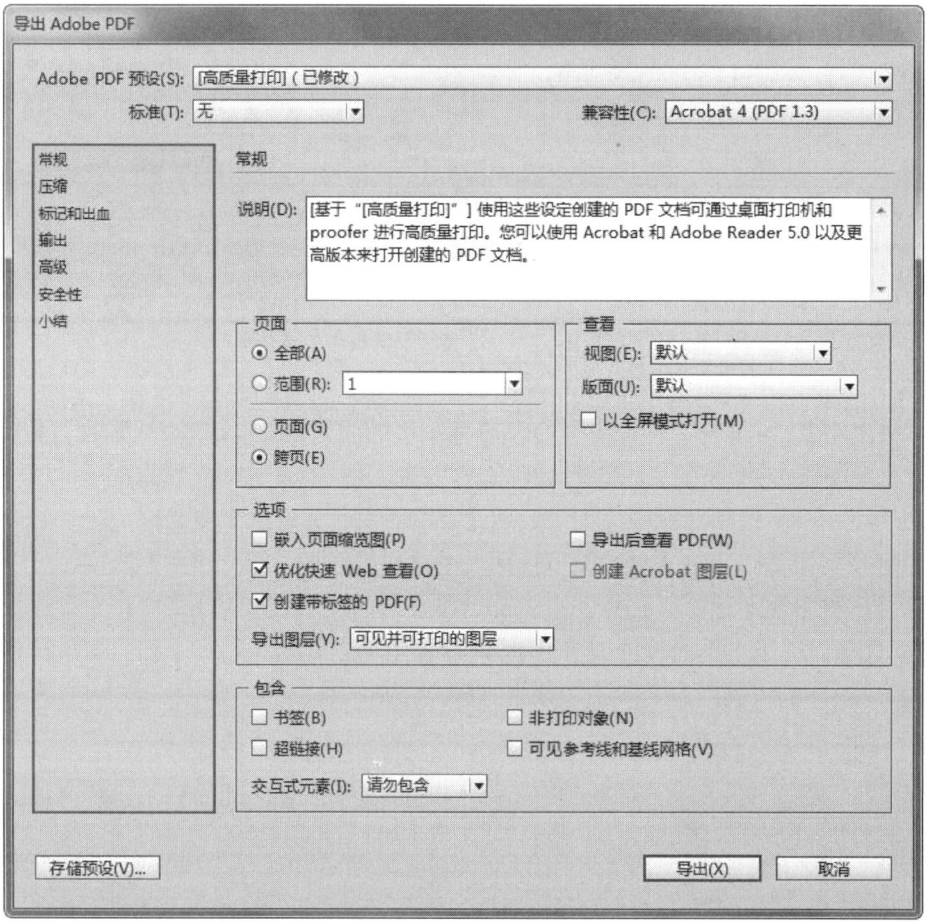

图 11-25　【导出 Adobe PDF】对话框

提 示

> 要在 InDesign 中将书籍导出为 PDF 文件，只要打开书籍，在【书籍】面板中执行【将书籍导出为 PDF】命令即可。

这时在本地磁盘中双击保存后的 PDF 文件，打开该文件查看其中的内容。

注 意

> 要想打开 PDF 文件，必须在计算机中安装 Adobe Acrobat、Adobe Reader 或者 Adobe Photoshop。如果只是查看，则前者更加适合。

PDF 文件虽然是在计算机中预览的文档，但也可以通过该文件将其打印出来。所以在【导出 Adobe PDF】对话框中，部分选项与【打印】对话框相同，而其他选项则是针对 PDF 文件设置的。

11.4.2 标准与兼容性

PDF 文件的导出与打印相似，同样可以直接导出或者预设导出选项。PDF 文件的导出首先需要设置的是【标准】与【兼容性】选项。

1.【标准】选项

【标准】选项用来指定文件的 PDF/X 格式。PDF/X 标准是由国际标准化组织（ISO）制定的，适用于图形内容交换。在 PDF 转换过程中，将对照指定标准检查要处理的文件。如果 PDF 不符合选定的 ISO 标准，则会显示一条消息，要求选择是取消转换还是继续创建不符合标准的文件。打印发布工作流程中广泛使用的标准有若干种 PDF/X 格式，如图 11-26 所示。

图 11-26　标准性选项

（1）PDF/X-1a：使用这些设定创建的 Adobe PDF 文档符合 PDF/X-1a:2001 规范。这是一个专门为图形内容交换而制定的 ISO 标准。关于创建符合 PDF/X-1a 规范的 PDF 文档的详细信息，可以参阅《Acrobat 用户指南》。可以使用 Acrobat 和 Adobe Reader 4.0以及更高版本来打开创建的 PDF 文档。

（2）PDF/X-3：使用这些设定创建的 Adobe PDF 文档符合 PDF/X-3:2002 规范。这是一个专门为图形内容交换而制定的 ISO 标准。关于创建符合 PDF/X-3 规范的 PDF 文档的详细信息，可以参阅《Acrobat 用户指南》。可以使用 Acrobat 和 Adobe Reader 4.0 以及更高版本来打开创建的 PDF 文档。

（3）PDF/X-4：使用这些设定创建的 Adobe PDF 文档符合 PDF/X-4:2007 规范。这是一个专门为图形内容交换而制定的 ISO 标准。关于创建符合 PDF/X-4 规范的 PDF 文档的详细信息，可以参阅《Acrobat 用户指南》。可以使用 Acrobat 和 Adobe Reader 5.0 以及更高版本来打开创建的 PDF 文档。

提 示

如果在【文件】|【Adobe PDF 预设】命令中选择一个预设子命令，那么【标准】选项不需要再设置。

2.【兼容性】选项

在创建 PDF 文件时，需要确定使用哪个 PDF 版本。另存为 PDF 或编辑 PDF 预设时，可通过选择【兼容性】选项来改变 PDF 版本。【导出 Adobe PDF】对话框中的【兼容性】选项用来指定文件的 PDF 版本，下拉列表中包括 5 个选项，如图 11-27 所示。

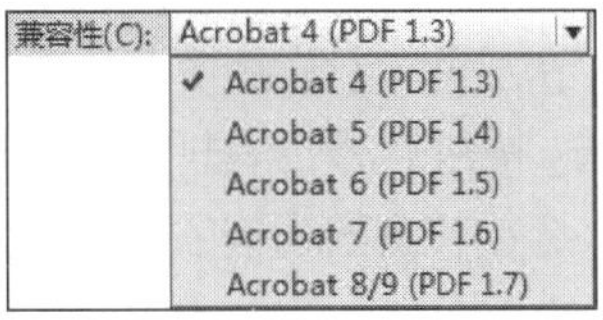

通过不同的兼容性选项创建的 PDF 文件的功能会有所差别。

图 11-27　兼容性选项

（1）Acrobat 4(PDF 1.3)：选择该选项可以在 Acrobat 3.0 和 Acrobat Reader 3.0 及更高版本中打开 PDF，并且支持 40 位 RC4 安全性。由于不支持图层，无法包含使用实时透明度效果的图稿。所以在转换为 PDF 1.3 之前，必须拼合任何透明区域。

（2）Acrobat 5(PDF 1.4)：选择该选项可以在 Acrobat 3.0 和 Acrobat Reader 3.0 和更高版本中打开 PDF，但更高版本的一些特定功能可能丢失或无法查看，支持 128 位 RC4 安全性。虽然不支持图层，但是支持在图稿中使用实时透明度效果。

（3）Acrobat 6(PDF 1.5)：选择该选项，大多数 PDF 可以用 Acrobat 4.0 和 Acrobat Reader 4.0 和更高版本打开，但更高版本的一些特定功能可能丢失或无法查看。PDF 除了支持在图稿中使用实时透明度效果外，还支持从生成分层 PDF 文档的应用程序创建 PDF 文件时保留图层。

（4）Acrobat 7(PDF 1.6)和 Acrobat 8/9(PDF 1.7)：这两个选项与 Acrobat 6(PDF 1.5)的功能基本相同，只是在安全性方面，支持 128 位 RC4 和 128 位 AES（高级加密标准）安全性。

提 示

一般来说，除非指定需要向下兼容，应该使用最新的版本，因为最新版本包括所有最新的特性和功能。但是，如果要创建将在较大范围内分发的文档，需要选择 Acrobat 5(PDF 1.3)或 Acrobat 6 (PDF 1.4)，以确保所有用户都能查看和打印文档。

11.4.3 PDF 常规选项

在【导出 Adobe PDF】对话框中首先显示的是【常规】选项，该选项用来指定基本的文件选项。

当设置【Adobe PDF 预设】选项后，在【常规】选项的【说明】文本框中显示选定预设的说明，并还可以在其中编辑说明，如图 11-28 所示。

1．页面

在【页面】选项区域中包括两个方面：一个用来设置创建 PDF 文件中的页面数量；一个用来设置页面显示方式。当启用【全部】单选按钮后，将导出当前文档

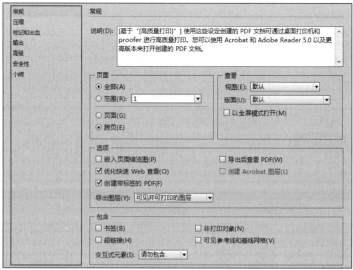

图 11-28　【常规】选项中的信息显示

或者书籍的所有页面；如果启用【范围】单选按钮，则可以在右侧文本框中输入要导出的页面数。可以使用连字符输入范围，并使用逗号分隔多个页面或范围。

注 意

在导出书籍或创建预设时，此选项不可用。

【跨页】单选按钮在默认情况下为禁用，导出的 PDF 文件为单页。当启用该单选按钮后，导出的 PDF 文件将以 InDesign 中的跨页显示，如图 11-29 所示。

2．选项

在【选项】区域中，可以设置创建的 PDF 文件是否显示页面的缩览图，是否带有书签、是否自动打开等周边选项。其中各个选项及功能如下。

（1）【嵌入页面缩览图】：启用该复选框，为每个导出的页面创建缩览图，如图 11-30 所示。或为每个跨页创建一个缩览图。添加缩览图会增加 PDF 文件的大小。

（2）【优化快速 Web 查看】：启用该复选框，通过重新组织文件以使用一次一页下载，减小 PDF 文件的大小，并优化 PDF 文件以便在 Web 浏览器中更快地查看。此复选框将压缩文本和线状图，而不考虑在【导出 Adobe PDF】对话框的【压缩】类别中的设置。

（3）【创建带标签的 PDF】：PDF 在导出过程中，基于 InDesign 支持的 Acrobat 标签的子集自动为文章中的元素添加标

图 11-29　跨页预览

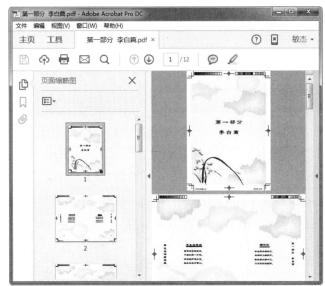

图 11-30　缩览图预览

签。此子集包括段落识别、基本文本格式、列表和表。

（4）【导出后查看 PDF】：启用该复选框，使用默认的 PDF 查看应用程序打开新建的 PDF 文件。

（5）【创建 Acrobat 图层】：启用该复选框，将每个 InDesign 图层存储为 PDF 中的 Acrobat 图层。此外，还会将所包含的任何印刷标记导出为单独的标记和出血图层中。图层是完全可导航的，这允许 Acrobat 6.0 和更高版本的用户从单个 PDF 生成此文件的多个版本。

（6）【导出图层】：确定是否在 PDF 中包含可见图层和非打印图层。可以使用【图层选项】设置决定是否将每个图层隐藏或设置为非打印图层。导出为 PDF 时，选择是导出【所有图层】（包括隐藏和非打印图层）、【可见图层】（包括非打印图层）还是【可见并可

打印的图层】。

3. 包含

由于 PDF 文件属于电子文档，所以音频、视频、按钮等也可以在其中显示。【包含】选项区域中的选项就是当 InDesign 文档中创建了这些特殊效果时应用的。当文档中创建了某个效果，比如声音，只要在该区域中启用【交互式元素】复选框即可在 PDF 文件中显示。

11.4.4　PDF 压缩选项

在导出 PDF 文件时，可以指定图片是否要进行压缩和缩减像素采样。如果要进行这样的处理，则指定要使用的方法和设置。

在【压缩】类别中，如图 11-31 所示，可以根据设置，压缩或缩减像素采样来减小 PDF 文件的大小，而不影响细节和精度。

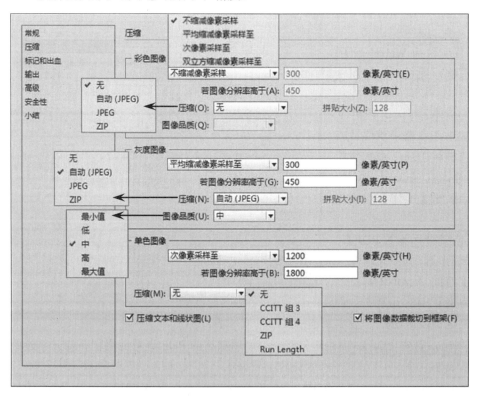

图 11-31　【压缩】选项中的信息显示

在设置区域中，如果启用【压缩文本和线状图】复选框，会将纯平压缩（类似于图像的 ZIP 压缩）应用到出版物中的所有文本和线状图，而不损失细节或者品质；如果启用【将图像数据裁切到框架】复选框，将导出框架可视区域中的图像数据，可能会缩小文件的大小。在【彩色图像】、【灰度图像】与【单色图像】选项区域中可以设置以下相同的选项。

（1）在列表中如果选择【不缩减像素采样】选项，将不缩减像素采样；如果选择【平均缩减像素采样至】选项，将计算样例区域中的像素平均数，并使用指定分辨率的平均像素颜色替换整个区域；如果选择【次像素采样至】选项，会选择样本区域中心的像素，并使用该像素颜色替换整个区域；如果选择【双立方缩减像素采样至】选项，将使用加权平均数确定像素颜色，该选项是最慢但最精确的方法，并可以产生最平滑的色调渐变。

（2）对于【彩色图像】与【灰度图像】选项区域中的【压缩】列表，JPEG 选项适合灰度或者彩色图像；ZIP 选项适用于具有单一颜色或者重复图案的图像；【自动（JPEG）】选项会自动确定彩色和灰度图像的最佳品质。

（3）对于【单色图像】选项区域中的【压缩】列表，除了相同选项外，【CCITT 组 4】与【CCITT 组 3】选项只适用于单色图像，但是前者可以对多数单色图像生成更好的压缩，后者可以用于传真机，每次可以压缩一行单色位图；而 Run Length 选项可以对包含纯黑色或者纯白色大型区域的图像生成最佳效果。

（4）对于 JPEG 或者 JPEG 2000 压缩，可以在【图像品质】列表中选择【最小值】、【低】、【中】、【高】或者【最大值】，压缩将根据设置图像品质压缩文件大小。

（5）在【拼贴大小】文本框中，可以设置用于连续显示的拼贴大小，只有将【兼容性】设置为 Acrobat 6（1.5）或者更高版本，并且将【压缩】设置为 JPEG 2000 时，才可以使用该选项。

11.4.5　PDF 安全性选项

【安全性】选项是将安全性添加到 PDF 文件，比如打开 PDF 文件密码等。在创建或编辑 PDF 预设时安全性选项不可用，且安全性选项不能用于 PDF/X 标准，所以要设置 PDF 文件的安全性，首先需要设置【标准】选择为无。

选择左侧列表中的【安全性】选项，右侧则显示相关的设置界面，如图 11-32 所示。

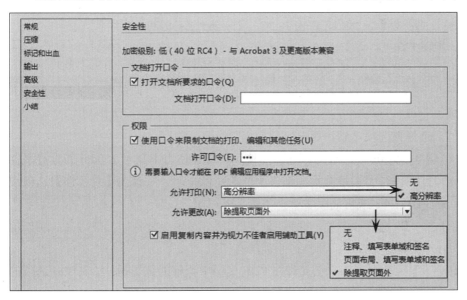

图 11-32　【安全性】选项的界面显示

1. 文档打开口令

文档打开口令主要用于 PDF 文件打开时的密码。当设置了该选项后，每次打开导出的 PDF 文件都需要输入密码。

在对话框中，启用【打开文档所要求的口令】复选框，可以进一步在【文档打开口令】文本框中输入口令，设置保护 PDF 文件打开的密码。

设置完成后，单击【导出】按钮，首先弹出的是确认打开文档的【口令】对话框，在文本框中输入密码后单击【确定】按钮，如图 11-33 所示，才会导出 PDF 文件。

图 11-33　【口令】对话框

这时无论是自动打开 PDF 文件，还是在本地磁盘中打开，均会弹出【口令】对话框，在【输入口令】文本框中输入设置的口令后，单击【确定】按钮即可打开 PDF 文件，如图 11-34 所示。

2. 权限

权限主要用于 PDF 文件在编辑应用程序中打开的密码。启用【使用口令来限制文档的打印、编辑和其他任务】复选框，可以进一步在【许可口令】

图 11-34　打开具有密码的 PDF 文件

文本框中输入口令，设置在相关编辑应用程序中打开的密码。

在【允许打印】列表中可以指定允许用户用于 PDF 文档的打印级别，其中分为以下三个级别选项。

（1）【无】：选择该选项，禁止用户打印文档。

（2）【低分辨率(150 dpi)】：选择该选项，使用户能够使用不高于 150dpi 的分辨率打印。打印速度可能较慢，因为每个页面都作为位图图像打印。只有在【兼容性】选项设置为 Acrobat 5（PDF 1.4）或更高版本时，本选项才可用。

（3）【高分辨率】：选择该选项，允许用户以任何分辨率进行打印，能将高品质矢量输出至 PostScript 及其他支持高品质打印功能的打印机。

在【允许更改】列表中可以定义允许在 PDF 文档中执行的编辑操作。其中各选项的功能如下。

（1）【无】：选择该选项，禁止用户对文档进行【允许更改】列表中所列的任何更改。

（2）【插入、删除和旋转页面】：选择该选项，允许用户插入、删除和旋转页面，以及创建书签和缩览图。此选项仅可用于高加密级别。

（3）【填写表单域和签名】：选择该选项，允许用户填写表单并添加数字签名。此选项不允许用户添加注释或创建表单域，仅可用于高加密级别。

（4）【注释、填写表单域和签名】：选择该选项，允许用户添加注释和数字签名，并填写表单。此选项不允许用户移动页面对象或创建表单域。

（5）【除提取页面外】：选择该选项，允许用户编辑文档、创建并填写表单域以及添加注释和数字签名。

其中，启用【启用复制文本、图像和其他内容】复选框，将允许从 PDF 文档中复制并提取内容，反之将禁止；启用【为视力不佳者启用屏幕阅读器设备的文本辅助工具】复选框，将方便视力不佳者访问内容。启用【启用纯文本元数据】复选框，将允许存储/搜索系统和搜索引擎访问存储在文档中的元数据。

注　意

在设置【文档打开口令】与【许可口令】选项时，密码不能相同，否则将无法导出 PDF 文件。

11.4.6　书签

书签是一种包含代表性文本的链接，通过它可以更方便地导出为 Adobe PDF 文档。在 InDesign 文档中创建的书签显示在 Acrobat 或 Adobe Reader 窗口左侧的【书签】列表中。每个书签都能跳转到文档中的某一页面、文本或者图形。

在 InDesign 中，书签的一切操作均在【书签】面板中进行。执行【窗口】|【交互】|【书签】命令，打开【书签】面板，如图 11-35所示。

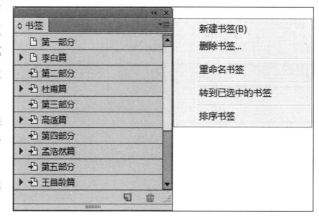

图 11-35　【书签】面板

其中，关联菜单中的命令如下。

（1）【新建书签】：执行该命令，创建新书签。该命令与面板中的【创建新书签】按钮作用相同。

（2）【删除书签】：执行该命令删除选定的书签。该命令与面板中的【删除选定书签】按钮作用相同。

（3）【重命名书签】：执行该命令，可以重新为指定的书签命名。

（4）【转到已选中的书签】：执行该命令，可以在页面中显示指定的书签所在位置。

（5）【排序书签】：执行该命令，可以将面板中的书签按照文档中的顺序排列。

1．创建书签

打开【书签】面板后，使用【文字工具】**T.**选中想要跳转到的文本，单击【创建新书签】按钮，就会以选中的文本为名创建书签，如图 11-36 所示。

使用相同的方法创建文档中的其他书签。如果没有选中面板中的书签就单击【创建新书签】按钮，则创建的是并列的书签；如果选中某个书签，则得到的是嵌套书签，如图 11-37 所示。

提　示

选中图像后单击面板中的【创建新书签】按钮创建书签，也可以在没有选中任何元素的情况下单击【创建新书签】按钮创建书签，这时创建的书签是以工作区中显示的页面为目标的。

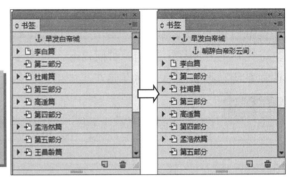

图 11-37　创建嵌套书签

完成后导出 PDF 文件，在【导出 Adobe PDF】对话框的【常规】选项中，启用【书签】复选框，这样才能够导出具有自创书签的 PDF 文件，如图 11-38 所示。单击左侧的某个书签，右侧即可跳转到相应文本位置。

图 11-38　导出具有自创书签的 PDF 文件

2．重命名与删除书签

要想重命名书签，可以选中书签，单击面板右上角的关联按钮，选择【重命名书签】命令，在【重命名书签】对话框中输入文本，单击【确定】按钮即可，如图 11-39 所示。

图 11-39 重命名书签

要想删除【书签】面板中的书签，可以选中该书签，单击面板底部的【删除选定书签】按钮 🗑 。要删除多个书签，可以结合 Shift 键同时选中多个书签，单击该按钮删除，如图 11-40 所示。

提 示

删除一个书签时，InDesign 会提示删除这个书签就会删除该书签中的嵌套书签。

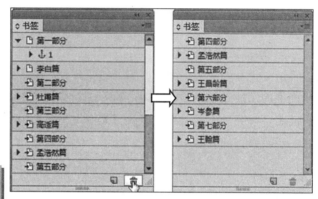

图 11-40 删除书签

保存文档后，再次以该文档为基础导出 PDF，就会在 PDF 文件中查看到书签的变化，如图 11-41 所示。

3．创建嵌套书签

单击选中一个书签并拖动至另一个书签上方，释放鼠标后，形成嵌套书签，如图 11-42 所示。

4．调整书签位置

调整书签位置的方法是，选中某个书签并拖动至其他位置，当出现一条黑线时释放鼠标即可，如图 11-43 所示。

保存文档后导出 PDF，即可在 PDF 文件中查看调整后的书签，文档中只是书签的位置发生变化，页面位置并不会随之改变。

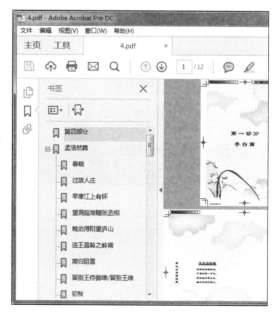

图 11-41 查看更改后的书签

图 11-42   拖动创建嵌套书签   图 11-43   排列书签位置

5. 书签排序

当书签顺序被打乱，或者在开始创建书签时就没有按照正文中的页面顺序创建，可以重新按照文档中的页面顺序为书签排序。方法是在【书签】面板中随意选中一个书签，然后单击面板右上角的小三角，执行【排序书签】命令，这时面板中的书签会自动按照页面顺序排列，如图 11-44 所示。

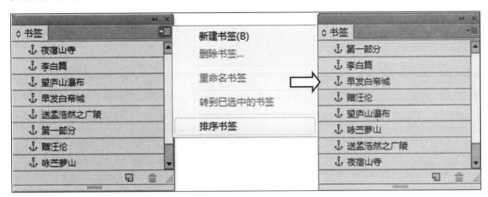

图 11-44   书签排序

11.5 打包文档

一个 InDesign 文档中包含着字体、图像、图形等元素。当需要用其他计算机编辑文档时，需要其他计算机也要包含相同的资源，才能够正常显示与输出。由于不同的计算机资源与设置不同，所以当文档在其他计算机上操作之前，需要将文档进行打包，InDesign 的打包功能可以将文档中必要的字体、链接的图形、文本文件和自定报告等打包。

11.5.1 文档打包设置

前面讲解了使用【印前检查】面板对印前的文档进行预检，使用【打包】命令同样

也可以执行最新的印前检查。在【打包】对话框中会指明所有检测出问题的区域。执行【文件】|【打包】命令，弹出的【打包】对话框如图 11-45 所示。

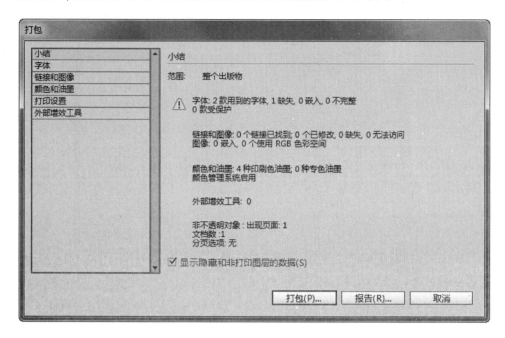

图 11-45 【打包】对话框

打开书籍，单击【书籍】面板右上角的关联按钮，在弹出的菜单中选择【打包"书籍"以供打印】或【打包"已选中的文档"以供打印】命令，具体取决于在【书籍】面板中选择的是全部文档、部分文档，还是未选择任何文档。

1. 小结

在【小结】选项卡中，可以了解关于打印文件中字体、链接和图像、颜色和油墨、打印设置以及外部增效工具的简明信息。

如果出版物在某个方面出现了问题，在【小结】选项卡中对应的区域前方会显示警告图标，此时需要单击【取消】按钮，然后使用【印前检查】面板解决有问题的区域，直至对文档满意为止，然后再次开始打包。

当出现警告图标时，也可以直接在【打包】对话框左侧选择相应的选项，然后在显示出的选项卡中进行更改，下面会做详细的讲解。

2. 字体

在【打包】对话框左侧选择【字体】选项，将显示相应的选项卡，如图 11-46 所示。在此选项卡中列出了当前出版物中应用的所有字体的名称、文字、状态以及是否受保护。

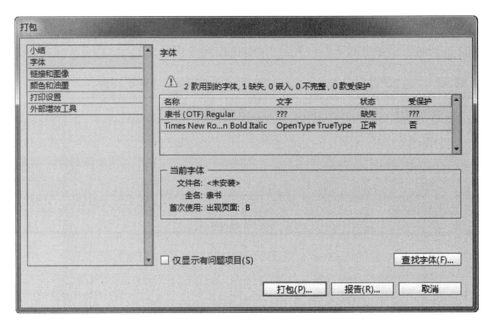

图 11-46 【字体】选项卡

在【字体】选项卡中如果选中【仅显示有问题项目】复选框，在列表中将只显示有问题的字体，如图 11-47 所示。

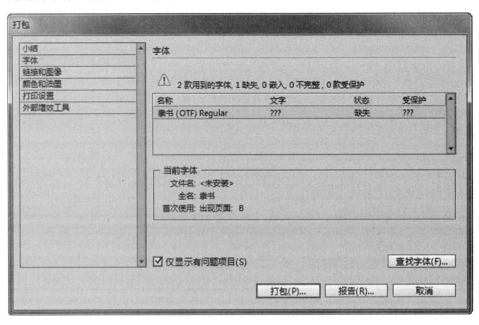

图 11-47 仅显示有问题项目

如果要对有问题的字体进行替换，可以单击对话框右下方的【查找字体】按钮，在弹出的【查找字体】对话框中进行替换。其中，在对话框左侧的列表框中显示了文档中所有的字体，在存在问题的字体右侧有图标出现。然后选中有问题的字体，在下方的【替换为】区域中设置要替换的目标字体，如图 11-48 所示。

在【查找字体】对话框中右侧按钮的含义解释如下。

（1）【查找第一个】：单击此按钮，将查找所选字体在文档中第一次出现的页面。

（2）【更改】：单击此按钮，可以对查找到的字体进行替换。

（3）【全部更改】：单击此按钮，可以将文档中所有当前所选择的字体替代为【替换为】区域中所选中的字体。

图 11-48　【查找字体】对话框

（4）【更改/查找】：单击此按钮，可以将文档中第一次查找到的字体替换，再继续查找所指定的字体，直到文档最后。

（5）【更多信息】：单击此按钮，可以显示所选中字体的名称、样式、类型以及在文档中使用此字体的字数和所在页面等。

3. 链接和图像

在【打包】对话框左侧选择【链接和图像】选项，将显示相应的选项卡，如图 11-49 所示。此选项卡中列出了文档中使用的所有链接、嵌入图像和置入的 InDesign 文件。预检程序将显示缺失或已过时的链接和任何 RGB 图（这些图像可能不会正确地分色，除非启用颜色管理并正确设置）。

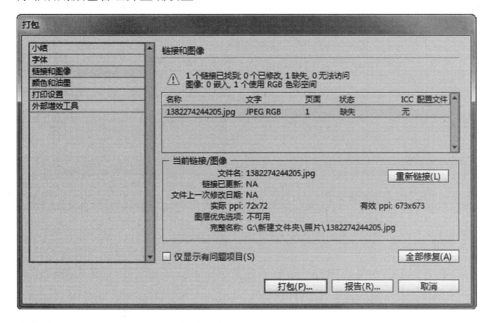

图 11-49　【链接和图像】选项卡

【链接和图像】选项卡中无法检测置入的 EPS、Adobe Illustrator、Adobe PDF、FreeHand 文件中和置入的*.INDD 文件中嵌入的 RGB 图像。要想获得最佳效果，必须使用【印前检查】面板验证置入图形的颜色数据，或在这些图形的原始应用程序中进行验证。

在【链接和图像】选项卡中，选中【仅显示有问题项目】复选框，可以将有问题的图像显示出来。要修复链接，选中缺失的图像，单击【重新链接】按钮，然后在弹出的【定位】对话框中找到正确的图像文件，单击【打开】按钮，即可完成对缺失文件的重新链接。

也可以选择有问题的图像，单击【全部修复】按钮，在弹出的【定位】对话框中找到正确的图像文件，单击【打开】按钮退出即可。

4．颜色和油墨

在【打包】对话框左侧选择【颜色和油墨】选项，将显示相应的选项卡，如图 11-50 所示。此选项卡中列出了文档中所用到的颜色的名称和类型、角度以及行/英寸等信息，还显示了所使用的印刷色油墨以及专色油墨的数量，以及是否启用颜色管理系统。

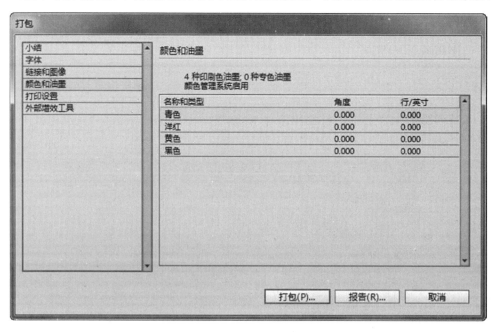

图 11-50　【颜色和油墨】选项卡

5．打印设置

在【打包】对话框左侧选择【打印设置】选项，将显示相应的选项卡，如图 11-51 所示。此选项卡中列出了与文档有关的打印设置的全部内容，如打印驱动程序、份数、页面、缩放、页面位置以及出血等信息。

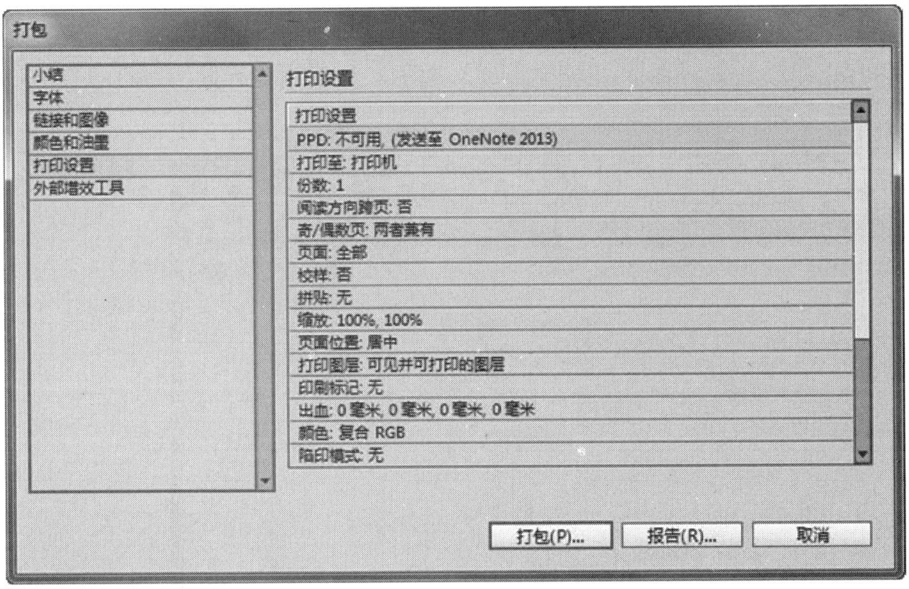

图 11-51 【打印设置】选项卡

6.外部增效工具

在【打包】对话框左侧选择【外部增效工具】选项，将显示相应的选项卡，此选项卡中列出了与当前文档有关的外部插件的全部信息。

11.5.2 文档打包方法

当预检完成后，单击【打包】按钮，将弹出提示框，单击【存储】按钮，弹出【打印说明】对话框，如图 11-52 所示。

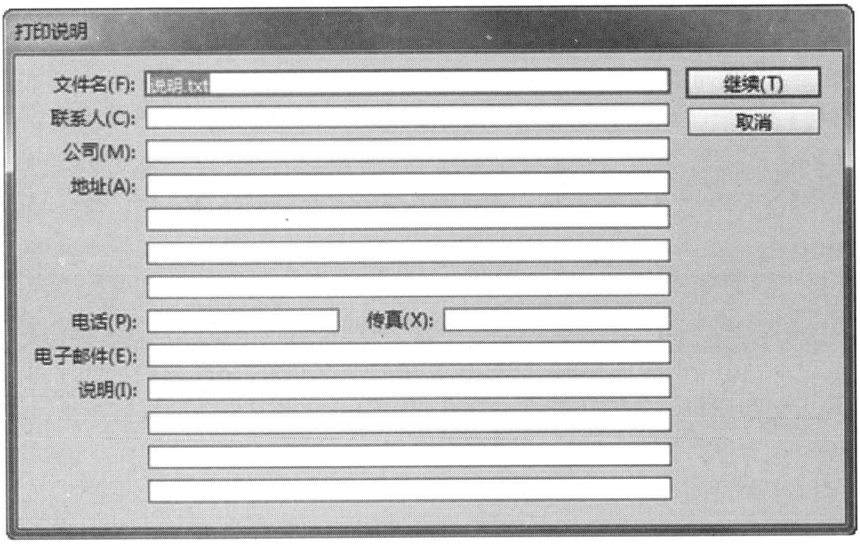

图 11-52 【打印说明】对话框

填写打印说明，输入的文件名是附带所有其他打包文件的报告的名称。单击【继续】按钮，弹出【打包出版物】对话框，如图 11-53 所示。然后指定存储所有打包文件的位置。

图 11-53　【打包出版物】对话框

在【打包出版物】对话框中，各选项的含义解释如下。

（1）【保存路径】：在此下拉列表中可以为所打包的文件指定位置。

（2）【文件夹名称】：在此下拉列表中可以输入新文件夹的名称。

（3）【复制字体】：选择此复选框，可以复制文档中所有必需的字体文件，而不是整个字体系列。

（4）【复制链接图形】：选择此复选框，可以将链接的图形文件复制到文件夹中。

（5）【更新包中的图形链接】：选择此复选框，可以将图形链接更改到打包文件夹中。

（6）【仅使用文档连字例外项】：选择此复选框，InDesign 将标记此文档，这样当其他用户在具有其他连字和词典设置的计算机上打开或编辑此文档时，不会发生重排。

（7）【包括隐藏和非打印内容的字体和链接】：选择此复选框，可以打包位于隐藏图层、隐藏条件和【打印图层】选项已关闭的图层上的对象。

（8）【查看报告】：选择此复选框，在打包后可以立即在文本编辑器中打开打印说明报告。

（9）【说明】按钮：单击此按钮，可以继续编辑打印说明。

（10）单击【打包】按钮，弹出【警告】对话框，单击【确定】按钮，弹出【打包文档】进度显示框，直至打包完成。

11.6　课堂实例：输出可出片的 PDF 文件

本实例将把制作好的诗集输出可出片的 PDF 文件，如图 11-54 所示。在操作过程中，首先检查文档，检查完成后，在书籍面板中导出 PDF 文件，在【导出】对话框中设置出片质量、出血、裁切标记等，设置完成后单击【导出】命令，即可导出文件，然后打开 PDF 文件进行查看。

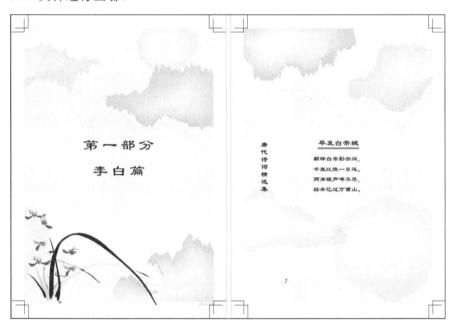

图 11-54　可出片的 PDF 文件预览

操作步骤：

1. 打开文件。执行【文件】|【打开】命令，在弹出的【打开文件】对话框中选择【诗集】文件，如图 11-55 所示。单击【打开】按钮，即可将书籍打开，如图 11-56 所示。

2. 检查文件。单击【诗集】面板右上角的关联按钮，在弹出的关联菜单中选择【印前检查"书籍"】命令，弹出【印前检查书籍选项】对话框，如图 11-57 所示。选择【整本书】选项，单击【印前检查】按钮，检查后的【诗集】面板如图 11-58 所示。

图 11-55　【打开文件】对话框

图 11-56　打开【诗集】面板

3 导出文件。按住 Shift 键选中书籍中的所有文档，单击【诗集】面板右上角的关联按钮，在列表中选择【将"书籍"导出为 PDF】选项，如图 11-59 所示。在弹出的【导出】对话框中，设置导出路径和名称，如图 11-60 所示。

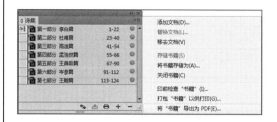

图 11-59　【将"书籍"导出为 PDF】选项

图 11-60　【导出】对话框

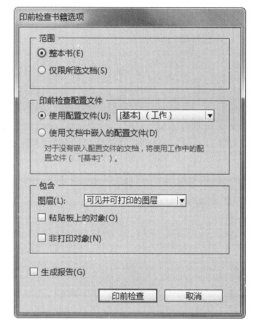

图 11-57　【印前检查书籍选项】对话框

4 导出 PDF 常规选项。单击【保存】按钮后，弹出【导出 Adobe PDF】对话框，在对话框的【常规】选项卡中设置参数，如图 11-61 所示。

5 压缩选项。在【导出 Adobe PDF】对话框中选择【压缩】选项，在此选项卡中设置文档的打印质量，具体参数如图 11-62 所示。

6 标记和出血。在【导出 Adobe PDF】对话框中选择【标记和出血】选项，在此选项卡中设置文档的打印尺寸、出血尺寸、裁切标记等，具体参数如图 11-63 所示。

图 11-58　【诗集】面板

InDesign CC 2015 图形设计标准教程

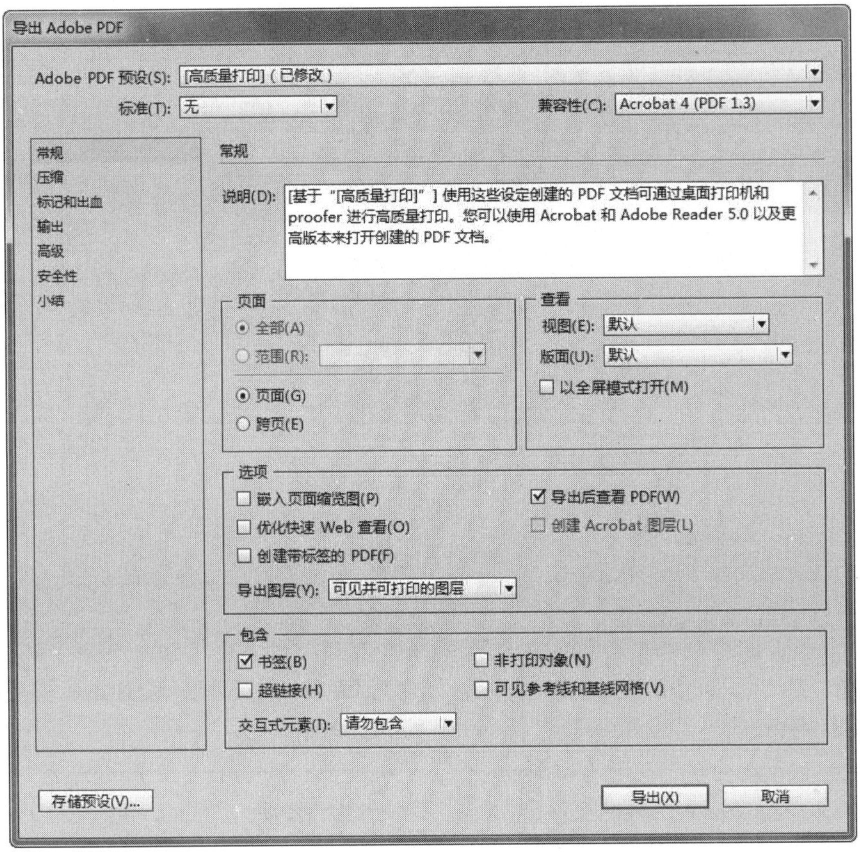

图 11-61 设置常规选项

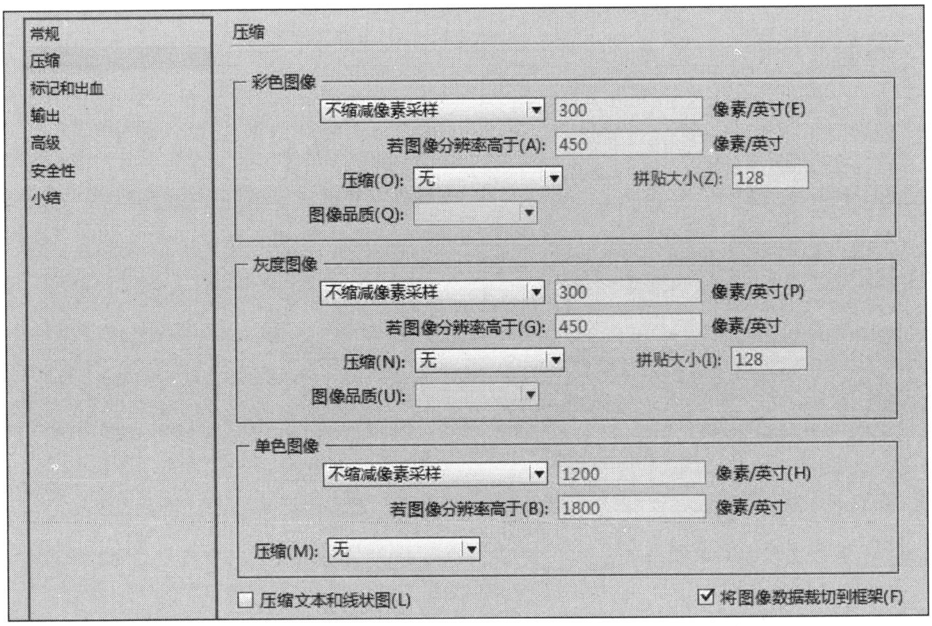

图 11-62 设置【压缩】选项

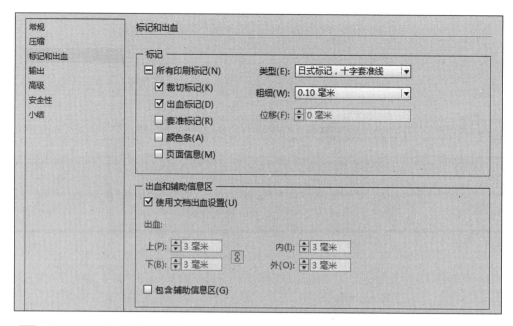

图 11-63　设置【标记和出血】选项

7　输出。在【导出 Adobe PDF】对话框中选择【输出】选项，在此选项卡中设置文档导出时的颜色转换与是否包含配置文件，如图 11-64 所示。

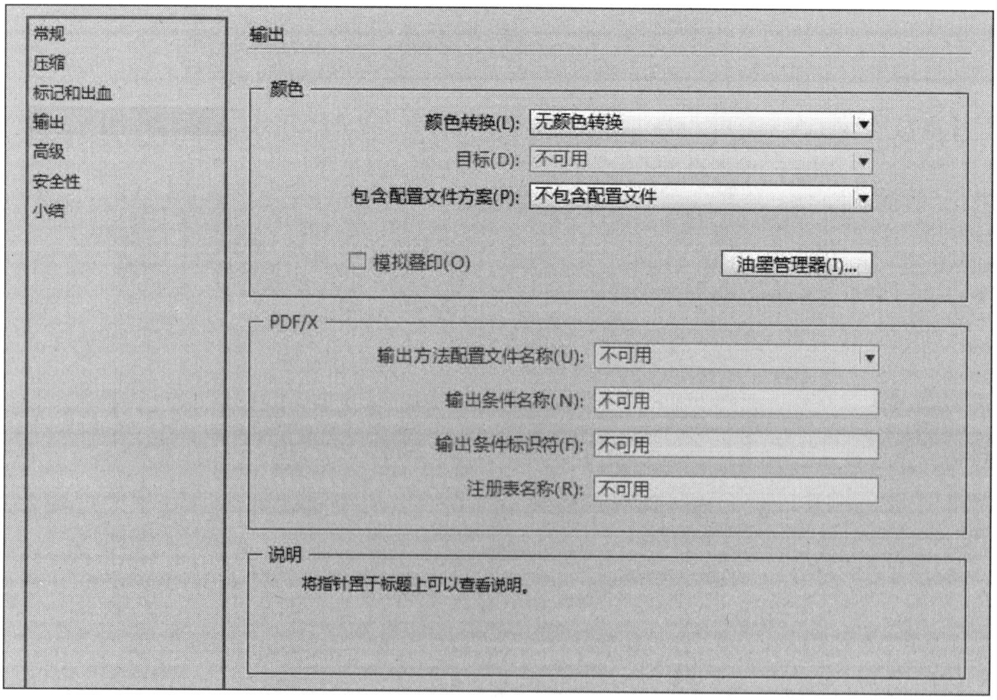

图 11-64　设置【输出】选项

8　导出 PDF。设置完成后单击【导出】按钮，弹出【警告】对话框，如图 11-65 所示，单击【确定】按钮，即可弹出导出 PDF 进度对话框，如图 11-66 所示。

图 11-65 【警告】对话框

图 11-66 导出 PDF 进度对话框

⑨ 查看 PDF。导出 PDF 完成后，自动打开 PDF

预览窗口，在窗口中可查看导出的 PDF 文件，如图 11-67 所示。

图 11-67 查看 PDF

思考与练习

一、填空题

1. 默认情况下，在【印前检查】面板中采用默认的_____文件，它可以检查出文档中缺失的链接、修改的链接、溢流文本和缺失的字体等问题。

2. 在检测文档过程中，如果没有检测到错误，【印前检查】图标显示为_____色图标；如果检测到错误，则会显示为_____色图标。

3. 在【打印】对话框的【页面】选项区域中，启用_____复选框将打印跨页，否则将打印单个页面；启用_____复选框将只打印主页，否则打印所有页面。

4. 要在 InDesign 中将书籍导出为 PDF 文件，只要打开书籍，在【书籍】面板中执行_____命令即可。

5. 在 InDesign 中，书签的一切操作均在_____面板中进行。

二、选择题

1. 在【透明度拼合预设】对话框中按住_____键，使对话框中的【取消】按钮变为【重置】按钮，单击该按钮可将现有的拼合预设删除，只剩下默认的拼合预设。

    A. Ctrl

    B. Shift

    C. Alt

    D. Shift+Ctrl

2. 打印时想要设置纸张大小，需要在_____列表中设置。

    A. 常规

    B. 设置

    C. 输出

    D. 图形

3. 导出 PDF 文件时，基本设置主要在_____列表中。

    A. 常规

    B. 输出

    C. 高级

    D. 安全性

4. 要想在 PDF 文件中预览书签效果，必须在导出 PDF 文件时启用_____复选框。

    A. 书签

    B. 超链接

    C. 非打印对象

    D. 交互式元素

5．InDesign 的【打包】对话框中不包括＿＿＿＿＿＿选项。

A．字体

B．链接和图像

C．打印设置

D．超链接

三、简答题

1．简要说明打印的常规设置。

2．如何创建书签？

3．简述打包文档的方法。

四、上机练习

1．打包书籍

本练习将要把【诗集】文档打包。在制作过程中，在【书籍】面板中将文档全部选中，然后在【书籍】面板的右上角的关联菜单中选择【打包"书籍"以供打印】选项，系统自动为文档进行检查，检查完后弹出【打包】对话框，对文档进行打包，并设置打包路径与名称。本练习的重点是在打包时检查文档错误，并将文档所用的特殊字体与图像等进行总结，打包后的文件形成一个完整的文件夹，如图 11-68 所示。

图 11-68　打包后的文件夹

2．导出带密码的 PDF

本练习将要导出带口令的 PDF。在制作过程中，打开即将导出 PDF 的文档，执行【文件】|【导出】命令，在弹出的对话框中指定导出路径和名称，单击【保存】按钮后，在弹出的【导出 Adobe PDF】对话框中设置导出质量、出血等，然后在【安全性】选项卡中启用【打开文档所要求的口令】复选框，在下方输入口令，设置完成后单击【导出】按钮后再次确定打开文档口令即可。打开导出的 PDF 文件，即可弹出输入口令提示框，如图 11-69 所示。

图 11-69 导出带口令的 PDF